사람은 누구나 창의적이랍니다.
창의력 과학 의
세계로 오심을
환영합니다 !!

KB007128

결국은 창의력입니다.

창의력은 유익하고 새로운 것을 생각해 내는 능력입니다.
창의력의 요소로는 자기만의 의견을 내는 독창성, 다른 주제와 연관성을 나타내는 융통성, 여러 의견을 내는
유창성, 조금 더 정확하고 치밀한 의견을 내는 정교성, 날카롭고 신속한 의견을 내는 민감성 등이 있습니다.
한편, 각종 입시와 대회에서는 창의적 문제해결력을 측정하고 평가합니다.
최근 교육계의 가장 큰 이슈가 되고 있는 STEAM 교육도 서로 별개로 보아 왔던 과학, 기술 분야와
예술 분야를 융합할 수 있는 "창의적 융합인재 양성"을 목표로 하고 있습니다.

창의력과학 세페이드 시리즈는 과학적 창의력을 강화시킵니다.

창의력과학 세페이드 시리즈의 구성

1F 중등 기초(상,하)
물리(상,하) 화학(상,하)
과학을 처음 접하는 사람
과학을 차근차근 배우고 싶은 사람
창의력을 키우고 싶은 사람

2F 중등 완성(상,하)
물리(상,하) 지구과학(상,하)
화학(상,하) 생명과학(상,하)
중학교 과학을 완성하고 싶은 사람
중등 수준 창의력을 숙달하고 싶은 사람

3F 고등 I (상,하)
물리(상,하) 지구과학(상,하)
화학(상,하) 생명과학(상,하)
고등학교 과학 I 을 완성하고 싶은 사람
고등 수준 창의력을 키우고 싶은 사람

4F 고등 II (상,하)
물리(상,하) 지구과학(상,하)
화학(상,하) 생명과학(상,하)
고등학교 과학 II 을 완성하고 싶은 사람
고등 수준 창의력을 숙달하고 싶은 사람

5F 실전 문제 풀이
물리, 화학,
생명과학, 지구과학
고급 문제, 심화 문제, 융합 문제를 통한
각 시험과 대회를 대비하고자 하는 사람

무한 상상하는 법

1. 고개를 숙인다.
2. 고개를 든다.
3. 뛰어간다.
4. 무한상상한다.

창 의 력 과 학

세페이드

3F. 지구과학(하)

윤찬섭
무한상상 영재교육 연구소

<온라인 문제풀이>
「스스로실력높이기」는 동영상 문제풀이를 합니다.
http://cafe.naver.com/creativeini
▶ 창의력과학 세페이드 문제풀이 바로가기 ☆ 배너 아무 곳이나 클릭하세요.

단원별 내용 구성

이론 - 유형 - 창의력 - 과제 등의 단계별 학습으로 가장 효과적인
자기주도학습이 가능합니다. 새로운 문제에 도전해 보세요!

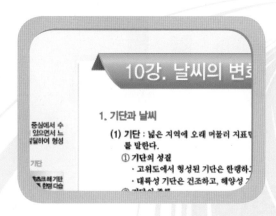

1.강의

관련 소단원 내용을 4~6편으로 나누어 강의용/학습용으로
구성했습니다. 개념에 대한 이해를 돕기 위해 보조단에는 풍부한
자료와 심화 내용을 수록했습니다.

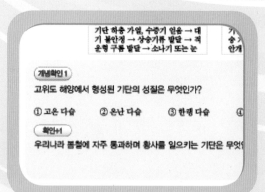

2.개념확인, 확인+,

강의 내용을 이용하여 쉽게 풀고 내용을 정리할 수 있는 문제로 구성하
였습니다.

3.개념다지기

관련 소단원 내용을 전반적으로 이해하고 있는지 테스트합니다. 내용에
국한하여 쉽게 해결할 수 있는 문제로 구성하였습니다.

4. 유형익히기 하브루타

관련 소단원 내용을 유형별로 나누어서 각 유형에 따른 대표 문제를 구성하였고, 연습문제를 제시하였습니다.

5.창의력 & 토론 마당

주로 관련 소단원 내용에 대한 심화 문제로 구성하였고, 다른 단원과의 연계 문제도 제시됩니다. 논리 서술형 문제, 단계적 해결형 문제 등도 같이 구성하여 창의력과 동시에 논술, 구술 능력도 향상할 수 있습니다.

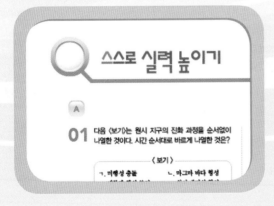

6.스스로 실력 높이기

A단계(기초) – B단계(완성) – C단계(응용) – D단계(심화)로 구성하여 단계적으로 자기주도 학습이 가능하도록 하였습니다.

7.Project

대단원이 마무리될 때마다 읽기 자료, 실험 자료 등을 제시하여 서술형/논술형 답안을 작성하도록 하였고, 단원의 주요 실험을 자기주도적으로 실시하여 실험보고서 작성을 할 수 있도록 하였습니다.

CONTENTS / 목차

 3F. 지구과학(상)

3F. 지구과학(하)

1. 유체 지구의 변화

2. 천문학

I

유체 지구의 변화
약 46억년의 기간 동안 지구에서는 어떤 일들이 벌어졌을까?

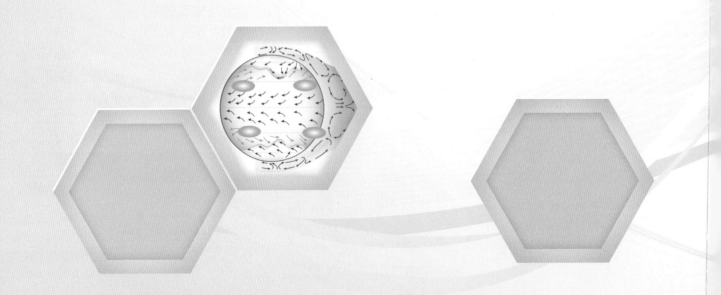

1. 기단과 날씨

(1) 기단 : 넓은 지역에 오래 머물러 지표면과 온도, 습도 등의 성질이 비슷한 공기 덩어리를 말한다.

① **기단의 성질**
· 고위도에서 형성된 기단은 한랭하고, 저위도에서 형성된 기단은 온난하다.
· 대륙성 기단은 건조하고, 해양성 기단은 습윤하다.

② **기단의 종류**
· 대륙성 한대 기단 : 주로 겨울에 발달하며 한랭 건조하다. ㉔ 시베리아 기단
· 대륙성 열대 기단 : 주로 봄, 가을에 발달하며 온난 건조하다. ㉔ 양쯔강 기단
· 해양성 한대 기단 : 주로 초여름에 발달하며 한랭 다습하고, 장마 전선을 형성한다.
　　　　　　　　　　 ㉔ 오호츠크해 기단
· 해양성 열대 기단 : 주로 여름에 발달하며 고온 다습하고, 무더위와 열대야를
　　　　　　　　　　 가져온다. ㉔ 북태평양 기단

(2) 우리나라 주변 기단의 영향과 날씨 : 우리나라는 계절에 따라 다른 기단의 영향을 받아 날씨의 변화가 다양하게 나타난다.

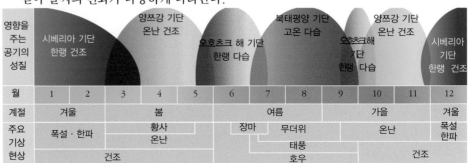

영향을 주는 공기의 성질	시베리아 기단 한랭 건조		양쯔강 기단 온난 건조		오호츠크 해 기단 한랭 다습		북태평양 기단 고온 다습		오호츠크해 기단 한랭 다습	양쯔강 기단 온난 건조		시베리아 기단 한랭 건조
월	1	2	3	4	5	6	7	8	9	10	11	12
계절	겨울		봄			여름				가을		겨울
주요 기상 현상	폭설·한파		황사 온난			장마	무더위 태풍 호우			온난		폭설 한파
	건조									건조		

① **봄, 가을** : 양쯔강 기단의 영향으로 이동성 고기압이 자주 통과하여 날씨 변화가 심하다. 특히, 봄철에는 황사 현상이 발생하고 가을철에는 맑고 선선한 날씨가 나타난다.
② **초여름** : 장마 전선으로 인해 많은 비가 내린다.
③ **여름** : 북태평양 기단의 영향으로 남고 북저형의 기압 배치를 보이며, 적도 기단의 영향으로 열대 해상에서 발생한 태풍이 통과하기도 한다.
④ **겨울** : 시베리아 기단의 영향으로 서고 동저형의 기압 배치를 보인다. 북서 계절풍이 강하게 불고 시베리아 고기압의 확장과 수축에 따라 삼한사온 현상이 나타난다.

(3) 기단의 변질 : 기단이 발생한 지역을 벗어나 이동하면, 통과하는 지표면의 영향으로 성질이 변하여 날씨에 변화를 준다.

▲한랭 기단의 변질　　　　　　▲온난 기단의 변질

기단 하층 가열, 수증기 얻음 → 대기 불안정 → 상승기류 발달 → 적운형 구름 발달 → 소나기 또는 눈	기단 하층 냉각 → 대기 안정 → 상승 기류 억제 → 층운형 구름 또는 안개

개념확인 1

고위도 해양에서 형성된 기단의 성질은 무엇인가?

① 고온 다습　　② 온난 다습　　③ 한랭 다습　　④ 한랭 건조　　⑤ 온난 건조

확인+1

우리나라 봄철에 자주 통과하며 황사를 일으키는 기단은 무엇인지 쓰시오.

(　　　　　　　　　)

○ 기단의 형성
기단은 고기압의 중심에서 수 개월 동안 머물러 있으면서 느린 하강 기류가 발달하여 형성된다.

○ 우리나라 주변의 기단

시베리아 기단
겨울, 한랭 건조

오호츠크 해 기단
초여름, 한랭 다습

양쯔강 기단
봄, 가을
온난 건조

북태평양 기단
여름, 고온 다습

적도 기단
고온 다습, 태풍

○ 기단과 전선
기단은 공기 덩어리가 한 곳에 머무르며 형성되며, 서로 다른 성질을 가진 기단이 만나 전선을 형성한다.

○ 장마 전선
우리나라의 6월 중순부터 7월 중순까지의 우기를 장마라고 한다. 한랭 다습한 오호츠크 해 기단과 고온 다습한 북태평양 기단이 만나 장마 전선을 형성한다.

○ 삼한사온(三寒四溫)
겨울철에 나타나는 3일간 춥고 4일간 따뜻해지는 현상을 말한다. 대체로 시베리아 고기압이 강할 때 3한이, 약해질 때 4온이 나타나며, 기온 변화의 주기는 7일 정도이다.

미니사전

습윤 [濕 젖다 潤 수분]
습기가 많은 것을 의미한다.

적란운 [積 쌓다 亂 어지럽다 雲 구름]
강한 상승 기류로 인해 생기는 구름으로 수직으로 두꺼우며 쌘비구름이라고도 한다.

층운 [層 계단 雲 구름]
약한 상승 기류로 인해 생기는 구름으로 옆으로 퍼져 지평선과 나란히 층모양을 이루며 안개구름이라고도 한다.

2. 전선과 날씨

(1) 전선

① **전선면** : 서로 성질이 다른 공기가 만나면 경계면이 생기는데 그 경계면을 전선면이라고 한다.

② **전선** : 전선면이 지표면과 만나 이루는 선을 전선이라고 한다.

③ **전선 주변의 날씨** : 전선을 경계로 두 공기의 성질이 다르므로 전선이 통과하면서 기온, 기압, 습도 등이 달라져 날씨가 변한다.

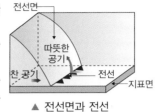

▲ 전선면과 전선

(2) 전선의 종류

① 한랭 전선과 온난 전선

	한랭 전선	온난 전선
모습	적란운 / 따뜻한 공기 / 찬 공기 / 소나기 / 한랭 전선	권운 / 권층운 / 고층운 / 난층운 / 따뜻한 공기 / 온난 전선 / 찬 공기
형성 과정	무거운 찬 공기가 상대적으로 가벼운 따뜻한 공기 아래로 파고들어 형성된다.	가벼운 따뜻한 공기가 상대적으로 무거운 찬 공기 위로 타고 올라 형성된다.
전선면의 기울기	급하다	완만하다
전선의 이동속도	빠르다	느리다
형성되는 구름	적운형(적란운, 적운)	층운형(권층운, 고층운, 난층운)
강수 특징	전선 뒤쪽의 좁은 범위로 소나기성 비	전선 앞쪽의 넓은 범위로 지속적인 비
전선 통과 후 변화	기온 하강, 기압 상승 남서풍 → 북서풍	기온 상승, 기압 하강 남동풍 → 남서풍

② **폐색 전선** : 온대 저기압에서 이동 속도가 상대적으로 빠른 한랭 전선이 온난 전선을 따라가 겹쳐지면서 형성된 전선이다.

온난형 폐색 전선	· 온난 전선 쪽의 공기가 한랭 전선 쪽의 공기보다 더 차가울 때, 한랭 전선면의 공기가 온난 전선면의 공기를 타고 상승하면서 형성된다.	따뜻한 공기 / 한랭 전선면 / 온난 전선면 / 찬 공기 / 더 찬 공기 / 지표면
한랭형 폐색 전선	· 한랭 전선 쪽의 공기가 온난 전선 쪽의 공기보다 더 차가울 때, 한랭 전선면의 공기가 온난 전선면의 공기를 밀어 올리면서 형성된다.	따뜻한 공기 / 한랭 전선면 / 온난 전선면 / 더 찬 공기 / 찬 공기 / 지표면

③ **정체 전선** : 전선을 경계로 찬 기단과 따뜻한 기단의 세력이 비슷하여 이동이 거의 없는 전선이다. 동서 방향으로 길게 구름 띠를 형성하여 많은 비를 내린다. 우리나라 초여름에 형성되는 장마 전선이 이에 해당한다.

개념확인 2

정답 및 해설 02쪽

찬 공기가 따뜻한 공기 밑으로 파고들면서 형성되는 전선면의 기울기는 어떠한지 쓰시오.

( )

확인 + 2

전선에 대한 설명으로 옳은 것은 ○표, 옳지 않은 것은 ×표 하시오.

(1) 한랭 전선면을 따라 적란운이 잘 발달한다. ( )

(2) 우리나라 초여름에 형성되는 장마전선은 폐색 전선에 해당한다. ( )

○ **전선 기호**

전선 위 표시된 돌기의 방향은 전선의 이동 방향이다. 돌기가 난 쪽이 전선의 앞면, 반대쪽이 전선의 후면이다. 한랭 전선은 파란색, 온난 전선은 빨간색으로 표시한다.

▲ 온난 전선

▲ 한랭 전선

▲ 정체 전선

▲ 폐색 전선

○ **전선의 이동 속도**

한랭 전선은 밀도가 큰 찬 공기가 밀도가 작은 따뜻한 공기를 밀면서 이동하므로 이동 속도가 빠르다. 반면, 온난 전선은 밀도가 작은 따뜻한 공기가 밀도가 큰 찬 공기를 타고 올라가기 때문에 이동 속도가 느리다.

○ **전선별 강수 구역**

한랭 전선에서는 전선면의 후면, 온난 전선에서는 전선면의 앞면에 강수대가 형성된다. 정체 전선에서는 찬 공기 쪽으로 강수대가 형성된다.

강수 구역

▲한랭 전선 ▲온난 전선

강수 구역

▲폐색 전선 ▲정체 전선

○ **정체 전선**

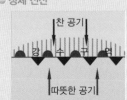

찬 공기

강 수 구 역

따뜻한 공기

3. 기압과 날씨

(1) 고기압과 저기압의 날씨

① **고기압과 주변의 날씨** : 주위보다 기압이 높은 곳으로 하강 기류가 발달하여 고기압 중심부의 공기가 주변으로 불어나가며, 기온이 상승하여 구름이 소멸하고 맑은 날씨가 나타난다.

② **저기압과 주변의 날씨** : 주위보다 기압이 낮은 곳으로 상승기류가 발달하여 주변의 공기가 저기압 중심부로 모여들며, 기온이 하강하여 구름이 생성되고 비가 오거나 흐린 날씨가 나타난다.

▲ 고기압과 바람의 방향(북반구)　　▲ 저기압과 바람의 방향(북반구)

(2) 고기압의 움직임에 따른 분류

정체성 고기압	· 한 곳에 오래 머무르며 이동이 거의 없는 고기압 예 시베리아 고기압, 북태평양 고기압
이동성 고기압	· 정체성 고기압에서 떨어져 나와 생성된 세력이 약한 고기압 · 편서풍을 따라 서에서 동으로 이동한다. 예 양쯔강 고기압

(3) 고기압의 특징에 따른 분류

구분	온난 고기압	한랭 고기압
형성	대기 대순환으로 중위도 상공에 수렴된 공기가 하강하여 형성	고위도에서 차가운 지표면에 의해 냉각된 공기가 침강하여 형성
특징	· 중심부의 온도가 주변보다 높음 · 키 큰 고기압	· 중심부의 온도가 주변보다 낮음 · 키 작은 고기압
예	북태평양 고기압	시베리아 고기압
모식도	· 등압선 전체가 위로 볼록하다.	· 등압선이 한 지점으로 수렴한다.

개념확인 3

다음 빈칸의 ⓐ와 ⓑ를 채우시오.

북반구 지역의 (ⓐ　　　　)에서는 바람이 시계 방향으로 불어 나가고, (ⓑ　　　　)에서는 바람이 반시계 방향으로 불어 들어온다.

확인+3

시베리아 고기압이나 북태평양 고기압의 일부가 떨어져 나와 생성되는 규모가 작은 고기압은 무엇인지 쓰시오.

(　　　　　　　　　)

고기압과 저기압

지표면에서 바람은 고기압 쪽에서 저기압 쪽으로 불기 때문에 고기압에서는 발산하는 하강 기류가, 저기압에서는 수렴하는 상승 기류가 발달한다.

바람이 부는 방향

구분	고기압	저기압
북반구	시계 방향	반시계 방향
남반구	반시계 방향	시계 방향

기류에 따른 구름 변화

· 고기압에서 하강 기류가 발달하면 공기 덩어리가 단열 압축되어 기온이 높아지고 상대 습도가 낮아져 구름이 소멸된다.

· 저기압에서 상승 기류가 발달하면 공기 덩어리가 단열 팽창하여 기온이 낮아지고 상대 습도가 높아져 구름이 형성된다.

단열 압축

단열 상태에서 주위 기압이 증가하면 부피가 감소하는 것이다.

단열 팽창

단열 상태에서 주위 기압이 감소하면 부피가 증가하는 것이다.

미니사전

편서풍[偏 치우치다 西 서쪽 風 바람]
위도 30° ~ 60° 사이에서 일 년 내내 서쪽으로 치우쳐 부는 바람이다. 우리나라는 편서풍대에 속해 있어 온대 저기압을 서쪽에서 동쪽으로 이동시킨다.

수렴 [收 거두다 斂 거두다]
특정 지점으로 모이는 것을 말한다.

발산 [發 피다 散 흩어지다]
수렴의 반대말로 사방으로 퍼져나가는 것을 말한다.

4. 온대 저기압

(1) 온대 저기압 : 중위도의 온대 지방에서 발생하며 전선을 동반한 저기압이다.
  ① 찬 공기와 따뜻한 공기가 만나는 온대 지방에서 발생한다.
  ② 저기압 중심의 남서쪽에 한랭 전선, 남동쪽에 온난 전선을 동반한다.
  ③ 편서풍의 영향을 받아 서에서 동으로 이동한다.
  ④ 온대 저기압의 주에너지원은 기층의 위치 에너지이다.

(2) 온대 저기압의 발생과 소멸

① 찬 공기와 따뜻한 공기가 만나 정체 전선 형성

② 전향력에 의해 반시계 방향으로 파동이 생기고 온난 전선과 한랭 전선으로 분리

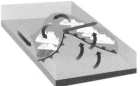

③ 온대 저기압이 발달하여 동쪽으로 이동

④ 이동 속도가 빠른 한랭 전선이 온난 전선 쪽으로 이동, 중심 기압 낮아짐

⑤ 한랭 전선과 온난 전선이 겹쳐지면서 폐색 전선 형성

⑥ 따뜻한 공기는 위로, 찬 공기는 아래로 분리되면서 온대 저기압 소멸

(3) 온대 저기압 주변의 날씨
  ① 온대 저기압은 서에서 동으로 이동하며, 온난 전선 앞쪽을 온난 전선과 한랭 전선이 차례로 통과한다.
  ② 전선의 영향으로 위치에 따라 날씨, 기압, 기온, 풍향이 변한다.

지역	위치	풍향	특징
A	온난 전선 앞쪽	남동풍	· 층운형 구름 · 넓은 지역에 지속적인 비가 내림
B	온난 전선과 한랭 전선 사이	남서풍	· 대체로 맑음 · 기온이 가장 높음
C	한랭 전선 뒤쪽	북서풍	· 적운형 구름 · 좁은 지역에 소나기가 내림
D	저기압 중심	북풍계열	· 상승 기류 발달 · 날씨가 흐림

개념확인4   정답 및 해설 02쪽

온대 저기압에 대한 설명으로 옳은 것은 ○표, 옳지 않은 것은 ×표 하시오.

(1) 온대 저기압이 지나갈 때 온난 전선이 한랭 전선보다 먼저 통과한다. ( )
(2) 온대 저기압의 중심은 기온이 높고 날씨가 맑다. ( )
(3) 온대 저기압은 편서풍의 영향으로 서에서 동으로 이동한다. ( )

확인+4

온대 저기압의 주에너지원은 무엇인가?

( )

사이드바

전향력
지구 자전에 의해 지상에서 운동하는 물체에 나타나는 가상적인 힘이다. 전향력에 의해 물체의 진행 방향이 북반구에서는 오른쪽으로, 남반구에서는 왼쪽으로 휘어진다.

온대 저기압의 주에너지원
찬 공기는 밀도가 커서 아래쪽으로, 따뜻한 공기는 밀도가 작아 위쪽으로 올라가면서 기층 전체의 무게 중심이 내려감에 따라 위치 에너지가 감소한다. 이때 감소한 위치 에너지가 운동 에너지로 전환되어 온대 저기압이 발달한다.

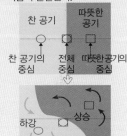

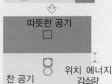

온대 저기압 통과 시 기상변화 양상
· 날씨 : 햇무리 → 이슬비 → 맑음 → 소나기
· 풍향 : 남동풍 → 남서풍 → 북서풍(시계 방향으로 변함)

풍향의 원인
왼쪽 온대 저기압 그림의 A지역에서 동풍, B지역에서 남풍, C지역에서 서풍 대신 각각 남동풍, 남서풍, 북서풍이 부는 이유는 바람이 저기압 중심으로 불어들어가면서 진행방향의 오른쪽으로 휘기 때문이다.

미니사전

햇무리
공기 중의 수증기가 많을 때 태양 주위에 원형의 고리 모양으로 나타나는 빛의 띠이다. 햇무리는 권층운에 동반되어 나타나는데, 권층운은 온난 전선이나 온대 저기압이 접근해 올 때 나타난다.

01 기단에 대한 설명으로 옳은 것만을 〈보기〉에서 있는 대로 고른 것은?

─〈 보기 〉─

ㄱ. 고위도에서 형성된 기단은 따뜻하다.
ㄴ. 기단은 기단이 형성된 지표면의 성질과 유사하다.
ㄷ. 오호츠크해 기단은 온난 건조하며 우리나라의 봄과 가을에 영향을 준다.

① ㄱ   ② ㄴ   ③ ㄱ, ㄴ   ④ ㄴ, ㄷ   ⑤ ㄱ, ㄷ

02 우리나라 주변 기단의 특징과 영향에 대한 설명으로 옳지 않은 것은?

① 장마 전선은 정체 전선에 해당한다.
② 봄과 가을에는 이동성 고기압이 자주 통과하여 날씨 변화가 심하다.
③ 겨울은 한랭 건조한 시베리아 기단의 영향을 받아 차고 건조한 날씨가 나타난다.
④ 우리나라는 계절에 따라 서로 다른 기단의 영향을 받아 날씨의 변화가 다양하다.
⑤ 초여름에 형성되는 장마 전선은 북태평양 기단과 시베리아 기단의 세력이 비슷한 시기에 나타난다.

03 그림과 같이 차가운 공기덩어리가 이동하여 따뜻한 바다 위에 도달할 때 일어날 수 있는 현상을 〈보기〉에서 있는 대로 고른 것은?

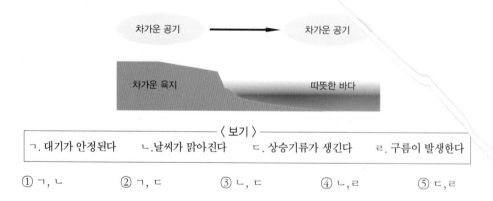

─〈 보기 〉─

ㄱ. 대기가 안정된다   ㄴ. 날씨가 맑아진다   ㄷ. 상승기류가 생긴다   ㄹ. 구름이 발생한다

① ㄱ, ㄴ   ② ㄱ, ㄷ   ③ ㄴ, ㄷ   ④ ㄴ, ㄹ   ⑤ ㄷ, ㄹ

04 다음 두 그림에 해당하는 전선은 각각 무엇인지 쓰시오.

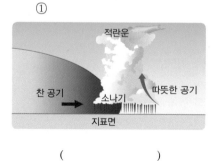

①   ②

(   )   (   )

05 고기압과 저기압에 대한 설명으로 옳지 <u>않은</u> 것은?

① 저기압에서는 상승 기류가 발달한다.
② 고기압에서는 하강 기류가 나타나 날씨가 맑다.
③ 저기압에서는 상대 습도가 높아져 구름이 형성된다.
④ 고기압에서는 공기가 중심부에서 주변으로 불어나간다.
⑤ 북반구 지역의 고기압에서는 바람이 반시계 방향으로 불어나간다.

06 다음의 특징을 나타내는 고기압은 무엇인가?

· 한 곳에 오래 머무르며 이동이 거의 없는 고기압
· 우리나라의 겨울철에 영향을 미치는 시베리아 고기압과 여름철에 영향을 미치는 북태평
 양 고기압이 이에 해당한다.

(　　　　　　)

07 다음은 온대 저기압이 발달하는 과정을 순서 없이 나타낸 것이다.

〈 보기 〉

ㄱ. 찬 공기와 따뜻한 공기가 만나 정체 전선이 형성된다.
ㄴ. 한랭 전선이 온난 전선에 겹쳐지면서 폐색 전선이 형성된다.
ㄷ. 파동이 형성되며 한랭 전선과 온난 전선이 형성된다.
ㄹ. 찬 공기는 아래쪽으로 따뜻한 공기는 위쪽으로 이동하면서 점차 기층이 안정된다.

발달 순서대로 바르게 나열한 것은?

① ㄱ－ㄴ－ㄹ－ㄷ
② ㄱ－ㄷ－ㄴ－ㄹ
③ ㄱ－ㄷ－ㄹ－ㄴ
④ ㄴ－ㄱ－ㄷ－ㄹ
⑤ ㄴ－ㄷ－ㄱ－ㄹ

08 온대 저기압에 대한 설명으로 옳은 것만을 〈보기〉에서 있는 대로 고른 것은?

〈 보기 〉

ㄱ. 온대 저기압은 중위도 온대 지방에서 발생하며 전선을 동반한 저기압이다.
ㄴ. 온대 저기압은 편서풍의 영향으로 인해 동에서 서로 이동한다.
ㄷ. 온대 저기압의 주에너지원은 기층의 위치 에너지이다.
ㄹ. 온대 저기압이 지나갈 때 온난 전선이 한랭 전선보다 먼저 통과한다.

① ㄱ, ㄴ
② ㄱ, ㄷ
③ ㄱ, ㄴ, ㄷ
④ ㄱ, ㄷ, ㄹ
⑤ ㄱ, ㄴ, ㄷ, ㄹ

[유형10-1] 기단과 날씨

다음 그림은 우리나라 주변의 기단에 대한 설명이다.

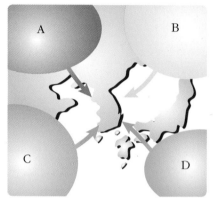

기단	영향 시기	성질	현상
A	겨울	한랭 건조	건조한 날씨, 한파
B	초여름	한랭 다습	장마 전선 형성, 높새바람
C	봄, 가을	온난 건조	이동성 고기압 형성
D	여름	고온 다습	장마 전선 형성, 무더위

각 특징에 해당하는 기단의 이름을 쓰시오.

A (   )   B (   )

C (   )   D (   )

01 다음 중 기단에 대한 설명으로 옳지 <u>않은</u> 것은?

① 대륙성 기단은 건조하다.
② 고위도에서 형성된 기단은 차갑다.
③ 기단은 습도와 온도 등의 성질이 비슷한 공기 덩어리이다.
④ 기단은 공기덩어리가 지표 위에 오랫동안 머물러야 형성된다.
⑤ 기단은 만들어져서 소멸할 때까지 성질이 변하지 않고 유지된다.

02 다음 중 계절에 따른 우리나라 날씨의 특징으로 옳지 <u>않은</u> 것은?

① 봄에는 이동성 고기압의 영향으로 날씨 변화가 심하다.
② 초여름에는 장마 전선이 형성되어 오랫동안 비가 내린다.
③ 여름에는 북태평양 기단의 영향으로 무덥고 습한 날씨가 이어진다.
④ 가을에는 이동성 고기압이 자주 통과하기 때문에 꽃샘추위가 나타난다.
⑤ 겨울에는 시베리아 고기압의 영향으로 한파가 발생하고 북서 계절풍이 분다.

[유형10-2] 전선과 날씨

그림 (가)와 (나)는 성질이 다른 두 기단이 만나서 생기는 전선을 나타낸 것이다.

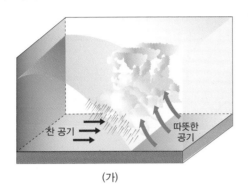

(가)

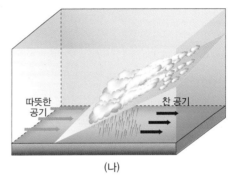

(나)

이에 대한 설명으로 옳지 <u>않은</u> 것은?

① (가)는 한랭 전선, (나)는 온난 전선이다.
② (가)는 (나)보다 전선면의 기울기가 급하다.
③ (가)는 (나)보다 전선의 이동 속도가 느리다.
④ (가)에서는 적운형 구름이 형성되고 (나)에서는 층운형 구름이 형성된다.
⑤ (가)는 전선의 뒤쪽 좁은 범위에 소나기가 내리고 (나)는 전선 앞쪽 넓은 범위에 지속적인 비가 내린다.

03

다음 전선에 관한 설명에서 괄호 안에 들어갈 말을 옳게 짝지은 것은?

> · 온대 저기압에서 발달한 한랭 전선과 온난 전선 중에서 (㉠) 전선은 이동 속도가 더 빨라 두 전선은 겹쳐지게 된다. 이 때 (㉡) 전선이 만들어진다.
>
> · 한랭 전선과 온난 전선의 세력이 비슷한 경우에는 움직이지 않고 한 장소에 머무르게 되는데 이 전선을 (㉢) 전선이라고 한다.

	㉠	㉡	㉢
①	한랭	폐색	정체
②	온난	폐색	정체
③	한랭	정체	폐색
④	온난	정체	폐색
⑤	한랭	폐색	온난

04

다음 그림은 전선 구조의 변화를 나타낸 것이다. A ~ C 지역에 해당하는 전선의 기호로 옳은 것을 고르시오.

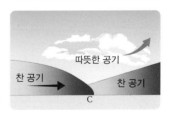

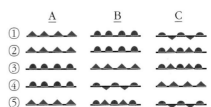

[유형10-3] 기압과 날씨

다음 그림은 어느 지역의 지상 등압선과 풍향(화살표)을 나타낸 것이다.

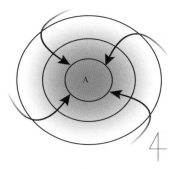

이에 대한 설명으로 옳은 것만을 〈보기〉에서 있는 대로 고른 것은?

〈 보기 〉
ㄱ. 이 지역은 북반구에 위치한다.
ㄴ. 이동성 고기압의 기압 분포이다.
ㄷ. A지점으로 갈수록 기압이 낮아진다.
ㄹ. 이 지역은 흐리고 비나 눈이 내리기도 한다.

① ㄱ, ㄴ   ② ㄱ, ㄷ   ③ ㄱ, ㄴ, ㄷ   ④ ㄱ, ㄷ, ㄹ   ⑤ ㄴ, ㄷ, ㄹ

05

다음 그림은 서로 다른 등압선 분포를 나타낸 것이다.

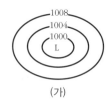

(가)   (나)

그림 (가)와 (나)에 관한 설명으로 옳은 것만을 〈보기〉에서 있는 대로 고른 것은?

〈 보기 〉
ㄱ. (가)는 바람이 중심에서 불어나간다.
ㄴ. (가)는 중심에서 상승 기류가 생긴다.
ㄷ. (나)는 구름이 적고 맑은 날씨가 된다.
ㄹ. 북반구에서는 (나)의 중심에서부터 바람이 반시계방향으로 불어나간다.

① ㄱ, ㄴ   ② ㄱ, ㄷ   ③ ㄴ, ㄷ
④ ㄴ, ㄹ   ⑤ ㄷ, ㄹ

06

다음 그림은 어느 지역에서 발달한 고기압의 등압선 분포를 나타낸 것이다.

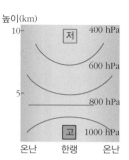

이에 대한 설명으로 옳은 것만을 〈보기〉에서 있는 대로 고른것은?

〈 보기 〉
ㄱ. 키 작은 고기압으로 온난 고기압이다.
ㄴ. 이 고기압의 예로 시베리아 고기압이 있다.
ㄷ. 지표의 냉각에 의해 생기며 중심부의 온도가 낮다.

① ㄱ   ② ㄷ   ③ ㄱ, ㄴ
④ ㄴ, ㄷ   ⑤ ㄱ, ㄱ, ㄷ

[유형10-4] 온대 저기압

다음은 온대 저기압의 발생에서 소멸까지의 과정 중 일부를 순서 없이 나타낸 것이다.

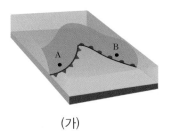
(가)

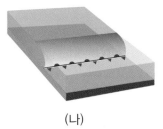
(나)

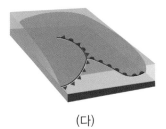
(다)

이에 대한 설명으로 옳은 것만을 〈보기〉에서 있는 대로 고른 것은?

〈 보기 〉

ㄱ. (나)에서는 폐색 전선이 형성되었다.
ㄴ. 온대 저기압의 발달 순서는 (나) ⇨ (가) ⇨ (다)이다.
ㄷ. (가)에서 천둥과 번개는 A보다 B부근에서 발생할 가능성이 더 크다.

① ㄱ　　　　② ㄴ　　　　③ ㄱ, ㄴ　　　　④ ㄴ, ㄷ　　　　⑤ ㄱ, ㄴ, ㄷ

07 다음 그림은 우리나라 부근을 지나는 온대 저기압에 동반된 전선을 나타낸 것이다.

이에 대한 설명으로 옳은 것만을 〈보기〉에서 있는 대로 고른것은?

〈 보기 〉

ㄱ. (가)는 (나)보다 강한 비를 동반한다.
ㄴ. (가)는 전선 앞쪽에 (나)는 전선 뒤쪽에 비가 내린다.
ㄷ. A 지역은 (나)가 통과하고 나서 풍향이 남동풍에서 남서풍으로 변한다.

① ㄱ　　　② ㄴ　　　③ ㄷ
④ ㄱ, ㄷ　　　⑤ ㄴ, ㄷ

08 다음 그림은 우리나라 부근에 발달한 온대 저기압의 모습을 나타낸 것이다.

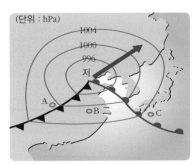

이에 대한 설명으로 옳은 것을 고르시오.

① A 지역에서는 층운형 구름이 발달한다.
② B 지역은 현재 날씨가 맑고 남서풍이 분다.
③ A 지역은 기온이 낮고 지속적으로 약한 비가 내린다.
④ C 지역에서는 풍향이 반시계 방향으로 변해 갈 것이다.
⑤ C 지역은 현재 북서풍이 강하게 불고 소나기가 집중적으로 내린다.

01 다음 그림은 찬 기단과 따뜻한 기단이 만나서 서로 연직 운동을 하고 있을 때의 모습이다. 다음 물음에 답하시오.

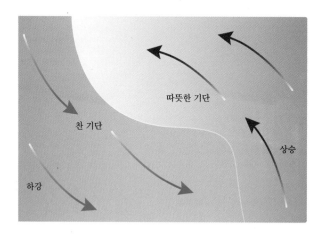

(1) 찬 기단이 따뜻한 기단 아래로 내려갈 때 기단 전체의 에너지 변화를 서술하시오.

(2) 이 과정에서 기단의 전체 무게 중심이 15 m 낮아졌을 때 풍속을 구하시오. (단, 위치 에너지가 모두 운동 에너지로 변환되었다고 가정한다. 중력 가속도는 10 m/s²으로 한다.)

02

다음 그림은 북반구 어느 지역의 등압선도를 나타낸 것이다. 다음 물음에 답하시오.

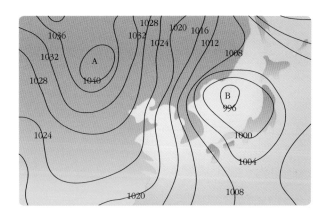

(1) A와 B 지역에서 바람의 방향과 공기의 연직 운동을 아래 등압선 그림에 표현해 보시오.

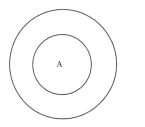 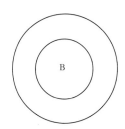

(2) 고기압과 저기압에서 바람은 등압선에 수직으로 불지 않고 휘어져 분다. 이와 같은 현상이 일어나는 가장 중요한 원인은 무엇인지 쓰시오.

(3) 고기압에서 날씨가 맑아지는 이유와 저기압에서 날씨가 흐리고 비가 오는 이유를 공기의 상승, 하강과 관련하여 서술하시오.

03 그림 (가)는 우리나라에 영향을 주는 대표적인 기단의 위치를 나타낸 것이고, 그림 (나)는 그 기단들의 성질을 도식적으로 나타낸 것이다. 다음 물음에 답하시오.

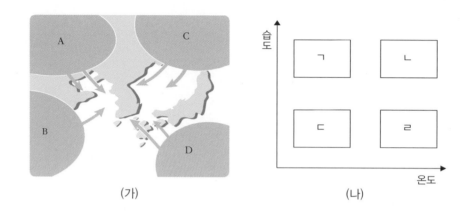

(가)   (나)

(1) 그림 (가)의 기단 A ~ D 와 그에 해당하는 성질을 그림 (나)의 ㄱ ~ ㄹ 에서 찾아 바르게 짝 지으시오. (단, 기단의 성질은 상대적으로 비교한 것이다.)

(2) 다음은 어느 해 7월 10일에 발표된 일기 예보의 일부이다.

> 특히 오늘 밤부터 내일 사이 장마 전선이 남해안에 접근하면서 제주도와 지리산 일대 등 남해안 지방을 중심으로 강한 바람과 비가 내일 예정입니다. 해안가와 지리산 등지에 머물러 있는 야영 객들은 비, 바람에 의한 피해가 없도록 안전 관리에 주의해야 합니다.

위의 일기 예보와 관련하여 7월 10일과 7월 11일 사이 우리나라 남해안에 영향을 주는 기단 2 개를 (가)에서 고르고, 그렇게 고른 이유를 설명하시오.

04 그림 (가)는 어느 해 5월 1일 12시 우리나라 주변의 일기도이고, 그림 (나)는 그 다음 날인 5월 2일 12시의 일기도이다. 다음 물음에 답하시오.

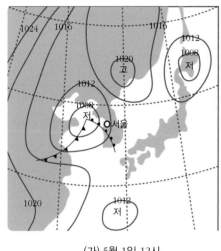

(가) 5월 1일 12시   (나) 5월 2일 12시

(1) 하루 동안 온대 저기압 중심의 이동 방향과 그 이유를 설명하시오.

(2) 이 기간 동안 서울 지역의 풍향, 일기, 기압, 기온 등의 날씨 변화를 서술하시오.

01 다음 중 기단에 대한 설명으로 옳지 <u>않은</u> 것은?

① 대륙에서 만들어진 기단은 대체로 건조하다.
② 기단은 고기압의 중심에서 느린 하강 기류가 발생하여 형성된다.
③ 넓은 지역에 걸쳐 기온, 습도 등이 비슷한 커다란 공기 덩어리를 기단이라고 한다.
④ 바다 위에서 형성된 기단은 대체로 수증기를 많이 포함하여 습윤한 성질을 띠고 있다.
⑤ 기단은 만들어진 장소에서 이동하지 않고 계속해서 머물러 있으므로 소멸할 때까지 일정한 성질을 유지한다.

02 다음 빈칸에 알맞은 말을 고르시오.

> 한랭한 기단이 바다를 지나 따뜻한 지방으로 이동하면 기단의 하층이 가열되어 기층이 (㉠ 안정. ㉡ 불안정)해지고, (㉠ 적란운, ㉡ 층운)이 생성된다.

03 다음 그림은 칸막이를 한 수조의 양쪽 칸에 서로 다른 색의 물감을 탄 찬물과 더운물을 넣은 후, 칸막이를 서서히 들어 올리면서 물의 움직임을 관찰하는 실험을 나타낸 것이다.

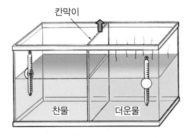

이 실험을 통해 알 수 있는 원리는 무엇인가?

① 해륙풍　　　　　　② 구름의 생성
③ 포화 수증기량　　　④ 전선과 전선면
⑤ 고기압과 저기압

04 한랭 전선과 온난 전선의 특징을 비교한 것으로 옳은 것은?

	구분	한랭 전선	온난 전선
①	비의 종류	지속적인 비	소나기성 비
②	구름의 종류	층운형	적운형
③	강수 위치	전선 뒤	전선 앞
④	전선면의 기울기	완만하다	급하다
⑤	전선의 이동 속도	느리다	빠르다

05 다음 내용의 괄호 안에 들어갈 말을 쓰시오.

> 성질이 다른 두 기단이 만나는 경계면을 (　㉠　)이라고 하고, (　㉠　)이 지표면과 만나 이루는 경계선을 (　㉡　)이라고 한다.

㉠ : (　　　　　　)　　㉡ : (　　　　　　)

06 다음 전선에 대한 설명으로 옳은 것은 ○표, 옳지 않은 것은 ×표 하시오.

(1) 한랭 전선은 온난 전선보다 전선의 이동 속도가 빠르다. 　　　　　　　　　(　　　)
(2) 한랭 전선은 온난 전선보다 전선면의 기울기가 완만하다. 　　　　　　　(　　　)
(3) 우리나라의 여름철에 형성되는 장마 전선은 폐색전선에 해당한다. 　　　　(　　　)
(4) 기단이 이동함에 따라 전선과 전선면도 이동한다. 　　　　　　　　　(　　　)

07 다음 그림은 어느 전선의 단면을 나타낸 것이다.

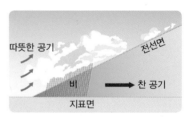

이 전선에 대한 설명으로 옳은 것은?

① 적운형 구름이 생긴다.
② 전선면의 기울기가 급하다.
③ 전선의 이동 속도가 빠르다.
④ 넓은 지역에 걸쳐 비가 내린다.
⑤ 전선이 통과한 후 기압이 높아진다.

08 저기압의 일반적인 특징이 <u>아닌</u> 것은?

① 주위보다 기압이 낮다.
② 중심부에는 날씨가 흐리다.
③ 중심부에 하강 기류가 생긴다.
④ 중심부의 공기가 단열 팽창한다.
⑤ 바람이 주변에서 중심부로 불어 들어간다.

09 아래의 그림은 우리나라에 영향을 미치는 대표적인 4개의 기단을 상대적인 기온과 습도에 따라 A ~ D 로 구분한 것이다.

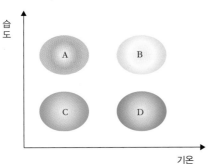

이에 대한 설명으로 옳은 것만을 〈보기〉에서 있는 대로 고른 것은?

─── 〈 보기 〉───
ㄱ. C 와 D 는 해양성 기단이다.
ㄴ. A 는 B 보다 고위도에서 생성된 기단이다.
ㄷ. 초여름 장마 기간에 B 와 D 의 영향을 받는다.
ㄹ. C 가 황해를 건너 우리나라 쪽으로 이동하면 서해안에 폭설이 내리기도 한다.

① ㄱ, ㄴ   ② ㄱ, ㄷ   ③ ㄱ, ㄹ
④ ㄴ, ㄷ   ⑤ ㄴ, ㄹ

10 다음 그림은 온대 저기압 중심 근처의 어느 지역에서 시간에 따른 기온, 기압 및 바람의 변화를 나타낸 것이다.

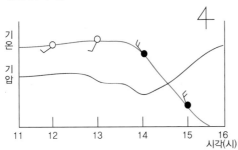

이에 대한 해석으로 옳은 것만을 〈보기〉에서 있는 대로 고른 것은?

─── 〈 보기 〉───
ㄱ. 이 지역을 통과한 전선은 한랭 전선이다.
ㄴ. 15시에서 16시 사이에 전선이 통과하였다.
ㄷ. 이 지역에는 12~13시보다 14~15시에 강수량이 많았다.

① ㄱ   ② ㄷ   ③ ㄱ, ㄷ
④ ㄴ, ㄷ   ⑤ ㄱ, ㄴ, ㄷ

B

11 다음은 전선의 종류와 온대 저기압을 나타낸 그림이다.

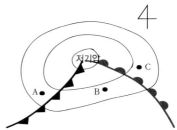

다음 〈보기〉의 (가)와 (나)에 해당하는 지역을 위 그림의 A ~ C 중에서 알맞게 고른 것은?

─── 〈 보기 〉───
· (가) 지역 : 적운형 구름이 발달해 소나기가 내린다.
· (나) 지역 : 층운형 구름이 생성되고 넓은 지역에 걸쳐 흐리거나 이슬비가 내린다.

	(가) 지역	(나) 지역
①	A	B
②	A	C
③	B	A
④	C	B
⑤	C	A

12 한랭 전선이 우리나라를 통과할 때, 우리나라에서 풍향은 어떻게 변화하는가?

① 남서풍 ⇨ 북동풍
② 남서풍 ⇨ 북서풍
③ 남동풍 ⇨ 남서풍
④ 북동풍 ⇨ 북서풍
⑤ 북서풍 ⇨ 남동풍

13 다음 〈보기〉의 기단을 아래 (1)~(4)의 특성에 따라 분류하여 해당하는 것을 기호로 각각 2개씩 쓰시오.

─── 〈 보기 〉───
ㄱ. 양쯔강 기단   ㄴ. 시베리아 기단
ㄷ. 오호츠크 해 기단   ㄹ. 북태평양 기단

(1) 한대 기단 : (   )
(2) 열대 기단 : (   )
(3) 대륙성 기단 : (   )
(4) 해양성 기단 : (   )

14 온난 전선에 대한 설명으로 옳은 것만을 〈보기〉에서 있는 대로 고른 것은?

〈 보기 〉

ㄱ. 따뜻한 공기가 찬 공기 위로 올라가면서 형성된다.
ㄴ. 전선이 지나가면 기온은 낮아지고 기압은 높아진다.
ㄷ. 전선면의 경사가 급하며 강한 상승기류를 발달시킨다.
ㄹ. 층운형 구름이 넓게 발달하며 약한 비가 오랫동안 내린다.

① ㄱ, ㄴ   ② ㄱ, ㄹ   ③ ㄴ, ㄷ
④ ㄴ, ㄹ   ⑤ ㄷ, ㄹ

15 다음 그림은 온대 저기압을 나타낸 것이다.

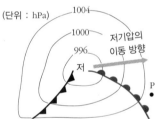

P 지점의 날씨에 대한 설명으로 옳은 것을 모두 고르시오. (2개)

① 현재 따뜻하고 날씨가 맑다.
② 현재 넓은 지역에 이슬비가 내리고 있다.
③ 풍향이 남동풍에서 남서풍으로 바뀔 것이다.
④ 온난 전선이 통과한 후 기온이 낮아질 것이다.
⑤ 온난 전선의 영향을 받아 소나기가 내릴 것이다.

16 다음은 북반구에서 온대 저기압이 통과할 때 온대 저기압 중심 근처의 한 지역에서 날씨 변화를 순서 없이 나열한 것이다.

〈 보기 〉

ㄱ. 맑고 따뜻한 날씨가 지속된다.
ㄴ. 소나기가 내린 후 기온이 내려간다.
ㄷ. 층운이 생기고 약한 이슬비가 내린다.
ㄹ. 바람이 남동풍에서 남서풍으로 바뀐다.

이 지역에 나타나는 날씨의 변화를 순서대로 나열하시오.

(   ) ⇨ (   ) ⇨ (   ) ⇨ (   )

17 다음은 지표면의 어느 지역에 바람이 부는 것을 나타낸 그림이다.

이에 대한 설명으로 옳은 것만을 〈보기〉에서 있는 대로 고른 것은?

〈 보기 〉

ㄱ. 북반구의 저기압 지역이다.
ㄴ. 중심으로 갈수록 기압이 낮아진다.
ㄷ. 바람은 중심에서 바깥쪽을 향해 시계 방향으로 분다.
ㄹ. 하강 기류로 인해 기온이 상승하고 날씨가 맑아진다.

① ㄱ, ㄴ   ② ㄴ, ㄷ   ③ ㄷ, ㄹ
④ ㄱ, ㄴ, ㄷ   ⑤ ㄱ, ㄴ, ㄷ, ㄹ

18 다음 그림은 우리나라에 영향을 주는 대표적인 기단을 나타낸 것이다.

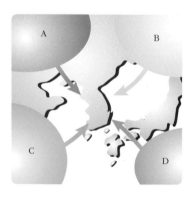

이에 대한 설명으로 옳은 것은?

① A 는 B 보다 습도가 높다.
② C 는 온난 건조한 성질을 지닌다.
③ A 의 세력이 강하면 폭염이 발생할 수 있다.
④ D 가 영향을 주는 계절에는 황사가 나타난다.
⑤ 초여름 장마 전선에 영향을 주는 것은 B 와 C 이다.

19 다음은 2011년 1월의 어느 날 우리나라 서해안에 눈이 내린 원인을 설명한 보도 자료이다.

> 한기를 동반한 대륙 고기압이 확장하며 서해안에 많은 눈이 내렸다. 일반적으로 겨울철 한파가 올 때에 구름 분포를 보면, 한기가 남하하면서 해상을 통과할 때 구름이 바람 방향을 따라 발생한다. 이번에 서해안에 많은 눈을 내리게 한 구름은 이러한 과정을 통해서 만들어진 것이다.

이에 대한 설명으로 옳은 것만을 〈보기〉에서 있는 대로 고른 것은?

〈 보기 〉
ㄱ. 이날 서해에 보이는 구름은 대부분 권층운이다.
ㄴ. 눈을 만든 수증기는 대부분 대륙 고기압의 발원지에서 공급된 것이다.
ㄷ. 대륙 고기압의 확장에 의해 서해를 지나는 공기는 하층이 불안정해진다.

① ㄱ   ② ㄷ   ③ ㄱ, ㄴ
④ ㄱ, ㄷ   ⑤ ㄴ, ㄷ

20 다음 수업 내용에서 우리나라 주변의 기단에 관한 선생님의 질문에 바르게 대답한 학생을 모두 고른 것은?

> 기단 ┬ 시베리아 기단 ― 대륙성 한대 기단
>   ├ 북태평양 기단 ― 해양성 열대 기단
>   └ (가) ― 해양성 한대기단
>
> ▶ 선생님 : (가)의 특징에 대해 발표해 볼까요?
> ▷ 지훈 : 한랭한 기단으로 서해안 지역에 눈을 내립니다.
> ▷ 준영 : 바다에서 생성된 한랭하고 습윤한 기단입니다.
> ▷ 지민 : 봄 날씨를 지배하며 황사를 만드는 원인이 됩니다.
> ▷ 민혁 : 초여름에 세력이 확장되어 북태평양 기단과 함께 장마를 지게 합니다.

① 지훈, 준영   ② 지훈, 지민
③ 지훈, 민혁   ④ 준영, 민혁
⑤ 지민, 민혁

21 다음 스무고개 놀이에서 (가)에 들어갈 내용으로 옳은 것은?

> 선생님 : 자, 선생님이 기압의 한 종류를 생각하고 있어요. 무엇인지 질문을 통해 맞춰 보세요.
> ⇩
> 학생 : 바람이 중심부를 향해 불어 들어가나요?
> 선생님 : 네
> ⇩
> 학생 : 중위도 온대지방에서 발생합니까?
> 선생님 : 네
> ⇩
> 학생 : 전선을 동반합니까?
> 선생님 : 네
> ⇩
> 학생 : 주 에너지원은 기층의 위치 에너지입니까?
> 선생님 : 네
> ⇩
> 학생 : 알겠어요. 이것은 (가) 입니다.
> 선생님 : 정답입니다.

① 열대 저기압   ② 온대 저기압
③ 한랭 고기압   ④ 온난 고기압
⑤ 정체성 고기압

22 그림 (가), (나), (다)는 여러 전선의 모양을 나타낸 것이다.

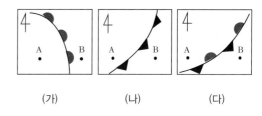

(가)   (나)   (다)

그림에서 A 지역이 B 지역보다 기온이 낮은 것을 모두 고른 것은?

① (가)   ② (나)   ③ (다)
④ (가), (나)   ⑤ (나), (다)

23 다음 그림은 북반구의 어느 지역에서 기압 차에 의해 나타나는 공기의 흐름을 나타낸 것이다.

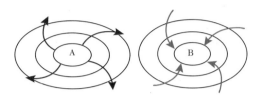

이에 대한 설명으로 옳은 것만을 〈보기〉에서 있는 대로 고른 것은?

〈 보기 〉

ㄱ. A는 고기압이고 B는 저기압이다.
ㄴ. B의 중심부에서는 상승 기류가 발달하여 날씨가 맑다.
ㄷ. A의 중심부에서는 시계 방향으로 방향이 불어 나가고 구름이 형성되어 흐리다.

① ㄱ   ② ㄴ   ③ ㄷ
④ ㄱ, ㄴ   ⑤ ㄱ, ㄴ, ㄷ

24 그림은 우리나라의 어느 지역에서 온대 저기압이 통과하는 동안 시간별로 풍향과 풍속을 점으로 나타낸 것이다.

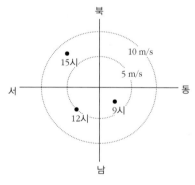

이에 대한 설명으로 옳은 것만을 〈보기〉에서 있는 대로 고른 것은?

〈 보기 〉

ㄱ. 9시에서 12시 사이에 소나기가 내렸다.
ㄴ. 12시에서 15시 사이에 온난 전선이 통과하였다.
ㄷ. 온대 저기압이 통과하는 동안 풍향은 시계 방향으로 변화하였다.

① ㄱ   ② ㄷ   ③ ㄱ, ㄴ
④ ㄱ, ㄷ   ⑤ ㄴ, ㄷ

25 다음 그림은 시베리아 기단이 따뜻한 바다 위를 이동할 때에 성질 변화 과정을 나타낸 것이다.

이에 대한 설명으로 옳은 것만을 〈보기〉에서 있는 대로 고른 것은?

〈 보기 〉

ㄱ. 시베리아 기단은 이동하면서 상승 기류를 발달 시킨다.
ㄴ. 시베리아 기단은 이동하면서 점차 불안정해지고 수증기를 잃는다.
ㄷ. 겨울철 우리나라 서해안 지방에 폭설을 내리게 하는 원인 중의 하나이다.

① ㄱ   ② ㄴ   ③ ㄷ
④ ㄱ, ㄷ   ⑤ ㄴ, ㄷ

26 그림은 온대 저기압의 발달 과정 중 서로 다른 시기의 모습을 나타낸 것이다.

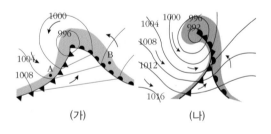

(가)   (나)

이에 대한 설명으로 옳은 것만을 〈보기〉에서 있는 대로 고른 것은?

〈 보기 〉

ㄱ. 온대 저기압의 세력은 (가)가 (나)보다 강하다.
ㄴ. 그림(가)에서 A구역에는 소나기성 비, B구역에는 지속적인 비가 내린다.
ㄷ. 그림 (나)에서 이동 속도가 빠른 한랭 전선이 온난 전선을 따라가 겹쳐져 정체 전선이 나타났다.

① ㄱ   ② ㄴ   ③ ㄷ
④ ㄱ, ㄷ   ⑤ ㄴ, ㄷ

27 다음 그림은 온대 저기압이 발달하여 폐색 전선을 형성한 모습을 나타낸 것이다.

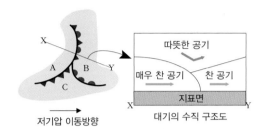

왼쪽 그림의 A ~ C 지역에서 기온이 높은 곳부터 순서대로 바르게 배열한 것은?

① A − B − C
② A − C − B
③ B − C − A
④ C − A − B
⑤ C − B − A

28 다음 그림은 우리나라 초여름과 겨울철의 어느 날 일기도를 각각 순서 없이 나타낸 것이다.

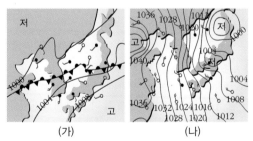

(가)   (나)

이에 대한 설명으로 옳은 것만을 〈보기〉에서 있는 대로 고른 것은?

〈 보기 〉

ㄱ. (가)는 겨울철의 일기도이다.
ㄴ. 일평균 기온은 (가)보다 (나)에서 더 높았을 것이다.
ㄷ. (가)에 영향을 주는 기단은 다습하고 (나)에 영향을 주는 기단은 건조하다.

① ㄱ   ② ㄷ   ③ ㄱ, ㄴ
④ ㄱ, ㄷ   ⑤ ㄴ, ㄷ

29 그림(가)와 (나)는 12시간 간격으로 작성된 우리나라 주변 일기도를 순서 없이 나타낸 것이다.

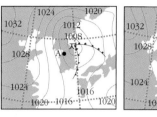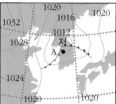

(가)   (나)

이에 대한 설명으로 옳은 것만을 〈보기〉에서 있는 대로 고른 것은?

〈 보기 〉

ㄱ. (가)는 (나)보다 12시간 전의 일기도이다.
ㄴ. 이 기간 동안 온대 저기압의 세력은 강해졌다.
ㄷ. 이 기간 동안 A지역의 풍향은 북서풍에서 남서풍으로 바뀌었다.

① ㄱ   ② ㄴ   ③ ㄷ
④ ㄱ, ㄴ   ⑤ ㄴ, ㄷ

30 그림 (가)는 어느 날 12시 우리나라 부근에 위치한 온대 저기압을, (나)는 이날 A, B, C 중 한 지점에서 서로 다른 시각에 관측한 풍향과 풍속을 점으로 나타낸 것이다.

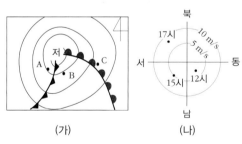

(가)   (나)

이에 대한 설명으로 옳은 것만을 〈보기〉에서 있는 대로 고른 것은?

〈 보기 〉

ㄱ. 그림 (나)는 B에서 관측한 것이다.
ㄴ. 12시에 C에서의 풍속은 5 m/s보다 크다.
ㄷ. 그림 (가)에서 구름의 두께는 A보다 C에서 얇다.
ㄹ. 온난 전선이 C를 통과하는 동안 이 지점의 풍향은 시계 방향으로 바뀐다.

① ㄱ, ㄴ   ② ㄱ, ㄹ   ③ ㄴ, ㄷ
④ ㄷ, ㄹ   ⑤ ㄱ, ㄴ, ㄷ

1. 태풍의 발생과 소멸

(1) 태풍의 발생 : 저위도의 해수면의 온도가 상승하여 발생한 막대한 양의 수증기가 물방울로 응결되면서 잠열을 방출한다. 이때 강한 상승 기류가 발생하여 태풍으로 발달한다.

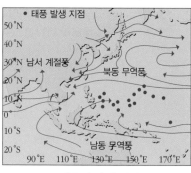

▲ 태풍의 발생 지점

(2) 태풍의 발생 조건

① **해수면의 온도가 약 27 ℃ 이상인 열대 해상** : 고온 다습한 공기가 상승하면서 그 안의 수증기가 응결하여 막대한 잠열을 방출한다.

② **위도 5˚ ~ 25˚ 사이의 지역** : 전향력의 영향으로 태풍 초기 소용돌이가 발생할 수 있다.

(3) 태풍의 이동 : 태풍은 발생 초기에는 편동풍의 영향으로 북서쪽으로 이동하다가 북위 25˚ ~ 30˚에 이르면 편서풍의 영향으로 방향을 바꿔 북동쪽으로 이동한다. 이때 북동쪽으로 전향된 태풍은 태풍의 진행 방향과 편서풍이 부는 방향이 같아 이동 속도가 빨라진다.

① **북태평양 고기압의 세력에 따른 이동 경로**

· 북태평양 고기압의 세력이 강할 때 : 중국 내륙으로 상륙하는 경우가 많다.

· 북태평양 고기압의 세력이 약할 때 : 일본 동쪽 해상으로 빠지는 경우가 많다.

② **계절에 따른 이동 경로**

· 겨울 ~ 초여름 : 북서 방향으로 진행하는 경우가 많다.

· 여름 ~ 가을 : 북동 방향으로 진행하는 경우가 많다.

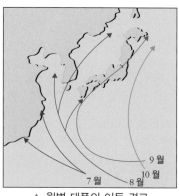

▲ 월별 태풍의 이동 경로

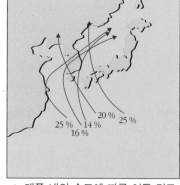

▲ 태풍 내의 습도에 따른 이동 경로

(4) 태풍의 소멸 : 태풍이 육지에 상륙하거나 해수면 온도가 낮은 해상을 지나면 고온 다습한 공기의 공급이 어렵고, 지표에 의한 마찰의 증가로 인해 에너지를 급격히 소비하여, 풍속이 급격히 감소하고, 중심 기압이 급격히 상승하기 때문에 세력이 약해지면서 온대 저기압으로 변해 소멸하게 된다.

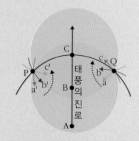
개념확인 1

태풍은 해수면의 온도가 약 (㉠) 이상인 열대 해상과 위도 (㉡) 사이의 지역에서 발생한다.

㉠ (   )

㉡ (   )

확인+1

태풍이 육지에 상륙하거나 해수면 온도가 낮은 해상을 지나면 (㉠)한 공기의 공급이 어렵고, 지표에 의한 (㉡)의 증가로 인해 풍속이 급격히 감소하여, 중심 기압이 급격히 상승하기 때문에 세력이 약해지면서 (㉢)으로 변해 소멸하게 된다.

㉠ (   ), ㉡ (   ), ㉢ (   )

2. 태풍의 규모와 구조

(1) **태풍의 규모** : 태풍의 반지름은 약 100 ~ 500 km 이고, 높이는 약 15 km 이며, 강한 상승 기류로 인해 중심으로 갈수록 두꺼운 적운형 구름이 생성된다.

(2) **태풍의 눈** : 반지름이 약 10 ~ 50 km 인 태풍의 중심부에서는 하강 기류에 의해 구름이 없고 바람이 약한 맑은 날씨를 보이는 곳이 생기는데, 이곳을 태풍의 눈이라고 한다.

(3) **태풍의 구조**

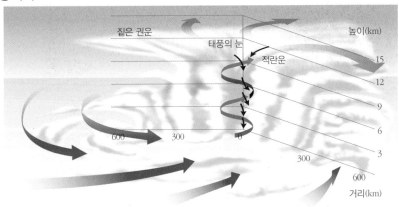

(4) **위험 반원과 안전 반원** : 북반구에서 태풍이 진행할 때 태풍의 진행 방향에 대해 오른쪽 (남반구는 왼쪽) 반원을 위험 반원이라 하고, 왼쪽(남반구는 오른쪽) 반원을 안전 반원(가항 반원)이라고 한다.

① **위험 반원** : 태풍을 진행시키는 무역풍과 편서풍의 풍향이 태풍 자체의 풍향과 일치하여 풍속이 강하고 파고가 높다. 따라서 위험 반원에서는 태풍에 의한 피해가 상대적으로 더 크다.

② **안전 반원(가항 반원)** : 태풍을 진행시키는 무역풍과 편서풍의 방향이 태풍 자체의 풍향과 반대가 되어 바람이 서로 상쇄되므로 풍속이 상대적으로 약하다. 따라서 안전 반원 (가항 반원)에서는 태풍에 의한 피해가 상대적으로 적다.

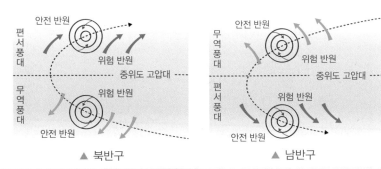

▲ 북반구   ▲ 남반구

개념확인2   정답 및 해설 07쪽

태풍은 (㉠)과 (㉡)에 의해 포물선을 그리며 북상하는데, 북반구에서 태풍 진행 방향에 대해 오른쪽(남반구는 왼쪽) 반원을 (㉢) 반원, 왼쪽(남반구는 오른쪽) 반원을 (㉣) 반원이라고 한다.

㉠ (   ), ㉡ (   ), ㉢ (   ), ㉣ (   )

확인+2

오른쪽 그림은 태풍의 이동 경로를 나타낸 것이다. A 지역에서 태풍의 이동 경로에 영향을 주는 바람은 무엇인가?

(   )

● 태풍의 풍속 분포

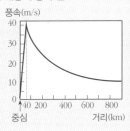

● 태풍의 기압 분포

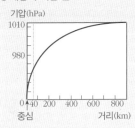

● 태풍의 등압선

조밀한 등압선

● 태풍의 진행 방향과 풍속

태풍 중심의 풍속 : 130 km/h
태풍의 이동 속도 : 30 km/h

● 태풍에 의한 피해

· 직접적인 피해 : 강풍에 의한 파손 및 강수에 의한 침수 등
· 간접적인 피해 : 파도와 해일에 의한 피해, 홍수, 산사태 등

번개와 천둥

·번개 : 구름이 발달하는 과정에서 구름 상부는 (+)전하, 구름 하부는 (−)전하로 대전된다. 구름 하부가 (−)전하로 대전되고 나면, (−)전하는 (+)전하를 잡아당겨 지표면은 (+)전하로 대전된다. 대전된 전하량이 점점 누적되어 많아지면 대전된 전하들이 서로의 당기는 힘이 강해져서 공기를 뚫고 이동하게 된다. 이때 번쩍하는 번개가 일어난다.

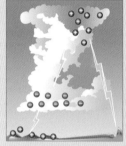

▲ 뇌운의 전하 분포

·천둥 : 번개가 치는 과정에서 그 주변의 공기 입자들은 순간적으로 30,000 ℃ 까지 상승한다. 이 열에너지에 의해 가열된 주변 공기의 부피가 폭발적으로 팽창하면서 소리가 발생한다.

○ 낙뢰

(+)전하와 (−)전하로 나뉜 구간은 구름과 지표면 사이도 존재하지만, 구름과 구름 사이에도 존재한다. 이로 인해 구름 내부에서 번개가 치기도 하고, 구름에서 지표면으로 번개가 치기도 한다. 지표면에 떨어진 번개를 낙뢰라 한다.

3. 다양한 기상 현상 1

(1) **뇌우** : 강한 상승 기류에 의해 뇌운(적란운)이 발달하면서 천둥, 번개와 함께 소나기가 내리는 현상이다.

(2) **뇌우의 발생** : 공기가 상승하게 되면 온도가 내려가고, 온도가 낮은 기체 상태의 수증기가 액체로 응결되면서 구름이 생성된다. 이때 상승 기류가 매우 강하면 많은 양의 수증기가 응결되기 때문에 구름이 크게 형성된다. 뇌운을 만들어 내는 강한 상승 기류가 생기는 환경은 다음과 같다.

① 일정한 지역이 강한 햇빛을 받아 가열된 공기가 활발하게 상승할 때
② 한랭 전선에서 따뜻한 공기가 찬 공기 위로 빠르게 상승할 때
③ 발달한 온대 저기압이나 태풍 등에 의한 강한 상승 기류가 일어날 때

▲ 물이 천천히 증발하는 경우   ▲ 물이 빠르게 증발하는 경우

(3) **뇌우의 발달 과정** : 뇌우가 형성되는 과정은 크게 세 단계가 있다.

① **적운 단계** : 지표면의 공기가 가열되면서 강한 상승 기류가 형성된다. 상승한 공기에 들어 있던 수증기는 낮아진 온도로 인해 응결되면서 구름을 형성하고 강한 상승 기류로 인해 적운이 발달한다.
② **성숙 단계** : 따뜻한 공기의 상승과 함께 차가운 공기가 하강한다. 하강하는 찬 공기는 강한 돌풍과 함께 천둥, 번개, 소나기를 동반한다.
③ **소멸 단계** : 지표면이 냉각되면 상승 기류가 약해지고, 하강 기류가 주도하게 된다. 상승 기류를 통해 수증기가 계속 공급되지 못하면서 뇌운은 점점 소멸된다.

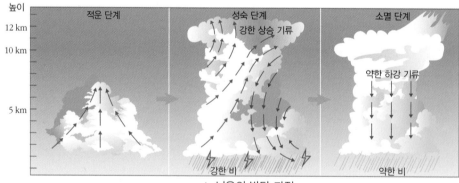

▲ 뇌우의 발달 과정

개념확인 3

뇌우는 강한 상승 기류에 의해 (　　　)이 발달하면서 천둥, 번개와 함께 소나기가 내리는 현상이다.

(　　　　　　　　　)

확인+3

구름이 발달하는 과정에서 구름 상부는 (㉠)전하, 구름 하부는 (㉡)전하로 대전된다. 구름 하부가 (㉡)전하로 대전되고 나면 지표면은 (㉢)전하로 대전된다.

㉠ (　　　　), ㉡ (　　　　), ㉢ (　　　　)

4. 다양한 기상 현상 2

(1) 우박 : 강한 상승 기류로 인해 형성되는 적란운은 매우 높은 높이까지 성장하여 상부의 온도는 영하의 온도까지 떨어진다. 구름의 물방울들이 얼음의 형태로 뭉쳐지고, 강한 상승 기류로 인해 얼음이 낙하하지 못하고 다시 구름 위로 올라갔다가 내려갔다 하는 과정이 반복되어 얼음이 계속 성장하다가 크기가 충분히 커지게 되면 상승 기류를 이기고 지상으로 떨어지게 된다. 이러한 현상을 우박이라고 한다.

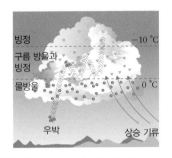

(2) 집중 호우 : 짧은 시간 동안에 좁은 지역에 일정량 이상의 비가 집중적으로 내리는 현상이다.

　① **발생** : 강한 상승 기류에 의해 뇌운(적란운)이 생성될 때 발생한다.

　② **지속 시간과 규모** : 수십 분 ~ 수 시간 정도 지속되며, 보통 반경 10 km ~ 20 km인 비교적 좁은 지역에 내리며 국지성 호우라고도 한다.

(3) 일기 예보

　① **일기 요소 관측** : 기상 관측소, 기상 레이더, 기상 위성 등을 이용하여 관측한다.

기상 레이더	기상 위성
전파가 구름 속 빗방울에 반사되는 시간을 측정하여 강우의 정도, 구름의 이동 속도 및 방향 등을 분석한다.	가시광선 영상 : 구름의 두께를 측정하여 두꺼운 구름일수록 반사도가 커서 진한 흰색으로 보인다. 적외선 영상 : 구름의 높이를 측정하여 높은 구름일수록 온도가 낮아 진한 흰색으로 보인다.

　② **일기도에 사용되는 기호**

일기	● 비	✳ 눈	⎾ 뇌우	≡ 안개	◗ 가랑비	⚡ 소나기
운량	○　①　◔　◑　◕　●　⊗ 0　1　2~3　4　5　6　7~8　9　10　불분명					
풍속 (m/s)	◎　⊢　⊩　⊨　F　F 0　2　5　7　12　25　27　Ⓗ 고기압　Ⓛ 저기압　🌀 태풍					

　③ **일기도 해석 방법**
· 바람은 고기압에서 저기압으로 불고, 등압선 간격이 좁을수록 강하게 분다.
· 전선 부근에서는 풍향, 풍속, 기온, 기압이 급격히 변한다.
· 우리나라는 중위도 편서풍대에 위치하므로 일기 상태가 서에서 동으로 이동한다. 따라서 앞으로의 날씨를 알아보려면 서쪽의 일기 상태를 관측해야 한다.

정답 및 해설 07쪽

개념확인 4

집중 호우는 강한 (　　　　)의해 적란운이 한 곳에 정체하여 지속적으로 비가 내릴 때 발생한다.

(　　　　　　)

확인+4

그림은 어느 지역의 일기 상태를 기호로 나타낸 것이다. 이 지역의 날씨와 풍향, 풍속을 쓰시오.

사이드 노트 (오른쪽 단):

◉ **일기도 기호**

기압은 천의 자리와 백의 자리를 생략하고 소수점 첫째 자리까지 나타낸다.
· 풍속 : 12 m/s
· 풍향 : 북서풍
· 기온 : 18 ℃
· 일기 : 안개
· 기압 : 1026 hPa

◉ **다양한 기상 현상**

· 토네이도 : 강한 상승 기류로 인해 발생하는 강하게 회전하는 회오리바람
· 해일 : 폭풍, 지진, 화산 폭발이 일어날 경우 해수면에 큰 파도가 형성되면서 해안가를 덮치는 현상
· 폭설 : 겨울철에 저기압이 통과하거나 시베리아 고기압이 남쪽으로 이동하면서 해수면으로부터 열과 수증기를 받아 강한 눈구름을 형성하는 현상
· 폭염 : 여름철 북태평양 고기압의 영향을 지속적으로 받아 맑은 날씨가 지속되면 기온이 크게 올라가는 현상
· 황사 : 중국 고비 사막에 건조한 날씨가 지속될 경우 바람에 의해 모래바람이 한반도까지 오는 현상

◉ **폭염 발생의 원인**

· 지구 온난화 : 지구 온난화로 인해 평균 기온이 상승한다.
· 티베트 고원의 적설량 : 티베트 고원의 적설량과 한반도의 여름철 기온 및 강수량은 밀접한 관계가 있다. 티베트 고원의 봄철 적설량이 적으면 고온 건조한 여름철이 된다.
· 도시화 : 도시화율이 높은 우리나라에서는 콘크리트, 아스팔트 구조물의 큰 열용량, 도시 기반 시설의 열 다량 발생 등으로 인해 주요 도시의 기온이 상승한다.

개념 다지기

01 태풍에 대한 설명으로 옳은 것만을 〈보기〉에서 있는 대로 고른 것은?

〈 보기 〉

ㄱ. 수온이 높은 열대 해상에서 주로 발생한다.
ㄴ. 우리나라에는 주로 7 월에서 9 월에 영향을 준다.
ㄷ. 태풍의 중심부에는 하강 기류가 나타난다.

① ㄱ   ② ㄴ   ③ ㄱ, ㄷ   ④ ㄴ, ㄷ   ⑤ ㄱ, ㄴ, ㄷ

02 그림은 북반구에서 태풍의 이동 경로를 나타낸 것이다. 태풍이 통과하는 A ~ D 위치에서 위험 반원에 해당하는 곳만을 옳게 고른 것은?

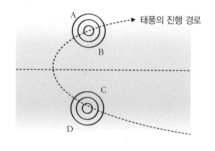

① A, B   ② A, C   ③ A, D   ④ B, C   ⑤ B, D

03 그림은 우리나라 대한해협을 통과하는 어느 태풍의 이동 경로를 나타낸 것이다. A 와 B 지점 중 태풍의 최대 풍속이 큰 곳을 고르시오.

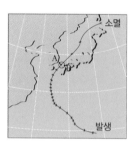

(   )

04 그림은 태풍의 기압과 풍속의 분포를 나타낸 것이다. A 와 B 에 해당하는 것을 기압과 풍속 중에 고르시오.

A (   )
B (   )

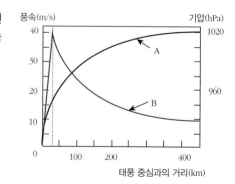

05 뇌우에 대한 설명으로 옳은 것만을 〈보기〉에서 있는 대로 고른 것은?

〈 보기 〉

ㄱ. 뇌우는 대기가 심하게 불안정할 때 나타난다.
ㄴ. 적운 단계에서는 강한 강수 현상이 나타난다.
ㄷ. 뇌우는 적란운이 형성되는 지역에서 잘 나타난다.

① ㄱ   ② ㄴ   ③ ㄱ, ㄷ   ④ ㄴ, ㄷ   ⑤ ㄱ, ㄴ, ㄷ

06 그림은 뇌우의 발달 단계를 순서 없이 나타낸 것이다. 이 중 상승 기류만 존재하는 단계의 기호만을 옳게 고른 것은?

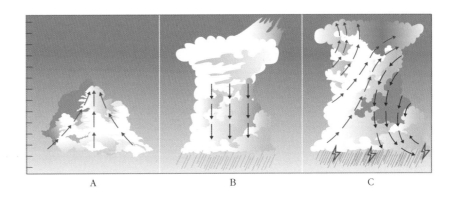

A   B   C

① A   ② B   ③ A, B   ④ B, C   ⑤ A, B, C

07 그림은 어느 지역의 대기 상태를 기호로 나타낸 것이다. 이 일기 기호의 해석으로 옳지 <u>않은</u> 것은?

① 풍향 : 북동풍   ② 풍속 : 12 m/s   ③ 날씨 : 소나기
④ 현재 기온 : 15 ℃   ⑤ 현재 기압 : 104 hPa

08 기상 현상에 대한 설명으로 옳은 것만을 〈보기〉에서 있는 대로 고른 것은?

〈 보기 〉

ㄱ. 뇌우는 천둥과 번개를 동반한 강한 소나기가 내리고, 강한 돌풍이 일어나기도 한다.
ㄴ. 해일은 폭풍, 지진 등에 의해 바닷물이 비정상적으로 높아져 육지로 넘쳐 들어온다.
ㄷ. 폭설은 시베리아 고기압이 남쪽으로 이동하면서 대기가 불안정하여 갑자기 많은 눈이 내린다.

① ㄱ   ② ㄴ   ③ ㄱ, ㄷ   ④ ㄴ, ㄷ   ⑤ ㄱ, ㄴ, ㄷ

유형 익히기&하브루타

[유형11-1] 태풍의 발생과 소멸

그림은 태풍의 발생 해역과 월별 평균 이동 경로를 나타낸 것이다. 이에 대한 설명으로 옳은 것만을 〈보기〉에서 있는 대로 고른 것은?

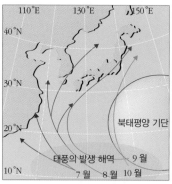

〈 보기 〉

ㄱ. 북위 30°해역에서 태풍이 발생하기 어려운 이유는 수온이 높기 때문이다.
ㄴ. 7~8월에 발생하는 태풍이 주로 우리나라에 피해를 준다.
ㄷ. 우리나라 부근에서의 태풍은 무역풍의 영향을 받는다.

① ㄱ   ② ㄴ   ③ ㄱ, ㄴ   ④ ㄱ, ㄷ   ⑤ ㄱ, ㄴ, ㄷ

01 그림은 우리나라를 통과하는 태풍의 이동 경로와 중심 기압 변화를 날짜 별로 나타낸 것이다.

이에 대한 설명으로 옳은 것만을 〈보기〉에서 있는 대로 고른 것은?

〈 보기 〉

ㄱ. 태풍의 이동 속도는 점점 빨라졌다.
ㄴ. 북상하는 동안 태풍의 세력은 강해졌다.
ㄷ. 태풍이 통과할 때 제주도는 안전 반원에 위치해 있다.

① ㄱ   ② ㄴ   ③ ㄱ, ㄴ
④ ㄴ, ㄷ   ⑤ ㄱ, ㄴ, ㄷ

02 그림은 날짜 별로 작성한 우리나라 주변의 지상 일기도를 나타낸 것이다.

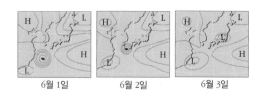

6월 1일   6월 2일   6월 3일

이에 대한 설명으로 옳은 것만을 〈보기〉에서 있는 대로 고른 것은?

〈 보기 〉

ㄱ. 6월 3일 태풍은 소멸하였다.
ㄴ. 6월 1일 태풍은 기압 마루를 통과하고 있다.
ㄷ. 태풍이 통과하는 동안 우리나라보다 일본에서 바람이 강하다.

① ㄱ   ② ㄴ   ③ ㄱ, ㄴ
④ ㄱ, ㄷ   ⑤ ㄱ, ㄴ, ㄷ

[유형11-2] 태풍의 규모와 구조

그림은 북반구에서 북상하는 태풍의 동서 방향의 단면을 나타낸 것이다. 해수면 위의 세 지점 A, B, C 에 대한 설명으로 옳은 것만을 〈보기〉에서 있는 대로 고른 것은? (단, → 는 공기의 이동 방향이고, 태풍의 눈은 B에 위치해 있다.)

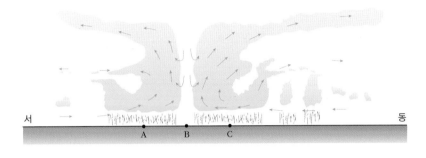

─── 〈 보기 〉 ───
ㄱ. A 에서는 서풍 계열의 바람이 불고 있다.
ㄴ. B 의 상공에는 상승 기류가 나타난다.
ㄷ. C 는 안전 반원에 위치한다.

① ㄱ   ② ㄴ   ③ ㄱ, ㄴ   ④ ㄱ, ㄷ   ⑤ ㄱ, ㄴ, ㄷ

---

03 그림은 북반구에서 북상하는 태풍의 동서 방향의 단면을 나타낸 것이다.

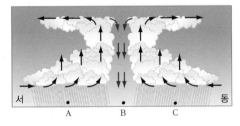

이에 대한 설명으로 옳은 것만을 〈보기〉에서 있는 대로 고른 것은?

─── 〈 보기 〉 ───
ㄱ. A 의 풍속이 C 의 풍속보다 빠르다.
ㄴ. B 에서는 하강 기류가 나타나므로 날씨가 맑다.
ㄷ. C 에서 B 로 갈수록 기압이 점점 높아진다.

① ㄱ   ② ㄴ   ③ ㄱ, ㄴ
④ ㄱ, ㄷ   ⑤ ㄱ, ㄴ, ㄷ

04 그림은 우리나라 부근을 지나는 태풍의 월별 이동 경로와 위험 반원 및 안전 반원을 나타낸 것이다.

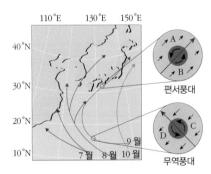

이에 대한 설명으로 옳은 것만을 〈보기〉에서 있는 대로 고른 것은?

─── 〈 보기 〉 ───
ㄱ. B, C 는 위험 반원, A, D 는 안전 반원이다.
ㄴ. 태풍의 이동 속도는 편서풍대보다 무역풍대에서 더 빠르다.
ㄷ. 풍속은 태풍 이동 경로의 오른쪽 반원이 왼쪽 반원보다 더 약하다.

① ㄱ   ② ㄴ   ③ ㄱ, ㄴ
④ ㄱ, ㄷ   ⑤ ㄱ, ㄴ, ㄷ

[유형11-3] **다양한 기상 현상 1**

그림은 뇌우의 발달 단계를 순서대로 나타낸 것이다. 이에 대한 설명으로 옳은 것만을 〈보기〉에서 있는 대로 고른 것은?

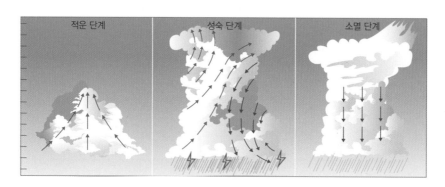

〈 보기 〉
ㄱ. 적운 단계와 같은 공기의 연직 운동은 대기가 안정할 때 잘 일어난다.
ㄴ. 천둥과 번개는 주로 성숙 단계에서 일어난다.
ㄷ. 강수 현상은 소멸 단계보다 적운 단계에서 잘 일어난다.

① ㄱ   ② ㄴ   ③ ㄱ, ㄴ   ④ ㄱ, ㄷ   ⑤ ㄱ, ㄴ, ㄷ

05 뇌우를 일으키는 구름이 발달하는 경우만을 〈보기〉에서 있는 대로 고른 것은?

〈 보기 〉
ㄱ. 강한 햇빛을 받아 국지적으로 가열된 공기가 활발하게 상승할 때 발달한다.
ㄴ. 한랭 전선에서 찬 공기 위로 따뜻한 공기가 빠르게 상승할 때 발달한다.
ㄷ. 지표면의 냉각으로 찬 공기가 하강할 때 발달한다.
ㄹ. 발달한 온대 저기압이나 태풍 등에 동반되어 강한 상승 기류가 일어날 때 발달한다.
ㅁ. 태풍의 중심에서 상공의 공기가 하강할 때 발달한다.

① ㄱ, ㄴ, ㄷ   ② ㄱ, ㄷ, ㄹ   ③ ㄱ, ㄷ, ㅁ
④ ㄱ, ㄴ, ㄹ   ⑤ ㄱ, ㄴ, ㅁ

06 그림은 뇌운의 전하 분포를 나타낸 것이다.

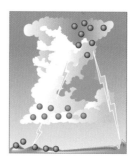

이에 대한 설명으로 옳은 것만을 〈보기〉에서 있는 대로 고른 것은?

〈 보기 〉
ㄱ. 여름철에 주로 발달한다.
ㄴ. 뇌우의 발달 단계 중 성숙 단계에서 일어난다.
ㄷ. 적란운의 위쪽에는 양전기, 아래쪽에는 음전기가 쌓이고, 이로 인해 지표면에는 양전기가 유도된다.

① ㄱ   ② ㄴ   ③ ㄱ, ㄴ
④ ㄴ, ㄷ   ⑤ ㄱ, ㄴ, ㄷ

[유형11-4] 다양한 기상 현상 2

그림은 우리나라 주변의 일기도를 나타낸 것이다. 이에 대한 설명으로 옳은 것만을 〈보기〉에서 있는 대로 고른 것은?

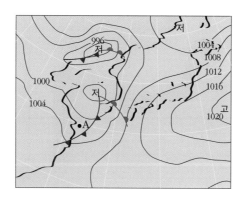

───── 〈 보기 〉 ─────

ㄱ. A 지점에서의 풍향은 북서풍이다.
ㄴ. A 지점에서는 소나기가 내릴 것이다.
ㄷ. 서울 지역에서는 상승 기류가 발달한다.

① ㄱ   ② ㄴ   ③ ㄱ, ㄴ   ④ ㄱ, ㄷ   ⑤ ㄱ, ㄴ, ㄷ

07 그림은 어떤 지역에 온대 저기압이 통과하는 동안 하루 간격으로 관측된 기상 요소를 일기도 기호로 나타낸 것이다. (단, (가)에서 (나) 상태를 거쳐 현재는 (다) 상태이다.)

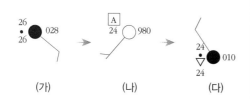

(가)   (나)   (다)

이에 대한 설명으로 옳은 것만을 〈보기〉에서 있는 대로 고른 것은?

───── 〈 보기 〉 ─────

ㄱ. (가) 시각에서는 비가 오고 북서풍이 분다.
ㄴ. (나) 시각의 일기 기호에서 A 는 26보다 크다.
ㄷ. (나) ~ (다) 사이에 한랭 전선이 통과하였다.

① ㄱ   ② ㄴ   ③ ㄱ, ㄴ
④ ㄴ, ㄷ   ⑤ ㄱ, ㄴ, ㄷ

08 그림은 집중 호우로 인해 도로가 침수된 모습을 나타낸 것이다.

이에 대한 설명으로 옳은 것만을 〈보기〉에서 있는 대로 고른 것은?

───── 〈 보기 〉 ─────

ㄱ. 천둥과 번개를 동반하는 경우가 많다.
ㄴ. 강한 상승 기류에 의해 적란운이 발달할 때 잘 발생한다.
ㄷ. 주로 반지름이 10 ~ 20 km 정도의 좁은 지역에서 일어난다.

① ㄱ   ② ㄴ   ③ ㄱ, ㄴ
④ ㄴ, ㄷ   ⑤ ㄱ, ㄴ, ㄷ

01

그림은 어느 해 6 월 1 일과 2 일 09 시에 작성한 우리나라 부근의 일기도를 나타낸 것이다. 다음 물음에 답하시오.

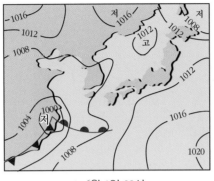

▲ 6월 1일 09시

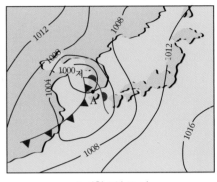

▲ 6월 2일 09시

(1) 우리나라를 통과하는 저기압의 종류는 무엇인가?

(2) 하루 동안 저기압이 서쪽에서 동쪽으로 이동하는 이유는 무엇인가?

(3) 2 일 09 시 이후 A 지점의 날씨 변화를 예상해 보시오.

02

그림 (가)는 태풍 다나스가 대한 해협을 통과하는 동안 시각 T_1, T_2, T_3일 때의 태풍의 위치를 나타낸 것이고, 그림 (나)는 이 태풍의 영향을 받은 어느 관측소에서 관측한 풍향과 풍속을 나타낸 것이다. 다음 물음에 답하시오.

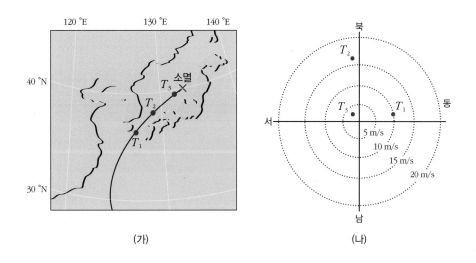

(가)   (나)

(1) T_1과 T_3일 때의 두 풍향이 이루는 각도는 180°보다 큰가? 작은가? 아니면 같은가?

(2) 관측 지점의 위치는 태풍 진행 경로의 오른쪽인가? 왼쪽인가?

(3) T_3이후의 태풍의 중심 기압은 낮아졌는가? 높아졌는가? 아니면 변함이 없는가?

03 그림 (가)는 우리나라를 향해 북상하는 어느 태풍의 진행 방향을 나타낸 것이고, 그림 (나)는 이 태풍의 중심과 A, B 지점을 지나는 직선을 따라 관측한 지상의 풍속을 나타낸 것이다. 다음 물음에 답하시오.

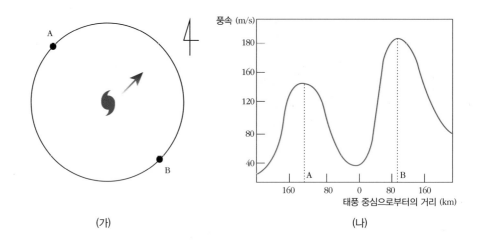

(가) (나)

(1) A, B 지점 중 안전 반원에 속하는 곳은?

(2) A 지역, B 지역, 태풍의 중심 지역 중 적란운이 가장 두껍게 발달하는 곳은?

(3) A 지역, B 지역, 태풍의 중심 지역 중 지표면의 기압이 가장 높은 곳은?

04 그림은 어느 해안 지역에서 폭풍 해일이 발생한 때의 해수면의 높이 변화를 나타낸 것이다. 다음 물음에 답하시오.

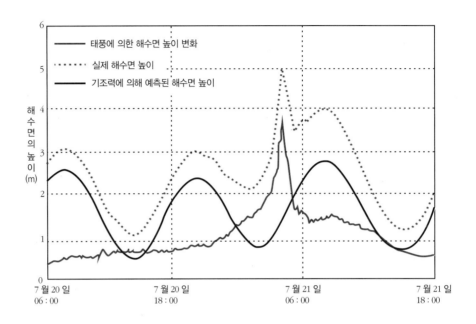

(1) 이 지역에 태풍이 상륙한 시기는 언제인가?

(2) 해일이 만조와 같은 시간에 도달했을 때 실제 해수면의 높이를 예상해 보시오.

(3) 태풍의 등압선 간격이 조밀할수록 태풍에 의한 해수면의 높이 변화를 예상해 보시오.

스스로 실력 높이기

01 그림은 우리나라 주변을 통과한 태풍 찬홈의 이동 경로와 중심 기압의 변화를 나타낸 것이다.

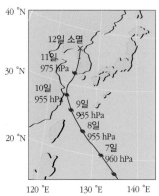

이에 대한 설명으로 옳은 것만을 〈보기〉에서 있는 대로 고른 것은?

〈 보기 〉

ㄱ. 8일에 태풍의 이동 방향은 편서풍의 영향을 받는다.
ㄴ. 12일 이후 태풍의 중심 기압은 높아졌을 것이다.
ㄷ. 태풍이 황해를 지나는 동안 서울 지역의 풍향은 시계 반대 방향으로 바뀌었을 것이다.

① ㄱ ② ㄴ ③ ㄷ
④ ㄱ, ㄴ ⑤ ㄱ, ㄴ, ㄷ

02 그림 (가)는 어느 태풍의 이동 경로를 나타낸 것이고, (나)는 A, B 중 한 관측소에서 시간에 따른 풍향 변화를 나타낸 것이다.

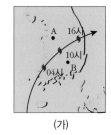
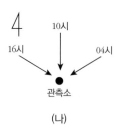

(가)　　　　　(나)

이에 대한 설명으로 옳은 것만을 〈보기〉에서 있는 대로 고른 것은?

〈 보기 〉

ㄱ. 태풍이 육지에 상륙하면 세력은 강해진다.
ㄴ. 10시에 풍속은 B 보다 A 에서 더 클 것이다.
ㄷ. (나)와 같은 풍향 변화는 A 에서 나타난다.

① ㄱ ② ㄴ ③ ㄷ
④ ㄱ, ㄴ ⑤ ㄱ, ㄴ, ㄷ

03 그림은 태풍 볼라벤의 진행 방향을 12시간 간격으로 관측한 태풍 중심의 위치를 나타낸 것이다.

이에 대한 설명으로 옳은 것만을 〈보기〉에서 있는 대로 고른 것은?

〈 보기 〉

ㄱ. A 지역은 안전 반원에 속한다.
ㄴ. 태풍이 육지에 상륙한 후 중심 기압이 높아졌다.
ㄷ. 태풍의 이동 속도는 점점 느려졌다.

① ㄱ ② ㄴ ③ ㄷ
④ ㄱ, ㄴ ⑤ ㄱ, ㄴ, ㄷ

04 그림은 세 개의 태풍 이동 경로를 나타낸 것이다.

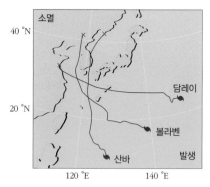

이에 대한 설명으로 옳은 것만을 〈보기〉에서 있는 대로 고른 것은?

〈 보기 〉

ㄱ. 볼라벤이 서해를 통과하는 동안 서울의 풍향은 시계 반대 방향으로 바뀌었다.
ㄴ. 산바는 남해안에 상륙한 이후 중심 기압이 높아졌다.
ㄷ. 제주도는 세 태풍에 대해 위험 반원에 있다.

① ㄱ ② ㄴ ③ ㄷ
④ ㄱ, ㄴ ⑤ ㄱ, ㄴ, ㄷ

05 그림은 태풍 에위니아의 이동 경로와 예상 경로를 나타낸 것이고, 표는 태풍이 이동하는 동안 관측된 중심 기압과 중심 최대 풍속을 나타낸 것이다.

— 이동 경로   ····· 예상 경로

날짜 (일)	중심 기압 (hPa)	중심 최대 풍속 (m/s)
1	999	20
2	995	22
3	975	40
4	945	50
5	915	58
6	930	49
7	950	42
8	950	42

이에 대한 설명으로 옳은 것만을 〈보기〉에서 있는 대로 고른 것은?

〈 보기 〉

ㄱ. 이 태풍의 세력이 가장 강했던 날은 1 일이다.
ㄴ. 8 일 이후 태풍이 통과하는 해역의 수온이 높으면 태풍의 세력은 약해질 것이다.
ㄷ. 7 월 10 일 우리나라 남해안에는 폭풍 해일로 인한 피해가 예상된다.

① ㄱ   ② ㄴ   ③ ㄷ
④ ㄱ, ㄴ   ⑤ ㄱ, ㄴ, ㄷ

06 그림은 북반구에서 북상하는 태풍의 동서 방향의 단면을 나타낸 것이다.

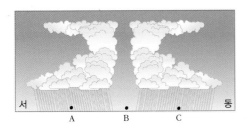

서   A   B   C   동

이에 대한 설명으로 옳지 <u>않은</u> 것은?

① B 지역에는 맑은 날씨가 나타난다.
② 태풍의 풍속은 B 지역에서 최대이다.
③ 태풍의 기압은 B 지역에서 최소이다.
④ 태풍은 육지에 상륙하며 세력이 약해진다.
⑤ 태풍의 풍속은 A 지역보다 C 지역에서 빠르다.

07 그림은 북반구에서 북상하는 태풍의 동서 방향의 단면을 나타낸 것이다.

[수능 기출 유형]

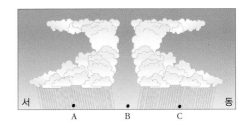

서   A   B   C   동

이에 대한 설명으로 옳은 것만을 〈보기〉에서 있는 대로 고른 것은?

〈 보기 〉

ㄱ. 기압은 태풍의 눈에서 가장 낮다.
ㄴ. 풍속은 A 지점과 C 지점이 같다.
ㄷ. 태풍의 눈에서는 하강 기류가 나타난다.

① ㄱ   ② ㄴ   ③ ㄱ, ㄴ
④ ㄱ, ㄷ   ⑤ ㄱ, ㄴ, ㄷ

08 그림 A ~ C 는 뇌우가 발생하여 소멸하는 단계를 순서대로 나타낸 것이다.

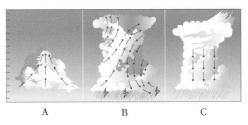

A   B   C

이에 대한 설명으로 옳은 것만을 〈보기〉에서 있는 대로 고른 것은?

〈 보기 〉

ㄱ. 뇌우가 발생할 때 집중 호우에 의한 피해가 발생할 수 있다.
ㄴ. B 단계에서는 상승 기류만 나타나는 성숙 단계이다.
ㄷ. 천둥, 번개가 잘 발생하는 단계는 C 단계이다.

① ㄱ   ② ㄴ   ③ ㄷ
④ ㄱ, ㄴ   ⑤ ㄱ, ㄴ, ㄷ

09 그림은 어느 지역에서 관측된 기상 현상이다.

이러한 기상 현상이 나타날 수 있는 조건으로 옳은 것만을 〈보기〉에서 있는 대로 고른 것은?

〈 보기 〉
ㄱ. 따뜻한 공기가 차가운 지표면으로 이동할 때
ㄴ. 태풍의 중심에서 강한 상승 기류가 나타날 때
ㄷ. 한랭 전선에서 찬 공기가 따뜻한 공기 아래로 파고들 때

① ㄱ   ② ㄴ   ③ ㄱ, ㄴ
④ ㄴ, ㄷ   ⑤ ㄱ, ㄴ, ㄷ

10 그림 (가)와 (나)는 기상 현상을 나타낸 것이다.

(가) 토네이도   (나) 폭설

이에 대한 설명으로 옳은 것만을 〈보기〉에서 있는 대로 고른 것은?

〈 보기 〉
ㄱ. (가)와 (나)는 적란운이 발달할 때 잘 나타난다.
ㄴ. (가)에서는 저기압에 의한 강한 상승 기류가 나타난다.
ㄷ. 우리나라에서 (나)는 시베리아 고기압의 영향을 받을 때 잘 나타난다.

① ㄱ   ② ㄴ   ③ ㄱ, ㄴ
④ ㄴ, ㄷ   ⑤ ㄱ, ㄴ, ㄷ

11 그림 (가)는 우리나라를 통과한 태풍의 이동 경로를 나타낸 것이고, (나)는 태풍의 발생 지역과 평균 진로를 나타낸 것이다.

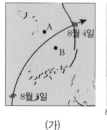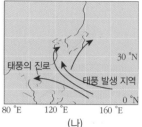
(가)   (나)

이에 대한 설명으로 옳은 것만을 〈보기〉에서 있는 대로 고른 것은?

〈 보기 〉
ㄱ. A 에서의 풍향은 시계 방향으로 변하였다.
ㄴ. A 보다 B 가 더 큰 피해를 입었을 것이다.
ㄷ. 태풍의 세력은 우리나라를 지나면서 강해졌을 것이다.

① ㄱ   ② ㄴ   ③ ㄱ, ㄴ
④ ㄴ, ㄷ   ⑤ ㄱ, ㄴ, ㄷ

12 그림은 태풍의 중심이 제주도 부근을 지나는 동안 제주도에서 관측한 기상 요소를 나타낸 것이다. 이 태풍의 중심은 15 시경에 제주도에 가장 근접하였다.

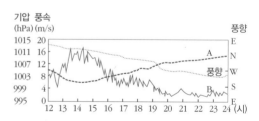

이에 대한 설명으로 옳은 것만을 〈보기〉에서 있는 대로 고른 것은?

〈 보기 〉
ㄱ. A 는 기압, B 는 풍속이다.
ㄴ. 제주도의 풍향은 시계 방향으로 변하였다.
ㄷ. 제주도는 태풍의 위험 반원에 위치하였다.

① ㄱ   ② ㄴ   ③ ㄱ, ㄴ
④ ㄴ, ㄷ   ⑤ ㄱ, ㄴ, ㄷ

13 그림 (가)는 태풍의 이동 경로를 나타낸 것이고, (나)는 이 태풍의 중심 기압과 최대 풍속의 변화를 나타낸 것이다.

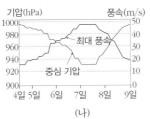

(가)   (나)

이에 대한 설명으로 옳은 것만을 〈보기〉에서 있는 대로 고른 것은?

─── 〈 보기 〉 ───

ㄱ. 5 일에는 무역풍의 영향을 받는다.
ㄴ. 태풍 발생 이후 세력이 가장 강한 시기는 7 일이었다.
ㄷ. 태풍이 남해상을 통과하는 동안 제주도의 풍향은 시계 반대 방향으로 변하였다.

① ㄱ   ② ㄴ   ③ ㄱ, ㄴ
④ ㄴ, ㄷ   ⑤ ㄱ, ㄴ, ㄷ

14 그림은 북태평양에서 발생한 세 태풍의 발생 당시의 중심 기압과 위치 및 이동 경로를 나타낸 것이다.

[수능 기출 유형]

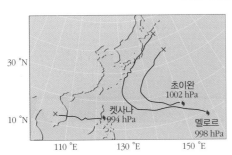

이에 대한 설명으로 옳은 것만을 〈보기〉에서 있는 대로 고른 것은?

─── 〈 보기 〉 ───

ㄱ. 켓사나는 편서풍의 영향을 받았다.
ㄴ. 발생 당시의 세력은 초이완이 가장 강하다.
ㄷ. 세 태풍 모두 위험 반원은 진행 방향의 오른쪽이다.

① ㄱ   ② ㄴ   ③ ㄷ
④ ㄱ, ㄴ   ⑤ ㄱ, ㄴ, ㄷ

15 다음은 어느 해 황사 기간 중 백령도 대기 오염 측정소에서 관측한 주요 금속 성분의 평균 농도(μm/m³)이다. 다음 물음에 답하시오. (단, 비황사 기간 평균 농도는 황사 발생 1 일 전까지의 평균 농도를 의미한다.)

구분 (기간)	토양 기원 성분			
	Ca	K	Fe	Ti
황사	8,107	5,027	8,713	860
비황사	215	333	189	9

구분 (기간)	유해 중금속 성분			
	As	Se	Ni	Pb
황사	4.9	3.2	18.3	91.2
비황사	−	2.0	4.1	23

이에 대한 설명으로 옳은 것만을 〈보기〉에서 있는 대로 고른 것은?

─── 〈 보기 〉 ───

ㄱ. 황사 발생 시 전반적으로 금속 성분이 증가한다.
ㄴ. 황사의 주요 금속 성분은 유해 중금속 성분이다.
ㄷ. 황사는 발원지에서 편서풍을 타고 우리나라로 이동해 온다.

① ㄱ   ② ㄴ   ③ ㄱ, ㄴ
④ ㄱ, ㄷ   ⑤ ㄱ, ㄴ, ㄷ

16 그림은 고비 사막에서 발생한 황사가 이동하는 단면도이다.

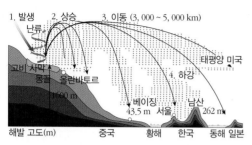

이에 대한 설명으로 옳은 것만을 〈보기〉에서 있는 대로 고른 것은?

〈 보기 〉

ㄱ. 황사는 무역풍을 타고 우리나라로 이동해 간다.
ㄴ. 우리나라에 저기압이 발달해 있을 경우 우리나라의 황사 피해는 커진다.
ㄷ. 고도가 높은 고비 사막에서 떠오른 먼지는 높이 차 때문에 한반도까지 쉽게 이동해 온다.

① ㄱ   ② ㄴ   ③ ㄷ
④ ㄱ, ㄴ   ⑤ ㄱ, ㄴ, ㄷ

17 그림은 일본 오쿠시리 섬 북서쪽 근해에서 발생한 지진 해일이 전파되는 모습을 나타낸 것이다.

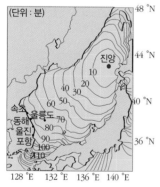

이에 대한 설명으로 옳은 것만을 〈보기〉에서 있는 대로 고른 것은?

〈 보기 〉

ㄱ. 지진 해일은 약 100 분 후 우리나라 동해안에 도달하였다.
ㄴ. 우리나라는 해일 발생 지점에서 멀리 떨어져 있지만 피해가 크다.
ㄷ. 동해에서 발생한 지진은 우리나라 동해안과 일본 서해안에 영향을 미친다.

① ㄱ   ② ㄴ   ③ ㄱ, ㄴ
④ ㄴ, ㄷ   ⑤ ㄱ, ㄴ, ㄷ

18 그림 (가)는 황사의 발원지를 나타낸 것이고, (나)는 아시아 대륙에서 사막화가 진행되고 있는 지역을 나타낸 것이다.

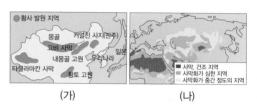

(가)	(나)

이에 대한 설명으로 옳은 것만을 〈보기〉에서 있는 대로 고른 것은?

〈 보기 〉

ㄱ. 황사가 발생하는 지역은 대부분은 사막이나 건조 지역이다.
ㄴ. 사막화가 일어나는 지역에서는 증발량이 강수량보다 많다.
ㄷ. 중국이나 몽골 지역에 사막이 확장되면 황사가 더욱 심해진다.

① ㄱ   ② ㄴ   ③ ㄱ, ㄴ
④ ㄴ, ㄷ   ⑤ ㄱ, ㄴ, ㄷ

19 그림은 어느 해 서울에서 발생한 황사 현상을 나타낸 것이다.

황사 현상이 발생하기 위한 조건으로 옳은 것만을 〈보기〉에서 있는 대로 고른 것은?

〈 보기 〉

ㄱ. 상공에 강한 편서풍이 불어야 한다.
ㄴ. 발원지 부근에서 강한 상승 기류가 있어야 한다.
ㄷ. 저기압이 한반도에 위치하여 하강 기류가 발생해야 한다.

① ㄱ   ② ㄴ   ③ ㄱ, ㄴ
④ ㄴ, ㄷ   ⑤ ㄱ, ㄴ, ㄷ

20 그림 (가) ~ (다)는 여러 대기 현상을 나타낸 것이다. 이에 대한 설명으로 옳은 것만을 〈보기〉에서 있는 대로 고른 것은?

(가) 뇌우   (나) 토네이도   (다) 태풍

〈 보기 〉

ㄱ. 대기 현상이 일어나는 공간적인 규모는 (가)가 (나)보다 작다.
ㄴ. 대기 현상이 지속되는 시간은 (나)가 (다)보다 길다.
ㄷ. (가), (나), (다) 모두 강한 상승 기류가 발달할 때 잘 발생한다.

① ㄱ   ② ㄴ   ③ ㄷ
④ ㄱ, ㄴ   ⑤ ㄱ, ㄴ, ㄷ

21 그림은 태풍의 발생 장소와 월별 평균 이동 결로를 나타낸 것이다.

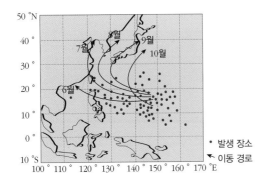

이에 대한 설명으로 옳은 것만을 〈보기〉에서 있는 대로 고른 것은?

〈 보기 〉

ㄱ. 태풍은 적도 해상에서 가장 많이 발생한다.
ㄴ. 태풍은 전향점을 지나면 이동속도가 빨라진다.
ㄷ. 지구 온난화가 지속되면 태풍의 발생 지역은 북쪽으로 넓어질 것이다.

① ㄱ   ② ㄴ   ③ ㄱ, ㄴ
④ ㄴ, ㄷ   ⑤ ㄱ, ㄴ, ㄷ

22 그림은 전 세계의 열대 저기압의 발생 해역과 이동 경로를 나타낸 것이다.

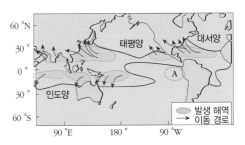

이에 대한 설명으로 옳은 것만을 〈보기〉에서 있는 대로 고른 것은?

〈 보기 〉

ㄱ. 발생 해역에서 태풍의 이동 경로는 편서풍의 영향을 받는다.
ㄴ. A 해역에서 태풍이 발생하지 않는 것은 수온이 낮기 때문이다.
ㄷ. 적도에서 태풍이 발생하지 않는 것은 전향력이 작용하지 않기 때문이다.

① ㄱ   ② ㄴ   ③ ㄱ, ㄴ
④ ㄴ, ㄷ   ⑤ ㄱ, ㄴ, ㄷ

23 그림은 어느 해 우리나라 부근의 지상 일기도를 24시간 간격으로 나타낸 것이다.

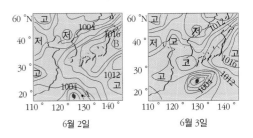

6월 2일   6월 3일

이에 대한 설명으로 옳은 것만을 〈보기〉에서 있는 대로 고른 것은?

〈 보기 〉

ㄱ. A 는 위험 반원에 위치해 있다.
ㄴ. 태풍이 지나가는 동안 A 지점에서 풍향은 시계 방향으로 바뀐다.
ㄷ. 6 월 2 일 에 B 에서는 상승 기류가 나타났다.

① ㄱ   ② ㄴ   ③ ㄱ, ㄴ
④ ㄴ, ㄷ   ⑤ ㄱ, ㄴ, ㄷ

24 그림은 태풍이 우리나라를 지날 때 부산 지방에서 풍향, 풍속, 기압의 변화를 나타낸 것이다.

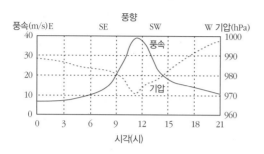

이에 대한 설명으로 옳은 것만을 〈보기〉에서 있는 대로 고른 것은?

─── 〈 보기 〉 ───

ㄱ. 태풍의 왼쪽 반원은 오른쪽 반원보다 풍속이 빠르다.
ㄴ. 태풍의 중심은 북서쪽에서 북동쪽으로 이동하였다.
ㄷ. 부산 지역은 태풍의 위험 반원에 위치하였다.

① ㄱ   ② ㄴ   ③ ㄱ, ㄴ
④ ㄴ, ㄷ   ⑤ ㄱ, ㄴ, ㄷ

25 그림은 황사의 발원지와 이동 경로를 나타낸 것이다.

이에 대한 설명으로 옳은 것만을 〈보기〉에서 있는 대로 고른 것은?

─── 〈 보기 〉 ───

ㄱ. 황사의 발원지는 증발량보다 강수량이 많은 지역이다.
ㄴ. 황사는 무역풍의 영향으로 한반도 부근까지 이동한다.
ㄷ. 고비 사막의 사막화가 진행되면 우리나라에서 황사로 인한 피해가 증가한다.

① ㄱ   ② ㄴ   ③ ㄷ
④ ㄱ, ㄴ   ⑤ ㄱ, ㄴ, ㄷ

26 그림은 우리나라에 영향을 미치는 황사의 발원지와 이동 경로를 나타낸 것이다.

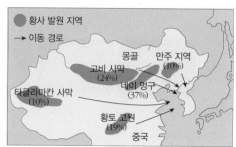

이에 대한 설명으로 옳은 것만을 〈보기〉에서 있는 대로 고른 것은?

─── 〈 보기 〉 ───

ㄱ. 황사는 주로 여름철에 발생한다.
ㄴ. 황사는 편서풍을 타고 우리나라로 이동해 온다.
ㄷ. 지구 온난화로 인한 사막 지대의 확대는 황사를 심화시킨다.

① ㄱ   ② ㄴ   ③ ㄱ, ㄴ
④ ㄴ, ㄷ   ⑤ ㄱ, ㄴ, ㄷ

심화

27 그림은 우리나라를 향해 북상해 오고 있는 태풍의 중심을 지나는 직선을 따라 측정한 지상의 풍속을 나타낸 것이다.

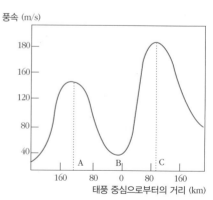

이에 대한 설명으로 옳은 것만을 〈보기〉에서 있는 대로 고른 것은?

─── 〈 보기 〉 ───

ㄱ. A 는 태풍 진행 방향의 오른쪽에 위치한다.
ㄴ. B 에서 적란운이 가장 두껍게 발달한다.
ㄷ. B 에서 기압이 가장 낮다.

① ㄱ   ② ㄴ   ③ ㄷ
④ ㄱ, ㄴ   ⑤ ㄱ, ㄴ, ㄷ

28 그림은 북반구 중위도에서 북상하는 태풍의 중심으로부터 거리에 따른 기압과 풍속 분포를 나타낸 것이다.

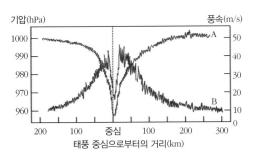

기압(hPa)   풍속(m/s)

태풍 중심으로부터의 거리 (km)

이에 대한 설명으로 옳은 것만을 〈보기〉에서 있는 대로 고른 것은?

〈 보기 〉

ㄱ. A 는 풍속, B 는 기압이다.
ㄴ. 태풍의 중심에는 강한 상승 기류로 인해 구름이 두껍게 형성된다.
ㄷ. 태풍의 중심에서 멀어질수록 해수면의 높이가 낮아진다.

① ㄱ   ② ㄴ   ③ ㄷ
④ ㄱ, ㄴ   ⑤ ㄱ, ㄴ, ㄷ

29 그림 (가)는 중위도에서 북상하는 태풍의 단면을 나타낸 것이고, 그림 (나)는 이 태풍 내부와 주변과의 기온 편차를 나타낸 것이다.

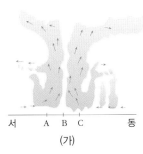

서   A   B   C   동

(가)

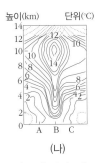

높이(km)   단위(℃)

A   B   C

(나)

이에 대한 설명으로 옳은 것만을 〈보기〉에서 있는 대로 고른 것은?

〈 보기 〉

ㄱ. A, B, C 중에 풍속이 가장 빠른 곳은 C 이다.
ㄴ. 같은 높이에서 기온은 태풍의 중심으로 갈수록 낮아진다.
ㄷ. B 지점의 상공에서는 공기의 단열 압축이 일어난다.

① ㄱ   ② ㄴ   ③ ㄱ, ㄴ
④ ㄱ, ㄷ   ⑤ ㄱ, ㄴ, ㄷ

30 그림은 황사의 이동 경로와 성분 변화 과정을 나타낸 것이다.

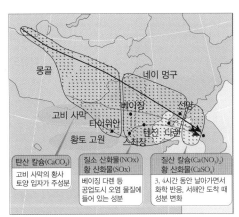

탄산 칼슘(CaCO₃)	질소 산화물(NOx) 황 산화물(SOx)	질산 칼슘(Ca(NO₃)₂) 황 산화물(CaSO₄)
고비 사막의 황사 토양 입자가 주성분	베이징 다롄 등 공업도시 오염 물질에 들어 있는 성분	3, 4시간 동안 날아가면서 화학 반응, 서해안 도착 때 성분 변화

이에 대한 설명으로 옳은 것만을 〈보기〉에서 있는 대로 고른 것은?

〈 보기 〉

ㄱ. 황사는 무역풍을 타고 우리나라로 이동해 온다.
ㄴ. 발원지의 토양 입자가 이동하는 과정에서 공업 도시의 오염 물질과 상호 작용한다.
ㄷ. 중국 동부의 공업화가 진행될수록 황사 성분 중 황산염과 질산염의 비율은 높아진다.

① ㄱ   ② ㄴ   ③ ㄱ, ㄴ
④ ㄴ, ㄷ   ⑤ ㄱ, ㄴ, ㄷ

12강. 대기와 해수의 순환

1. 대기 순환의 규모

(1) 대기 순환의 규모 : 공간 규모(수평 규모)와 시간 규모에 따라 미규모, 중간 규모, 종관 규모, 지구 규모로 구분한다.

토네이도

미규모 순환 중에 하나인 토네이도는 우리나라 말로는 '용오름 현상'이라고 한다.

▲ 토네이도

순환의 규모	수평 규모	시간 규모(수명)	현상
미규모	1 km 이하	수초 ~ 수분	난류, 작은 소용돌이, 토네이도
중간 규모	1 ~ 100 km	수분 ~ 1 일	뇌우, 해륙풍, 산곡풍
종관 규모	100 ~ 1,000 km	1 일 ~ 1 주	고기압, 저기압, 태풍
지구 규모	1,000 ~ 10,000 km	수주 ~ 연중	계절풍, 대기 대순환

▲ 대기 순환의 규모

(2) 대기 순환의 규모의 특징

① 공간 규모가 클수록 시간 규모도 크다. 즉, 수명이 길다.

② 작은 규모의 순환은 수평 규모와 연직 규모가 비슷하지만, 큰 순환 규모에서는 연직 규모에 비해 수평 규모가 훨씬 크다.

③ 미니규모와 중간 규모의 순환은 일기도에 나타나지 않으며, 전향력은 무시할 수 있을 정도로 작다.

④ 종관 규모와 지구 규모의 순환은 지구 자전의 영향을 받기 때문에 전향력을 무시할 수 없다.

큰 규모의 순환에서 연직 규모에 비해 수평 규모가 큰 이유

수평 규모는 지구 둘레와 같은 크기(약 40,000 km)까지 나타나지만 연직 규모는 수십 km 까지 나타나며 대기의 범위 약 1,000 km 보다 클 수 없기 때문이다.

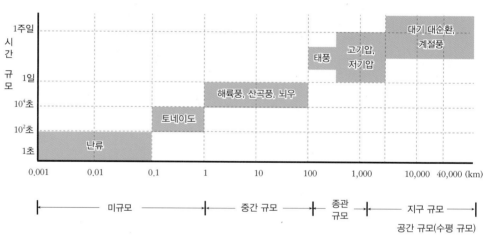

▲ 대기 순환의 규모 도식

미니사전

전향력 [轉 회전하다 向 나아가다 力] 지구 자전의 영향으로 북반구는 오른쪽, 남반구는 왼쪽으로 쏠리는 힘을 말한다.

종관 [綜 모으다 觀 보다] 규모 넓은 지역을 모아 보는 규모

연직 [鉛 납 直 곧다] 규모 납덩이를 실로 매달아 수직으로 늘어뜨릴 때 그 실이 이루는 방향, 즉 중력의 방향에 대한 규모

개념확인 1

다음 괄호 안에 들어갈 알맞은 단어를 적으시오.

(1) 대기 순환의 규모는 (   )규모와 (   )규모에 따라 구분한다.

(2) 대기 순환의 규모 중 (   )순환과 (   )순환은 전향력을 고려하지 않아도 된다.

확인+1

다음 중 대기 순환의 규모가 <u>아닌</u> 것은?

① 미규모   ② 소규모   ③ 중간 규모   ④ 종관 규모   ⑤ 지구 규모

2. 대기 순환의 규모에 따른 특성 1

(1) 미규모의 순환 : 규모가 1 km 이하로 가장 작고 지속 시간도 수초~수분으로 짧다.

① **난류** : 지표면의 가열이나 장애물로 인해 발생한 소용돌이가 많이 섞여 있는 매우 복잡하고 불규칙적인 공기의 흐름이다. 대기가 불안정할수록, 지면의 기복이 심할수록, 풍속이 빠를수록 강하게 나타나며 지표면의 열과 수증기 및 오염 물질 등을 확산시키는 역할을 한다.

② **토네이도** : 가늘고 긴 깔때기 모양의 매우 강력한 회오리 바람이다. 중심 기압이 굉장히 낮아 아주 강한 상승 기류가 발생한다.

(2) 중간 규모의 순환 : 규모가 1~100 km 이고 지속 시간이 수분~1일 정도의 순환이다. 일반적으로 가까운 두 지역의 온도 차에 의해 생기는 열적 순환에 속한다.

① **해륙풍** : 해안가에서 바다와 육지의 비열 차이에 의해 하루를 주기로 부는 바람이다.

구분	해풍(낮)	육풍(밤)
과정	낮에는 비열이 작은 육지가 바다보다 더 빨리 가열되므로, 육상에는 저기압, 해상에는 고기압이 형성되어 바다에서 육지로 부는 해풍이 생긴다. 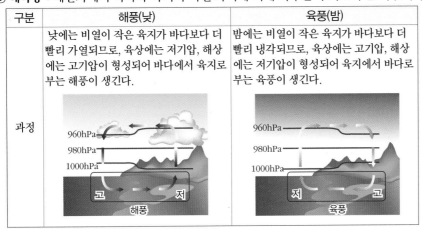	밤에는 비열이 작은 육지가 바다보다 더 빨리 냉각되므로, 육상에는 고기압, 해상에는 저기압이 형성되어 육지에서 바다로 부는 육풍이 생긴다.

② **산곡풍** : 산 정상과 골짜기의 부등 가열에 의해 하루를 주기로 부는 바람을 말한다.

구분	곡풍, 골바람(낮)	산풍, 산바람(밤)
과정	낮에는 산 사면이 주변 공기보다 빨리 가열되어 골짜기에서 산 위로 곡풍이 분다. 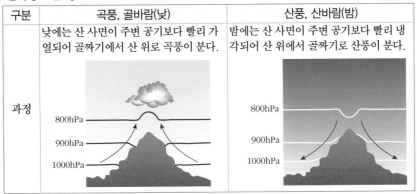	밤에는 산 사면이 주변 공기보다 빨리 냉각되어 산 위에서 골짜기로 산풍이 분다.

③ **뇌우** : 강하고 빠른 공기압 차에 의한 강한 상승 기류가 일어날 때 생긴다.

개념확인2　　　　　　　　　　정답 및 해설 12쪽

다음에 해당하는 단어를 적으시오.

(1) 지표면의 불균등 가열에 의한 공기의 밀도 차로 일정 공간에서 일어나는 대기 순환　(　　　　)
(2) 해안 지역에서 육지와 바다의 비열 차로 하루를 주기로 부는 바람　(　　　　)
(3) 산간 지방에서 부등 가열에 의해 하루를 주기로 부는 바람　(　　　　)

확인+2

지표면의 가열이나 장애물로 인해 발생한 소용돌이가 많이 섞여 있는 매우 복잡하고 불규칙인 공기의 흐름을 무엇이라 하는가?

(　　　　)

난류와 층류

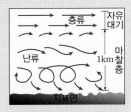

층류는 난류와 달리 비교적 규칙적인 공기의 흐름으로, 상층으로 갈수록 지표면의 영향이 감소하여 난류에서 층류로 바뀐다.

열적 순환

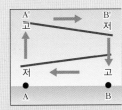

지표의 조건에 따라 지표면의 온도가 달라지고, 공기의 밀도 차가 생겨 기압이 변한다. 따라서 일정 공간에서 순환이 일어나는데, 이것을 열적 순환이라 한다.

가열될 때 공기가 팽창하여 상승함으로써 상층부가 고기압이 되고, 냉각될 때 공기가 축소되어 하강함으로써 같은 높이의 상층부가 저기압이 된다. 대기는 고기압에서 저기압으로 흐르므로 열적 순환이 일어난다.

미니사전

비열 [比 견주다 熱 덥다] 물질 1g의 온도를 1℃ 높이는 데 필요한 열량으로, 비열이 작을수록 온도 변화가 크다.

● 한랭 고기압과 온난 고기압

・한랭 고기압 : 고위도 지역
에서 지표면이 냉각되어 발
생한다. 키작은 고기압이다.

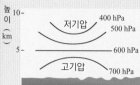

▲ 한랭 고기압(시베리아 고기압)

・온난 고기압 : 중위도 지방
의 상공에서 수렴된 공기가
하강하면서 생성된다. 키큰
고기압이다.

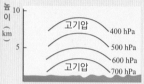

▲ 온난 고기압(북태평양 고기압)

● 해들리의 순환 모형 (지구가 자
전하지 않는 경우)

▲ 해들리의 순환 모형

・지구가 자전하지 않는 경우
를 가정한 순환 모형이다.
・단일 세포 순환 모형이라고
도 한다.
・적도에서 가열되어 상승한
공기는 극으로 이동한다.
・극에서 냉각되어 하강한 공
기는 적도로 이동한다.
・따라서 남반구와 북반구에
각각 1개의 대순환이 나타
날 것이다.
・북반구 지표에는 북풍만, 남
반구 지표에는 남풍만 분다.

● 지구의 복사 에너지 이동

・저위도(0~38°)는 들어오는
태양 복사 에너지가 나가는
지구 복사 에너지보다 많아
에너지 과잉 상태이다.
・고위도(38°~90°)는 들어오
는 태양 복사 에너지보다
나가는 지구 복사 에너지가
많아 에너지 부족 상태이
다.
・저위도의 과잉 에너지가 대
기와 해수의 순환을 따라
고위도로 이동한다.

3. 대기 순환의 규모에 따른 특성 2

(3) 종관 규모의 순환

① **고기압** : 주위보다 기압이 높은 곳으로, 한랭 고기압과 온난 고기압 등이 있다.
② **저기압** : 주위보다 기압이 낮은 곳으로, 온대 저기압과 열대 저기압(태풍) 등이 있다.

(4) 지구 규모의 순환

① **계절풍** : 대륙과 해양의 비열 차이에 의해 일 년을 주기로 부는 바람이다.
・여름철 : 대륙이 해양보다 빨리 가열되어 해양에서 대륙으로 바람이 분다. 우리나라에
서는 남동 계절풍이 분다.
・겨울철 : 대륙이 해양보다 빨리 냉각되어 대륙에서 해양으로 바람이 분다. 우리나라에
서는 북서 계절풍이 분다.
② **대기 대순환** : 가장 큰 규모의 대기 순환이다.
・위도에 따른 태양 복사 에너지의 양과 지구 복사 에너지의 양 차이에서 비롯된 에너지
불균형이 원인이다.
・지구 자전에 의한 전향력의 영향으로 이상적인 3개의 순환 세포가 형성된다.(대륙의 영
향은 배제했다.)

극순환	・극에서 냉각되어 하강한 공기가 저위도로 이동한 후 위도 60℃ 부근에서 상승하여 극으로 이동하는 순환 ・지표에서 부는 바람 : 극동풍 ・극 부근 : 공기가 냉각되어 하강 기류가 발달하여 극 고압대를 형성
페렐 순환	・공기가 30℃ 부근에서 하강하여 고위도로 이동한 다음, 위도 60℃ 부근에서 상승하는 순환 ・직접적인 지표면의 가열과 냉각과 상관없이 두 순환에 의해 만들어진 간접 순환이다. ・지표에서 부는 바람 : 편서풍 ・위도 30℃ 부근 : 하강 기류로 인한 중위도 고압대가 형성되고, 증발량이 많음 ・위도 60℃ 부근 : 편서풍과 극동풍이 만나 한대 전선대가 형성되고, 강수량이 많음
해들리 순환	・적도에서 가열되어 상승한 공기가 고위도로 이동한 다음, 위도 30℃ 부근에서 하강하는 순환 ・지표에서 부는 바람 : 무역풍 ・적도 부근 : 공기가 가열되어 상승 기류가 발달하여 적도 저압대를 형성하고, 강수량이 많음

▲ 페렐의 대기 대순환 모형

개념확인3

다음에 해당하는 단어를 적으시오.

(1) 대륙과 해양의 비열 차이에 의해 일 년을 주기로 부는 바람 (   )

(2) 극에서 냉각되어 하강한 공기가 저위도로 이동한 후 위도 60℃ 부근에서 상승하여 극으로 이동하
는 순환 (   )

(3) 적도의 해들리 순환 지표에서 부는 바람 (   )

확인+3

지구 규모의 열에너지 이동을 일으키는 가장 큰 규모의 대기 순환은 무엇이라 하는가?

(   )

4. 대기 대순환과 해수의 순환

(1) 해수의 순환

① **표층 해류** : 해수면 위에 부는 바람의 영향으로 해수의 표층에서 일정한 속력과 방향으로 흐르는 수평적 해수의 흐름이다.

바람	무역풍	편서풍
생성된 표층 해류	북적도 해류, 남적도 해류	북태평양 해류, 남극 순환류

② **표층 해류의 역할**
· 해류가 이동하면서 저위도의 남는 에너지를 고위도로 전달하여 에너지 불균형을 해소시킨다.
· 해안 지방의 기후에 영향을 준다. 난류가 흐르는 해안은 기온이 높고, 한류가 흐르는 해안은 기온이 낮다.

(2) 대기 대순환과 해수의 표층 순환 : 편서풍이나 무역풍에 의해 동서 방향으로 해류가 흐르고, 대륙에 부딪치면 남북 방향으로 갈라져 흐르면서 대양에서 순환을 이룬다. 적도를 기준으로 북반구와 남반구가 대칭적인 분포를 보인다. (북반구에서 시계 방향, 남반구에서 반시계 방향)

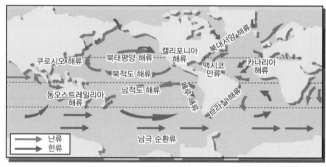
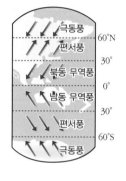

▲ 대기 대순환과 해수의 표층 순환

(3) 우리나라 주변 해류

① **한류**
· 리만 해류 : 오호츠크 해에서 연해주를 따라 남단까지 흐르는 해류. 우리나라 주변 한류의 근원이다.
· 북한 한류 : 리만 해류의 한 지류로, 동해안을 따라 남하하는 한류이다.

② **난류**
· 쿠로시오 해류 : 북태평양의 서쪽 해안을 따라 북상하는 해류로, 우리나라 주변 난류의 근원이다.
· 동한 난류 : 쿠로시오 해류에서 갈라져 나온 후 남해를 거쳐 동해안을 따라 북상하는 난류
· 황해 난류 : 황해로 북상하는 난류로, 흐름이 약하다.

③ **조경 수역** : 난류와 한류가 만나는 곳으로 플랑크톤이 풍부해 좋은 어장을 형성한다.

개념확인 4　　　　　　　　　　　　　　　　　　　　**정답 및 해설 12쪽**

다음 대기 대순환과 해류에 대한 설명으로 옳은 것은 ○표, 옳지 않은 것은 ×표 하시오.

(1) 표층 해류는 해수면 위에 부는 바람의 영향으로 만들어진 흐름이다.　　　　　　(　　　)

(2) 표층 순환은 적도를 경계로 남반구와 북반구에서 대칭적인 분포를 보인다.　　　(　　　)

(3) 표층 해류는 에너지를 한 곳으로 몰아넣는 역할을 한다.　　　　　　　　　　　　(　　　)

확인+4

한류와 난류가 만나는 곳으로 플랑크톤이 풍부해 좋은 어장을 형성하는 곳을 무엇이라 하는가?

(　　　　　　　　)

● **남극 순환류**

편서풍에 의해 형성된 해류로, 대륙에 의해 흐름에 방해를 받지 않아 남극 대륙 주변을 순환하는 가장 긴 해류이다.

● **태평양에서 표층 순환의 모습**

· 북태평양의 순환 : 북적도 해류 ⇨ 쿠로시오 해류 ⇨ 북태평양 해류 ⇨ 캘리포니아 해류
· 남태평양의 순환 : 남적도 해류 ⇨ 동오스트레일리아 해류 ⇨ 남극 순환류 ⇨ 페루 해류

● **수온에 따른 표층 해류의 분류**

구분	한류	난류
이동 방향	고위도 ⇨ 저위도	저위도 ⇨ 고위도
수온	낮다	높다
염분	낮다	높다
밀도	크다	작다
영양 염류	많다	적다
용존 산소량	많다	적다
예	캘리포니아 해류, 페루 해류	쿠로시오 해류, 동오스트레일리아 해류

● **우리나라 주변 해류 지도**

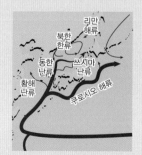

▲ 우리나라 주변 해류

01 다음 대기 순환의 규모 중 공간 규모와 시간 규모가 가장 큰 것은?

① 난류   ② 토네이도   ③ 뇌우   ④ 계절풍   ⑤ 산곡풍

02 다음 〈보기〉에서 전향력을 무시할 수 있는 대기 순환을 <u>모두</u> 고르시오.

〈 보기 〉
ㄱ. 태풍   ㄴ. 해륙풍   ㄷ. 난류
ㄹ. 편서풍   ㅁ. 뇌우   ㅂ. 계절풍

(   )

03 다음은 열적 순환 과정을 나타낸 것이다. 이에 대한 설명으로 옳지 <u>않은</u> 것을 고르시오.

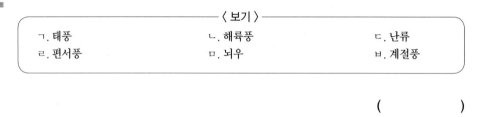

① 이 순환의 예시로는 해륙풍, 산곡풍 등이 있다.
② 지표면의 불균등 가열에 의해 생성되는 순환이다.
③ 열적 순환 과정은 (가)→(나)→(다)의 순서로 이루어진다.
④ 해안 지역에서는 바다와 육지의 비열 차에 의해 일어난다.
⑤ 열적 순환이 일어날 때에는 높이에 따른 기압 차이가 없다.

04 대기 대순환에 대한 설명으로 옳은 것은 ○표, 옳지 않은 것은 ×표 하시오.

(1) 위도별 에너지 흡수량과 방출량 차이로 나타나는 에너지 불균형 때문이다.   (   )
(2) 해들리의 순환 모형은 실제 대기 대순환 모형이다.   (   )

05 적도에서부터 위도 30° 까지의 저압대 지표에서 부는 바람은?

( )

06 표층 해류에 대한 설명으로 옳은 것은 ○표, 옳지 않은 것은 ×표 하시오..

(1) 해수면 위에 부는 바람의 영향으로 해수의 심층에서 일정하게 흐르는 흐름이다. ( )

(2) 지구의 에너지 불균형을 해소시키는 역할을 한다. ( )

07 다음 중 대기 대순환과 해류에 대한 설명으로 옳지 <u>않은</u> 것을 고르시오.

① 편서풍이나 무역풍에 의해 표층 순환이 이루어진다.
② 북태평양에서 표층 순환은 시계 반대 방향으로 순환한다.
③ 해류의 순환은 위도에 따른 열에너지 불균형을 해소한다.
④ 저위도는 입사하는 태양 에너지가 방출되는 에너지보다 많다.
⑤ 페렐의 대기 대순환 모형은 이상적인 3개의 순환 세포로 나뉘어져 있다.

08 다음은 우리나라 주변의 해류에 대한 설명이다.

〈 보기 〉

ㄱ. 오호츠크 해에서 연해주를 따라 남단까지 흐르며 우리나라 주변 한류의 근원이다.
ㄴ. 북태평양의 서쪽 해안을 따라 북상하는 해류로 우리나라 주변 난류의 근원이다.

〈보기〉에서 설명하는 해류로 각각 옳게 짝지어진 것은?

	ㄱ	ㄴ
①	북한 한류	동한 난류
②	북한 한류	황해 난류
③	북한 한류	쿠로시오 해류
④	리만 해류	황해 난류
⑤	리만 해류	쿠로시오 해류

[유형12-1] 대기 순환의 규모

다음은 대기 순환의 규모를 공간 규모와 시간 규모로 나타낸 그래프이다.

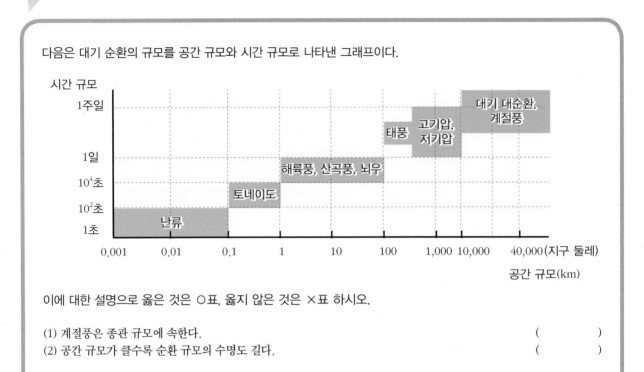

이에 대한 설명으로 옳은 것은 ○표, 옳지 않은 것은 ×표 하시오.

(1) 계절풍은 종관 규모에 속한다.   (   )
(2) 공간 규모가 클수록 순환 규모의 수명도 길다.   (   )

01 다음 중 대기 순환의 규모에 대한 설명으로 옳지 <u>않은</u> 것은?

① 미규모와 중간 규모의 순환은 일기도에 나타난다.
② 작은 규모의 순환은 수평 규모와 연직 규모가 비슷하다.
③ 종관 규모와 지구 규모의 순환은 지구 자전의 영향을 받는다.
④ 큰 순환 규모에서는 연직 규모에 비해 수평 규모가 훨씬 크다.
⑤ 미규모와 중간 규모의 순환에서 전향력은 무시할 수 있을 정도로 작다.

02 다음 대기 순환의 규모에 대한 설명에 옳은 것을 고르시오.

(1) 공간 규모와 시간 규모는 대체로 (비례, 반비례)한다.
(2) 공간 규모는 일반적으로 (수평 규모, 연직 규모)에 따라 분류한다.

[유형12-2] 대기 순환의 규모에 따른 특성 1

다음 그림은 산곡풍을 나타낸 것이다.

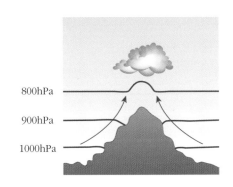 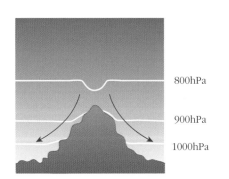

이에 대한 설명으로 옳은 것은 ○표, 옳지 않은 것은 ×표 하시오.

(1) 해륙풍과 같은 순환 원리에 의해 일어나는 현상이다. ( )
(2) 산간 지방에서 열적 순환에 의해 하루를 주기로 부는 바람이다. ( )

03 다음 중 미규모와 중간 규모에 대한 설명으로 옳은 것만을 〈보기〉에서 있는 대로 고르시오.

─────〈 보기 〉─────

ㄱ. 중간 규모의 시간 규모는 1일에서 1주 정도이다.
ㄴ. 우리나라에서 용오름이라 부르는 현상은 중간 규모에 속한다.
ㄷ. 난류는 대기가 불안정하고 지표면의 기복이 심할 때 잘 발생한다.

( )

04 다음 설명에 해당하는 용어를 쓰시오.

(1) 지표면에서 상층으로 올라가 비교적 규칙적으로 흐르는 공기의 흐름

( )

(2) 지표면의 불균등한 온도 변화로 인해 일어나는 대기 순환 ( )

유형 익히기 & 하브루타

[유형12-3] 대기 순환의 규모에 따른 특성 2

다음 〈보기〉는 대기의 종관 규모 순환과 지구 규모의 순환에 대한 설명이다.

〈 보기 〉

ㄱ. 온대 저기압은 산곡풍보다 공간 규모가 크다.
ㄴ. 대기와 해수의 순환에 의해 저위도에서 고위도로 에너지가 이동한다.
ㄷ. 종관 규모 순환과 지구 규모 순환은 전향력의 영향을 받지 않는다.

옳은 것만을 있는 대로 고른 것은?

① ㄱ　　　　　② ㄴ　　　　　③ ㄱ, ㄴ　　　　　④ ㄴ, ㄷ　　　　　⑤ ㄱ, ㄴ, ㄷ

05 다음 각각의 현상이 관련된 순환 세포가 무엇인지 〈보기〉에서 골라 기호로 쓰시오.

〈 보기 〉

ㄱ. 극 순환　　　ㄴ. 페렐 순환　　　ㄷ. 해들리 순환

(1) 전향력의 영향으로 지표 부근에는 극동풍이 형성된다. 　　　(　　　　)
(2) 공기가 가열되어 상승 기류가 발달하여 적도 저압대를 형성하고, 강수량이 많다.
　　　(　　　　)

06 다음 중 대기 대순환에 대한 설명으로 옳은 것은 ○표, 옳지 않은 것은 ×표 하시오.

(1) 지구 자전의 영향을 고려하지 않은 것은 해들리 순환 모델이다. (　　　　)
(2) 위도 30~60° 사이에는 편서풍이 무역풍과 함께 분다. (　　　　)

[유형12-4] 대기 대순환과 해수의 순환

그림은 우리나라 주변 해류와 태평양의 해류 분포를 나타낸 것이다.

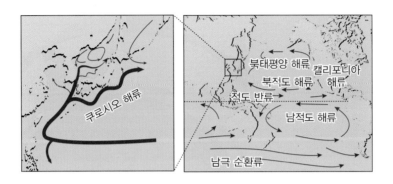

그림에 대한 해석으로 옳은 것은 ○표, 옳지 않은 것은 ×표 하시오.

(1) 남극 순환류는 극동풍에 의해 형성된다.   (   )
(2) 우리나라 해역의 난류는 북태평양의 서쪽 해안을 따라 북상하는 쿠로시오 해류에서 유입된 것이다.   (   )

07 다음 중 대륙의 영향을 받는 해류가 <u>아닌</u> 것은?

① 쿠로시오 해류   ② 캘리포니아 해류   ③ 멕시코 만류
④ 남극 순환류   ⑤ 페루 해류

08 다음 중 표층 해류에 대한 설명으로 옳은 것은 ○표, 옳지 않은 것은 ×표 하시오.

(1) 남극 순환류는 편서풍의 영향을 받은 해류이다.   (   )
(2) 북태평양에서 표층 순환은 시계 반대 방향으로 순환한다.   (   )
(3) 난류는 한류보다 수온과 염분 농도가 높고 영양 염류와 용존 산소량이 적다.

                                                              (   )

01

그림은 위도에 따른 태양 복사 에너지 흡수량과 지구 복사 에너지 방출량을 나타낸 것이다.
다음의 물음에 답하시오.

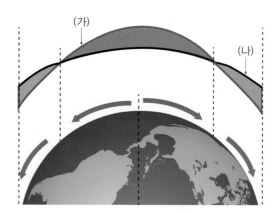

(1) (가)와 (나) 중 무엇이 태양 복사 에너지 흡수량이고 무엇이 지구 복사 에너지 방출량을 나
타내는지 고른 후 그 이유를 서술하시오.

(2) 위 사실을 이용하여 지구에 대기 대순환과 해류 순환이 일어나는 이유에 대해 서술하시오.

02

다음은 콜럼버스가 대서양을 횡단할 때 항해한 경로를 나타낸 것이다. 물음에 답하시오.

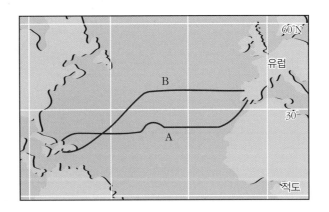

(1) A의 경로 주변에서 부는 바람은 무엇인지 적으시오.

(2) 유럽에서 아메리카 대륙으로 갈 때와 돌아올 때 A와 B 경로 중 어느 쪽을 각각 선택했을지
그 이유와 함께 서술하시오.

03 그림은 지구의 대기 대순환의 모형을 나타낸 것이다. 다음 물음에 답하시오.

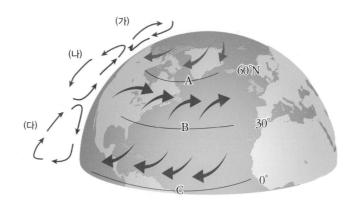

(1) (가), (나), (다) 순환 세포의 이름을 각각 쓰시오.

(가) : (   )
(나) : (   )
(다) : (   )

(2) B 지역이 A와 C 지역보다 사막이 더 많이 발달하였다고 한다. 그 이유에 대해 설명하시오.

04

그림은 우리나라 주변 해류와 태평양의 해류 분포를 나타낸 것이다. 물음에 답하시오.

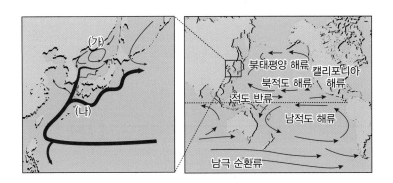

(1) (가)와 (나) 두 해류의 수온, 염분, 영양염류, 용존 산소량을 각각 비교하여 쓰시오.

(2) 동해는 다양하고 풍부한 어류가 잡히는 황금 어장이다. 그 이유는 무엇인지 설명하시오.

(3) 동해에는 난류와 한류가 만나는 조경 수역이 형성되는데, 계절에 따라 주기적으로 조경 수역의 위치가 변한다. 그 이유를 설명하시오.

01 지표면의 불균등 가열에 의해 생성되는 열적 순환에 속하는 순환 규모를 무엇이라 하는가?

(   )

02 산간 지방에서 불균등 가열에 의해 하루를 주기로 부는 바람을 무엇이라 하는가?

(   )

03 지구 자전의 영향으로 북반구에서는 오른쪽, 남반구에서는 왼쪽으로 쏠리는 힘을 무엇이라 하는가?

(   )

04 물질 1g의 온도를 1℃ 높이는 데 필요한 열량을 무엇이라 하는가?

(   )

05 위도에 따른 에너지 불균형이 원인인 가장 큰 규모의 대기 순환은 무엇인가?

(   )

06 북태평양의 서쪽 해안을 따라 북상하는 해류로, 우리나라 주변 난류의 근원인 해류는 무엇인가?

(   )

07 열적 순환에 대한 설명으로 옳은 것은 ○표, 옳지 않은 것은 ×표 하시오.

(1) 미규모의 대기 순환에 해당한다. (   )

(2) 지표면이 골고루 가열되었을 때 일어나는 순환이다. (   )

08 다음 그림은 태평양의 표층 해류를 나타낸 것이다.

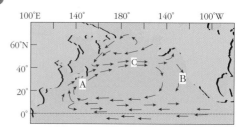

A~C 해역에 대한 설명으로 옳은 것은 ○표, 옳지 않은 것은 ×표 하시오.

(1) A는 B보다 수온이 낮다. (   )

(2) C에는 편서풍의 영향을 받은 해류가 흐른다.

(   )

09 대기 대순환 모형에서 3개 순환 세포와 그것의 영향을 받는 바람에 대해 옳게 짝지은 것을 고르시오.

	해들리 순환	페렐 순환	극 순환
①	무역풍	극동풍	편서풍
②	무역풍	편서풍	극동풍
③	편서풍	극동풍	무역풍
④	편서풍	무역풍	극동풍
⑤	극동풍	편서풍	무역풍

10 오호츠크 해에서 연해주를 따라 남쪽으로 흘러서 우리나라 주변 한류의 근원이 되는 해류는 무엇인가?

(   )

B

11 그림은 대기 순환의 공간 규모와 시간 규모를 나타낸 것이다.

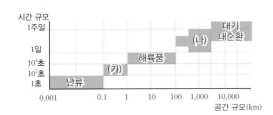

(가)와 (나)에 해당하는 현상을 〈보기〉에서 각각 고르시오.

─────〈 보기 〉─────

ㄱ. 산곡풍   ㄴ. 토네이도   ㄷ. 뇌우
ㄹ. 고기압   ㅁ. 계절풍

(가) : (   )
(나) : (   )

12 그림은 어느 해안 지역에서 부는 바람을 나타낸 것이다. 이에 대한 설명으로 옳지 <u>않은</u> 것은?

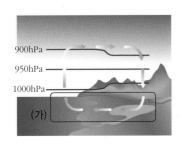

① 육지보다 바다의 기온이 더 높다.
② 중간 규모의 대기 순환에 해당한다.
③ (가)는 밤보다 낮에 더 잘 부는 바람이다.
④ 등압면 간격이 넓은 쪽이 기온이 높은 쪽이다.
⑤ 이 현상이 일어나는 원인은 비열의 차이 때문이다.

13 그림은 연평균 태양 복사 에너지 흡수량과 지구 복사 에너지 방출량의 분포를 위도에 따라 나타낸 것이다.

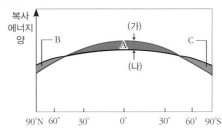

이에 대한 설명으로 옳은 것만을 〈보기〉에서 있는 대로 고른 것은?

─────〈 보기 〉─────

ㄱ. (가)는 태양 복사 에너지 흡수량, (나)는 지구 복사 에너지 방출량이다.
ㄴ. B의 에너지량이 A와 C의 에너지량의 합과 같다.
ㄷ. 위도에 따른 에너지 불균형에 의해 대기와 해수의 순환이 일어난다.

① ㄱ   ② ㄴ   ③ ㄱ, ㄷ
④ ㄴ, ㄷ   ⑤ ㄱ, ㄴ, ㄷ

14 그림 (가)~(다)는 순환 규모가 다른 대기 현상을 나타낸 것이다. 시간 규모가 작은 것부터 순서대로 옳게 나열한 것을 고르시오.

(가)

(나)

(다)

① (가) ⇨ (나) ⇨ (다)
② (가) ⇨ (다) ⇨ (나)
③ (나) ⇨ (가) ⇨ (다)
④ (다) ⇨ (가) ⇨ (나)
⑤ (다) ⇨ (나) ⇨ (가)

스스로 실력 높이기

15 다음 중 대기 대순환에 의한 바람이 직접적인 원인이 되어 형성되는 해류가 <u>아닌</u> 것은?

① 북적도 해류
② 북태평양 해류
③ 북대서양 해류
④ 쿠로시오 해류
⑤ 남극 순환류

16 표층 해류를 발생시키는 주된 원인은 무엇인가?

① 수온 변화
② 달의 인력
③ 해저 화산의 폭발
④ 해수 밀도의 변화
⑤ 지속적으로 부는 바람

17 다음 중 대기 대순환의 바람과 그에 영향을 받는 해류로 바르게 연결되지 <u>않은</u> 것을 고르시오.

① 무역풍 - 북적도 해류
② 무역풍 - 남적도 해류
③ 편서풍 - 북태평양 해류
④ 편서풍 - 남극 순환류
⑤ 극동풍 - 적도 반류

18 그림은 어느 해안 지방의 지표면에서 부는 해륙풍의 풍향을 나타낸 것이다.

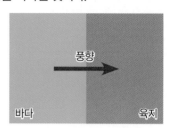

이에 대한 설명으로 옳은 것만을 〈보기〉에서 있는 대로 고른 것은?

〈 보기 〉
ㄱ. 밤에 부는 해풍이다.
ㄴ. 지표면의 기압은 바다가 육지보다 높다.
ㄷ. 육지에는 하강 기류, 바다에는 상승 기류가 나타난다.

① ㄱ　　② ㄴ　　③ ㄷ
④ ㄴ, ㄷ　　⑤ ㄱ, ㄴ, ㄷ

19 다음 그림은 태평양의 표층 해류를 나타낸 것이다.

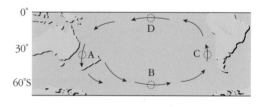

A~D 해역에 대한 설명으로 옳은 것만을 〈보기〉에서 있는 대로 고른 것은?

〈 보기 〉
ㄱ. A는 C보다 수온이 낮다.
ㄴ. B에는 편서풍에 의한 해류가 흐른다.
ㄷ. D에 흐르는 해류는 무역풍에 의한 해류이다.

① ㄱ　　② ㄴ　　③ ㄷ
④ ㄱ, ㄷ　　⑤ ㄱ, ㄴ, ㄷ

20 표층 해류를 동서 방향과 남북 방향의 해류로 분류할 때 동서 방향의 해류인 것을 모두 고르시오.

① 남적도 해류
② 멕시코 만류
③ 캘리포니아 해류
④ 남극 순환류
⑤ 쿠로시오 해류

C

21 다음 그림은 어느 산악 지방에서 관측한 등압면의 단면을 나타낸 것이다.

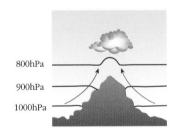

위에 대한 설명으로 옳은 것만을 〈보기〉에서 있는 대로 고른 것은?

〈 보기 〉

ㄱ. 현재 산풍이 불고 있다.
ㄴ. 그림은 낮의 기압 분포를 나타낸다.
ㄷ. 등압면의 변화는 높이 차이에 의한 불균등 가열 때문이다.

① ㄱ   ② ㄴ   ③ ㄷ
④ ㄴ, ㄷ   ⑤ ㄱ, ㄴ, ㄷ

22 다음은 지구가 자전하지 않는다고 가정하였을 때의 대기 대순환을 나타낸 것이다.

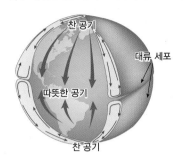

위에 대한 설명으로 옳은 것만을 〈보기〉에서 있는 대로 고른 것은?

〈 보기 〉

ㄱ. 적도 지역은 상승 기류가 발달한다.
ㄴ. 남반구 지표면에서는 북풍이 분다.
ㄷ. 열에너지가 저위도에서 고위도로 수송된다.

① ㄱ   ② ㄴ   ③ ㄱ, ㄴ
④ ㄱ, ㄷ   ⑤ ㄴ, ㄷ

23 다음은 대기 대순환의 모형을 나타낸 것이다.

위에 대한 설명으로 옳은 것만을 〈보기〉에서 있는 대로 고른 것은?

〈 보기 〉

ㄱ. A는 저압대, B는 고압대가 나타난다.
ㄴ. 위도 0°~30° 사이에는 페렐 순환이 일어난다.
ㄷ. 연 강수량은 위도 30° 부근보다 위도 60° 부근에서 많을 것이다.

① ㄱ   ② ㄴ   ③ ㄱ, ㄷ
④ ㄴ, ㄷ   ⑤ ㄱ, ㄴ, ㄷ

24 그림은 위도에 따른 태양 복사 에너지양과 지구 복사 에너지양의 분포를 나타낸 것이다.

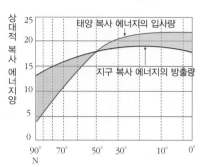

이에 대한 설명으로 옳은 것만을 〈보기〉에서 있는 대로 고른 것은?

〈 보기 〉

ㄱ. 대기와 해수의 순환에 의해 에너지가 이동한다.
ㄴ. 에너지 수송량이 가장 많은 위도는 50° 부근이다.
ㄷ. 고위도로 갈수록 태양 복사 에너지양은 많아진다.

① ㄱ   ② ㄴ   ③ ㄱ, ㄴ
④ ㄱ, ㄷ   ⑤ ㄴ, ㄷ

25 다음은 어느 규모의 대기 순환에 대한 설명이다.

대륙과 해양의 비열 차이에 의해 낮에는 대륙 쪽에 저기압이 형성되어 해양에서 대륙 쪽으로 바람이 불고, 밤에는 대륙 쪽에 고기압이 형성되어 대륙에서 해양 쪽으로 바람이 분다.

(　　)에서 옳은 것을 고르시오.

(1) 주어진 현상은 (미규모 , 중간 규모)에 속한다.
(2) 주어진 현상은 (산곡풍 , 계절풍)과 같은 원리로 일어난다.

26 다음은 남태평양의 아열대 순환을 나타낸 것이다.

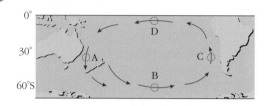

이에 대한 옳은 것만을 〈보기〉에서 있는 대로 고른 것은?

〈 보기 〉

ㄱ. 표층 염분은 A 해역이 C 해역보다 낮다.
ㄴ. 해류의 흐름이 느려지면 B 해역은 따뜻해진다.
ㄷ. 표층 해수의 용존 산소량은 B 해역이 D 해역보다 많다.

① ㄱ   ② ㄴ   ③ ㄷ
④ ㄱ, ㄷ   ⑤ ㄱ, ㄴ, ㄷ

심화

27 그림과 같은 등압성 분포를 나타내는 지역에서 A지점은 가열되고 B지점은 냉각될 때, 등압선 분포와 대기 순환의 모습으로 옳은 것은?

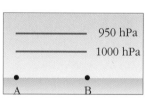

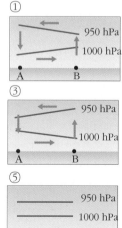
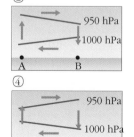

28 다음 그림은 우리나라 부근의 해류 분포를 나타낸 것이다.

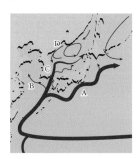

A~D 해류에 대한 설명으로 옳은 것만을 〈보기〉에서 있는 대로 고른 것은?

─── 〈 보기 〉 ───

ㄱ. D는 A보다 염분이 높다.

ㄴ. B는 흐름이 강해 좋은 어장을 만든다.

ㄷ. C와 D가 만나면 조경 수역이 형성된다.

① ㄱ   ② ㄴ   ③ ㄷ
④ ㄱ, ㄷ   ⑤ ㄱ, ㄴ, ㄷ

29 그림은 대기 순환의 수평 규모와 시간 규모를 나타낸 것이다.

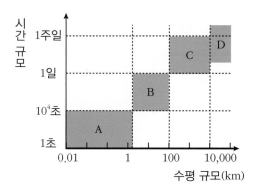

A~D 규모 중 전향력의 영향을 고려하지 않아도 되는 것을 모두 고르고, 그 이유를 서술하시오.

30 그림은 지구가 자전하는 경우 북반구의 대기 대순환을 나타낸 것이다. 다음 물음에 답하시오.

(1) A, B, C 순환의 명칭을 쓰시오.

A : (   )
B : (   )
C : (   )

(2) A, B, C 순환이 직접 순환인지 간접 순환인지 분류하시오.

A : (   )
B : (   )
C : (   )

1. 과거 지구 기후의 연구

(1) 고기후 : 관측 시대 이전의 역사 시대 및 지질 시대의 기후를 말한다.

(2) 고기후의 연구 방법

빙하 연구	빙하의 줄무늬 분석	· 빙하가 만들어질 때 계절에 따라 눈의 양이 다르게 쌓여 줄무늬가 나타난다. · 줄무늬의 수를 세어 빙하의 생성 시기를 알 수 있다.	▲ 빙하 코어
	빙하 내의 산소 동위 원소	· 물 분자를 이루는 산소(O)는 ^{18}O과 ^{16}O 동위 원소가 존재한다. · ^{16}O는 ^{18}O 보다 가벼우므로 상대적으로 증발이 잘 되고, 응결이 잘 되지 않는다. · 지구의 기후가 온난할 때 ^{18}O과 ^{16}O의 증발이 모두 활발하지만, 기후가 한랭할 때 ^{18}O의 증발이 상대적으로 약해져 대기 중 ^{16}O의 비율이 증가한다.	▲ 빙하의 공기 방울
	빙하의 공기 방울 분석	빙하 내부의 공기 방울 내의 기체를 분석하여 생성 당시의 대기 성분을 알 수 있다.	
지층의 퇴적물 속의 화석 연구		꽃가루나 미생물 화석으로 과거의 식생을 복원하여 고기후를 추정할 수 있으며, 화석의 산소 동위 원소비를 분석하여 기후를 추정할 수 있다.	▲ 화석
나무의 나이테 분석		나이테 사이의 폭과 밀도를 측정하면 과거의 기온과 강수량을 알 수 있다. 기온이 높고 강수량이 많은 여름에는 빨리 성장하기 때문에 나이테의 폭이 넓고 밀도가 작다.	▲ 나이테
산호의 성장률 분석		산호의 겉면에는 성장의 흔적을 나타내는 성장선이 있다. 산호는 성장선을 하루에 한 개씩 만든다. 산호의 성장 속도는 수온이 높을수록 빠르기 때문에 산호의 성장률을 조사하여 과거의 수온을 알 수 있다.	1년 ▲ 산호의 성장선

개념확인 1

다음 고기후의 연구 방법에 대한 설명 중 옳은 것은 ○표, 옳지 않은 것은 ×표 하시오.

(1) 식물의 꽃가루 화석을 통해 과거의 식생과 기후를 알 수 있다. ( )

(2) 빙하에 포함된 공기 방울을 통해 과거의 기온 변화를 알 수 있다. ( )

확인+1

관측 시대 이전의 역사 시대 및 지질 시대의 기후를 무엇이라 하는지 쓰시오.

( )

기상과 기후

· 기상 : 특정한 시간, 특정한 장소에서의 대기 상태
· 기후 : 날마다의 기상 현상과 계절적인 기상 현상이 장시간 동안 축적된 것

빙하 코어

빙하에 구멍을 뚫어 시추한 원통 모양의 얼음 기둥이다.

산소 동위 원소 분석

기후가 한랭하면 ^{18}O 이 증발하지 못하므로 대기 중 $^{18}O/^{16}O$의 비율이 작아진다. 반면, 기후가 한랭하면 해수에는 증발되지 않은 ^{18}O 이 상대적으로 많으므로 $^{18}O/^{16}O$의 비율이 커진다.

CO₂ 기후 변화

CO_2는 온실 효과를 일으키는 주요 온실 기체이기 때문에 CO_2의 농도가 높은 시기에는 지구의 평균 기온도 높은 분포를 보인다.

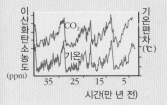

연중 일수

지구의 공전 주기는 거의 일정하기 때문에 1년의 길이는 일정하다고 가정하면, 1년의 길이가 일정할 때 날짜 수가 많으면 하루가 짧고, 날짜 수가 적으면 하루가 길다.

미니사전

식생 [植심다 生 살아있다] 지표를 덮고 있는 식물의 집단

2. 지질 시대의 기후

(1) 선캄브리아 시대

① 선캄브리아대는 지구 탄생 이후 약 30억년 이상 계속되었는데, 이 시기에 생성된 지층은 현재 각 대륙의 중심부에 위치해 발견되는 화석이 매우 적어 기후의 변동을 거의 알 수 없다.

② 스트로마톨라이트를 통해서 선캄브리아대가 전반적으로 온난한 기후였다는 것을 알 수 있다.

③ 중기와 말기에 빙하 퇴적물이 나타나는 것으로 보아 이 시기에 기온이 하강했던 적이 있었음을 알 수 있다.

(2) 고생대

① 전반적으로 온난한 기후였다.

② 초기 : 해수 중에는 산소가 풍부해 많은 생물들이 살았지만 대기 중에는 산소가 부족하여 육지 생물이 살지 못했다. 지층에서 석회암과 산호의 화석이 발견되는 것으로 보아 온난한 기후였다.

③ 중기 : 대기 중에 산소가 많아져 육상 생물이 증가하였다. 온난하고 습한 환경에서 서식하는 양치식물의 화석이 많은 것으로 보아 온난 습윤한 기후였다.

④ 말기 : 남극 부근의 지층 속에서 빙하의 흔적이 발견되는 것으로 보아 큰 빙하기가 나타났고 남극 대륙 부근은 한랭한 기후였다.

(3) 중생대

① 전반적으로 온난 다습하여 식물과 공룡이 살기 적합했다.

② 초기 : 사막 지방에서 볼 수 있는 적색 사암층이 나타나는 것으로 보아 기온이 높고, 건조한 기후였다.

③ 후기 : 산호초가 고위도 지방의 지층에서 발견되는 것으로 보아 온난 다습한 기후였다.

(4) 신생대
전기(제3기)는 중생대 말기와 비슷하여 온난하였고, 후기에 운석 충돌 영향 등으로 기온이 급격하게 떨어져 4번의 빙하기와 3번의 간빙기가 나타났다.

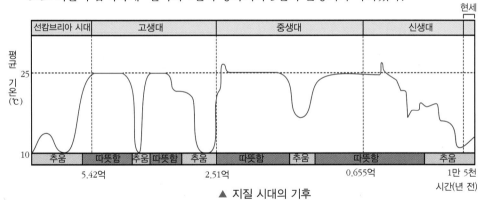

▲ 지질 시대의 기후

개념확인 2   정답 및 해설 16쪽

전기는 온난하였고, 후기부터 4번의 빙하기와 3번의 간빙기가 있었던 지질 시대는 언제인지 쓰시오.

(   )

확인+2

다음 지질 시대의 기후에 대한 설명 중 옳은 것은 ○표, 옳지 않은 것은 ×표 하시오.

(1) 중생대는 대체로 한랭한 기후였다.   (   )

(2) 신생대에는 빙하기가 없이 온난하였다.   (   )

스트로마톨라이트

남세균이라고 하는 시아노박테리아에 의해 만들어진 석회암이다. 시아노박테리아가 얕은 바다에서 층상으로 쌓여 만들어진다.

▲ 스트로마톨라이트

고생대의 생물

비교적 온난한 기후 속에서 다양한 종류의 생물이 출현하였고, 개체수도 늘어났다.

▲ 삼엽충 화석

중생대의 생물

▲ 암모나이트(암몬조개 화석)

신생대의 생물

▲ 맘모스(매머드)

미니사전

간빙기 [間 사이 氷 얼음 期 기간] 빙하기와 다음 빙하기 사이의 따뜻한 시기

3. 기후 변화의 원인 : 외적 변화

(1) 세차 운동 : 지구 자전축이 약 26,000년을 주기로 회전하는 운동이다.
　① 현재 북반구는 근일점에 있을 때 겨울이고, 원일점에 있을 때 여름이다.
　② 13,000년 후에는 지구 자전축이 반대로 기울어져서 근일점에 있을 때 여름이고, 원일점에 있을 때 겨울이다. 따라서 지금보다 여름에 더 많은 에너지를 받아 더 더워지고, 겨울에는 더 적은 에너지를 받아 더 추워진다.

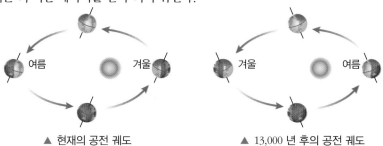

▲ 현재의 공전 궤도　　　　　　▲ 13,000 년 후의 공전 궤도

(2) 자전축 경사 변화 : 지구 자전축의 경사는 약 41,000년을 주기로 약 21.5° ~ 24.5° 사이에서 변한다.
　① **자전축의 경사각이 커질 때(북반구)**
　　· 여름 : 태양의 고도가 높아져 더 더워진다.
　　· 겨울 : 태양의 고도가 낮아져 더 추워진다.
　② **자전축의 경사각이 작아질 때(북반구)**
　　· 여름 : 태양의 고도가 낮아져 서늘해진다.
　　· 겨울 : 태양의 고도가 높아져 따뜻해진다.
　③ 북반구는 지구 자전축의 경사각이 커질수록 여름철과 겨울철에 받는 태양 복사 에너지의 양 차이가 커진다. 여름과 겨울에 받는 일사량의 차이가 크므로 기후가 변한다.

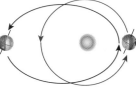

▲ 자전축의 경사 변화

(3) 공전 궤도 이심률의 변화 : 지구 공전 궤도는 약 10만 년을 주기로 거의 원 모양에서 타원 모양으로 변한다.
　① **이심률이 커질 때(지구 자전축 변화 없음)**
　　· 여름 : 원일점이 태양에서 더 멀어져 여름은 서늘해진다.
　　· 겨울 : 근일점이 태양에 더 가까워져 겨울은 따뜻해진다.
　② **이심률이 작아질 때(지구 자전축 변화 없음)**
　　· 여름 : 원일점은 태양에 더 가까워져 여름은 더워진다.
　　· 겨울 : 근일점은 태양에서 더 멀어져 겨울은 추워진다.

▲ 공전 궤도 이심률의 변화

이심률

타원은 평면 상의 두점에서의 거리의 합이 같은 도형이다. 아래 타원은 거리의 합이 $2a$ 인 타원이다.
· 타원의 이심률 (e) : 그림의 삼각형에서
$$(ea)^2 + b^2 = x^2 = a^2$$
행성이 원일점 Q 에 있을 때 두 초점으로부터 거리의 합은 $(a+ea)+(a-ea) = 2a$, 행성이 두 초점에서 같은 거리의 점 P 에 있을 때 초점까지 거리를 x 라고 하면 $2x = 2a$, $x = a$ 이다. 따라서

$$이심률(e) = \frac{ea}{a} = \frac{\sqrt{a^2 - b^2}}{a}$$

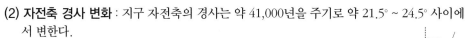

밀란코비치 주기

밀란코비치는 지구의 세차 운동, 자전축 경사, 공전 궤도 이심률이 서로 다른 주기로 변화하면서 이 변화들이 동시에 일어난다면 빙하기와 같은 기후 변화를 일으킨다고 주장하였다.

개념확인3

다음은 세차 운동에 대한 설명이다. ㉠, ㉡, ㉢에 들어갈 알맞은 말을 바르게 짝지은 것은?

> 13,000년 후 북반구의 여름은 현재의 여름보다 기온이 (㉠)하고, 겨울은 현재의 겨울보다 기온이 (㉡)한다.
> 따라서 기온의 연교차가 현재보다 (㉢).

① 상승　하강　커진다　　② 상승　하강　작아진다　　③ 하강　상승　커진다
④ 하강　상승　작아진다　　⑤ 하강　하강　변화없다

확인+3

기후 변화의 외적 요인에 대한 설명 중 옳은 것은 ○표, 옳지 않은 것은 ×표 하시오.

(1) 지구 자전축의 경사는 약 41,000년을 주기로 21.5° ~ 24.5° 사이에서 변한다.　　　　(　)

(2) 지구의 자전축이 현재와 같을 때 이심률이 커지면 원일점과 근일점의 일사량 차이가 커진다.

(　)

---

4. 기후 변화의 원인 : 내적 변화

(1) 자연적인 요인

① **수륙 분포의 변화** : 육지는 바다보다 비열이 작으므로 육지가 더 많이 분포된 지역에서 기온 변화가 더 크게 일어난다.

· 판의 운동에 의해 수륙 분포의 변화가 일어나면 지구 전체적인 기후 변화가 일어날 수 있다.

② **대기 투과율의 변화** : 지구 대기의 상태에 따라 지구로 들어오는 태양 복사 에너지의 양이 달라지므로 기후 변화에 영향을 미친다.

· 대규모의 화산 폭발이 일어날 경우, 화산재가 성층권까지 올라가서 지구를 덮어 지구의 반사율을 증가시켜 기온이 낮아진다.

③ **지표면 상태의 변화** : 지표의 성질에 따라 반사율이 다르므로 지표의 상태가 변하면 기후 변화가 발생한다.

· 빙하의 면적이 감소할 경우, 지표면의 반사율이 감소하여 지구에 흡수되는 태양 복사 에너지양이 증가하여 기온이 올라간다.

④ **수권과 기권의 상호 작용** : 수권의 물은 기권과 상호 작용하여 기후 변화에 영향을 준다.

· 엘리뇨 : 무역풍이 약화되어 동태평양 적도 부근의 수온이 평소보다 높게 나타나는 현상이다.

· 라니냐 : 무역풍이 강화되어 동태평양 적도 부근의 수온이 평소보다 낮게 나타나는 현상이다.

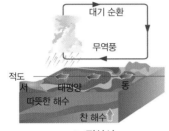
▲ 평상시

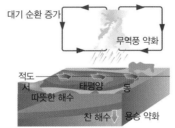
▲ 엘리뇨 발생 시

(2) 인간 활동에 의한 요인

① **화석 연료의 사용** : 대기 중 온실 기체의 농도가 증가하여 지구의 평균 기온이 상승한다.

② **과도한 경작** : 삼림이 훼손되고 토양이 황폐화되며 사막 지역이 확대된다.

③ **녹지 개간** : 콘크리트 도로나 주택을 건설하는 과정에서 지표면의 성질이 변화하여 반사율이 증가한다.

④ **댐 건설** : 해당 지역의 안개 일수가 증가하여 일조 시간이 감소하고, 강수량이 증가한다.

개념확인 4

정답 및 해설 **16쪽**

기후 변화의 내적 요인에 대한 설명으로 옳은 것은 ○표, 옳지 않은 것은 ×표 하시오.

(1) 빙하가 녹으면 지구의 반사율이 증가한다. ( )

(2) 엘리뇨와 라니냐는 수권과 기권의 상호 작용으로 발생한다. ( )

(3) 판의 이동으로 지구 전체의 기후가 변화한다. ( )

확인+4

지구의 기후를 변화 시키는 내적인 요인이 아닌 것은?

① 수륙 분포의 변화　　　② 대기의 투과율 변화　　　③ 지표면 상태의 변화
④ 수권과 기권의 상호 작용　　　⑤ 지구 자전축 경사 변화

판게아

모든 대륙들이 초대륙으로 합쳐졌을 때, 광활한 해안선을 가진 많은 대륙들의 기후와는 다르게 나타났다.

중생대 백악기 중기 슈퍼플룸

1억 2,000만 년 전 백악기 중기에 슈퍼플룸의 상승으로 발생한 화산 폭발로 이산화 탄소를 대량 방출하여 대기권의 온도를 7~10℃ 까지 상승시켰다.

지표의 성질에 따른 반사율

구분	반사율(%)
아스팔트	4~12
침엽수림	8~15
토양	17
녹색 잔디	25
사막 모래	40
콘크리트	55
빙하	50~70
눈	80~90

01 나이테 연구를 통한 기후 변화에 대한 설명으로 옳은 것만을 〈보기〉에서 있는 대로 고른 것은?

〈 보기 〉
ㄱ. 겨울보다 여름에 나이테 폭이 넓다.
ㄴ. 겨울보다 여름에 나이테의 밀도가 크다.
ㄷ. 강수량이 적은 해에 나이테 사이의 폭이 넓다.

① ㄱ   ② ㄴ   ③ ㄷ   ④ ㄱ, ㄴ   ⑤ ㄴ, ㄷ

02 과거 지질 시대의 기후를 추정하는데 이용되는 것이 <u>아닌</u> 것은?

① 식물의 꽃가루 화석   ② 오래된 나무의 나이테
③ 빙하에 포함된 공기 방울   ④ 화석의 동위 원소비
⑤ 화성암의 방사성 원소 함량

03 당시 기후가 따뜻했음을 의미하는 것으로 옳은 것은?

① 산호초의 성장률이 빠르다.
② 나무의 나이테 밀도가 크다.
③ 빙퇴석이 광범위하게 분포한다.
④ 대기 중 이산화 탄소 농도가 낮다.
⑤ 빙하 속 물 분자의 $^{18}O/^{16}O$ 값이 작다.

04 지질 시대의 기후와 환경에 대한 설명으로 옳은 것만을 〈보기〉에서 있는 대로 고른 것은?

〈 보기 〉
ㄱ. 고생대 말기에는 대륙 빙하의 면적이 넓어졌을 것이다.
ㄴ. 고생대 중기에는 생물의 개체수가 급격히 증가했을 것이다.
ㄷ. 신생대 전기에는 후기보다 평균 해수면이 낮았을 것이다.

① ㄱ   ② ㄴ   ③ ㄷ   ④ ㄱ, ㄴ   ⑤ ㄱ, ㄴ, ㄷ

05 기후 변화의 외부 요인으로 옳은 것만을 〈보기〉에서 있는 대로 고른 것은?

〈 보기 〉
ㄱ. 대규모 화산 폭발 　　　　　　ㄴ. 지구 자전축 경사 변화
ㄷ. 대기 투과율의 변화 　　　　　ㄹ. 지구 공전 궤도 이심률의 변화

① ㄱ　　　　② ㄴ　　　　③ ㄴ, ㄷ　　　　④ ㄴ, ㄹ　　　　⑤ ㄴ, ㄷ, ㄹ

06 그림은 지구의 세차 운동 모습을 나타낸 것이다. A~D 중 북반구 중위도에서 태양의 남중 고도가 가장 높을 때는?

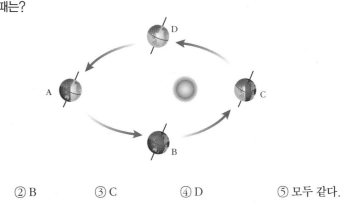

① A　　　　② B　　　　③ C　　　　④ D　　　　⑤ 모두 같다.

07 기후 변화에 영향을 주는 요인에 대한 설명으로 옳은 것만을 〈보기〉에서 있는 대로 고른 것은?

〈 보기 〉
ㄱ. 바다보다 육지가 많이 분포하는 지역에서 기온 변화가 더 작게 나타난다.
ㄴ. 댐을 건설하면 주변 지역에 일조 시간이 줄어들고, 강수량이 증가한다.
ㄷ. 대륙이 이동하면 육지의 면적은 그대로이므로 기후 변화에 영향을 주지 않는다.

① ㄱ　　　　② ㄴ　　　　③ ㄷ　　　　④ ㄱ, ㄴ　　　　⑤ ㄴ, ㄷ

08 기후 변화의 요인 중 인간의 영향을 크게 받는 것은?

① 대기 투과율의 변화
② 지구 자전축 경사의 변화
③ 지구 자전축 방향의 변화
④ 대륙과 해양의 분포 변화
⑤ 온실 기체에 의한 대기의 복사 에너지 흡수율 변화

유형 익히기&하브루타

그림은 남극 빙하를 분석하여 과거 40만 년 동안의 대기 중 이산화 탄소 농도와 지구의 기온 편차를 나타낸 것이다. 이에 대한 설명으로 옳은 것만을 〈보기〉에서 있는 대로 고른 것은?

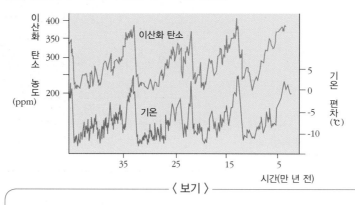

〈 보기 〉

ㄱ. 평균 기온은 과거 40만 년 동안 대부분 현재보다 낮았다.
ㄴ. 대기 중 이산화 탄소의 농도는 빙하기가 간빙기보다 낮았다.
ㄷ. 빙하의 공기 방울을 분석하여 당시의 대기 성분을 알 수 있다.

① ㄱ   ② ㄷ   ③ ㄱ, ㄴ   ④ ㄱ, ㄷ   ⑤ ㄱ, ㄴ, ㄷ

01
다음 중 고기후 연구 방법의 특징에 대한 설명으로 옳은 것은?

① 산호의 성장 속도는 수온과 관계없이 일정할 것이다.
② 계절 변화가 뚜렷하지 않을수록 나무의 나이테가 잘 나타난다.
③ 고사리 화석이 포함된 지층이 퇴적될 당시의 환경은 한랭 습윤하였다.
④ 지층의 퇴적물 속의 꽃가루 성분을 분석하면 과거의 기후 패턴을 알 수 있다.
⑤ 빙하 속에 포함된 산소 동위 원소의 비를 분석하면 강수량의 변화를 알 수 있다.

02
그림 (가)는 나무의 나이테, (나)는 빙하 코어 를 나타낸 것이다.

(가)   (나)

이에 대한 설명으로 옳은 것만을 〈보기〉에서 있는 대로 고른 것은?

〈 보기 〉

ㄱ. (가)의 밀도가 작은 지역은 고온 다습한 기후였을 것이다.
ㄴ. (나) 내의 산소 동위 원소비($^{18}O/^{16}O$)는 빙하기가 간빙기보다 크다.
ㄷ. (나)의 줄무늬를 분석하면 빙하의 생성 시기를 알 수 있다.

① ㄱ   ② ㄷ   ③ ㄱ, ㄷ
④ ㄴ, ㄷ   ⑤ ㄱ, ㄴ, ㄷ

[유형13-2] **지질 시대의 기후**

다음은 지질 시대의 기후를 나타낸 것이다. 다음 물음에 답하시오.

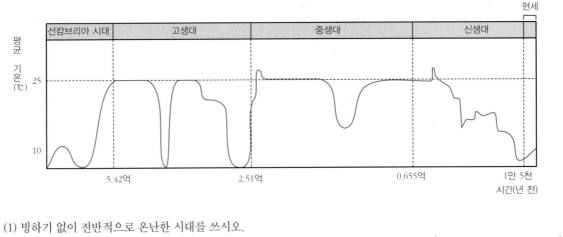

(1) 빙하기 없이 전반적으로 온난한 시대를 쓰시오.

(   )

(2) 후기에 4번의 빙하기와 3번의 간빙기가 있었던 시대를 쓰시오.

(   )

03 다음은 지질 시대의 기후를 추정하기 위한 여러 자료들이다.

> (가) 고생대 : 양치식물 번성, 나이테 없는 나무 발견
> (나) 중생대 초기 : 적색 사암층 발견

이에 대한 설명으로 옳은 것만을 〈보기〉에서 있는 대로 고른 것은?

── 〈 보기 〉 ──
> ㄱ. 고생대에는 한랭하고, 계절 변화가 거의 없다.
> ㄴ. 중생대 초기에는 온난 다습한 기후였다.
> ㄷ. 고생대에는 육상 생물이 증가하였다.

① ㄱ   ② ㄷ   ③ ㄱ, ㄷ
④ ㄴ, ㄷ   ⑤ ㄱ, ㄴ, ㄷ

04 그림은 약 14만 년 동안 해수면의 높이 변화를 나타낸 것이다.

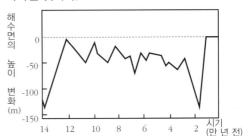

이에 대한 설명으로 옳은 것만을 〈보기〉에서 있는 대로 고른 것은?

── 〈 보기 〉 ──
> ㄱ. 약 14만년 전에는 현재보다 빙하가 넓게 분포했을 것이다.
> ㄴ. 약 2만년 전에는 현재보다 반사율이 높았을 것이다.
> ㄷ. 약 2만년~1만년 전 사이에 지구의 기온이 상승했을 것이다.

① ㄱ   ② ㄷ   ③ ㄱ, ㄷ
④ ㄴ, ㄷ   ⑤ ㄱ, ㄴ, ㄷ

유형 익히기&하브루타

[유형13-3] 기후 변화의 원인 : 외적 변화

그림은 현재 지구 자전축의 경사각을 나타낸 것이다. 이에 대한 설명으로 옳은 것만을 〈보기〉에서 있는 대로 고른 것은?

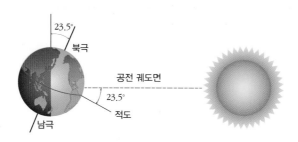

〈 보기 〉
ㄱ. 지구 자전축과 공전궤도면 사이의 각은 23.5°이다.
ㄴ. 지구 자전축의 경사가 21.5°로 작아지면 여름철에 우리나라에서 받는 태양 복사 에너지양이 증가한다.
ㄷ. 지구 자전축의 경사가 24.5°로 커지면 북반구 기온의 연교차가 현재보다 커진다.

① ㄱ   ② ㄷ   ③ ㄱ, ㄴ   ④ ㄱ, ㄷ   ⑤ ㄱ, ㄴ, ㄷ

05

다음은 기후 변화를 일으키는 어느 현상에 대한 설명이다.

· 지구 자전축이 26,000년을 주기로 회전하는 운동이다.

이에 대한 설명으로 옳은 것만을 〈보기〉에서 있는 대로 고른 것은?

〈 보기 〉
ㄱ. 이 현상을 세차 운동이라고 한다.
ㄴ. 13,000년 후에는 원일점에 있을 때 여름이다.
ㄷ. 13,000년 후에는 북반구의 기온의 연교차가 현재보다 커진다.

① ㄱ   ② ㄷ   ③ ㄱ, ㄷ
④ ㄴ, ㄷ   ⑤ ㄱ, ㄴ, ㄷ

06

그림 (가)와 (나)는 지구의 공전 궤도를 나타낸 것이다.

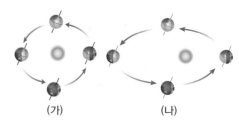

(가)   (나)

이에 대한 설명으로 옳은 것만을 〈보기〉에서 있는 대로 고른 것은?

〈 보기 〉
ㄱ. (가)는 (나)보다 북반구에서 기온의 연교차가 작다.
ㄴ. (가)는 (나)보다 여름철의 평균 기온이 높다.
ㄷ. (가)의 이심률이 (나)의 이심률보다 작다.

① ㄱ   ② ㄷ   ③ ㄱ, ㄷ
④ ㄴ, ㄷ   ⑤ ㄱ, ㄴ, ㄷ

[유형13-4] 기후 변화의 원인 : 내적 변화

다음은 지구 평균 표면 온도에 영향을 주는 세 요인의 가상적인 변화를 나타낸 것이다.

> (가) 지구의 대기가 없어졌다.
> (나) 대기 중의 이산화 탄소가 증가하였다.
> (다) 화산이 분출하였다.

(1) (다)는 자연적인 요인의 변화 중 무엇에 속하는지 쓰시오.

(   )

(2) 지구의 평균 표면 온도가 가장 낮아지는 것부터 순서대로 쓰시오.

(   )

07 그림은 화산 분출 전후의 지구 평균 기온 변화를 나타낸 것이다.

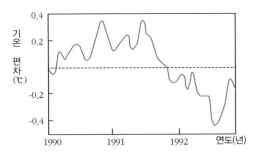

이에 대한 설명으로 옳은 것만을 〈보기〉에서 있는 대로 고른 것은?

─── 〈 보기 〉 ───
ㄱ. 화산 분출은 지구 평균 기온을 떨어뜨렸다.
ㄴ. 분출된 화산재는 지구의 평균 기온을 하강시키는 요인으로 작용하였다.
ㄷ. 대기 투과율이 변화할 것이다.

① ㄱ   ② ㄷ   ③ ㄱ, ㄷ
④ ㄴ, ㄷ   ⑤ ㄱ, ㄴ, ㄷ

08 그림 (가)는 고생대, (나)는 중생대의 수륙 분포를 나타낸 것이다.

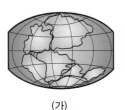 

(가)   (나)

(가)에서 (나)로 진행하면서 환경 변화에 대한 설명으로 옳은 것만을 〈보기〉에서 있는 대로 고른 것은?

─── 〈 보기 〉 ───
ㄱ. 중생대에는 바다에는 암모나이트가 육지에는 공룡이 번성하였다.
ㄴ. 판의 운동으로 수륙 분포가 변화하면 기후 변화가 일어난다.
ㄷ. 기후가 단순해지면서 많은 생물 종이 멸종하였다.

① ㄱ   ② ㄷ   ③ ㄱ, ㄴ
④ ㄴ, ㄷ   ⑤ ㄱ, ㄴ, ㄷ

01 다음 그림은 남극에서 시추한 빙하 코어를 꺼내는 모습이다.

(1) 빙하에 포함된 공기 방울을 분석하여 알 수 있는 내용을 쓰시오.

(2) 기후가 온난할 때 빙하의 얼음을 구성하는 물 분자의 산소 동위 원소의 비율($^{18}O/^{16}O$)은 어떻게 될지 쓰고, 그 이유를 쓰시오.

(3) 그림은 현재 고생대 말의 지층에서 빙하 퇴적층이 발견되는 지역을 나타낸 것이다. 고생대 말의 지구 환경에 대한 설명으로 옳은 것만을 〈보기〉에서 있는 대로 고르시오.

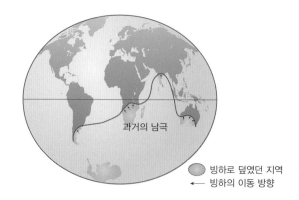

과거의 남극

🔵 빙하로 덮였던 지역
← 빙하의 이동 방향

─── 〈 보기 〉 ───
ㄱ. 큰 빙하기가 있었다.
ㄴ. 인도는 남극 대륙과 붙어 있었다.
ㄷ. 극지방의 빙하가 적도 지방까지 떠내려갔다.

02
다음은 지질 단면도와 각 지층에서 발견된 화석을 나타낸 것이다.

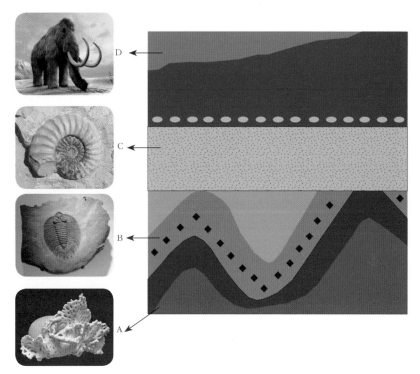

(1) A 층이 생성될 당시의 환경에 대해서 설명하시오.

(2) B 층과 C층이 생성된 지질시대를 각각 설명하고, 그 이유를 쓰시오.

(3) C층과 D층 사이의 환경 변화에 대해서 설명하시오.

03 그림은 현재 지구 공전 궤도를 나타낸 것이다.

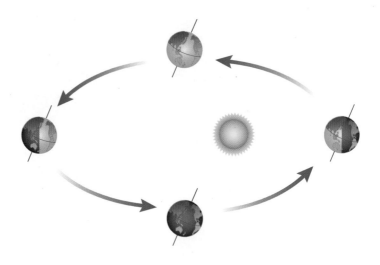

(1) 현재 지구의 공전 궤도는 타원이다. 위 그림에 비추어 지구의 공전 궤도가 완전한 원이 되는 경우에 우리나라의 여름과 겨울 기온은 현재와 비교할 때 어떻게 될지 쓰시오.

(2) 지구 공전 궤도의 모양이 완전한 원이 되는 경우에도 계절 변화가 나타나는 이유가 무엇인지 쓰시오.

04 그림 (가)는 1985년, (나)는 2005년에 관측한 북극해의 빙하 분포를 나타낸 것이다.

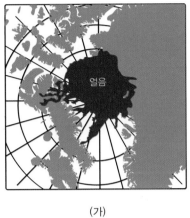
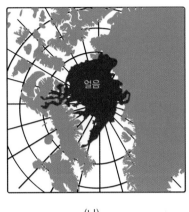

(가)   (나)

(1) 북극해의 빙하의 면적 변화가 지표면의 온도를 어떻게 변화시키는지 쓰고, 그 이유를 쓰시오.

(2) 위 그림과 같이 빙하 분포 변화가 일어날 때 이것과 관련하여 그 값이 증가할 것으로 추정되는 것만을 〈보기〉에서 있는 대로 고르시오.

┌──────────────〈 보기 〉──────────────┐
ㄱ. 해양의 분포 면적   ㄴ. 표층 해수의 염분
ㄷ. 지구의 평균 기온   ㄹ. 지표면의 반사율
└────────────────────────────────────┘

(3) 화산 폭발에 의해 화산재의 영향을 받는다면 빙하의 면적이 어떻게 변화될지 쓰고, 그 이유를 쓰시오.

스스로 실력 높이기

01 과거에 기후가 온난한 지역이었음을 예상할 수 있는 조사 결과를 〈보기〉에서 있는 대로 고른 것은?

〈 보기 〉
ㄱ. 빙하 퇴적물이 존재한다.
ㄴ. 나무의 나이테 폭이 넓게 나타난다.
ㄷ. 퇴적암 속에서 침엽수의 꽃가루가 발견된다.

① ㄱ   ② ㄴ   ③ ㄱ, ㄴ
④ ㄱ, ㄷ   ⑤ ㄱ, ㄴ, ㄷ

02 다음 고기후의 연구 방법에 대한 설명으로 옳은 것은 ○표, 옳지 않은 것은 ×표 하시오.

(1) 기온이 높은 해에는 나이테의 간격이 넓다.
( )

(2) 화석에 들어 있는 산소의 동위 원소의 비율을 조사하면 과거의 기온 변화를 알 수 있다.
( )

(3) 빙하 내 물분자의 산소 동위 원소비($^{18}O/^{16}O$)는 따뜻할수록 크다. ( )

03 다음 빈칸에 알맞은 말을 고르시오.

고생대 초기에 산호의 화석이 발견되는 것으로 보아 (㉠ 온난한, ㉡ 한랭한) 기후였을 것이다. 중생대 초기에 적색 사암층이 나타나는 것으로 보아 고온 (㉠ 습윤한, ㉡ 건조한) 기후였을 것이다.

04 선캄브리아대가 온난한 기후였음을 예상할 수 있는 화석을 쓰시오.

( )

05 초기에 사막에서 볼 수 있는 적색 사암층이 발견된 고온 건조한 지질 시대를 쓰시오.

( )

06 지구 공전 궤도의 이심률이 작아질 때, 북반구에서 증가하는 물리량을 〈보기〉에서 있는 대로 고른 것은?

〈 보기 〉
ㄱ. 겨울철 태양의 남중 고도
ㄴ. 여름의 평균 기온
ㄷ. 기온의 연교차

① ㄱ   ② ㄴ   ③ ㄱ, ㄴ
④ ㄱ, ㄷ   ⑤ ㄴ, ㄷ

07 다음 그림은 현재 지구가 태양 주위를 공전하는 모습을 나타낸 것이다. 이에 대한 설명으로 옳은 것은 ○표, 옳지 않은 것은 ×표 하시오.

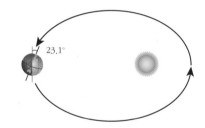

(1) 현재 우리나라는 여름철이다.
( )

(2) 자전축의 경사각이 현재보다 커지면 우리나라에서 기온의 연교차는 커진다.
( )

(3) 이심률이 현재보다 커지면 우리나라의 여름철은 더 더워진다.
( )

08 다음 빈칸에 알맞은 말을 쓰시오.

밀란코비치는 지구의 기후 변화가 공전 궤도 이심률의 변화, 자전축 ( )의 변화, ( )이(가) 일정한 주기로 일어나며, 이 세 가지 효과가 합쳐지거나 극대화되면 빙하기가 시작된다고 주장하였다.

09 기후 변화 중 내적 요인에 대한 설명으로 옳은 것은 ○표, 옳지 않은 것은 ×표 하시오.

(1) 화석 연료 사용으로 이산화 탄소의 농도가 증가하면 지구의 평균 기온이 상승한다.

( )

(2) 과도한 경작으로 삼림이 훼손되면 기온이 상승한다.

( )

(3) 라니냐는 무역풍이 강화되어 동태평양의 수온이 평소보다 낮게 나타나는 현상이다.

( )

10 지구 기후 변화의 외적 요인을 모두 고르시오.

① 세차 운동
② 수륙 분포의 변화
③ 지표면 상태 변화
④ 대기 투과율의 변화
⑤ 지구 자전축 경사각 변화

B

11 다음은 기후를 추정하는 데 사용하는 자료이다.

(가) 산호 화석
(나) 나무의 나이테
(다) 빙하 코어 내의 물 분자의 산소 동위 원소비

이에 대한 설명으로 옳은 것만을 〈보기〉에서 있는 대로 고른 것은?

─〈 보기 〉─
ㄱ. (가)가 산출되는 지역은 과거에 따뜻한 바다 환경이었을 것이다.
ㄴ. (나)의 밀도가 큰 지역은 고온 다습한 지역일 것이다.
ㄷ. (다)는 빙하기가 간빙기보다 작다.

① ㄱ   ② ㄴ   ③ ㄷ
④ ㄱ, ㄴ   ⑤ ㄱ, ㄷ

12 그림 (가), (나), (다)는 과거 지질 시대의 기후를 예상하는 방법을 나타낸 것이다.

  (가)   (나)   (다)

이에 대한 설명으로 옳은 것만을 〈보기〉에서 있는 대로 고른 것은?

─〈 보기 〉─
ㄱ. (가)가 침엽수의 꽃가루이면 과거에 온난한 기후였을 것이다.
ㄴ. (나)를 이용하면 지질 시대 당시의 대기 조성을 알 수 있다.
ㄷ. 고온 다습하면 (다)의 나이테 간격이 좁을 것이다.

① ㄱ   ② ㄴ   ③ ㄷ
④ ㄱ, ㄴ   ⑤ ㄱ, ㄷ

13 그림은 지질 시대의 기후를 나타낸 것이다.

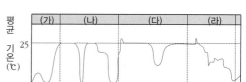

이에 대한 설명으로 옳은 것만을 〈보기〉에서 있는 대로 고른 것은?

─〈 보기 〉─
ㄱ. (가) 시대의 중기와 말기에는 빙하 퇴적물이 나타난다.
ㄴ. (나) 시대의 초기에 육지생물이 증가했다.
ㄷ. (다)와 (라)의 시대에는 온난한 기후였다.

① ㄱ   ② ㄴ   ③ ㄷ
④ ㄱ, ㄴ   ⑤ ㄱ, ㄷ

14 그림 (가)와 (나)는 지구 자전축의 경사 방향 변화를 나타낸 것이다.

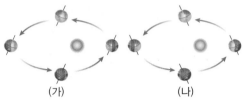

(가)   (나)

13,000년 후 서울에서 현재보다 더 큰 값을 갖는 것으로 옳은 것만을 〈보기〉에서 있는 대로 고른 것은?

―――― 〈 보기 〉 ――――
ㄱ. 기온의 연교차
ㄴ. 근일점에서 낮의 길이
ㄷ. 원일점에서 태양의 남중 고도
ㄹ. 여름철의 기온

① ㄱ   ② ㄴ   ③ ㄱ, ㄴ
④ ㄱ, ㄴ, ㄹ   ⑤ ㄴ, ㄷ, ㄹ

15 그림 (가)와 (나)는 지구 자전축 경사각의 변화를 나타낸 것이다.

(가)   (나)

(가)에서 (나)로 변할 때 설명으로 옳은 것만을 〈보기〉에서 있는 대로 고른 것은?

―――― 〈 보기 〉 ――――
ㄱ. 지구의 평균 기온은 변하지 않는다.
ㄴ. 북반구의 겨울철 평균 기온이 낮아진다.
ㄷ. 우리나라의 여름철 평균 기온이 높아진다.

① ㄱ   ② ㄴ   ③ ㄷ
④ ㄱ, ㄴ   ⑤ ㄱ, ㄷ

16 그림 (가)는 현재 지구의 공전 궤도를, (나)는 1만 년 전부터 1만 년 후까지의 공전 궤도 이심률 변화를 나타낸 것이다.

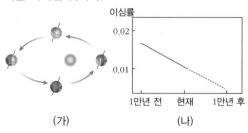

(가)   (나)

이에 대한 설명으로 옳은 것만을 〈보기〉에서 있는 대로 고른 것은?

―――― 〈 보기 〉 ――――
ㄱ. 현재 원일점에서 북반구는 겨울철이다.
ㄴ. 1만 년 전에는 북반구에서 현재보다 기온의 연교차가 컸을 것이다.
ㄷ. 1만 년 후의 공전 궤도는 현재보다 덜 납작한 타원 모양이다.

① ㄱ   ② ㄴ   ③ ㄷ
④ ㄱ, ㄴ   ⑤ ㄱ, ㄷ

17 그림 (가)는 현재, (나)는 13,000년 후의 지구의 자전축을 나타낸 것이다.

(가)   (나)

이에 대한 설명으로 옳은 것만을 〈보기〉에서 있는 대로 고른 것은?

―――― 〈 보기 〉 ――――
ㄱ. 세차 운동의 주기는 13,000년이다.
ㄴ. 13,000년 후에는 여름에 더 더워진다.
ㄷ. 현재 북반구는 근일점에서 겨울이지만, 13,000년 후에는 원일점이 겨울이 된다.

① ㄱ   ② ㄴ   ③ ㄷ
④ ㄱ, ㄴ   ⑤ ㄴ, ㄷ

18 기후 변화를 일으키는 요인에 대한 설명으로 옳은 것만을 〈보기〉에서 있는 대로 고른 것은?

〈 보기 〉
ㄱ. 수륙 분포의 변화가 기후 변화를 일으키는 것은 육지와 바다의 비열 차이 때문이다.
ㄴ. 지표의 반사율이 증가하면 기온이 낮아진다.
ㄷ. 공전 궤도의 이심률이 달라지면 여름과 겨울이 나타나는 궤도상의 위치가 달라진다.

① ㄱ   ② ㄴ   ③ ㄷ
④ ㄱ, ㄴ   ⑤ ㄱ, ㄴ, ㄷ

19 다음 중 지구 기후 변화에 대한 설명으로 옳은 것은?

① 삼림 면적이 감소하면 기온이 하강하게 된다.
② 자전축 경사각이 커지면 북반구는 연교차가 작아진다.
③ 이심률이 커지면 원일점 거리가 짧아져 여름은 더 더워진다.
④ 지표를 덮고 있는 빙하나 눈이 녹으면 기온이 하강하게 된다.
⑤ 과도한 경작으로 토양이 황폐화되어 사막이 확대되면 그 지역의 기후가 건조해진다.

20 다음은 기후 변화의 여러 가지 요인을 나타낸 것이다.

(가) 다량의 화산재가 대기로 방출되어 대기의 반사율이 변한다.
(나) 지구 대기의 상층에 도달하는 태양 복사 에너지의 양이 변한다.
(다) 도시화가 진행되면서 삼림의 면적이 감소한다.

이에 대한 설명으로 옳은 것만을 〈보기〉에서 있는 대로 고른 것은?

〈 보기 〉
ㄱ. (가)와 (다)는 외적 요인, (나)는 내적 요인이다.
ㄴ. (가)는 지표면의 반사율을 증가시키는 요인으로 작용한다.
ㄷ. (다)로 인해 지표면이 흡수하는 태양 복사 에너지의 양이 감소한다.

① ㄱ   ② ㄴ   ③ ㄷ
④ ㄱ, ㄴ   ⑤ ㄱ, ㄷ

C

21 다음 그림은 고기후 연구에 사용되는 여러 가지 방법에 대한 것이다.

(가)   (나)   (다)

이에 대한 설명으로 옳은 것만을 〈보기〉에서 있는 대로 고른 것은?

〈 보기 〉
ㄱ. (가)의 빙하 코어 속 물 분자의 산소 동위 원소 비가 큰 시기일수록 기온이 낮다.
ㄴ. 춥거나 가뭄이 심할 때일수록 (나)의 나이테 간격이 좁다.
ㄷ. (다)에 의한 석회암이 다량으로 발견된 지층이 형성될 당시 환경은 대체로 온난했다.

① ㄱ   ② ㄴ   ③ ㄷ
④ ㄴ, ㄷ   ⑤ ㄱ, ㄴ, ㄷ

22 그림은 지질 시대 동안 지구의 평균 강수량과 평균 기온의 변화를 나타낸 것이다.

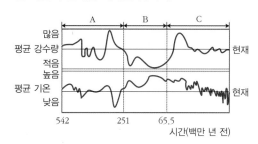

이에 대한 설명으로 옳은 것만을 〈보기〉에서 있는 대로 고른 것은?

〈 보기 〉
ㄱ. A 시기는 중기보다 후기에 한랭 다습한 기후였다.
ㄴ. B 시기는 저위도에도 빙하 퇴적물이 형성되었다.
ㄷ. C 시기는 전기보다 후기에 평균 해수면이 높았다.
ㄹ. C 시기는 빙하기가 존재하지 않는다.

① ㄱ   ② ㄴ   ③ ㄷ
④ ㄱ, ㄴ   ⑤ ㄱ, ㄷ

23 그림 (가)는 현재의 자전축이고, (나)는 자전축 경사 방향이 변한 것, (다)는 자전축 경사각이 변한 것을 나타낸 것이다.

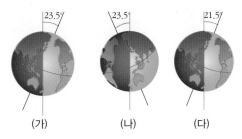

우리나라에서 나타나는 현상으로 옳은 것만을 〈보기〉에서 있는 대로 고른 것은?

〈 보기 〉
ㄱ. (가)는 근일점에 가까울 수록 지구의 기온이 높다.
ㄴ. 기온의 연교차는 (가)보다 (나)가 크다.
ㄷ. 하짓날 낮의 길이는 (다)가 제일 길다.

① ㄱ   ② ㄴ   ③ ㄷ
④ ㄱ, ㄴ   ⑤ ㄱ, ㄷ

24 그림은 현재 지구 자전축의 방향과 공전 궤도를 나타낸 것이다.

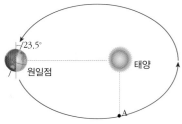

이에 대한 설명으로 옳은 것만을 〈보기〉에서 있는 대로 고른 것은?(단, 세차 운동 이외의 요인은 변하지 않는다고 가정한다.)

〈 보기 〉
ㄱ. 지구가 근일점에 위치할 때 우리나라는 낮의 길이가 가장 길다.
ㄴ. 약 6,500년 후 지구가 A부근에 있을 때 우리나라의 남중고도가 가장 낮다.
ㄷ. 우리나라에서 기온의 연교차는 현재보다 13,000년 후에 더 크다.

① ㄱ   ② ㄴ   ③ ㄷ
④ ㄴ, ㄷ   ⑤ ㄱ, ㄴ, ㄷ

25 그림 (가)는 현재, (나)는 미래의 지구 공전 궤도와 자전축을 나타낸 것이다.

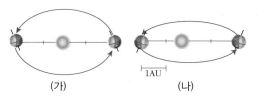

이에 대한 설명으로 옳은 것만을 〈보기〉에서 있는 대로 고른 것은?(단, 공전 궤도 이심률과 자전축 방향 외에 요인은 변하지 않는다고 가정한다.)

〈 보기 〉
ㄱ. (가)와 (나)는 지구의 공전 주기가 같다.
ㄴ. (가)는 (나)보다 북반구 기온의 연교차가 작다.
ㄷ. (나)는 (가)보다 하짓날 태양의 남중 고도가 높다.
ㄹ. (나)는 원일점일 때 여름이다.

① ㄱ   ② ㄴ   ③ ㄱ, ㄴ
④ ㄱ, ㄷ, ㄹ   ⑤ ㄴ, ㄷ, ㄹ

26 다음은 필리핀 피나투보 화산 분출 전후의 지구 평균 기온 변화를 나타낸 것이다.

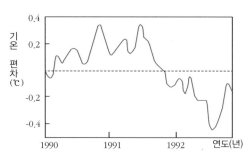

이에 대한 설명으로 옳은 것만을 〈보기〉에서 있는 대로 고른 것은?

〈 보기 〉
ㄱ. 화산 가스에 포함된 이산화 탄소는 지구의 평균 기온을 떨어뜨리는 역할을 한다.
ㄴ. 대기 중에 분출된 화산재는 지표면에 도달하는 태양 복사 에너지를 감소시키는 역할을 한다.
ㄷ. 화산재가 성층권까지 올라가 지구 전체로 확산된다.

① ㄱ   ② ㄴ   ③ ㄷ
④ ㄱ, ㄴ   ⑤ ㄴ, ㄷ

27 다음 그림 (가)는 산호의 성장선을, (나)는 산호 화석을 이용하여 밝혀낸 연중 일수 변화를 나타낸 것이다.

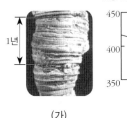

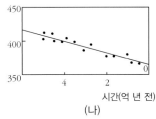

연중 일수(일)

시간(억 년 전)

(가)   (나)

이에 대한 설명으로 옳은 것만을 〈보기〉에서 있는 대로 고른 것은?

〈 보기 〉
ㄱ. 4억년 전의 1년은 약 400일이었다.
ㄴ. 연중 일수는 점점 감소하고 있다.
ㄷ. 하루의 길이는 점점 길어지고 있다.
ㄹ. 4억년 전에는 현재보다 자전 속도가 빨랐을 것이다.

① ㄱ, ㄴ   ② ㄴ, ㄷ   ③ ㄷ, ㄹ
④ ㄱ, ㄷ, ㄹ   ⑤ ㄱ, ㄴ, ㄷ, ㄹ

28 그림은 고생대~신생대의 평균 기온 변화를 나타낸 것이다.

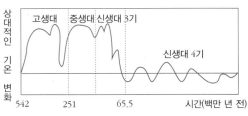

상대적인 기온 변화

고생대 중생대 신생대 3기

신생대 4기

542   251   65.5   시간(백만 년 전)

이에 대한 설명으로 옳은 것만을 〈보기〉에서 있는 대로 고른 것은?

〈 보기 〉
ㄱ. 고생대 말에는 생물계의 대량 멸종과 같은 큰 변화가 있었을 것이다.
ㄴ. 지구상에 암모나이트가 번성했던 시기는 대체로 온난하였다.
ㄷ. 신생대에는 빙하기와 간빙기가 반복적으로 나타났다.

① ㄱ   ② ㄴ   ③ ㄷ
④ ㄴ, ㄷ   ⑤ ㄱ, ㄴ, ㄷ

29 다음 그림 (가)는 지구 자전축의 경사각 변화를, (나)는 북반구 여름철의 태양과 지구 사이의 거리 변화를 5만년 전~5만년 후의 시간 간격으로 나타낸 것이다.

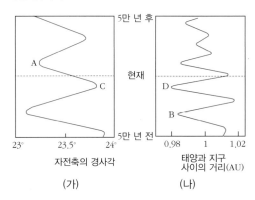

5만 년 후

현재

5만 년 전

23°   23.5°   24°   0.98   1   1.02

자전축의 경사각   태양과 지구 사이의 거리(AU)

(가)   (나)

(가)와 (나)의 경우 우리나라에서 일어나는 현상으로 옳은 것만을 〈보기〉에서 있는 대로 고른 것은?

〈 보기 〉
ㄱ. (가)만을 고려할 때, 1만 년 후 A의 기온의 연교차는 현재보다 커질 것이다.
ㄴ. (나)만을 고려할 때, 3만년 전 B의 여름철의 기온은 현재보다 낮을 것이다.
ㄷ. (가)와 (나)를 모두 고려할 때, 1만년 전 C와 D의 계절 변화는 현재보다 뚜렷할 것이다.

① ㄱ   ② ㄷ   ③ ㄱ, ㄴ
④ ㄴ, ㄷ   ⑤ ㄱ, ㄴ, ㄷ

30 다음은 1815년 인도네시아 탐보라 화산이 폭발한 이후에 일어난 이상 현상을 나타낸 것이다.

· 1815년 세계 각국의 곡물 수확량이 크게 감소시켜 큰 피해를 입혔다.
· 화산 폭발 이후 기온은 0.4 ~ 0.7 ℃ 정도 낮아졌다. 1816년은 '여름이 없는 해'로 불려졌다.

이에 대한 설명으로 옳은 것만을 〈보기〉에서 있는 대로 고른 것은?

〈 보기 〉
ㄱ. 화산 폭발은 기후 변화의 외적 요인이다.
ㄴ. 화산 폭발은 평균 기온을 낮추는데 영향을 준다.
ㄷ. 대기 중에 분출된 이산화 탄소는 지표면에 도달하는 태양 자외선을 크게 감소시키는 역할을 한다.

① ㄴ   ② ㄷ   ③ ㄱ, ㄴ
④ ㄱ, ㄷ   ⑤ ㄴ, ㄷ

1. 지구의 복사 평형

(1) 태양 복사 에너지 : 태양에서 방출되는 복사 에너지이다.

① **파장의 범위** : 태양은 γ선, X선, 자외선, 가시광선, 적외선, 전파 등 다양한 파장의 전자기파를 방출한다.

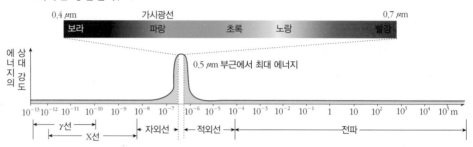

▲ 태양 복사 에너지의 파장별 분포

② **대기에 의한 흡수** : 태양 복사 에너지는 지구 대기를 통과하면서 파장에 따라 서로 다른 기체에 흡수된다.

· 자외선 : O_2 (산소)와 O_3 (오존)에 의해 대부분 흡수된다.

· 가시광선 : 대부분 흡수되지 않고 지표에 도달한다.

· 적외선 : H_2O (수증기), CO_2 (이산화 탄소)에 의해 선택적으로 흡수된다.

(2) 지구 복사 에너지 : 지구 대기와 지표에서 방출되는 복사 에너지이다.

① **파장의 범위** : 대부분 적외선 영역의 전자기파를 방출한다.

② **대기에 의한 흡수** : 지구 복사 에너지 중 적외선은 H_2O (수증기), CO_2 (이산화 탄소)에 의해 선택적으로 흡수된다.

③ **대기의 창** : 대기에 의해 거의 흡수되지 않고 그대로 우주 공간으로 빠져나가는 파장의 영역이다. (약 $8 \sim 13 \mu m$: 적외선)

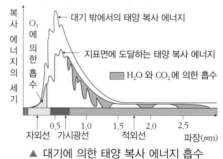

▲ 대기에 의한 태양 복사 에너지 흡수

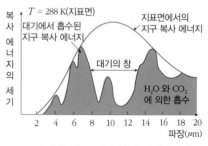

▲ 대기에 의한 지구 복사 에너지 흡수

(3) 지구의 복사 평형 : 지구가 흡수하는 태양 복사 에너지양과 방출하는 지구 복사 에너지양이 같으므로 복사 평형이 일어난다.

개념확인 1

열 에너지가 매질의 도움 없이 전자기파 형태로 전달되는 것을 무엇이라 하는가?

(   )

확인+1

지구 복사 에너지 중 적외선은 대기 중의 (㉠   ), (㉡   )에 의해 선택적으로 흡수된다.

㉠ (   ), ㉡ (   )

복사

열의 세 가지 이동 방법인 전도, 복사, 대류 중 하나로 전자기파에 의해 열(에너지)이 매질을 통하지 않고 고온의 물체에서 저온의 물체로 직접 전달되는 현상이다.

단파 복사 에너지

가시광선 영역을 단파 복사라 한다. 이때 $0.5 \mu m$ 부근에서 태양 복사 에너지의 세기가 최대이다.

장파 복사 에너지

적외선 영역을 장파 복사라 한다. 이때 $10 \mu m$ 부근에서 지구 복사 에너지의 세기가 최대이다.

태양 복사 에너지와 지구 복사 에너지의 파장이 다른 이유

모든 물체는 복사 에너지를 흡수 또는 방출하는데, 물체의 표면 온도가 높을수록 물체가 방출하는 에너지의 최대 세기 파장이 짧아진다. 따라서 태양과 지구의 표면 온도가 다르기 때문에 방출(복사)하는 에너지의 파장이 다른 것이다.

2. 지구의 에너지 평형

(1) **지구의 에너지 평형** : 지구는 태양으로부터 받은 에너지와 같은 양의 에너지를 우주로 방출하면서 에너지 평형을 이루고 있다.

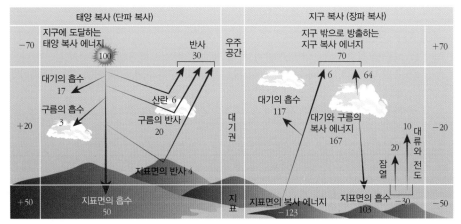

▲ 지구의 에너지 평형

(2) **온실 효과** : 지구의 대기, 특히 CO_2 (이산화 탄소)와 H_2O (수증기)는 파장이 짧은 태양 복사 에너지(가시광선)를 잘 통과시키지만 파장이 긴 지구 복사 에너지(적외선)는 흡수했다가 방출함으로써 지표면의 온도를 상승시켜 지구 기온을 높이는데, 이것은 마치 온실에서 일어나는 과정과 같다고 해서 '온실 효과'라고 한다.

(3) **온실 기체** : 대기를 구성하는 기체 중 적외선을 잘 흡수하는 성질을 가진 기체를 말한다.
· CO_2 (이산화 탄소) : 동물이나 식물의 호흡을 통해 배출되고, 화석 연료가 연소할 때도 발생한다.
· H_2O (수증기) : 수증기는 지표면이 방출하는 적외선을 흡수하여 온실 효과를 일으킨다.
· CH_4 (메테인) : 유기물이 부패하거나 발효할 때 발생한다.
· 기타 : 공장과 자동차에서 배출되는 NO_2 (이산화 질소), SO_2 (이산화 황)

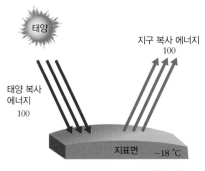

▲ 대기가 없다고 가정할 경우

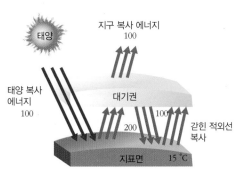

▲ 대기에 의한 온실 효과

개념확인2

정답 및 해설 **21쪽**

대기 중의 온실 기체가 가시광선은 통과시키고, 적외선을 흡수하였다가 재복사하여 지구의 기온을 높이는 효과를 무엇이라고 하는가?

(   )

확인+2

대기를 구성하는 기체 중 적외선을 잘 흡수하는 성질을 가진 기체를 무엇이라 하는가?

(   )

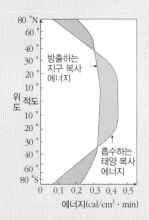

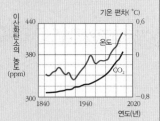

● 대기 중 이산화 탄소의 농도
와 평균 기온의 변화

CO_2 농도 증가에 의한 온실
효과 증대로 평균 기온이 상
승하였다.

▲ 이산화 탄소의 농도와 평
균 기온의 변화

● 해수면의 높이 변화

해수면의 높이가 대체로 상승
하고 있다.

▲ 해수면의 높이 변화

● 북극의 빙하 면적 변화

1979년

2005년

빙하 면적 감소

3. 지구 온난화

(1) 지구 온난화 : 지구의 평균 기온이 상승하는 현상이다.

(2) 지구 온난화의 원인 : CO_2(이산화 탄소), CH_4(메테인) 등과 같은 온실 기체 양이 증가하면서, 대기가 흡수하여 재복사하는 에너지의 양이 많아졌기 때문이다. (온실 효과 증가)

(3) 지구 온난화의 영향

① **해수면 상승** : 해수의 열팽창과 대륙 빙하의 융해로 해수면의 높이가 상승한다.

② **육지 면적 감소** : 해수면의 높이 상승으로 섬이 해수면 아래로 가라앉고, 해안선이 상승한다.

③ **기상 이변** : 증발량과 강수량의 지역적 편중으로 호우 발생 빈도가 증가하고 물 부족 지역이 증가한다.

④ **사막화 현상** : 기온 상승에 의한 증발량 증가로 사막 면적이 확대된다.

⑤ **생태계 변화** : 한류성 어종 감소, 농작물 생산량 감소, 멸종 생물 증가, 어류의 이동 경로 변화, 물고기의 질병 증가, 용존 산소량 감소 등의 현상이 발생한다.

⑥ **질병의 증가** : 스트레스와 질병 증가, 전염병의 확산 속도 증가, 열대성 질병의 고위도 확산 등의 현상이 발생한다.

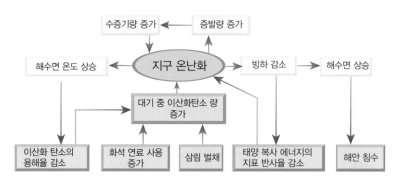

(4) 우리나라의 계절별 변화 : 지구 온난화와 도시화로 100년 동안 평균 기온이 약 1.5 °C 상승하여 봄과 여름이 길어지고, 겨울이 짧아졌다.

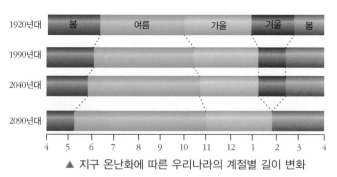

▲ 지구 온난화에 따른 우리나라의 계절별 길이 변화

개념확인 3

지구 온난화의 원인은 CO_2(이산화 탄소), CH_4(메테인) 등과 같은 (　　　) 양이 증가하면서, 대기가 흡수하여 재복사하는 에너지의 양이 많아졌기 때문이다.

(　　　　　　)

확인 +3

화석 연료의 사용량이 증가하면 대기 중의 이산화 탄소 농도가 (㉠)하여, 온실 효과가 증가한다. 이로 인해 지구의 온난화가 발생하고, 해수면의 높이가 (㉡)한다.

㉠ (　　　　　), ㉡ (　　　　　)

4. 엘니뇨와 라니냐

(1) **엘니뇨와 라니냐** : 기권과 수권의 상호 작용의 대표적인 예이다.
   ① **엘니뇨** : 동태평양 적도 해역(페루 해역)의 평균 수온이 평년에 비해 높아진 상태로 6개월 이상 지속되는 현상이다.
   ② **라니냐** : 동태평양 적도 해역(페루 해역)의 평균 수온이 평년에 비해 낮아진 상태로 6개월 이상 지속되는 현상이다.

(2) **원인** : 엘니뇨는 무역풍의 약화로, 라니냐는 무역풍의 강화로 인해 발생하는 현상이다.

(3) **엘니뇨와 라니의 영향**

구분	평상시	엘니뇨 발생시	라니냐 발생시
모식도	대기 순환 / 무역풍 / 적도 서 태평양 동 / 따뜻한 해수 / 찬 해수	대기 순환 증가 / 무역풍 약화 / 적도 서 태평양 동 / 따뜻한 해수 / 찬 해수 용승 약화	무역풍 강화 / 적도 서 태평양 동 / 따뜻한 해수 / 찬 해수 용승 강화
바람	무역풍(동 ⇨ 서)	무역풍의 약화로 발생한다.	무역풍의 강화로 발생한다.
해수의 이동	적도 부근 따뜻한 해수가 서쪽으로 이동한다.	따뜻한 해수의 서쪽으로의 이동이 약해진다.	따뜻한 해수의 서쪽으로의 이동이 강해진다.
해수면의 높이	서쪽은 높고, 동쪽은 낮다.	서쪽은 낮아지고, 동쪽은 높아진다.	서쪽은 더 높아지고, 동쪽은 더 낮아진다.
용승	동쪽 해역을 채우기 위해 차가운 해수가 용승한다.	동쪽 해역에서 차가운 해수의 용승이 약해진다.	동쪽 해역에서 차가운 해수의 용승이 강해진다.
표층 수온	서태평양은 높고, 동태평양은 낮다.	서태평양은 낮아지고 동, 중앙 태평양은 높아진다.	서태평양은 더 높아지고, 동태평양은 더 낮아진다.
강수량	서태평양쪽은 많고, 동태평양쪽은 적다.	서태평양 쪽은 감소하고, 적도 중부, 동태평양 쪽은 증가한다.	서태평양 쪽은 더 증가하고, 동태평양 쪽은 더 감소한다.
특징	동태평양의 어획량 풍부	동태평양의 어획량 감소, 동태평양 지역의 강수량 증가, 홍수	서태평양은 홍수, 폭우가 증가하고 동태평양은 가뭄, 냉해가 증가한다.

● 용승
200 ~ 300 m 의 중층의 찬 해수가 여러 가지 원인으로 상승하여 해면으로 솟아오르는 현상이다.

● 수온 분포

▲ 평상시의 수온 분포

▲ 엘니뇨 발생 시 수온 분포

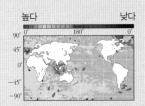
▲ 라니냐 발생 시 수온 분포

● 평상시 동태평양의 어획량이 풍부한 이유
평상시 동태평양 해역의 페루 앞바다는 산소와 영양 염류가 풍부한 차가운 해수가 용승하므로 어획량이 풍부하다.

개념확인 4   정답 및 해설 21쪽

(㉠)은 무역풍의 약화로, (㉡)은 무역풍의 강화로 발생하는 현상이다.

㉠ (   ), ㉡ (   )

확인+4

엘니뇨와 라니냐는 기권과 (   )의 상호 작용으로 발생한다.

(   )

5. 그 외 지구 환경 변화 : 오존층 파괴

(1) 오존과 오존층

① **오존** : O_3 (오존)은 산소 원자 3개로 이루어진 분자로 독특한 냄새가 나는 담청색의 기체이다. 오존의 농도가 낮은 경우에는 상쾌한 느낌을 주지만 농도가 높을 때는 불쾌한 느낌을 주는 환경 오염 물질이다.
  · 이용 : 산화력이 강하여 세균과 바이러스의 제거나 수돗물 소독에 이용한다.

② **오존층** : 성층권에 오존의 농도가 높은 오존층이 존재한다. 오존층은 지표면으로부터 높이 약 10 ~ 15 km 에서 시작하여 약 20 ~ 25 km 높이에서 오존의 농도가 가장 높다.

(2) 오존층의 역할 : 오존층은 태양으로부터 방출되는 파장이 짧은 자외선 등의 인체에 유해한 파를 흡수하여 지구에 생명체가 살 수 있게 하는 보호막 역할을 한다.

(3) 오존층 파괴 : 성층권에 분포하는 오존층의 O_3 (오존)의 농도가 낮아지는 현상이다.

① **원인** : CFC (염화 플루오린화 탄소)가 성층권까지 올라가서 자외선에 의해 생성된 Cl(염소 원자)가 오존을 파괴한다.

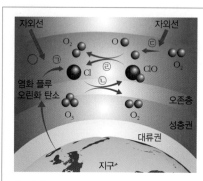

ⓐ CFC 가 자외선에 의해 분해되어 Cl 이 떨어져 나온다.

$$CFCl_3 \rightarrow CFCl_2 + Cl$$

ⓑ Cl 이 O_3과 결합해 오존을 분해한다.

$$Cl + O_3 \rightarrow ClO + O_2$$

ⓒ O_2는 자외선에 의해 O 로 분해된다.

$$O_2 \rightarrow O + O$$

ⓓ ClO 는 O 와 결합하여 다시 Cl 로 분해된다.

$$ClO + O \rightarrow Cl + O_2$$

② **영향** : 오존층에 구멍이 생성되어 지표에 도달하는 자외선의 양이 증가한다. 이로 인해 식물의 광합성량 감소, 동물의 면역 체계가 손상(피부암, 백내장, 유전자 변형 등)되며, 성층권의 온도 변화 등이 발생한다.

(4) 오존 구멍 : 오존층이 파괴되어 생긴 구멍을 오존 구멍이라고 한다. 1979년부터 2010년까지 30년간 오존 구멍이 남극 대륙의 2배이상의 크기로 커져 남반구에 사는 사람들은 피부암 등의 위험이 증가하였다.

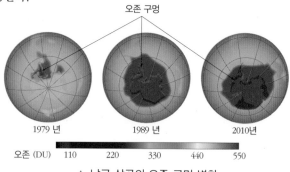

▲ 남극 상공의 오존 구멍 변화

개념확인 5

지표로부터 높이 약 20 ~ 30 km 사이에 오존이 집중적으로 분포하는 층을 무엇이라 하는가?

(   )

확인+5

CFC (염화 플루오린화 탄소)이 오존을 파괴할 수 있는 이유는 (   )를 포함한 화합물이기 때문이다.

(   )

CFC 의 특징

· CFC (염화 플루오린화 탄소)는 Cl (염소 원자)를 포함한 화합물이기 때문에 오존을 파괴한다.

· 맛과 냄새가 없으며 불에 타지 않기 때문에 스프레이 분사제, 전자 제품 세척제, 냉매제 등으로 쓰인다.

· 매우 안정된 기체로 대류권에서는 잘 분해되지 않고, 성층권에 도달하여 자외선을 받으면 분해되어 Cl (염소 원자)가 분리된다.

· 인간이 인위적으로 합성한 기체이다.

고도와 위도에 따른 오존 농도 변화

오존은 고도 20 ~ 40 km 사이의 성층권에 밀집해 있으며, 고위도일수록 오존의 밀도가 높다.

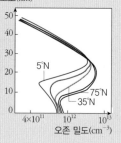

오존량의 단위(DU)

오존량의 단위인 DU(돕슨) 오존층의 두께를 나타내는 수치로, 오존층의 두께를 지구 표면 조건(0 ℃, 1 기압 상태)으로 환산한 것이다.

0.01 mm = 1 DU
1 mm = 100 DU

남극 주변의 오존 농도 비율

6. 그 외 지구 환경 변화 : 사막화와 황사

(1) 사막화 : 기상 변화로 인하여 수목이 말라죽고 건조한 나대지가 출현하는 현상으로 특히 아프리카 사하라 사막 남부의 사헬 지역과 같은 건조 지대 또는 반건조 지대에서 주로 나타난다.

① **자연적인 원인**
- **대기 대순환 변화** : 대기 대순환의 변화로 어느 지역의 강수량이 감소하고 가뭄이 지속되면 사막이 확대된다.
- **지구 온난화** : 적도 지역과 해양에서의 강수량은 증가하고, 해양에서 멀리 떨어진 내륙 지역은 강수량이 감소하여 사막화가 진행된다.

② **인위적인 원인**
- **삼림 파괴** : 과잉 경작, 방목, 벌채나 방화, 녹지화로 인하여 자연 식생 회복 능력을 잃고 인공 녹화도 성공하지 못한 경우에 사막화를 가속시킨다.

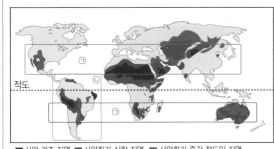

■ 사막 건조 지역   ■ 사막화가 심한 지역   ■ 사막화가 중간 정도인 지역

ⓐ 사막 : 강수량이 적고 증발량이 많은 위도 20 ~ 40 ° 부근의 중위도 고압대

ⓑ 사막화 현상 : 아프리카 대륙, 중국 등지에 강수량이 크게 줄어들어 삼림이 파괴된 곳에서 잘 일어난다.

(2) 황사 : 중국 서북부에 위치한 사막이나 몽골의 건조 지역, 황토 지대의 모래가 편서풍을 타고 동쪽으로 이동하여 서서히 하강하는 현상이다.
- **원인** : 기권과 지권의 상호작용에 의해서 발생한다.(대기 대순환에 의한 바람과 미세 모래 먼지의 발생)

▲ 황사 발원 지역

- 발원지 : 중국의 사막, 건조 지역
- 발생과 이동 : 중국에서 발생한 모래 먼지가 저기압의 발달로 인한 상승 기류에 의해 미세 먼지가 상승한다. 상승한 미세 먼지는 편서풍을 타고 서쪽으로 이동하다가 고기압이 발달한 지역의 하강 기류에 의해 미세 먼지가 하강한다.
- 발생 시기 : 3 ~ 5월(봄철)에 많이 발생한다.

옆단 메모 (우측)

위도에 따른 사막의 구분
- 열대 사막
  : 위도 15° ~ 30°
- 중위도 사막
  : 위도 40° 부근
- 한랭 사막 : 극 지역의 영구 빙설 사막, 툰드라 사막

표면의 형성 물질에 따른 사막의 구분
- 암석 사막 : 강한 바람의 침식 작용에 의해 암석이 노출된 사막
- 모래 사막 : 사구로 뒤덮여 있는 사막

황사가 3 ~ 5 월(봄철)에 자주 발생하는 이유

여름철과 가을철에는 비와 식물의 뿌리가 발원 지역의 모래를 붙잡아 두어 상승하지 않고, 겨울철에는 발원지의 토양이 얼어붙어 있다. 봄철에는 얼어 있던 토양이 녹으면서 잘 부서지고, 상승하여 상공에서 북서풍을 타고 우리나라에 도달하여 황사가 발생한다.

삼림 파괴에 의한 사막화 진행 과정

삼림 파괴에 의한 지표면의 반사율 증가 ⇨ 지표면의 냉각 ⇨ 하강 기류 형성 ⇨ 강수량 감소 ⇨ 사막화 촉진

개념확인 6

정답 및 해설 21쪽

몽골이나 중국 북부의 황토 지대에서 바람에 의해 대기 중으로 날아 올라간 미세한 모래 먼지를 무엇이라 하는가?

(   )

확인+6

다음은 사막화의 진행 과정이다. 빈칸에 알맞은 말을 쓰시오.

숲의 훼손 ⇨ 지표면의 반사율 (㉠) ⇨ 지표면 냉각 ⇨ 건조한 (㉡) 기류 생성 ⇨ 강수량 감소 ⇨ 사막화

㉠ (   ), ㉡ (   )

미니 사전

방목 [放 놓이다 牧 기르다] 가축을 풀밭(초지)에 풀어 놓아 기르는 일

벌채 [伐 베다 採 뜯다] 산에 있는 나무를 베어내거나 섶나무를 깎아내는 일

나대지 [裸 벗다 垈 터 地 땅] 지상에 건축물이 없는 대지

01 태양 복사 에너지와 지구 복사 에너지에 대한 설명으로 옳은 것만을 〈보기〉에서 있는 대로 고른 것은?

─────〈 보기 〉─────

ㄱ. 태양 복사는 지구 복사보다 에너지의 최대 세기 파장이 길다.
ㄴ. 적외선은 대기 중의 H_2O (수증기), CO_2 (이산화 탄소)에 의해 선택적으로 흡수된다.
ㄷ. 대기에 의해 흡수되지 않고 우주로 방출되는 전자기파의 파장 영역을 대기의 창이라고 한다.

① ㄱ   ② ㄴ   ③ ㄱ, ㄴ   ④ ㄴ, ㄷ   ⑤ ㄱ, ㄴ, ㄷ

02 온실 효과에 대한 설명으로 옳은 것만을 〈보기〉에서 있는 대로 고른 것은?

─────〈 보기 〉─────

ㄱ. 온실 기체는 주로 가시광선을 흡수한다.
ㄴ. 온실 효과가 일어나면 대기가 없을 때보다 평균 기온이 높다.
ㄷ. 온실 효과가 일어나면 지구는 복사 평형이 일어나지 않는다.

① ㄱ   ② ㄴ   ③ ㄱ, ㄴ   ④ ㄴ, ㄷ   ⑤ ㄱ, ㄴ, ㄷ

03 지구 온난화의 원인인 것만을 〈보기〉에서 있는 대로 고른 것은?

─────〈 보기 〉─────

ㄱ. 대륙 빙하의 융해   ㄴ. 대기 중의 먼지량 증가   ㄷ. 태양 활동의 증가
ㄹ. 화석 연료의 사용량 증가   ㅁ. 화산 활동의 증가   ㅂ. 삼림 훼손

① ㄱ, ㄴ, ㄷ   ② ㄱ, ㄹ, ㅂ   ③ ㄱ, ㅁ, ㄹ   ④ ㄴ, ㄷ, ㄹ   ⑤ ㄹ, ㅁ, ㅂ

04 엘니뇨와 라니냐와 관련된 설명으로 옳은 것만을 〈보기〉에서 있는 대로 고른 것은?

─────〈 보기 〉─────

ㄱ. 엘니뇨와 라니냐는 기권과 수권의 상호 작용으로 발생한다.
ㄴ. 평상시 페루 앞바다에서는 찬 해수가 용승하여 어획량이 풍부하다.
ㄷ. 엘니뇨가 발생하면 적도 부근 서태평양 해역의 강수량은 증가한다.

① ㄱ   ② ㄴ   ③ ㄱ, ㄴ   ④ ㄱ, ㄷ   ⑤ ㄱ, ㄴ, ㄷ

05 오존층에 대한 설명으로 옳은 것만을 〈보기〉에서 있는 대로 고른 것은?

〈 보기 〉

ㄱ. 오존층의 오존은 생성과 소멸이 반복된다.
ㄴ. CFC (염화 플루오린화 탄소)가 분해되면 염소 Cl (염소 원자)가 생성된다.
ㄷ. Cl (염소 원자) 1개는 오존 1개만 분해시킬 수 있다.

① ㄱ   ② ㄴ   ③ ㄱ, ㄴ   ④ ㄴ, ㄷ   ⑤ ㄱ, ㄴ, ㄷ

06 CFC (염화 플루오린화 탄소)에 대한 설명으로 옳은 것만을 〈보기〉에서 있는 대로 고른 것은?

〈 보기 〉

ㄱ. Cl (염소 원자)를 포함한 화합물이다.
ㄴ. 자외선에 의해서 자연적으로 합성된 기체이다.
ㄷ. 맛과 냄새가 없으며 불에 타지 않고, 대류권에서 잘 분해된다.

① ㄱ   ② ㄴ   ③ ㄱ, ㄴ   ④ ㄱ, ㄷ   ⑤ ㄱ, ㄴ, ㄷ

07 사막화의 진행 과정에 대한 설명으로 옳은 것만을 〈보기〉에서 있는 대로 고른 것은?

〈 보기 〉

ㄱ. 강수량이 감소하면 사막 지역이 확대된다.
ㄴ. 지표가 냉각되면 건조한 상승 기류가 생성된다.
ㄷ. 숲이 훼손되면 지표면의 반사율이 감소하여 지표가 냉각된다.

① ㄱ   ② ㄴ   ③ ㄱ, ㄴ   ④ ㄱ, ㄷ   ⑤ ㄱ, ㄴ, ㄷ

08 황사에 대한 설명으로 옳은 것만을 〈보기〉에서 있는 대로 고른 것은?

〈 보기 〉

ㄱ. 기권과 지권의 상호 작용으로 발생한다.
ㄴ. 편서풍을 따라 동에서 서로 이동한다.
ㄷ. 우리나라의 황사의 주된 원인은 우리나라 삼림의 황폐화이다.

① ㄱ   ② ㄴ   ③ ㄱ, ㄴ   ④ ㄱ, ㄷ   ⑤ ㄱ, ㄴ, ㄷ

유형 익히기 & 하브루타

[유형14-1] 지구의 복사 평형

그림은 태양 복사 에너지와 지구 복사 에너지의 파장에 따른 에너지 분포를 나타낸 것이다. 이에 대한 설명으로 옳은 것만을 〈보기〉에서 있는 대로 고른 것은?

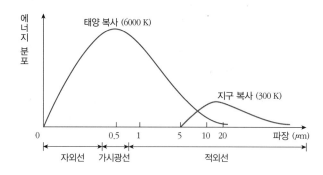

〈 보기 〉

ㄱ. 태양 복사 에너지는 지구 복사 에너지에 비해 주된 파장이 길다.
ㄴ. 태양 복사 에너지 중 최대 세기를 나타내는 파장은 가시광선 영역이다.
ㄷ. 지구에 입사되는 태양 복사 에너지의 대부분은 대기와 지표에 흡수된다.

① ㄱ   ② ㄴ   ③ ㄱ, ㄴ   ④ ㄴ, ㄷ   ⑤ ㄱ, ㄴ, ㄷ

---

01 그림은 지구에 입사되는 태양 복사 에너지를 파장에 따라 나타낸 것이다.

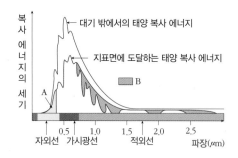

이에 대한 설명으로 옳은 것만을 〈보기〉에서 있는 대로 고른 것은?

〈 보기 〉

ㄱ. A는 주로 오존층에서 흡수된다.
ㄴ. B는 주로 온실 기체에 의해 흡수된다.
ㄷ. 가시광선은 대부분 대기에서 흡수된다.

① ㄱ   ② ㄴ   ③ ㄷ
④ ㄱ, ㄴ   ⑤ ㄱ, ㄴ, ㄷ

02 그림은 지표에서 방출되거나 대기에서 흡수되는 지구 복사 에너지를 파장에 따라 나타낸 것이다.

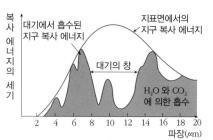

이에 대한 설명으로 옳은 것만을 〈보기〉에서 있는 대로 고른 것은?

〈 보기 〉

ㄱ. 지구 복사 에너지는 대부분 가시광선의 영역에 속해 있다.
ㄴ. 지구 복사 에너지는 대기 중의 수증기와 이산화탄소에 의해 주로 흡수된다.
ㄷ. 적외선 센서를 이용한 인공위성 탐사에는 대기의 창 영역의 파장을 이용하는 것이 좋다.

① ㄱ   ② ㄴ   ③ ㄱ, ㄴ
④ ㄴ, ㄷ   ⑤ ㄱ, ㄴ, ㄷ

[유형14-2] 지구의 에너지 평형

그림은 지구가 복사 평형 상태에 있을 때 지구의 열수지를 단순화시켜 나타낸 것이다. 이에 대한 설명으로 옳은 것만을 〈보기〉에서 있는 대로 고른 것은?

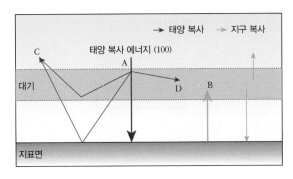

〈 보기 〉

ㄱ. A 는 주로 적외선, B 는 주로 가시광선이다.
ㄴ. 빙하로 덮인 면적이 늘어나면 C 의 양이 증가한다.
ㄷ. 성층권의 오존이 감소하면 D 의 양이 증가한다.

① ㄱ ② ㄴ ③ ㄱ, ㄴ ④ ㄱ, ㄷ ⑤ ㄱ, ㄴ, ㄷ

03 그림은 지구가 복사 평형 상태에 있을 때 지구의 열수지를 단순화시켜 나타낸 것이다.

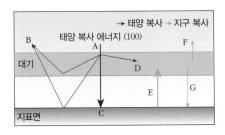

이에 대한 설명으로 옳은 것만을 〈보기〉에서 있는 대로 고른 것은?

〈 보기 〉

ㄱ. 지표면이 흡수하는 에너지양은 C + G 이다.
ㄴ. 대기가 흡수하는 에너지양은 D + E 이다.
ㄷ. 지구 전체가 흡수하는 에너지양은 A − B 이다.

① ㄱ ② ㄴ ③ ㄱ, ㄴ
④ ㄴ, ㄷ ⑤ ㄱ, ㄴ, ㄷ

04 그림은 위도별 태양 복사 에너지양과 지구 복사 에너지양을 나타낸 것이다.

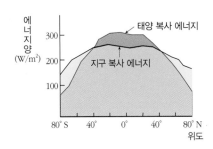

이에 대한 설명으로 옳은 것만을 〈보기〉에서 있는 대로 고른 것은?

〈 보기 〉

ㄱ. 고위도로 갈수록 태양 복사 에너지의 흡수량이 감소한다.
ㄴ. 태양 복사 에너지의 흡수량이 많은 곳일수록 지구 복사 에너지의 방출량이 적다.
ㄷ. 극지방의 평균 기온이 일정한 것은 극지방이 복사 평형 상태이기 때문이다.

① ㄱ ② ㄴ ③ ㄱ, ㄴ
④ ㄴ, ㄷ ⑤ ㄱ, ㄴ, ㄷ

유형 익히기 & 하브루타

[유형14-3] 지구 온난화

그림은 지구 온난화의 원인과 영향을 나타낸 것이다. 이에 대한 설명으로 옳은 것만을 〈보기〉에서 있는 대로 고른 것은?

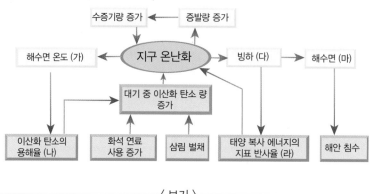

〈 보기 〉

ㄱ. 이산화 탄소 농도가 증가하면 온실 효과가 증대된다.
ㄴ. (가)가 증가하면 (나)도 증가한다.
ㄷ. (다)가 증가하면 (라)와 (마)도 증가한다.

① ㄱ   ② ㄴ   ③ ㄱ, ㄴ   ④ ㄴ, ㄷ   ⑤ ㄱ, ㄴ, ㄷ

05 다음은 대륙 빙하의 면적이 감소할 때 나타나는 현상을 설명한 것이다. A ~ C 에 들어갈 말을 바르게 짝지은 것은?

빙하 면적 감소 ⇨ 지표면의 반사율 (A)
⇨ 지표면의 태양 복사 흡수율 (B) ⇨ 지표면의 온도 (C) ⇨ 대기 온도 증가 ⇨ 지구 온난화

	A	B	C
①	증가	증가	증가
②	감소	증가	증가
③	감소	감소	증가
④	감소	증가	감소
⑤	감소	감소	감소

06 그림은 북반구와 남반구에서 최근 40년 동안 측정한 대기 중 이산화 탄소의 농도 변화를 나타낸 것이다. 해수면의 높이와 대륙의 면적 변화를 바르게 짝지은 것은? (단, 이와 같은 변화가 계속된다고 가정하자.)

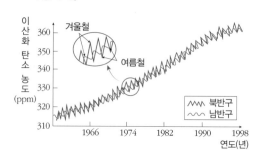

	해수면의 높이	대륙의 면적 변화
①	증가	증가
②	증가	감소
③	감소	증가
④	감소	감소
⑤	일정	일정

[유형14-4] 엘니뇨와 라니냐

그림은 평상시와 엘니뇨 발생 시 해수의 흐름과 기상 현상을 순서 없이 나타낸 것이다. 이에 대한 설명으로 옳은 것만을 〈보기〉에서 있는 대로 고른 것은?

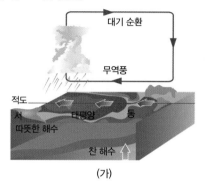

(가)

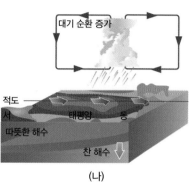

(나)

─〈 보기 〉─

ㄱ. (가)의 페루 연안에는 좋은 어장이 형성된다.
ㄴ. (나)에서 무역풍이 평소보다 강하다.
ㄷ. (나)에서 페루 연안의 수온은 낮아진다.

① ㄱ   ② ㄴ   ③ ㄱ, ㄴ   ④ ㄴ, ㄷ   ⑤ ㄱ, ㄴ, ㄷ

07 다음은 라니냐발생 시 나타나는 현상을 설명한 것이다. A ~ C에 들어갈 알맞은 말을 바르게 짝지은 것은?

무역풍의 (A)로 서쪽으로 이동하는 따뜻한 해수의 흐름이 (B)되어 페루 해역의 용승이 강화되고, 필리핀 해역에서는 수온이 (C)하여 강수량이 증가한다.

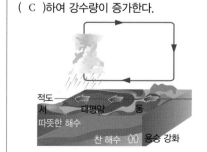

	A	B	C
①	강화	강화	상승
②	강화	강화	하강
③	약화	강화	상승
④	약화	약화	상승
⑤	약화	약화	하강

08 그림은 태평양 적도 부근에서 평상시 볼 수 있는 대기와 해양의 순환을 나타낸 것이다.

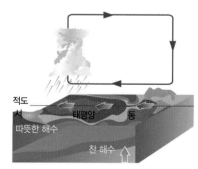

무역풍이 평상시보다 약해질 때 동태평양 적도 해역에서 나타나는 변화로 옳은 것만을 〈보기〉에서 있는 대로 고른 것은?

─〈 보기 〉─

ㄱ. 수온이 낮아진다.
ㄴ. 용승이 약해진다.
ㄷ. 강수량이 감소한다.

① ㄱ   ② ㄴ   ③ ㄱ, ㄴ
④ ㄴ, ㄷ   ⑤ ㄱ, ㄴ, ㄷ

[유형14-5] 그 외 지구 환경 변화 : 오존층 파괴

그림은 오존층이 파괴되는 과정을 나타낸 것이다. 이에 대한 설명으로 옳은 것만을 〈보기〉에서 있는 대로 고른 것은?

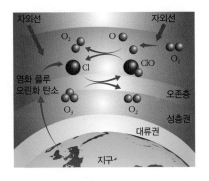

(가) $CFCl_3 \rightarrow CFCl_2 + Cl$
(나) $Cl + O_3 \rightarrow ClO + O_2$
(다) $O_2 \rightarrow O + O$
(라) $ClO + O \rightarrow Cl + O_2$

〈 보기 〉

ㄱ. (가) ~ (라) 과정은 주로 대류권에서 일어난다.
ㄴ. 반응 후 Cl (염소 원자)는 사라진다.
ㄷ. (가) ~ (라) 과정이 계속 진행되면 지표에 도달하는 자외선의 양은 증가한다.

① ㄱ   ② ㄴ   ③ ㄷ   ④ ㄱ, ㄴ   ⑤ ㄱ, ㄴ, ㄷ

---

09 다음은 염화 플루오린화 탄소에 의해 오존이 파괴되는 과정을 나타낸 것이다.

(가) $CFCl_3 \rightarrow CFCl_2 + Cl$
(나) $Cl + O_3 \rightarrow ClO + O_2$
(다) $ClO + O \rightarrow Cl + O_2$

이에 대한 설명으로 옳은 것만을 〈보기〉에서 있는 대로 고른 것은?

〈 보기 〉

ㄱ. 과정 (가)는 태양 복사 에너지의 가시광선 영역에 의해 일어난다.
ㄴ. 과정 (나)와 (다)는 오존 파괴 과정으로 대류권에서 가장 활발하게 일어난다.
ㄷ. 과정 (나)와 (다)에서 Cl (염소 원자)은 촉매 역할을 한다.

① ㄱ   ② ㄴ   ③ ㄷ
④ ㄱ, ㄴ   ⑤ ㄱ, ㄴ, ㄷ

10 그림은 1960년부터 2010년까지 남극 대기에서 측정한 평균 오존 농도를 나타낸 것이다.

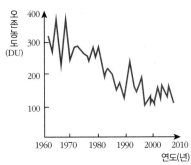

이에 대한 설명으로 옳은 것만을 〈보기〉에서 있는 대로 고른 것은?

〈 보기 〉

ㄱ. 평균 오존 농도는 대체로 감소하고 있다.
ㄴ. 남극의 지표면에 도달하는 태양 자외선의 양은 감소하였을 것이다.
ㄷ. 오존의 농도를 감소시키는 것은 주로 CFC 이다.

① ㄱ   ② ㄴ   ③ ㄱ, ㄴ
④ ㄱ, ㄷ   ⑤ ㄱ, ㄴ, ㄷ

[유형14-6] 그 외 지구 환경 변화 : 사막화와 황사

그림은 사막과 사막화 지역의 분포를 나타낸 것이다. 이에 대한 설명으로 옳은 것만을 〈보기〉에서 있는 대로 고른 것은?

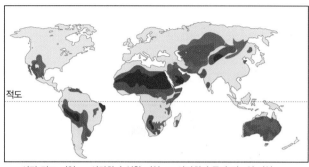

■ 사막 건조 지역 ■ 사막화가 심한 지역 ■ 사막화가 중간 정도인 지역

―――――――――――――――― 〈 보기 〉 ――――――――――――――――

ㄱ. 사막은 주로 중위도 고압대 부근에 분포한다.
ㄴ. 사막이 많은 지역은 (증발량 − 강수량)의 값이 다른 지역보다 상대적으로 크다.
ㄷ. 사막이 많은 위도대는 해수의 표층 염분이 적도 해역보다 낮게 나타난다.

① ㄱ   ② ㄴ   ③ ㄷ   ④ ㄱ, ㄴ   ⑤ ㄱ, ㄴ, ㄷ

---

11 그림은 어떤 기상 현상을 나타낸 것이다.

이에 대한 설명으로 옳은 것만을 〈보기〉에서 있는 대로 고른 것은?

―――――― 〈 보기 〉 ――――――

ㄱ. 황사는 여름철에 가장 많이 발생한다.
ㄴ. 황사의 발원지에 나무를 심으면 황사가 약해질 수 있다.
ㄷ. 황사는 호흡기 질환이나 정밀 기기의 고장을 일으키기도 한다.

① ㄱ   ② ㄴ   ③ ㄱ, ㄴ
④ ㄴ, ㄷ   ⑤ ㄱ, ㄴ, ㄷ

12 그림은 황사의 발원 지역과 이동 경로를 나타낸 것이다.

● 황사 발원 지역
몽골   커얼친 사지(만주)
고비 사막   내몽골 고원
타클라마칸 사막   중국
황토 고원

이에 대한 설명으로 옳은 것만을 〈보기〉에서 있는 대로 고른 것은?

―――――― 〈 보기 〉 ――――――

ㄱ. 사막이 있는 중국에서 강한 바람이 불어야 황사가 일어난다.
ㄴ. 발원지에는 식물 군락 등이 넓게 형성되어 있다.
ㄷ. 황사를 구성하는 입자의 크기는 매우 작다.

① ㄱ   ② ㄴ   ③ ㄱ, ㄴ
④ ㄱ, ㄷ   ⑤ ㄱ, ㄴ, ㄷ

01 그림은 지구의 복사 평형 상태에서 열의 출입 관계를 나타낸 것이다. 다음 물음에 답하시오.

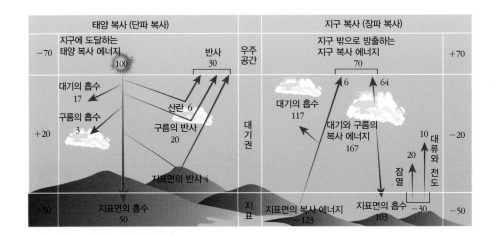

(1) 지구의 반사율은 얼마인가?

(2) 대기가 태양 복사 에너지보다 지구 복사 에너지를 잘 흡수하는 이유는 무엇인가?

(3) 지구 표면에서 수증기의 증발과 응결에 의해 대기로 이동하는 에너지의 양은 얼마인가?

(4) 온실 효과의 에너지의 양은 얼마인가?

02 그림은 지질시대의 북반구의 평균 기온 변화를 나타낸 것이다. 다음 물음에 답하시오.

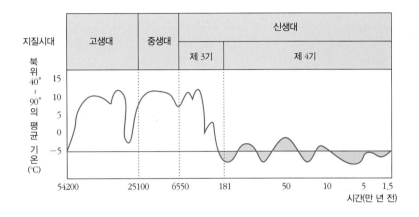

(1) 지질시대 동안 온난하여 빙하기가 나타나지 않았던 때는 언제인가?

(2) 기온이 상승함에 따라 해수면의 높이가 높아지는 이유는 무엇인가?

(3) 지질시대 동안 해수면이 가장 낮았던 때와 그 이유를 설명하시오.

03 그림은 지구 생성 초기부터 현재까지 지구 대기 성분의 변화를 나타낸 것이다. 다음 물음에 답하시오.

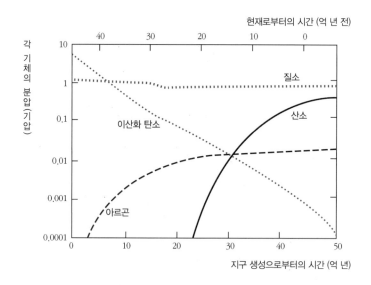

(1) 지구 생성 초기에 온도가 현재보다 높은 이유를 그래프를 참고하여 설명하시오.

(2) 지구가 생성되고 약 22억 년 후부터 이산화 탄소는 점차 감소하였고, 산소가 나타나기 시작했다. 이것은 특정 생물의 출현에 의해 가능해졌다. 22억 년 후부터 산소가 나타난 이유를 구체적으로 서술하시오.

04 그림 (가)는 연도별 온실 기체의 농도 변화, (나)는 온실 기체의 효과율과 기여도, (다)는 이산화 탄소의 증가에 따른 지구의 평균 기온 변화를 나타낸 것이다. (단, 온실 효과율은 단위 농도(1 ppm)당 온실 효과에 미치는 영향으로 이산화 탄소의 농도가 1 ppm 일 때를 1 로 정한 상대적인 비교값이다.) 다음 물음에 답하시오.

온실 기체	1850년	1950년	1990년
이산화 탄소	290	320	340
메테인	0.9	1.2	1.4
염화 플루오린화 탄소	—	—	0.002
아산화 질소		0.30	0.31

(가) 온실 기체의 농도 변화

온실 기체	대기 중 농도(ppm)	온실 기체의 효과율	온실 효과 기여도(%)
이산화 탄소	385	1.2	60
메테인	1.72	1	15
염화 플루오린화 탄소	0.00268	6000	12
아산화 질소	0.318	310	5

(나) 온실 기체의 효과율과 기여도

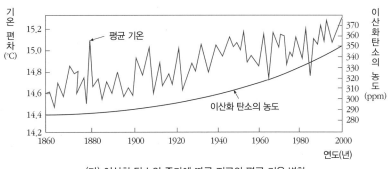

(다) 이산화 탄소의 증가에 따른 지구의 평균 기온 변화

(1) 온실 기체 중 지구 온난화에 가장 큰 영향을 주는 기체는 무엇이고, 그 이유는 무엇인가?

(2) (다)의 결과가 지속된다고 가정할 때 지구에서 나타날 수 있는 환경 변화에는 어떠한 것들이 있는지 서술하시오.

스스로 실력 높이기

01 태양 복사 에너지와 지구 복사 에너지가 주로 분포하는 영역을 바르게 짝지은 것은?

	태양 복사 에너지	지구 복사 에너지
①	가시광선	적외선
②	자외선	X선
③	적외선	가시광선
④	자외선	가시광선
⑤	자외선	적외선

02 온실 효과를 일으키는 기체를 〈보기〉에서 있는 대로 고른 것은?

─〈 보기 〉─
ㄱ. 오존   ㄴ. 질소   ㄷ. 수증기
ㄹ. 이산화 탄소   ㅁ. 염화 플루오린화 탄소

① ㄱ   ② ㄱ, ㄴ   ③ ㄱ, ㄴ, ㄷ
④ ㄱ, ㄷ, ㄹ   ⑤ ㄱ, ㄷ, ㄹ, ㅁ

03 적도에서는 에너지 과잉이고 극에서는 에너지 부족이지만 전체적으로는 지구 평균 온도가 일정하게 유지된다. 이 이유는 무엇인가?

① 온실 효과 때문이다.
② 지구의 자전 때문이다.
③ 지구가 복사 에너지를 계속 방출하기 때문이다.
④ 대기와 해수가 순환하여 열을 수송하고 있기 때문이다.
⑤ 지구가 태양 복사 에너지를 계속 흡수하고 있기 때문이다.

04 지구 온난화에 의한 현상으로 옳지 <u>않은</u> 것은?

① 기상 이변
② 식생의 변화
③ 사막화 현상
④ 해수면 상승
⑤ 피부암 발생 증가

05 라니냐 현상이 나타나는 것과 관계 깊은 바람은 무엇인가?

① 편서풍   ② 무역풍   ③ 계절풍
④ 극동풍   ⑤ 해륙풍

06 다음은 엘니뇨 현상이 일어나는 과정을 순서없이 나타낸 것이다. 엘니뇨 발생 순서를 바르게 나타낸 것은?

─〈 보기 〉─
ㄱ. 무역풍 약화
ㄴ. 동태평양 연안에 홍수 발생
ㄷ. 동태평양에 대규모 저기압 발생
ㄹ. 동태평양의 난류 세력 및 용승 약화

① ㄱ－ㄴ－ㄷ－ㄹ   ② ㄱ－ㄴ－ㄹ－ㄷ
③ ㄱ－ㄷ－ㄴ－ㄹ   ④ ㄱ－ㄹ－ㄴ－ㄷ
⑤ ㄱ－ㄹ－ㄷ－ㄴ

07 오존층 파괴에 대한 설명으로 옳지 <u>않은</u> 것은?

① CFC 에서 나온 Cl 은 촉매 역할을 한다.
② 오존층 파괴는 지구 온난화와 관계없다.
③ 오존층을 파괴하는 주된 물질은 CFC 이다.
④ 오존층이 파괴되면 피부암 환자가 증가한다.
⑤ 오존층은 태양으로부터 가시광선을 흡수한다.

08 황사가 주로 발생하는 계절은 언제인가?

① 봄   ② 여름   ③ 가을
④ 겨울   ⑤ 계절에 무관하다.

09 사막화의 주요 원인을 〈보기〉에서 있는 대로 고른 것은?

─〈 보기 〉─
ㄱ. 가뭄   ㄴ. 오존층 파괴
ㄷ. 태양 활동의 증가   ㄹ. 삼림 벌채
ㅁ. 과다한 방목   ㅂ. 오존 구멍의 생성

① ㄱ, ㄴ, ㄹ   ② ㄱ, ㄷ, ㅂ   ③ ㄱ, ㄹ, ㅁ
④ ㄱ, ㅁ, ㅂ   ⑤ ㄱ, ㄷ, ㄹ

10 다음은 지구 환경의 변화에 영향을 미치는 요인들이다. 이중 인간의 활동과 관련성이 <u>적은</u> 것은?

① 황사   ② 사막화   ③ 무역풍
④ 오존층 파괴   ⑤ 지구 온난화

B

11 그림은 입사하는 태양 복사 에너지가 100 일 때 달 표면에 한 장으로 된 유리 온실 (가)와 두 장으로 된 유리 온실 (나)에서 에너지 수지를 각각 나타낸 것이다. (단, 태양은 단파 복사, 달 표면과 유리는 장파 복사를 하고, 유리는 단파 복사의 10 %를 흡수하고 나머지는 통과시키며, 장파 복사는 모두 흡수한 후 상·하 방향으로 같은 양을 복사한다. 또한 온실 옆면의 에너지 출입은 없다.)

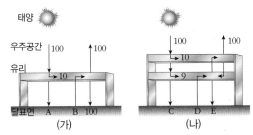

이에 대한 설명으로 옳은 것만을 〈보기〉에서 있는 대로 고른 것은?

─── 〈 보기 〉 ───
ㄱ. A는 C보다 크다.
ㄴ. D는 B의 두 배이다.
ㄷ. 온실 속 달 표면의 온도는 (나)가 (가)보다 높다.

① ㄱ   ② ㄴ   ③ ㄱ, ㄴ
④ ㄱ, ㄷ   ⑤ ㄱ, ㄴ, ㄷ

12 그림은 지구에서의 단위 면적당 연평균 복사 에너지양을 위도에 따라 나타낸 것이다.

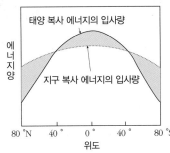

이에 대한 설명으로 옳은 것만을 〈보기〉에서 있는 대로 고른 것은?

─── 〈 보기 〉 ───
ㄱ. 남북 방향 열 수송량은 적도에서 최대이다.
ㄴ. 적도 지방은 에너지 과잉, 극지방은 에너지 부족이다.
ㄷ. 위도별 에너지의 불균형은 대기와 해양의 순환을 일으킨다.

① ㄱ   ② ㄴ   ③ ㄷ
④ ㄱ, ㄴ   ⑤ ㄴ, ㄷ

13 그림은 1950년부터 2050년까지 3월과 9월의 북극해 얼음 면적의 변화를 나타낸 것이다.

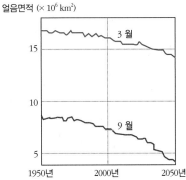

이에 대한 설명으로 옳은 것만을 〈보기〉에서 있는 대로 고른 것은?

─── 〈 보기 〉 ───
ㄱ. 얼음 면적 감소의 주된 요인은 지구 온난화이다.
ㄴ. 지표면의 반사율은 3월이 9월보다 크다.
ㄷ. 얼음 면적의 감소량은 1950년 ~ 2000년보다 2000년 ~ 2050년이 더 크다.

① ㄱ   ② ㄴ   ③ ㄱ, ㄴ
④ ㄱ, ㄷ   ⑤ ㄱ, ㄴ, ㄷ

14 그림은 현생 이언 동안 지구의 평균 해수면과 평균 기온의 변화를 나타낸 것이다.

[수능 기출 유형]

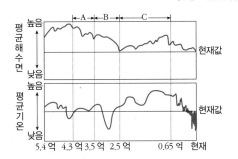

이에 대한 설명으로 옳은 것만을 〈보기〉에서 있는 대로 고른 것은?

─── 〈 보기 〉 ───
ㄱ. 빙하의 분포 면적은 A 구간이 B 구간보다 넓다.
ㄴ. 중생대는 신생대 말기보다 온난했다.
ㄷ. C 구간은 빙하기와 간빙기가 여러 번 반복되었다.

① ㄱ   ② ㄴ   ③ ㄱ, ㄴ
④ ㄱ, ㄷ   ⑤ ㄱ, ㄴ, ㄷ

15 그림은 동태평양 페루 연안 해역에서 플랑크톤 양과 수온의 변화를 나타낸 것이다. (가)와 (나)는 각각 평상시와 엘니뇨 시기 중 하나이다.

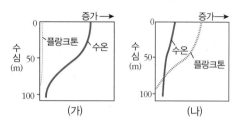

이에 대한 설명으로 옳은 것만을 〈보기〉에서 있는 대로 고른 것은?

─────〈 보기 〉─────
ㄱ. 페루 연안 해역의 강수량은 (가)보다 (나)일 때 더 많다.
ㄴ. 영양 염류의 양은 (가)보다 (나)일 때 더 많다.
ㄷ. 남동 무역풍은 (가)보다 (나)일 때 더 강하다.

① ㄱ   ② ㄴ   ③ ㄱ, ㄴ
④ ㄴ, ㄷ   ⑤ ㄱ, ㄴ, ㄷ

16 그림은 남아메리카 대륙의 페루 부근 해역에서 관측한 수온 편차(측정 수온 − 평균 수온)를 나타낸 것이다.

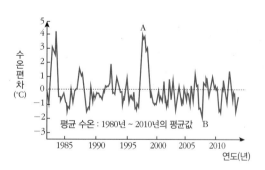

이에 대한 설명으로 옳은 것만을 〈보기〉에서 있는 대로 고른 것은?

─────〈 보기 〉─────
ㄱ. A 시기에는 라니냐가 발생하였다.
ㄴ. B 시기에 페루에서는 홍수 피해가 잦았다.
ㄷ. 무역풍은 A 시기보다 B 시기에 강했다.

① ㄱ   ② ㄴ   ③ ㄷ
④ ㄱ, ㄴ   ⑤ ㄱ, ㄴ, ㄷ

17 그림 (가)와 (나)는 1980년과 2010년의 남극 오존 구멍 크기 변화를 나타낸 것이다.

(가) 1980년   (나) 2010년   ▨ 오존 구멍

이에 대한 설명으로 옳은 것만을 〈보기〉에서 있는 대로 고른 것은?

─────〈 보기 〉─────
ㄱ. 오존 구멍은 오존의 농도가 주위보다 낮다.
ㄴ. 오존 구멍은 적외선에 의한 오존의 파괴 때문에 생긴 것이다.
ㄷ. (가) 시기에 비해 (나) 시기에는 남극 지표면에 도달하는 자외선의 양이 크게 감소하였다.

① ㄱ   ② ㄴ   ③ ㄱ, ㄴ
④ ㄴ, ㄷ   ⑤ ㄱ, ㄴ, ㄷ

18 그림 (가)는 1970년대부터 2010년대까지 남극 대륙 상층에서 관측한 월별 오존 농도 및 그 평균값을, (나)는 같은 기간의 매년 10월 전후 한 달 동안 관측된 오존 구멍의 넓이를 나타낸 것이다.

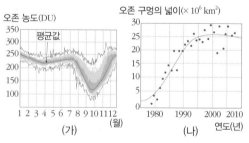

이에 대한 설명으로 옳은 것만을 〈보기〉에서 있는 대로 고른 것은?

─────〈 보기 〉─────
ㄱ. 일 년 중 오존 구멍은 주로 9 ~ 11월에 나타난다.
ㄴ. 오존층을 파괴하는 원인 물질은 주로 9 ~ 11월에 대기 중으로 방출된다.
ㄷ. 1980년대보다 1990년대에 오존 구멍의 넓이가 좁아졌다.

① ㄱ   ② ㄴ   ③ ㄱ, ㄴ
④ ㄱ, ㄷ   ⑤ ㄱ, ㄴ, ㄷ

19 그림은 전 세계의 사막과 사막화 지역의 분포를, 표는 지표면의 상태에 따른 태양 복사 에너지의 반사율을 나타낸 것이다.

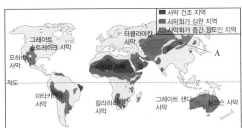

지표면의 상태	반사율(%)
식물이 없는 땅	20 ~ 35
사막	35 ~ 45
초원	20 ~ 30
삼림	10 ~ 20

이에 대한 설명으로 옳은 것만을 〈보기〉에서 있는 대로 고른 것은?

〈 보기 〉
ㄱ. 사막화는 지표에 흡수되는 태양 복사 에너지를 증가시키는 역할을 한다.
ㄴ. A 지역에서 사막의 확대는 우리나라의 황사 피해를 증가시킨다.
ㄷ. 사막화가 심각하게 진행되는 위도대의 해수의 표층 염분은 상대적으로 낮다.

① ㄱ   ② ㄴ   ③ ㄱ, ㄴ
④ ㄴ, ㄷ   ⑤ ㄱ, ㄴ, ㄷ

20 그림 (가)는 지난 40년 동안 서울과 부산에서 관측된 월별 황사 일수를, (나)는 우리나라에 영향을 미치는 황사의 발원지를 나타낸 것이다.

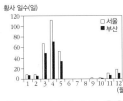

이에 대한 설명으로 옳은 것만을 〈보기〉에서 있는 대로 고른 것은?

[수능 기출 유형]

〈 보기 〉
ㄱ. 봄철 황사 일수는 서울보다 부산이 많다.
ㄴ. 황사 발생은 지권과 기권의 상호작용이다.
ㄷ. 황사는 발원지가 한랭 건조한 기단의 영향을 받는 계절에 주로 관측된다.

① ㄱ   ② ㄴ   ③ ㄱ, ㄴ
④ ㄴ, ㄷ   ⑤ ㄱ, ㄴ, ㄷ

21 그림은 지구에 도달하는 태양 복사 에너지를 100이라고 할 때 지구의 열수지를 나타낸 것이다.

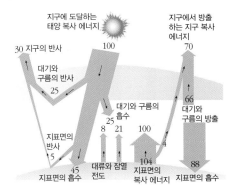

이에 대한 설명으로 옳은 것만을 〈보기〉에서 있는 대로 고른 것은?

〈 보기 〉
ㄱ. 지구의 반사율은 30 % 이다.
ㄴ. 물의 상태 변화를 통해 지표에서 방출되는 에너지는 21 이다.
ㄷ. 대기가 없다면 지표면의 복사 에너지는 104 보다 작을 것이다.

① ㄱ   ② ㄴ   ③ ㄱ, ㄴ
④ ㄱ, ㄷ   ⑤ ㄱ, ㄴ, ㄷ

22 그림은 남극 빙하 얼음 연구로 알아낸 지난 42만 년 동안의 기온 변화와 이산화 탄소 및 메테인 가스의 농도변화를 나타낸 것이다.

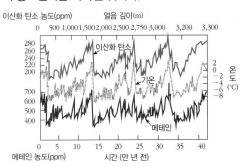

이에 대한 설명으로 옳은 것만을 〈보기〉에서 있는 대로 고른 것은?

〈 보기 〉
ㄱ. 메테인은 온실 기체이다.
ㄴ. 이 기간 동안 5번의 빙하기가 있었다.
ㄷ. 지구 온난화와 온실 기체의 농도 변화는 밀접한 관계가 있다.

① ㄱ   ② ㄴ   ③ ㄱ, ㄴ
④ ㄱ, ㄷ   ⑤ ㄱ, ㄴ, ㄷ

23 그림은 최근 각 대륙에서 인위적으로 사막화가 진행된 지역의 면적을 주 원인별로 나타낸 것이다.

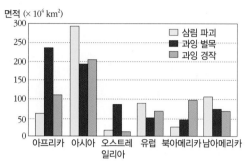

이에 대한 설명으로 옳은 것만을 〈보기〉에서 있는 대로 고른 것은?

〈 보기 〉
ㄱ. 사막 지역의 면적이 가장 많이 증가한 대륙은 아시아이다.
ㄴ. 사막화는 인위적인 원인에 의해서만 발생한다.
ㄷ. 우리나라는 최근 황사에 의한 피해가 없었을 것이다.

① ㄱ   ② ㄴ   ③ ㄱ, ㄴ
④ ㄱ, ㄷ   ⑤ ㄱ, ㄴ, ㄷ

24 그림은 동태평양의 엘니뇨 감시 해역에서의 수온 편차를 나타낸 것이다.

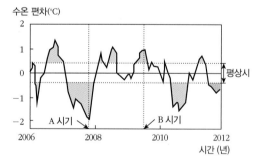

이에 대한 설명으로 옳은 것만을 〈보기〉에서 있는 대로 고른 것은?

〈 보기 〉
ㄱ. A 시기에는 라니냐가 발생했다.
ㄴ. 서태평양의 강수량은 B 시기가 평상시보다 많다.
ㄷ. 동태평양의 용승은 A 시기가 B 시기보다 강하다.

① ㄱ   ② ㄴ   ③ ㄱ, ㄴ
④ ㄱ, ㄷ   ⑤ ㄱ, ㄴ, ㄷ

25 그림 (가)는 위도에 따른 월별 총 오존량 분포를, (나)는 우리나라의 월별 자외선 지수를 나타낸 것이다.

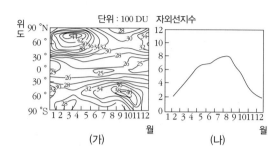

이에 대한 설명으로 옳은 것만을 〈보기〉에서 있는 대로 고른 것은?

〈 보기 〉
ㄱ. (가)에서 북반구와 남반구는 모두 봄철에 평균 오존량 농도가 가장 높다.
ㄴ. (나)에서 태양의 남중 고도가 가장 높을 때 자외선 지수가 최대이다.
ㄷ. 우리나라는 오존량이 가장 많을 때 자외선 지수가 가장 낮다.

① ㄱ   ② ㄴ   ③ ㄱ, ㄴ
④ ㄱ, ㄷ   ⑤ ㄱ, ㄴ, ㄷ

26 그림은 사막화가 진행되고 있는 어느 지역에서 서로 다른 해에 측정한 3 ~ 6월의 누적 강수량을 나타낸 것이다.

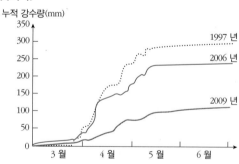

이에 대한 설명으로 옳은 것만을 〈보기〉에서 있는 대로 고른 것은?

〈 보기 〉
ㄱ. 3 ~ 6월까지의 누적 강수량은 1997년보다 2009년에 더 많았다.
ㄴ. 2006년에는 6월보다 4월에 비가 더 많이 내렸다.
ㄷ. 강수량의 감소는 사막화를 촉진시키는 요인 중 하나이다.

① ㄱ   ② ㄴ   ③ ㄱ, ㄴ
④ ㄴ, ㄷ   ⑤ ㄱ, ㄴ, ㄷ

심화

27 그림은 지구에 도달하는 태양 복사 에너지의 양을 100 이라 할 때 평형 상태의 지구 열수지를 나타낸 것이다.

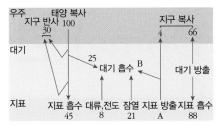

이에 대한 설명으로 옳은 것만을 〈보기〉에서 있는 대로 고른 것은?

─── 〈 보기 〉 ───
ㄱ. 지표 방출 A 는 주로 적외선으로 방출된다.
ㄴ. 대기가 흡수하는 에너지 총량은 154 이다.
ㄷ. A 의 에너지 양은 104 이다
ㄹ. B 의 에너지 양은 100 이다.

① ㄱ, ㄴ   ② ㄱ, ㄷ   ③ ㄱ, ㄴ, ㄹ
④ ㄱ, ㄷ, ㄹ   ⑤ ㄱ, ㄴ, ㄷ, ㄹ

28 그림 (가)는 태평양의 엘니뇨 감시 해역을, (나)는 1980 ~ 1990년까지 이 해역의 표층 수온 편차를 나타낸 것이다.

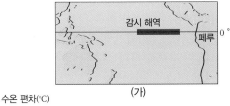

(가)

(나)

이에 대한 설명으로 옳은 것만을 〈보기〉에서 있는 대로 고른 것은?

─── 〈 보기 〉 ───
ㄱ. 무역풍의 세기는 A 시기가 B 시기보다 강했다.
ㄴ. 페루 연안의 용승은 A 시기가 B 시기보다 약했다.
ㄷ. A 시기에 페루 연안에서는 가뭄이 지속되었을 것이다.

① ㄱ   ② ㄴ   ③ ㄱ, ㄴ
④ ㄴ, ㄷ   ⑤ ㄱ, ㄴ, ㄷ

29 그림은 우리나라의 지구 온난화에 따른 기후 식생도 변화를 예측한 것이고, 표는 우리나라에 분포하는 산림 지대와 대표 수종을 나타낸 것이다.

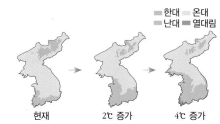

산림 지대	분포 지역	대표 수종
난대림 지대	연평균 기온 14℃ 이상인 35°N 이남의 남해안 지역과 제주도	동백나무, 녹나무
온대림 지대	고산 지대를 제외한 35 ~ 45°N의 연평균 기온 6 ~ 13℃ 인 지역	잣나무, 소나무
한대림 지대	연평균 기온 5℃ 이하의 고산 지대	전나무, 자작나무

이에 대한 설명으로 옳은 것만을 〈보기〉에서 있는 대로 고른 것은?

─── 〈 보기 〉 ───
ㄱ. 기온이 상승할수록 난대림 지대는 고위도로 확장 될 것이다.
ㄴ. 현재 우리나라 남해안 지역의 연평균 기온은 14 ℃ 이하이다.
ㄷ. 기온이 4 ℃ 증가하면 한반도에서 전나무, 자작 나무 등은 완전히 사라질 것이다.

① ㄱ   ② ㄴ   ③ ㄱ, ㄴ
④ ㄴ, ㄷ   ⑤ ㄱ, ㄴ, ㄷ

30 다음은 사막화에 대해 조사하기 위한 계획표의 일부이다. A ~ C 의 조사 내용으로 옳은 것만을 〈보기〉에서 있는 대로 고른 것은?

A : 사막화의 원인
B : 사막화의 영향
C : 사막화 지역의 특징

─── 〈 보기 〉 ───
ㄱ. A 에서는 CFC 의 배출량을 조사한다.
ㄴ. B 에서는 사막화 지역의 농경지 감소 면적을 조사한다.
ㄷ. C 에서는 위도에 따른 증발량과 강수량의 차이를 조사한다.

① ㄱ   ② ㄴ   ③ ㄱ, ㄴ
④ ㄴ, ㄷ   ⑤ ㄱ, ㄴ, ㄷ

점점 뜨거워지는 지구!
- 열돔(Heat Dome) 현상

『 지구촌 '폭염과의 전쟁'…열돔 현상 · 사망자 속출 』

우리나라 뿐만 아니라 전세계가 '폭염과의 전쟁'을 치르고 있다. 중동은 50℃를 넘나드는 살인적인 더위가 이어지고 있고, 바그다드도 51℃ 까지 올라가면서 임시 공휴일까지 선포되었다.

미국도 마찬가지이다. 캘리포니아 주 데스밸리 지역의 최고 기온은 49.4℃. 동부 해안에서 중서부, 북서부를 아우르는 지역에 40℃가 넘는 찜통더위가 맹위를 떨치고 있다. 이는 뜨거운 열기가 둥근 지붕 속에 갇혀있는 이른바 '열돔 현상'때문이다.

중국도 상하이 등 동남부 지역을 중심으로 낮 최고 기온이 38℃에서 40℃를 오르내리는 폭염이 기승을 부리고 있다.

- 2016. 07.○○ △△뉴스

더위 속에 갇힌 지구!

세계기상기구(WMO)는 발표 자료를 통해 "2016년 6월까지 14개월 동안 연속으로 전 세계 월평균 기온과 해양 온도가 매달 최고 기록을 경신했다"며 "올해가 기상 관측 사상 가장 더운 해가 될 것"이라고 밝혔다. 2016년 5월의 세계 평균 기온은 16.4℃로 '20세기 평균 6월 기온(15.5℃)'보다 0.9℃ 높았으며, 관측을 시작한 1880년 이래 가장 더운 것으로 나타났다. 전문가들은 이 같은 무더위를 지구온난화 현상이 심화되고 있는 증거로 보고 있다.

열돔 현상(heat dome)

미국의 이상 고온 현상의 주된 원인으로 '열돔(Heat Dome) 현상'을 꼽고 있다. '열돔 현상'이란

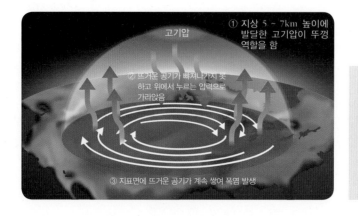

① 지상 5 ~ 7km 높이에 발달한 고기압이 뚜껑 역할을 함

고기압

② 뜨거운 공기가 빠져나가지 못하고 위에서 누르는 압력으로 가라앉음

③ 지표면에 뜨거운 공기가 계속 쌓여 폭염 발생

미국을 덮친 '열돔 현상' | 지상 5~7km 높이에 발달한 고기압이 뚜껑 역할을 하여 뜨거운 공기가 빠져나가지 못하고 상층부에서 누르는 압력 때문에 가라앉게 된다. 이로 인하여 지표면에 뜨거운 공기가 계속 쌓여서 불볕더위가 발생하는 것이다.

열기가 막 안에 갇혀 있는 블로킹 현상을 최근 '열돔 현상'이라는 미국산 신조어로 부르게 된 것으로 열이 쌓이고 쌓여 마치 돔에 갇힌 모양 같아 열돔이라고 부르게 되었다.

이처럼 미국에 살인적인 더위를 몰고 왔던 열돔 현상이 우리나라에서도 일어났다. 2016년 7월 평균 기온은 25.4℃로 평년보다 무려 0.9℃가 높고 1973년 이래 11번째로 높은 기록이었다. 또한, 하루 최고 기온이 33℃ 이상인 폭염 일수는 '5.5일'로 최근 30년 평균인 3.9일보다 많았고, 심지어 8월 평균인 5.3일보다도 많았다.

한국판 '열돔 현상' | 남동쪽에서 북태평양 고기압이 확장하며 공기의 흐름을 막아, 뜨거워진 공기가 빠져나가지 못하고 계속 축적되어 더위가 더욱 심해졌다.

우리나라가 예년보다 여름 기온이 높았던 이유에는 열돔 현상 뿐만 아니라 동아시아의 대기 순환과도 관련이 높다고 한다.

동중국해의 저기압성 순환은 한반도 주변에 하강 운동을 일으켜 여름철 북태평양 고기압을 한반도 서쪽까지 확장하게 한다. 이때 고기압은 대기가 안정돼 구름이 없고 맑은 날씨가 이어지며 강수량이 감소하기 때문에 많은 태양 복사 에너지를 받게 되어 지표는 점점 뜨거워진다고 한다.

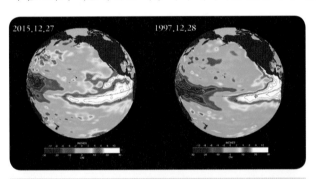

슈퍼 엘니뇨 | 역사상 최악의 엘니뇨로 2만 3천여명의 희생자를 낸 1997년 엘니뇨(오른쪽)보다 남아메리카 해안 지역의 수온이 2.6℃나 더 높은 2015년 엘니뇨(왼쪽)이다.

또한, 2015년 전 세계를 강타했던 슈퍼 엘니뇨가 소멸하는 과정에서 바다에 축적된 열기가 해류를 타고 분산되는 전 지구적 영향까지 받으면서 더위가 가중되었다고 한다.

이와 같이 전 세계적으로 지독한 폭염이 지속되는 근본적인 이유는 지구 온난화로 인한 지구 기온 상승 때문이라고 기상학자들은 입을 모으고 있다.

한 전문가는 "지금 태평양 등의 고기압 정체 현상은 일시적인 현상, 즉 '날씨'이지만 지구 온난화가 계속되면 이러한 현상이 일상화되고, '기후'로 자리 잡을 수도 있다"며 "이 같은 기후변화에 적응하기 위한 노력이 필요하다"고 지적했다.

Q1
고기압에 대하여 설명하고, 고기압의 성질을 이용하여 열돔 현상을 설명하시오.

Q2
우리나라에 열돔 현상을 일으킨 북태평양 고기압에 대하여 설명하시오.

[탐구] 자료 해석

㉠ 그림 (가)는 2006년 태풍의 영향 기간 동안의 총 누적 강우량 분포를, 그림 (나)는 역대 태풍 중 가장 재산 피해를 크게 준 태풍인 2002년 태풍 루사의 경로를, 표 (다)는 1904년부터 2010년까지 107년 동안 태풍 통과 시에 관측된 일 최다 강수량의 순위를 나타낸 것이다.

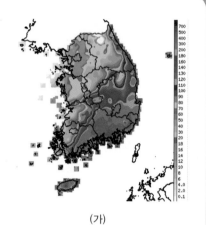

(가)

순위	태풍명	지명	일 최다 강수량 (mm)	일자
1	루사	강릉	870.6	2002.08.31
2	아그네스	장흥	547.4	1981.09.02
3	야니	포항	516.4	1998.09.30
4	글래디스	부산	439.0	1991.08.23
5	나리	제주	420.0	2007.09.16
6	매미	남해	410.0	2003.09.12
7	베티	해남	407.5	1972.08.20
8	올리브	삼척	390.8	1971.08.05
9	올가	동두천	377.5	1999.08.01
10	제니스	보령	361.5	1995.08.25

(나) (다)

㉡ 열대성 저기압이란 적도 부근의 열대 해상에서 여름부터 가을철에 걸쳐 발생하는 폭풍우를 수반하는 저기압을 말한다. 발생되는 장소에 따라 불리우는 명칭이 다르다. 북태평양 남서부에서 발생하는 경우 '태풍(typhoon), 인도양이나 뱅골만에서 발생하는 경우 싸이클론(cyclone), 오스트레일리아 주변의 해상에

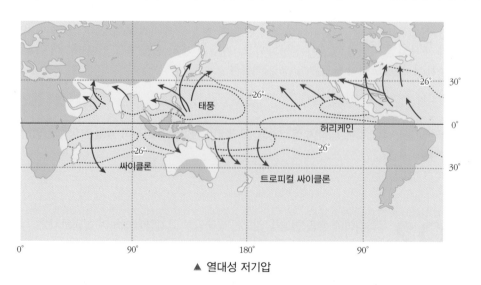

▲ 열대성 저기압

서 발생하는 경우 트로피컬 사이클론(Tropical cyclone), 멕시코만이나 서인도제도에서 발생하는 경우 허리케인(hurricane)이라고 한다.

전체적으로 보았을 때 열대성 저기압의 72%는 북반구에서 발생하고, 28%는 남반구에서 주로 발생한다. 북반구 중 북서 태평양은 전 세계에서 열대성 저기압이 가장 많이 발생하는 지역이면서 가장 강하게 발달하는 지역이다.

1. 태풍은 지구계의 구성 요소 중 무엇과 무엇의 상호 작용으로 발생하는가?

2. 태풍은 수증기가 응결할 때 발생하는 잠열을 에너지원으로 하여 발생하므로, 수증기의 공급이 충분한 곳에서 잘 발생한다. 그렇다면 수증기의 공급이 충분한 적도 부근일수록 태풍이 발생할 확률이 높아야 한다. 하지만 위도 5°~25° 지역에서 주로 발생한다. 태풍이 적도 부근에서 발생할 수 없는 이유에 대하여 서술하시오.

3. 태풍이 발생했을 때 남해안 지역에 발생한 폭풍 해일로 인해 창원 지역은 피해를 자주 입는다. 태풍이 발생했을 때 폭풍 해일이 일어나는 원인을 설명하고, 창원 지역이 피해를 자주 입는 이유에 대하여 서술하시오.

4. 주어진 자료를 이용하여 우리나라를 통과하는 태풍의 특징에 대하여 서술하시오.

5. 열대성 저기압은 북반구에서 발달하는 빈도가 남반구의 3배 정도 된다. 북반구에서 열대성 저기압이 더 많이 발생하는 이유를 열대성 저기압의 특징과 대륙과 해양의 분포를 이용하여 설명하시오.

읽기 자료

태풍의 고향, 웜풀(Warm Pool)

전 세계에서 가장 뜨거운 바다로 수온이 28℃가 넘는 적도 서태평양과 인도양을 웜풀이라고 한다. 태풍의 발원지이기도한 웜풀은 최근 지구 온난화로 인하여 지난 60년 동안 32%나 팽창하였고, 계속 조금씩 커지고 있다고 한다. 이처럼 태풍의 발원지가 늘어난 만큼 태풍이 더욱 빈번하게 발생하고, 더 많은 슈퍼 태풍이 나타나게 된다.

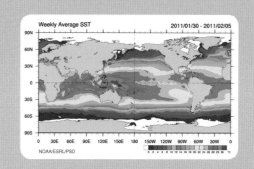

▲ 전 세계 바다의 수온 분포

세계 바다는 플라스틱 쓰레기장?!

북태평양 환류

북대서양 환류

태평양 거대
쓰레기 섬

남대서양 환류

인도양 환류

남태평양 환류

전 세계 해양에 떠 있는 다섯 개의 쓰레기 섬 | 다섯 개의 쓰레기 섬 중 가장 넓은 면적을 차지하는 것은 북태평양 쓰레기 섬으로 면적이 140만 km² 로 남한 면적의 14배나 된다고 한다.

전 세계 해양에 떠 있는 쓰레기 섬들

전 세계 해양에 유출된 플라스틱 쓰레기는 2010년을 기준으로 480만 톤에서 1,270만 톤에 달하였고, 그 양은 점점 늘어 2010년에서 2025년 사이의 해양 쓰레기 총량은 1억 5,500만 톤에 달할 것으로 추정된다고 한다. 특히 이 쓰레기들은 해류의 소용 돌이인 환류가 생기는 지점에 집중적으로 모여 쓰레기 섬을 이룬다.

이러한 해양 쓰레기들로 인해 해양 생물들이 고통 받고 있다. 이런 생물들을 그냥 지나치지 못한 네덜란드의 한 청년에 의해 '오션 클린업'이라는 바다 청소 프로젝트가 시작되었다.

▲ 해양 쓰레기로 인해 고통받는 생물들

바다 청소 프로젝트, 오션 클린업(The Ocean Cleanup)!

오션 클린업(The Ocean Cleanup)은 플라스틱 쓰레기가 물보다 가벼운 성질을 이용하여, 북태평양 해류에 길이가 100km에 달하고 높이가 3m인 V자 형태의 울타리를 만들어 10년 동안 7만 톤에 달하는 플라스틱 쓰레기를 회수하여 바다를 청소하려는 프로젝트이다. 2019년 본격적인 가동을 목표로 현재 1,000분의 1 크기로 테스트를 진행하고 있는 중이다.

▲ 오션 클린업 프로젝트

눈에 보이지 않는 플라스틱

해양에 버려진 플라스틱은 바람, 자외선, 파도에 의해 작은 입자로 계속 분해되어 마이크로미터 크기에서 나노미터 크기로 쪼개지고 눈에 보이지 않는 마이크로 플라스틱(미세 플라스틱)이 된다. 전문가들에 의하면 플랑크톤의 양이 플라스틱보다 수적인 측면에서는 앞서지만, 양적인 측면에서는 플라스틱이 6배 정도 많다.

이러한 마이크로 플라스틱을 해양 생물들이 먹이로 오인하여 먹게 되는 경우, 소화되지 못하고 그대로 이들 몸 속에 쌓이게 된다. 이들은 다시 먹이 사슬을 따라 상위 단계의 포식자들에게 먹힘으로써 결국 생태계 전반으로 퍼져나가게 되며 상위 포식자인 인간에게도 영향을 미칠지도 모른다.

또한, 스페인 바르셀로나대와 영국 자연사박물관이 지중해와 대서양, 인도양에 걸쳐 1,000 ~ 3,500m 심해저 16곳을 조사한 결과 경사면과 분지, 해산, 협곡 가릴 것 없이 마이크로 플라스틱이 발견되었으며, 이는 바다 깊은 곳에 플라스틱이 쌓이고 있다는 사실을 최초로 밝힌 연구였다. 이처럼 플라스틱과 미생물이 함께 섞인 덩어리는 언제 어디로 이동할 지 확실히 알 수 없으므로 생태계에 어떤 변화가 생길지 예측하기도 어렵다.

Q1 북태평양 쓰레기 섬을 만드는 북태평양 환류를 이루는 해류의 종류를 쓰고, 각 해류가 발생하는 원인을 서술하시오.

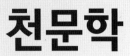

천문학

지구 밖에서는 어떤 일들이 벌어지고 있을까?

1. 지구의 자전과 천체의 겉보기 운동 : 일주 운동

(1) 천구와 별자리

① **천구** : 관측자를 중심으로 한 가상의 구로 크기는 무한대이다.

② **별자리 관찰** : 실제 별들은 지구로부터 거리가 각각 다르지만 매우 먼 거리에 있어 가상의 천구 위에서 비슷한 거리에 있는 것으로 보인다.

③ **별자리 이동** : 별자리가 보이는 방향은 조금씩 바뀌지만 별들 사이의 상대적 위치는 변하지 않는다.

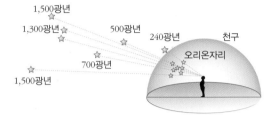

▲ 천구 위의 별자리

(2) 천체의 일주 운동

① **일주 운동** : 지구의 자전으로 인해 모든 천체가 천구의 북극과 남극으로 연장된 지구의 자전축을 중심으로 하루에 한 바퀴씩 도는 것처럼 보이는 운동(겉보기 운동)을 말한다.
   · 방향 : 지구 자전의 반대 방향인 동 ⇨ 서로 움직이는 것처럼 보인다.(천구 안에서 북쪽을 향했을 때 시계 반대 방향)
   · 속도 : 지구 자전과 같은 속도 = 약 15°/시

② **일주권** : 천체가 천구 상에서 일주 운동하는 경로를 말한다.
   · 일주권은 천구의 적도면과 평행하게 나타난다.

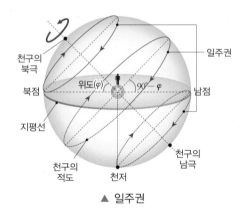

▲ 일주권

일주권과 지평선이 이루는 각 = $90° - \varphi$ (φ[파이] : 관측자의 위도)

위도가 φ인 지역에서 천구의 적도와 지평선이 이루는 각
= 일주권과 지평선이 이루는 각
= 천구의 북극과 천정이 이루는 각
= $90° - \varphi$

위도(φ)
= 천구의 북극과 지평선이 이루는 각
= 천구의 적도와 천정 사이의 각
= 북극성의 고도

▲ 일주권과 지평선이 이루는 각

개념확인 1

다음 설명에 해당하는 단어를 각각 쓰시오.

(1) 관측자를 중심으로 한 반지름의 크기가 무한대인 가상의 구 (   )

(2) 모든 천체가 지구의 자전축을 중심으로 하루에 한 바퀴씩 도는 것처럼 보이는 운동 (   )

확인+1

위도가 34.5°N 인 서울 지방에서 일주권과 지평선이 이루는 각은?

(   )

③ **일주권에 따른 별의 종류**
- 주극성 : 천구의 극 둘레를 돌며 지평선 아래로 지지 않는 별
- 출몰성 : 동쪽 지평선에서 떠서 서쪽 지평선으로 지는 별
- 전몰성 : 항상 지평선 아래에 있어서 볼 수 없는 별

	관측자의 위도가 φ일 때 별의 적위 범위(북반구)
주극성	$+90° \sim +(90-\varphi)$
출몰성	$+(90-\varphi) \sim -(90-\varphi)$
전몰성	$-(90-\varphi) \sim -90°$

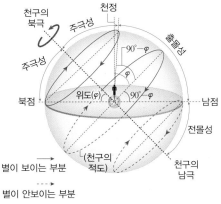

▲ 천체의 일주권

(3) 위도에 따른 천체의 일주 운동(북반구 기준)

구분	적도 지방	중위도 지방	북극 지방
그림			
일주권	지평선과 이루는 각 : 90°	지평선과 이루는 각 : 90°－φ	지평선과 이루는 각 : 0°
별의 종류	출몰성	주극성, 출몰성, 전몰성	주극성, 전몰성

① **적도 지방** : 일주권이 지평선과 수직이므로 모든 별이 수직으로 뜨고 진다.
② **중위도 지방** : 별들은 지평선에 비스듬히 동쪽에서 떠서 서쪽으로 진다.
③ **극 지방** : 일주권이 지평선과 나란하므로 별이 뜨고 지는 일이 없다.

(4) 중위도(위도가 φ)에서 관측한 천체의 일주 운동

	동쪽 하늘	서쪽 하늘	남쪽 하늘	북쪽 하늘
특징	일주권이 지평선과 90°－φ를 이루며 오른쪽으로 비스듬히 뜬다.	일주권이 지평선과 90°－φ를 이루며 오른쪽으로 비스듬히 진다.	일주권이 지평선과 나란하며, 동쪽에서 서쪽으로 일주 운동한다.	일주권이 북극성을 중심으로 반시계 방향으로 원을 이룬다.

우리나라(37.5°N)에서 관측한 별의 일주 운동

▲ 동쪽 하늘

▲ 서쪽 하늘

▲ 남쪽 하늘

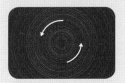

▲ 북쪽 하늘

개념확인 2

정답 및 해설 **27쪽**

항상 지평선 아래에 있어서 눈으로 볼 수 없는 별의 종류는 무엇인가?

( )

확인+2

오른쪽 그림은 서울에 살고 있는 무한이가 관측한 별이 움직이는 모습을 나타낸 것이다. 무한이가 관측한 하늘은 동서남북 중 어느 쪽 하늘인가?

( ) 쪽 하늘

미니사전

주극성 [周 주위 極 극 星 별] 극 주위의 별

출몰성 [出 나타나다 沒 가라앉다 星 별] 천구의 일주 운동에 따라 지평선에 출몰하는 별

전몰성 [全 온전하다 沒 가라앉다 星 별] 항상 지평선 아래에 있는 별

◈ 일주 운동과 연주 운동 비교

◈ 태양의 연주 운동과 별자리의 이동

해가 진 후, 서쪽 하늘의 전갈 자리는 하루에 약 1° 씩 동쪽 에서 서쪽으로 이동한다.

2. 지구의 공전과 천체의 겉보기 운동 : 연주 운동

(1) 태양의 연주 운동

① **연주 운동** : 지구의 공전으로 인해 태양이 별자리 사이를 서→동으로 이동하여 1년마다 천구를 한 바퀴씩 도는 것처럼 보이는 운동(겉보기 운동)을 말한다.
  · 방향 : 지구 공전 방향과 같은 방향 = 서→동
  · 속도 : 지구 공전과 같은 속도 = 약 1°/일

② **태양의 연주 운동과 별자리의 이동** : 매일 같은 시각에 별자리를 관측하면 별자리가 태양에 대하여 동→서쪽 으로 매일 약 1°씩 이동하여 1년 후 같은 자리로 돌아온 다. 이에 계절에 따라 관측되는 별자리가 달라진다.

③ **황도와 황도 12궁**
  · 황도 : 천구 상에서 태양이 지나는 길로, 지구의 공전 궤도면과 일치한다.
  · 황도 12궁 : 황도 주변에 있는 12개의 별자리이다. 지구에서 볼 때 태양과 반대 방향 의 별자리가 밤에 관찰된다.

㉮ 다음 그림과 같이 지구가 이동하는 경우 태양은 9월의 별자리인 사자자리를 지나가 게 된다. 이때 한밤중에 남쪽 하늘에서 관측되는 별자리는 물병자리이다.

▲ 태양과 별의 연주 운동

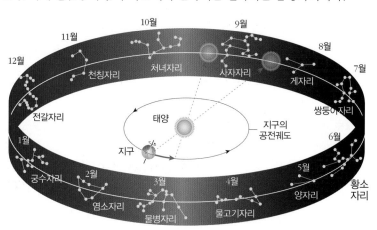

▲ 태양의 연주 운동과 황도 12궁

개념확인 3

다음 태양의 연주 운동에 대한 설명으로 옳은 것은 ○표, 옳지 않은 것은 ×표 하시오.

(1) 별이 뜨고 지는 시각은 항상 일정하다. ( )
(2) 태양의 연주 운동 경로는 천구 적도와 나란하다. ( )
(3) 태양이 별자리 사이를 서에서 동으로 이동해 간다. ( )

확인+3

태양이 연주 운동을 하면서 천구 상에서 지나는 길이 무엇인지 적으시오.

( )

④ **지점과 분점**
  - **황도의 기울기** : 황도는 천구의 적도와 약 23.5° 기울어져 있다.
  - **지점** : 태양이 황도 상에서 천구의 가장 북쪽에 놓이는 점을 **하지점**, 천구의 가장 남쪽에 놓이는 점을 **동지점**이라고 한다.
  - **분점** : 황도 상에서 태양이 천구의 남반구에서 북반구로 이동하다가 천구의 적도와 만나는 점을 **춘분점**, 북반구에서 남반구로 이동하다가 만나는 점을 **추분점**이라고 한다.

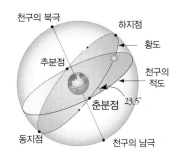

(2) **계절 변화** : 지구의 자전축이 공전 궤도면에 대해 66.5° 기울어진 채 자전과 공전을 하기 때문에 태양이 연주 운동하면서 밤낮의 길이와 태양의 남중 고도가 변하여 계절 변화가 생긴다.

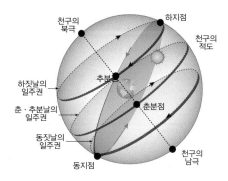

▲ 지점과 분점에서 태양의 일주권

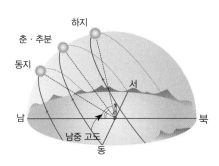

▲ 계절에 따른 태양의 남중 고도 변화 (북반구)

① **태양의 일주권 변화**

춘·추분	천구의 적도와 일치 ⇨ 태양이 정동쪽에서 떠서 정서쪽으로 진다.
하지	천구의 적도보다 북쪽에 위치 ⇨ 태양이 북동쪽에서 떠서 북서쪽으로 진다.
동지	천구의 적도보다 남쪽에 위치 ⇨ 태양이 남동쪽에서 떠서 남서쪽으로 진다.

② **태양의 남중 고도 변화** : 북반구에서는 동지 ⇨ 춘·추분 ⇨ 하지로 갈수록 태양의 남중 고도가 높아진다.

③ **밤낮의 길이 변화** : 북반구에서는 동지 ⇨ 춘·추분 ⇨ 하지로 갈수록 낮의 길이가 길어져 일조 시간이 길어진다.

개념확인 4

정답 및 해설 **27쪽**

다음 빈칸에 알맞은 말을 각각 쓰시오.

태양이 황도 상에서 가장 북쪽과 남쪽에 놓이는 점을 ㉠(   )(이)라고 하며, 황도 상에서 태양이 천구의 적도와 만나는 점을 ㉡(   )(이)라고 한다.

확인+4

다음 설명과 해당하는 계절을 바르게 연결하시오.

(1) 하지 •

• ㉠ 북반구에서 1년 중 태양의 남중 고도가 가장 높고, 낮의 길이가 가장 길다.

(2) 동지 •

• ㉡ 북반구에서 1년 중 태양의 남중 고도가 가장 낮고, 밤의 길이가 가장 길다.

◉ 지점과 분점의 날짜

구분	날짜
춘분점	3월 22일경
하지점	6월 22일경
추분점	9월 24일경
동지점	12월 23일경

◉ 태양의 연주 운동에 따른 태양 복사 에너지양의 차이

일정한 양의 태양 복사 에너지가 입사할 때 태양의 남중 고도가 높을수록 단위 면적당 지표면이 받는 태양 복사 에너지양이 많아진다.

◉ 태양의 남중 고도와 밤낮의 길이 변화

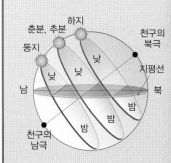

구분	태양의 남중 고도
춘분	$90° -$ 위도(φ)
하지	$90° -$ 위도(φ) $+ 23.5°$
추분	$90° -$ 위도(φ)
동지	$90° -$ 위도(φ) $- 23.5°$

구분	밤낮의 길이	일조 시간
춘분	밤 = 낮	중간
하지	밤 < 낮	길다
추분	밤 = 낮	중간
동지	밤 > 낮	짧다

3. 지평 좌표계

(1) 천구의 구조

지평선	관측자의 지평면을 무한히 연장하여 천구와 만나는 대원
천정	관측자의 머리 위를 연장하여 천구와 만나는 점
천저	관측자의 발 아래를 연장하여 천구와 만나는 점
수직권	천정과 천저를 지나는 대원으로, 지평선에 수직이며, 무수하게 많다.
천구의 적도	지구의 적도면을 연장하여 천구와 만나는 대원
천구의 북극	지구의 북극을 연장하여 천구와 만나는 점
천구의 남극	지구의 남극을 연장하여 천구와 만나는 점
시간권	천구의 북극과 천구의 남극을 지나는 대원. 천구의 적도에 수직이며 무수히 많다.
자오선	수직권 중에서 천구의 북극과 천구의 남극을 지나는 대원으로, 자오선은 수직권이면서 동시에 시간권이다.
북점, 남점, 동점, 서점	자오선과 지평선이 만나는 두 점 중에서 천구의 북극에 가까운 점을 북점으로 동서남북을 나눈 것

▲ 천구의 구조

(2) 지평 좌표계 : 관측자의 지평선을 기준으로 천체의 위치를 나타낸다.

① **방위각과 고도**
- 방위각(A) : 북점 또는 남점으로부터 지평선을 따라 천체를 지나는 수직권까지 시계 방향으로 잰 각이다. 0°~360° 사이의 각도로 나타낸다.
- 고도(h) : 지평선에서 천체를 지나는 수직권을 따라 천체까지 잰 각이다. 0°~90° 사이의 각도로 나타낸다.
- 천정거리(z) : 천정에서 수직권을 따라 천체까지 잰 각이다. 90° − 고도(h)로 나타낸다.

② **지평 좌표계의 특징** : 관측자 중심으로 천체의 위치를 나타내므로 편리하지만 관측 장소와 시각에 따라 천체의 좌표 값이 달라진다.

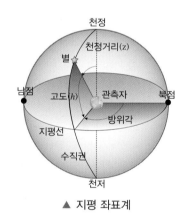

▲ 지평 좌표계

개념확인 5

다음 괄호 안에 들어갈 알맞은 단어를 적으시오.

(1) 관측자의 머리 위를 연장하여 천구와 만나는 점인 (   )(와)과 발 아래를 연장하여 천구와 만나는 점인 (   )(을)를 지나는 대원을 (   )(이)라 한다.

(2) 관측자의 지평선을 기준으로 천체의 위치를 나타내는 방법을 (   )(이)라 한다.

확인+5

수직권 중에서 천구의 북극과 천구의 남극을 지나는 대원은 무엇이라 하는가?

(   )

4. 적도 좌표계

(1) 적도 좌표계 : 천구의 적도와 춘분점을 기준으로 천체의 위치를 나타낸다.

① **적경(α)** : 춘분점을 지나는 시간권과 천체를 지나는 시간권까지 시계 반대 방향으로 잰 각으로 $0^h \sim 24^h$ 나 $0° \sim 360°$ 사이의 값이다.

② **적위(δ)** : 천구 적도로부터 시간권을 따라 천체까지 잰 각으로 북반구는 +, 남반구는 −로 나타내며 $0° \sim \pm 90°$ 사이의 값이다.

③ **적도 좌표계의 특징** : 춘분점의 방향을 먼저 알아야 하기 때문에 지평 좌표계에 비해 천체의 위치를 측정하기 어렵지만 좌표의 값이 시간과 장소에 따라 변하지 않기 때문에 별의 위치를 작성하는 데 이용된다.

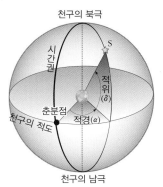

▲ 적도 좌표계

(2) 천체의 남중 고도 : 천체가 남쪽 자오선을 통과할 때의 고도로 하루 중 가장 높은 고도이다.

천체의 남중 고도$(h) = 90° - \varphi + \delta$ (φ : 관측자의 위도, δ : 천체의 적위)

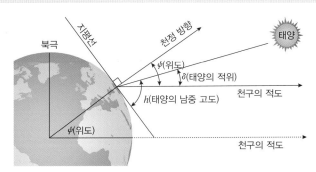

▲ 태양의 남중 고도

(3) 주극성, 출몰성, 전몰성의 적위 범위(φ = 위도) : 관측자의 위도가 φ 인 지방에서 별의 적위(δ)를 범위와 비교하여 출몰을 알아낼 수 있다.

구분	별의 적위(δ) 범위
주극성	$90° \geq \delta \geq (90° - \varphi)$
출몰성	$(90° - \varphi) \geq \delta \geq -(90° - \varphi)$
전몰성	$-(90° - \varphi) \geq \delta \geq -90°$

개념확인 6　　　　　　　　　　　　정답 및 해설 **27쪽**

다음 적도 좌표계에 대한 설명으로 옳은 것은 ○표, 옳지 않은 것은 ×표 하시오.

(1) 적경은 춘분점을 기준으로 천구의 적도를 따라 반시계 방향으로 잰다. 　　(　)
(2) 적위는 천구의 적도에서 시간권을 따라 천체까지 잰다. 　　(　)
(3) 별의 적경과 적위는 관측 장소에 따라 달라진다. 　　(　)

확인+6

천체가 남쪽 자오선을 통과할 때의 고도로 하루 중 가장 높은 고도는 무엇인가?

(　)

▶ 방위각과 적경 측정

방위각은 북점으로부터 '시계 방향'으로 측정하고 적경은 춘분점으로부터 '시계 반대 방향'으로 측정한다. 이것은 천체의 운동 방향과 관련이 있다.

▶ 적도 좌표의 예

황도가 천구의 적도와 23.5° 기울어져 있으므로 하지점의 적위는 23.5°, 동지점의 적위는 −23.5°이다.

구분	적경	적위
춘분점	0^h	0°
하지점	6^h	23.5°
추분점	12^h	0°
동지점	18^h	−23.5°

미니사전

성도 [星 별 圖 그림] 천구 상의 별이나 별자리를 평면 위에 그린 지도 혹은 그림.

개념 다지기

01 다음 중 천체의 일주 운동에 대한 설명으로 옳지 <u>않은</u> 것을 고르시오.

① 일주권은 천구의 적도에 대해 수직이다.
② 천체가 일주 운동하는 원인은 지구의 자전이다.
③ 적도 지방에서는 별의 일주권이 지평선과 수직이다.
④ 천체들은 천구 상에서 동에서 서로 움직이는 것처럼 보인다.
⑤ 북위 $40°$인 지방에서 일주권과 지평선이 이루는 각은 $50°$이다.

02 다음 각 설명에 해당하는 일주권에 따른 별의 종류를 찾아 기호로 쓰시오.

〈 보기 〉
| ㄱ. 주극성 | ㄴ. 출몰성 | ㄷ. 전몰성 |

(1) 동쪽 지평선에서 떠서 서쪽 지평선으로 지는 별 ( )
(2) 항상 지평선 아래에 있어서 볼수 없는 별 ( )
(3) 천구의 극 둘레를 돌며 지평선 아래로 지지 않는 별 ( )

03 그림 (가)~(라)는 우리나라의 동쪽, 서쪽, 남쪽, 북쪽 하늘에서 관측한 별의 일주 운동을 순서 없이 나타낸 것이다. 별의 일주 운동을 관측한 방향을 각각 쓰시오.

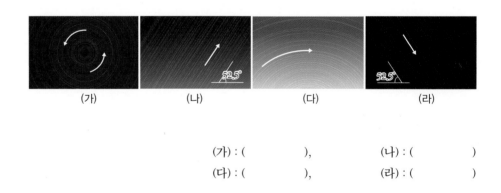

| (가) | (나) | (다) | (라) |

(가) : ( ), (나) : ( )
(다) : ( ), (라) : ( )

04 태양의 연주 운동에 대한 설명으로 옳은 것은 ○표, 옳지 않은 것은 ×표 하시오.

(1) 태양의 연주 운동으로 계절에 따라 관측되는 별자리가 달라진다. ( )
(2) 황도는 천구의 적도에 대해 약 $66.5°$ 기울어져 있다. ( )

05 천구의 적도와 춘분점을 기준으로 천체의 위치를 적경과 적위로 나타내는 방법은?

(   )

06 지평 좌표계에 대한 설명으로 옳은 것은 ○표, 옳지 않은 것은 ×표 하시오.

(1) 지평선에서 수직권을 따라 천체까지 잰 각을 고도라고 한다.   (   )
(2) 관측자를 기준으로 하기 때문에 편리하고 관측 시간과 장소가 변해도 좌표값이 변하지 않
   는다.   (   )

07 다음에서 설명하는 천구 각 부분의 이름을 쓰시오.

(1) 관측자의 머리 위를 연장할 때 천구와 만나는 점   (   )
(2) 관측자의 지평면을 연장하여 천구와 만나는 대원   (   )
(3) 수직권 중에서 천구의 북극과 남극을 지나는 대원   (   )

08 다음 〈보기〉는 남중 고도를 구하는 공식이다.

─────────────〈 보기 〉─────────────
천체의 남중 고도(h) $= 90° - \varphi + \delta$ (φ : 관측 지방의 위도, δ : 천체의 적위)
───────────────────────────────

〈보기〉를 참고하여 북위 40.5°인 지방에서 춘분날 태양의 남중 고도로 알맞은 것을 고르시오.

① 40.5°   ② 45.5°   ③ 47.5°   ④ 49.5°   ⑤ 51.5°

[유형16-1] 지구의 자전과 천체의 겉보기 운동 : 일주 운동

다음은 북위 45°인 지방에서 촬영한 별의 일주 운동을 나타낸 것이다.

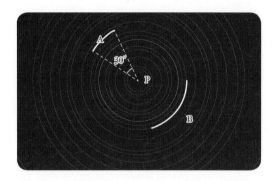

이에 대한 설명으로 옳은 것은 ○표, 옳지 않은 것은 ×표 하시오.

(1) 별 A는 P점을 중심으로 시계 방향으로 이동한다.   (   )
(2) 별 A는 주극성이고 별 B는 출몰성이다.   (   )

01 다음 별자리와 일주 운동에 대한 설명에서 옳은 것을 각각 고르시오.

(1) 천구는 관측자를 중심으로 한 가상의 구로 크기는 (무한대, 유한대)이다.
(2) 일주 운동은 천체가 하루에 한 바퀴씩 지구 자전의 (방향, 반대 방향)으로 도는 것처럼 보이는 운동이다.

02 다음 중 별자리와 일주 운동에 대한 설명으로 옳지 <u>않은</u> 것은?

① 일주 운동으로 별자리는 동에서 서로 이동한다.
② 일주 운동이 일어나는 경로는 지평선에 평행하다.
③ 일주 운동으로 별자리는 1시간에 약 15°씩 이동한다.
④ 같은 별자리를 이루는 별이라도 지구로부터 거리가 다를 수 있다.
⑤ 일주 운동으로 별자리를 이루는 별들 사이의 상대적 거리는 변하지 않는다.

[유형16-2] **지구의 공전과 천체의 겉보기 운동 : 연주 운동**

다음 그림은 지구의 공전 궤도와 황도 12궁을 나타낸 것이다.

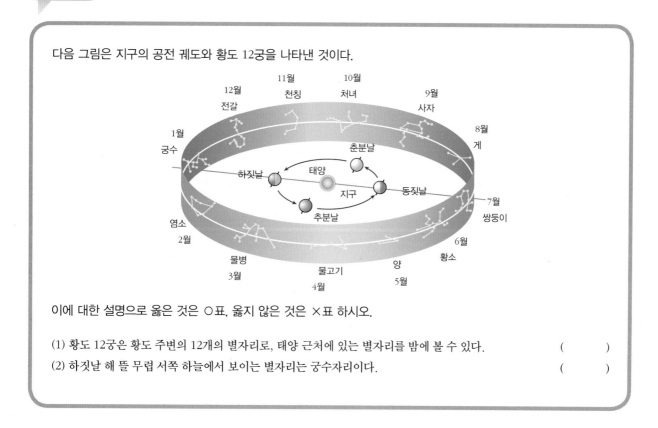

이에 대한 설명으로 옳은 것은 ○표, 옳지 않은 것은 ×표 하시오.

(1) 황도 12궁은 황도 주변의 12개의 별자리로, 태양 근처에 있는 별자리를 밤에 볼 수 있다.   (   )
(2) 하짓날 해 뜰 무렵 서쪽 하늘에서 보이는 별자리는 궁수자리이다.   (   )

03 다음 설명에 해당하는 용어를 적으시오.

(1) 천구 상에서 태양이 지나는 길   (   )
(2) 태양이 천구 상에서 가장 북쪽에 놓이는 지점   (   )

04 다음 중 태양의 연주 운동에 대한 설명으로 옳은 것만을 〈보기〉에서 있는 대로 고르시오.

―――――〈 보기 〉―――――
ㄱ. 태양의 연주 운동 때문에 계절 변화가 생긴다.
ㄴ. 태양의 연주 운동 경로는 천구 적도와 나란하다.
ㄷ. 별이 뜨고 지는 시각이 매일 약 4분씩 느려진다.

(   )

[유형16-3] 지평 좌표계

그림은 천구의 모습의 일부를 나타낸 것이다.

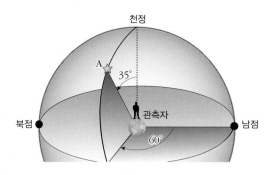

별 A의 위치를 지평 좌표계로 나타낼 때에 대한 설명으로 옳지 <u>않은</u> 것을 고르시오.

① 별 A의 고도는 55°이다.
② 별 A의 방위각의 크기는 240°이다.
③ 좌표는 관측 시간에 영향을 받는다.
④ 좌표는 관측자의 위치에 관계없이 일정하다.
⑤ 방위각은 북점 혹은 남점을 기준으로 시계 방향으로 측정한다.

05 지평 좌표계로 천체의 위치를 나타내기 위해서 필요한 것 〈보기〉에서 모두 고르시오.

┌─────── 〈 보기 〉 ───────┐
│ ㄱ. 수직권   ㄴ. 지평선   ㄷ. 방위각 │
│ ㄹ. 적경   ㅁ. 고도   ㅂ. 천정 │
└──────────────────────────┘

(   )

06 다음 중 천구의 구조에 대한 설명으로 옳은 것은 ○표, 옳지 않은 것은 ×표 하시오.

(1) 관측자의 머리 위를 연장하여 천구와 만나는 점은 천저이다.   (   )
(2) 자오선은 수직권이면서 동시에 시간권이다.   (   )

[유형16-4] 적도 좌표계

그림은 어느 지방에서 계절에 따른 태양의 일주 운동을 나타낸 것이다.

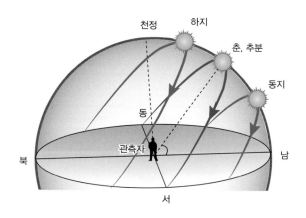

이에 대한 해석으로 옳은 것은 ○표, 옳지 않은 것은 ×표 하시오.

(1) 태양의 적위는 하짓날 최대이고, 동짓날 최소이다.   (   )
(2) 정오에 관측자의 그림자가 가장 짧을 때는 동지이다.   (   )

07 다음 중 관측자의 위치에 따라 변하는 수치가 <u>아닌</u> 것은?

① 지평선   ② 자오선   ③ 시간권
④ 수직권   ⑤ 북점

08 다음 중 적도 좌표계에 대한 설명으로 옳은 것은 ○표, 옳지 않은 것은 ×표 하시오.

(1) 춘분점과 천구 적도를 기준으로 측정한다.   (   )
(2) 적경은 춘분점으로부터 천구 적도를 따라 천체의 시간권까지 시계 방향으로 잰다.
                                                              (   )
(3) 적위는 천구 적도로부터 시간권을 따라 천체까지 잰 각이다.   (   )

01 다음 그림은 조선 세종 때 만들어진 앙부일구(해시계)이다. 영침 막대 끝은 반구형 원통 단면의 정중앙에 위치하며, 영침의 방향은 북쪽을 향한다. 물음에 답하시오.

(1) 바늘의 그림자 방향을 통해 무엇을 알 수 있겠는가? 근거를 들어 서술하시오.

(2) 바늘의 그림자 길이를 통해 무엇을 알 수 있겠는가? 근거를 들어 서술하시오.

02 다음은 북반구의 어느 지역에서 관측되는 별의 시간에 따른 고도를 나타낸 것이다. 물음에 답하시오.

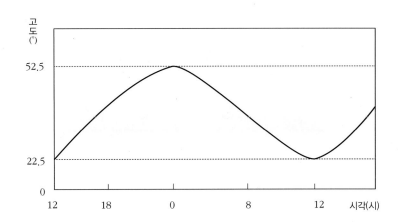

(1) 그래프에 나타난 별을 볼 수 있는 하늘의 방향은 어느 방위인가?

(2) 그래프를 참고로 하여 이 지방의 북극성의 고도를 구하시오.

03 다음은 각각 다른 나라에서 같은 날 같은 시각에 북쪽을 향해 북극성을 찍은 사진이다.

(가)

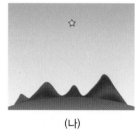
(나)

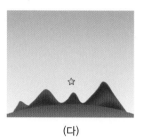
(다)

(1) 이에 대한 설명으로 옳은 것만을 〈보기〉에서 모두 고르시오.

〈 보기 〉

ㄱ. 북극성의 고도는 계절에 따라 달라진다.
ㄴ. 세 나라중 (나) 나라가 가장 높은 위도에 위치해 있다.
ㄷ. 북극성의 고도는 같은 위도에서는 경도가 바뀌어도 변화가 없다.

(   )

(2) 이 사진 자료는 지구가 둥글다는 증거로도 사용될 수 있다. 그 이유에 대해 서술하시오.

04 다음 그림은 태양의 남중 고도와 밤낮의 길이 변화를 나타낸 그림이다. 물음에 답하시오

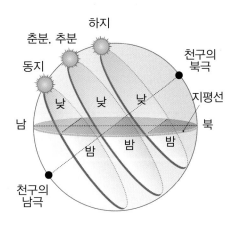

(1) 태양의 남중 고도가 달라지는 이유를 서술하시오.

(2) 태양의 남중 고도가 달라지는 것이 계절의 변화에 영향을 끼치는 이유를 서술하시오.

(3) 태양의 연주 운동으로 인해 계절의 변화가 일어나는 이유를 서술하시오.

01 관측자의 지평면을 무한히 연장하여 천구와 만나는 대원을 무엇이라 하는가?

( )

02 지평선에 수직이며 천정과 천저를 지나는 무수히 많은 대원을 무엇이라 하는가?

( )

03 천구의 적도에 수직이며 천구의 북극과 천구의 남극을 지나는 무수히 많은 대원을 무엇이라 하는가?

( )

04 북점 또는 남점으로부터 지평선을 따라 천체를 지나는 수직권까지 시계 방향으로 잰 각은 무엇인가?

( )

05 동쪽 지평선에서 떠서 서쪽 지평선으로 지는 별은 출몰을 고려할 때 무엇이라고 하는가?

( )

06 천체가 천구 상에서 일주 운동하는 경로를 무엇이라 하는가?

( )

07 별자리와 일주 운동에 대한 설명으로 옳은 것을 <u>모두</u> 고르시오.

① 같은 별자리의 별들은 지구로부터 거리가 같다.
② 일주 운동으로 별자리는 동에서 서로 이동한다.
③ 일주 운동으로 별자리는 1시간에 약 15°씩 이동한다.
④ 일주 운동이 일어나는 경로는 항상 지평선에 수직이다.
⑤ 별자리를 이루는 별들은 일주 운동을 하면서 별들 사이의 상대적 위치가 변한다.

08 다음 중 지구의 자전에 의한 현상과 지구의 공전에 의한 현상을 〈보기〉에서 옳게 고른 것은?

─── 〈 보기 〉 ───
ㄱ. 연주 시차   ㄴ. 연주 운동
ㄷ. 태양의 일주 운동
ㄹ. 인공위성 궤도의 서편 현상

	지구의 자전에 의한 현상	지구의 공전에 의한 현상
①	ㄱ, ㄷ	ㄴ, ㄹ
②	ㄱ, ㄷ, ㄹ	ㄴ
③	ㄱ, ㄹ	ㄴ, ㄷ
④	ㄷ, ㄹ	ㄱ, ㄴ
⑤	ㄱ, ㄷ	ㄴ, ㄹ

09 다음 중 지평 좌표계에 대한 설명으로 옳지 <u>않은</u> 것은?

① 방위각의 범위는 0°~180°까지이다.
② 관측 장소와 시각에 따라 좌표 값이 달라진다.
③ 지평 좌표계는 방위각과 고도를 측정하여 나타낸다.
④ 고도는 지평선에서 수직권을 따라 천체까지 잰 각이다.
⑤ 방위각은 북점으로부터 지평선을 따라 천체의 수직권까지 시계 방향으로 잰 각이다.

10 천체가 관측자의 남측 자오선을 통과할 때의 고도로 하루 중 가장 높은 고도를 무엇이라고 하는가?

( )

B

11 다음 〈보기〉 중 설명에 해당하는 기호를 각각 고르시오.

─── 〈 보기 〉───

ㄱ. 지평선   ㄴ. 천정   ㄷ. 천저
ㄹ. 시간권   ㅁ. 남점   ㅂ. 북점

(1) 관측자의 지평면을 무한히 연장시켜 천구와 만나는 대원   (   )
(2) 관측자의 발 아래를 연장하여 천구와 만나는 점   (   )
(2) 자오선과 지평면이 만나는 두 점 중에서 천구의 북극에 가까운 점   (   )

12 다음 중 지평 좌표계나 적도 좌표계로 천체의 위치를 나타낼 때 관측자의 위치에 따라 변하지 않는 것은?

① 천정   ② 시간권   ③ 수직권
④ 자오선   ⑤ 지평선

13 연주 운동에 대한 설명으로 옳은 것은 ○표, 옳지 않은 것은 ×표 하시오.

(1) 황도는 천구의 적도와 약 23.5°의 각을 이룬다.   (   )
(2) 태양이 별자리 사이를 서에서 동으로 매일 15° 씩 이동해간다.   (   )

[14-15] 다음 표는 여러 별자리의 적경과 적위를 나타낸 것이다.

별자리	적경	적위
카시오페이아자리	1^h	$60°$
처녀자리	13^h	$0°$
궁수자리	19^h	$-25°$
황소자리	5^h	$25°$
물뱀자리	2^h	$-75°$

14 위도 60°N 지방에서 관측한 별자리에 대한 설명으로 옳은 것만을 〈보기〉에서 있는 대로 고른 것은?

─── 〈 보기 〉───

ㄱ. 황소자리의 남중 고도는 45°이다.
ㄴ. 처녀자리는 천구의 적도를 따라 일주 운동한다.
ㄷ. 하짓날 자정에 가장 가장 관측하기 좋은 별자리는 궁수자리이다.

① ㄱ   ② ㄱ, ㄴ   ③ ㄱ, ㄷ
④ ㄴ, ㄷ   ⑤ ㄱ, ㄴ, ㄷ

15 위도 60°N 지방에서 지평선 아래로 지지 않고 언제나 볼 수 있는 별자리를 고르시오.

① 처녀자리   ② 궁수자리   ③ 황소자리
④ 물뱀자리   ⑤ 카시오페이아자리

16 그림 (가)와 (나)는 북반구의 서로 다른 두 지역에서 별의 일주 운동을 촬영한 것이다.

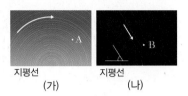

이에 대한 설명으로 옳은 것만을 〈보기〉에서 있는 대로 고른 것은?

─ 〈 보기 〉 ─

ㄱ. 별 A가 별 B보다 천구 적도에 가깝다.
ㄴ. (나)는 (가)보다 위도가 높은 지역에서 촬영한 것이다.
ㄷ. (가)는 북쪽 하늘을, (나)는 동쪽 하늘을 촬영한 것이다.

① ㄱ   ② ㄴ   ③ ㄷ
④ ㄱ, ㄴ   ⑤ ㄴ, ㄷ

17 그림은 천구의 모습을 나타낸 것이다.

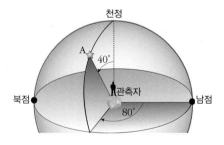

별 A의 위치를 지평 좌표로 나타낼 때 방위각과 고도는 각각 얼마인가? (단, 관측자의 위도는 30°N이며, 방위각의 기준점은 북점이다.)

	방위각	고도
①	80°	40°
②	80°	50°
③	260°	40°
④	260°	50°
⑤	260°	60°

[18-19] 그림은 황도를 중심으로 여러 별의 위치를 나타낸 것이다. 물음에 답하시오.

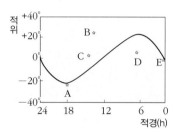

18 A ~ E 중 하짓날 자정에 남쪽 하늘에서 보이는 별은?

① A   ② B   ③ C
④ D   ⑤ E

19 A ~ E 중 서울에서 관측할 때 남중 고도가 가장 높은 별은?

① A   ② B   ③ C
④ D   ⑤ E

20 다음 그림은 어느 날 서울에서 19시부터 22시까지 별들의 일주 운동을 관측하여 일주 운동 궤적을 나타낸 것이다.

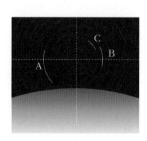

이에 대한 설명으로 옳지 <u>않은</u> 것은?

① 별 C의 적위가 가장 크다.
② 북쪽 하늘의 모습을 관측한 것이다.
③ 별 A는 새벽 2시에 관측되지 않을 것이다.
④ 별 B와 C는 지평선 아래로 지지 않는 별이다.
⑤ 별 B와 C의 고도는 자정에 모두 지금보다 낮은 위치에서 관측된다.

C

21

다음 그림은 15일 간격으로 해가 진 후 같은 시각에 관측한 별자리를 나타낸 것이다.

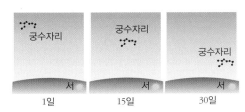

이에 대한 설명으로 옳은 것만을 〈보기〉에서 있는 대로 고른 것은?

〈 보기 〉

ㄱ. 궁수자리가 뜨는 시각은 매일 빨라졌다.
ㄴ. 별자리 위치가 변하는 것은 지구의 자전 때문이다.
ㄷ. 태양은 별자리를 기준으로 매일 동에서 서로 이동한다.

① ㄱ   ② ㄴ   ③ ㄷ
④ ㄱ, ㄷ   ⑤ ㄱ, ㄴ, ㄷ

22

그림은 천구에 태양과 별 A의 위치를 나타낸 것이다. 이에 대한 설명으로 옳은 것만을 〈보기〉에서 있는대로 고른 것은?

〈 보기 〉

ㄱ. 태양의 적경은 3^h이다.
ㄴ. 별 A의 적위는 $+30°$이다.
ㄷ. 천구의 적도와 황도가 만나는 점은 하지점이다.

① ㄱ   ② ㄴ   ③ ㄷ
④ ㄱ, ㄴ   ⑤ ㄱ, ㄷ

23

그림은 적도 좌표계에서 태양의 위치를 측정한 것이다. 처음 태양의 위치를 측정한 것이 A, 두 달 후 태양의 위치를 측정한 것이 B 이다.

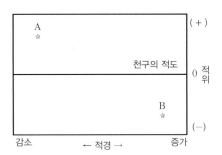

이에 대한 설명으로 옳은 것만을 〈보기〉에서 있는 대로 고른 것은?

〈 보기 〉

ㄱ. A는 8월 어느 날의 태양의 위치이다.
ㄴ. 우리나라에서 B의 태양은 동점에서 북쪽으로 치우친 곳에서 뜬다.
ㄷ. 우리나라에서 태양이 뜨는 시각은 A가 B보다 빠르다.

① ㄱ   ② ㄴ   ③ ㄷ
④ ㄱ, ㄴ   ⑤ ㄱ, ㄷ

24

그림은 우리나라에서 별의 일주 운동을 촬영한 것이다. 이에 대한 설명으로 옳지 <u>않은</u> 것은? (단, 방위각은 북점을 기준으로 한다.)

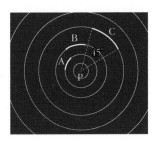

① 촬영 시간은 약 3시간이다.
② 별 A~C 중 적위가 가장 큰 별은 A이다.
③ 촬영하는 동안 별 A~C의 적위는 변하지 않는다.
④ 별 B는 촬영 후 촬영 전에 비해 적경이 높아졌다.
⑤ 촬영을 시작했을 때 방위각이 가장 큰 별은 A이다.

심화

25 그림은 어느 관측자가 관측한 별 A와 B의 위치를 나타낸 것이고, 표는 별 A와 B의 관측값을 나타낸 것이다.

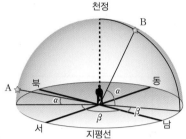

별	A	B
α	20°	60°
β	100°	15°

이에 대한 설명으로 옳은 것만을 〈보기〉에서 있는 대로 고른 것은?(단, 방위각은 북점을 기준으로 한다.)

―――― 〈 보기 〉 ――――

ㄱ. 방위각은 A가 B보다 115° 크다.
ㄴ. 고도는 A가 B보다 40° 낮다.
ㄷ. B의 천정 거리는 30°이다.

① ㄱ　　　　② ㄴ　　　　③ ㄷ
④ ㄴ, ㄷ　　　⑤ ㄱ, ㄴ, ㄷ

26 다음 A~C 천체의 적경 크기가 큰 순서대로 옳게 나열한 것은?

> A : 추분날 태양의 적경
> B : 하짓날 자정에 남중한 별의 적경
> C : 춘분날 해가 지고 3시간 후에 지는 적
> 　　위 0°인 별의 적경

① A, B, C　　② A, C, B　　③ B, A, C
④ B, C, A　　⑤ C, B, A

27 그림은 별 A, B 의 방위각과 고도를 나타낸 것이다.

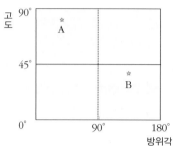

이에 대한 설명으로 옳은 것만을 〈보기〉에서 있는 대로 고른 것은? (단, 방위각은 북점을 기준으로 한다.)

―――― 〈 보기 〉 ――――

ㄱ. A는 북동쪽 하늘에서 보인다.
ㄴ. B의 천정 거리는 45°보다 크다.
ㄷ. B는 일주 운동에 의해 방위각이 감소할 것이다.

① ㄱ　　　　② ㄷ　　　　③ ㄱ, ㄴ
④ ㄱ, ㄷ　　　⑤ ㄱ, ㄴ, ㄷ

28 그림은 천구 위를 도는 별들의 종류를 나타낸 것이다.

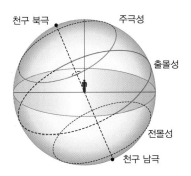

위도가 45°인 지방에서 주극성인 별의 적위는?

① 30°　　　　② −60°　　　　③ 60°
④ 15°　　　　⑤ −45°

29 지평 좌표계와 적도 좌표계 중 천체의 위치 표시에 많이 이용되는 것을 고르고, 그 이유를 서술하시오.

30 동짓날 북위 40°인 지역에서 (1) 태양보다 3시간 먼저 남중하는 천체의 적경을 구하고, (2) 이 천체의 남중 고도가 45°일 때 적위를 구하시오.

1. 태양의 관측 1

(1) 태양의 내부 구조

핵	수소 핵융합 반응에 의해 에너지가 생성되는 태양의 중심부. 반지름 약 18만 km, 약 2000억 기압, 온도 약 1500만 K
복사층	핵에서 생성된 에너지가 복사를 통해 전달되는 층 두께 약 38만 km, 태양 내 가장 큰 부피 차지
대류층	광구와 내부의 온도 차로 인해 대류가 일어나는 층 두께 약 14만 km. 복사층을 둘러싸고 있다.

▲ 태양의 내부 구조

(2) 태양의 표면 관측

① **광구** : 가시광선을 통해 우리 눈으로 볼 수 있는 태양의 둥근 표면으로, 두께는 500 km, 표면 온도는 약 5,800 K이다.

② **광구에서 관측되는 현상** : 쌀알무늬, 흑점

쌀알무늬	흑점
· 광구 표면에 쌀알을 뿌려놓은 것 같은 무늬 · 광구 아래에서 일어나는 열대류 현상 때문에 생기는 무늬 · 평균 지름 약 1,000 km이고, 수명은 3~4분 · 밝은 부분은 고온의 가스가 상승하는 곳이고 어두운 부분은 저온의 가스가 하강하는 곳	· 광구에서 주위보다 온도가 2,000 K 정도 낮아 상대적으로 어둡게 보이는 부분 · 강한 자기장이 에너지의 흐름을 방해하여 온도가 주위보다 낮아지기 때문 · 다양한 크기, 수명은 수 시간 ~ 수 개월(클수록 수명이 길다) · 대부분 흑점은 위도 40° 이내의 지역에서 나타남
하강 : 어두움 상승 : 밝음	

▲ 광구에서 관측되는 현상

(3) 흑점의 이동과 자전

① **흑점의 이동 방향** : 지구에서 볼 때 동 ⇨ 서로 이동하므로 태양은 서 ⇨ 동으로 자전하는 것을 알 수 있다.

② **위도에 따른 흑점의 이동 속도** : 고위도로 갈수록 흑점의 이동 속도가 느리다. 고위도로 갈수록 태양의 자전 주기가 길게 나타난다. 이것은 태양이 기체이기 때문이다.

③ **흑점 수의 변화** : 흑점 수는 약 11년을 주기로 증감한다.

개념확인 1

다음 태양에 대한 설명으로 옳은 것은 ○표, 옳지 않은 것은 ×표 하시오.

(1) 태양의 표면에 나타나는 쌀알 무늬는 태양 내부의 대류 현상과 관련이 있다. (   )

(2) 수소 핵융합 반응에 의해 태양의 에너지가 만들어진다. (   )

(3) 흑점은 주위보다 온도가 높기 때문에 상대적으로 어둡게 보이는 것이다. (   )

확인+1

가시광선을 통해 우리 눈으로 볼 수 있는 태양의 둥근 표면을 무엇이라 부르는가?

(   )

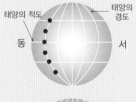
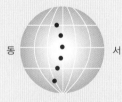
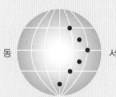

2. 태양의 관측 2

(4) 태양의 대기 관측

① **태양의 대기** : 개기 일식 때 광구의 바깥에 있는 채층과 코로나를 관측할 수 있다.

- 채층 : 광구 바로 위의 붉게 보이는 대기층으로, 두께가 약 10,000 km이고 온도는 약 4,500 ~ 수만 K이다.
- 스피큘 : 채층 상부의 바늘처럼 생긴 수많은 불꽃이다.
- 코로나 : 태양의 가장 바깥쪽의 진주빛을 띄는 희박한 대기층으로, 온도는 약 100만 K 이며 흑점 수가 많을 때 크기가 커진다.

② **태양의 대기에서 나타나는 현상**

- 홍염 : 채층을 뚫고 올라가는 붉은색의 불꽃 또는 고리 모양의 가스 분출물이다. 온도 는 약 10,000 K이며 수일에서 수 주 동안 지속되며, 흑점 주변에서 주로 발생한다.
- 플레어 : 태양 자기장의 급격한 변동으로 인해 흑점 부근에서 발생한 폭발 현상으로, 온도는 수백만 K이다. 수초에서 1시간 내로 발생하며 지구 자기장에 영향을 미친다.

채층　　　　코로나　　　　홍염　　　　플레어　　　　스피큘

▲ 태양의 대기

(5) 태양의 활동이 활발할 때 미치는 영향

① **태양에서 나타나는 현상** : 태양의 활동이 활발해지면 흑점 수가 많아지고, 홍염과 플레 어가 자주 발생하며 지구로 날아오는 태양풍이 강해진다.

② **지구에 미치는 영향** : 태양풍의 영향을 받는다.

자기 폭풍	태양풍이 지구에 도달하여 지구의 자기장을 급격하게 교란시키는 현상
델린저 현상	많은 양의 전자기파를 포함한 태양풍에 의해 지구 대기의 전리층이 교란되어 장거리 무선 통신 장애가 일어나는 현상
오로라	태양풍에 의해 지구로 날아온 대전 입자들이 극지방 상공에서 공기 입자들과 충돌해 빛을 내는 현상 주로 극지방에서 나타나며 태양 활동이 활발해지면 더 낮은 위도에서도 관측
기타	태양으로부터 날아온 X선, 양성자, 전자 등에 의해 인공위성의 고장 또는 궤도 이탈, 전력선에 과부하가 걸려 합선이나 정전 사고 등이 발생

▲ 태양의 활동이 지구에 미치는 영향

<개념확인 2> 　　　　　　　　　　　　　　　　　　　　　　　정답 및 해설 32쪽

다음 설명에 해당하는 단어를 적으시오.

(1) 광구 바로 위의 붉게 보이는 대기층 　　　　　　　　　　　(　　　　)

(2) 태양의 가장 바깥쪽에 존재하는 희박한 대기층 　　　　　　(　　　　)

(3) 태양 자기장의 급격한 변동으로 인해 흑점 부근에서 발생한 폭발 현상 　(　　　　)

<확인+2>

다음 중 태양 활동이 지구에 미치는 영향이 <u>아닌</u> 것은?

① 자기 폭풍　　　② 조수 간만　　　③ 델린저 현상　　　④ 오로라　　　⑤ 정전 사고

태양의 대기 성분

- 태양 스펙트럼 : 연속적인 띠로 나타나는 연속 스펙트럼에 태양 대기에 의해 흡수선이 나타난다.
- 수소, 헬륨, 수은, 우라늄의 스펙트럼 : 특정 파장 영역이 밝게 보이는 방출선이 나타난다.

태양풍

코로나의 높은 온도로 인하여 태양으로부터 모든 방향으로 내뿜는 고온의 가스 흐름

전리층

태양 에너지에 의해 공기 분자가 이온화되어 발생한 자유 전자가 밀집된 곳으로 지상에서 발사한 전파를 흡수 반사하며 무선 통신에 중요한 역할을 한다.

오로라

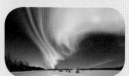

▲ 오로라

미니사전

채층 [彩 빛 層 층] 광구 바로 위의 붉게 빛나는 대기층

달이 뜨는 시각이 매일 약 52분씩 늦어지는 이유

지구가 자전하는 방향과 달이 공전하는 방향은 북반구에서 봤을 때 서→동(왼쪽→오른쪽)이고, 지구가 1회 자전하는 동안 달은 약 13°만큼 공전하므로 지구가 약 52분 더 자전해야 달이 전날과 같은 위치에서 떠오르게 된다.

3. 달의 위상 변화와 공전 주기

(1) 달의 위상 변화

① **달의 위상 변화** : 달은 스스로 빛을 내지 못하고 태양빛을 반사하여 밝게 보이며, 달이 지구 주위를 공전함에 따라 지구에서 보이는 달의 위상이 달라진다.

삭 ⇨ 초승달 ⇨ 상현달 ⇨ 망 ⇨ 하현달 ⇨ 그믐달 ⇨ 삭

위상		관측 시각과 위치	날짜(음력)
삭	●	태양과 함께 뜨고 져 관측 불가능	1일경
상현	◑	초저녁(남쪽)~자정(서쪽)	8일경
망	○	초저녁(동쪽)~자정(남쪽)~새벽(서쪽)	15일경
하현	◐	자정(동쪽)~새벽(남쪽)	22일경

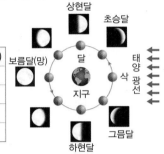

▲ 달의 위상 변화

(2) 달의 관측 시각과 위치 변화

① **달이 뜨는 시각** : 달은 지구 주위를 하루에 약 13°씩 서 ⇨ 동으로 공전하므로 매일 약 52분씩 늦게 뜬다.

② **달이 관측되는 위치** : 매일 같은 시각에 관측하면 달은 조금씩 동쪽으로 이동한 곳에서 관측된다.

(3) 달의 공전 주기

① **달의 공전 주기** : 항성월, 삭망월

· **항성월(A ⇨ B)** : 항성(별)을 기준으로 한 달의 실제 공전 주기로 약 27.3일이다.

· **삭망월(A ⇨ C)** : 달의 위상 변화 주기로 삭(망)에서 삭(망)까지 걸리는 시간이며, 약 29.5일이다.

② **삭망월이 항성월보다 약 2.2일 더 긴 이유** : 달이 지구 주위를 공전하는 동안 지구도 태양 주위를 공전하기 때문이다.

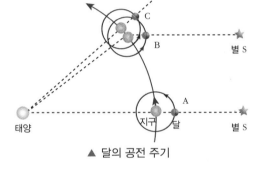

▲ 달의 공전 주기

(4) 달의 남중 고도의 변화

① **백도** : 천구 상에서 달이 지나는 길. 황도에 대해 약 5° 기울어져 있다. 달은 천구를 한 바퀴 도는데 별자리 기준 27.3일이 걸린다.

② **적경과 적위 변화** : 태양처럼 적경과 적위가 변화함에 따라 뜨고 지는 위치와 남중 고도 시각이 변한다.

지구에서 볼 때 달의 한쪽 면만 보이는 이유

▲ 달이 공전만 할 때

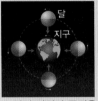

▲ 달이 자전과 공전을 함께 할 때

달의 공전 주기(약 27.3일)와 자전 주기(약 27.3일)가 같기 때문에 한쪽 면만 지구를 향하게 된다.

개념확인3

다음 괄호 안에 들어갈 알맞은 단어를 적으시오.

(1) 달이 지구 주위를 공전함에 따라 지구에서 보이는 달의 위상은 (　　　) ⇨ 상현 ⇨ (　　　) ⇨ 하현 순이다.

(2) 달은 지구 주위를 하루에 약 13°씩 (　　　　　)하므로 매일 약 52분씩 늦게 뜬다.

확인+3

항성(별)을 기준으로 한 한 달의 실제 공전주기를 무엇이라 부르는가?

(　　　　　)

미니사전

삭 [朔 초하루] 음력 1일
상현 [上 위 弦 활시위] 음력 7~8일
망 [望 보름] 음력 15일
하현 [下 아래 弦 활시위] 음력 22~23일

4. 일식과 월식

(1) 일식 : 달에 의해 태양의 일부 또는 전체가 가려지는 현상이다.

① **천체 배열** : 태양 − 달 − 지구

② **개기 일식** : 달의 본그림자에 속하는 지역에서 태양 광구 전부가 가려지는 현상이다.

③ **부분 일식** : 달의 반그림자에 속하는 지역에서 태양 광구 일부가 가려지는 현상이다.

④ **금환 일식** : 달이 지구에서 멀리 떨어져 있을 때 태양의 가장자리만 둥글게 보이는 현상이다.

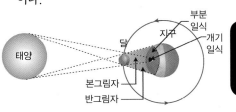

▲ 개기 일식

▲ 부분 일식

▲ 금환 일식

(2) 월식 : 달이 지구의 본그림자 속에 들어가는 현상이다.

① **천체 배열** : 태양 − 지구 − 달

② **개기 월식** : 달 전체가 지구의 본그림자 속에 들어갈 때 관측된다.

③ **부분 월식** : 달의 일부분이 지구의 본그림자에 걸쳤을 때 관측된다.

④ **개기 월식 때 달의 모습** : 개기 월식이 일어나도 지구 대기에 의해서 산란된 빛이 달 표면을 약하게 비추기 때문에 달은 완전히 어둡지 않고 어두운 붉은색을 띤다.

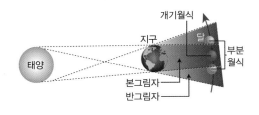

▲ 개기 월식

▲ 부분 월식

(3) 일식과 월식의 진행 : 달이 서에서 동으로 공전하기 때문에 일식 때 태양은 오른쪽, 월식 때 달은 왼쪽부터 가려진다.

▲ 일식의 진행

▲ 월식의 진행

개념확인 4   정답 및 해설 **32쪽**

다음 일식과 월식에 대한 설명으로 옳은 것은 ○표, 옳지 않은 것은 ×표 하시오.

(1) 월식은 지구가 달의 그림자에 가릴 때 일어난다.   (   )

(2) 일식이 일어날 때의 천체 배열은 태양 − 지구 − 달이다.   (   )

(3) 일식과 월식이 매달 생기지 않는 이유는 백도와 황도가 약 5° 기울어져 있기 때문이다. (   )

확인+4

달이 태양의 중심 부분만을 가려 태양의 가장자리 부분이 반지 모양으로 보이는 현상을 무엇이라 하는가?

(   )

개기 일식과 부분 일식의 관측

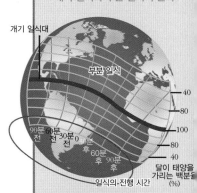

관측 가능 100 % 인 지역은 달의 본그림자 지역으로 최대 약 8 분 정도로 짧게 개기 일식을 관측할 수 있고, 0 % 와 100 % 사이인 지역은 달의 반그림자 지역으로 부분 일식을 관측할 수 있다.

월식의 관측 가능 시간

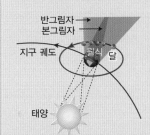

지구가 달보다 크기 때문에 월식의 지속 시간이 최대 1시간 40분 정도로 긴 편이다. 부분 월식에서는 달이 약간 붉게 변하고, 개기 월식에서도 달이 둥글게 보이며, 붉게 변한다.

황도와 백도

백도는 황도에 대해 약 5° 기울어져 있기 때문에 매달 일식과 월식이 일어나지 않는다.

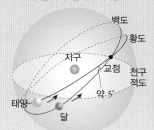
▲ 황도와 백도

개념 다지기

01 그림은 태양의 내부 구조를 나타낸 것이다. 설명하는 각 부분의 기호를 〈보기〉와 그림에서 각각 골라 차례대로 짝지으시오.

〈 보기 〉

ㄱ. 복사층   ㄴ. 핵   ㄷ. 대류층

(1) 광구와 내부의 온도 차 때문에 대류가 일어나는 층 : (   )
(2) 핵에서 생성된 에너지가 복사를 통해 전달되는 층 : (   )
(3) 수소 핵융합 반응에 의해 에너지가 형성되는 태양의 중심부 : (   )

02 다음 태양 표면에 나타나는 현상에 대한 설명으로 옳지 <u>않은</u> 것은?

① 쌀알무늬는 시간에 따라 모양이 변하지 않는다.
② 쌀알무늬는 태양의 대류층에서 나타나는 현상이다.
③ 쌀알무늬는 태양 내부의 대류 현상에 의해 생성된다.
④ 태양 표면에서 밝은 부분은 어두운 부분보다 온도가 높다.
⑤ 자기장이 강한 곳에서는 에너지의 흐름이 방해되어 흑점이 생성된다.

03 다음은 태양의 대기에서 나타나는 현상들을 촬영한 것이다.

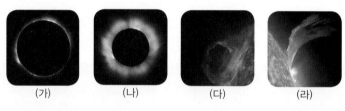

(가)   (나)   (다)   (라)

이에 대한 설명으로 옳지 <u>않은</u> 것은?

① (가)는 광구 바로 위의 얇은 대기층이다.
② (나)는 흑점 수가 극소기일 때 매우 크고 밝게 퍼진다.
③ (다)는 흑점 주변에서 고온의 가스가 채층을 뚫고 수십만 km까지 솟아올라 발생한다.
④ (라)가 발생하면 지구 자기장에 영향을 미친다.
⑤ 태양의 대기층은 개기 일식 때 잘 관측할 수 있다.

04 달의 위상 변화와 공전 주기에 대한 설명으로 옳은 것은 ○표, 옳지 않은 것은 ×표 하시오.

(1) 달은 매일 같은 시각에 관측할 때 전날보다 약 13°만큼 동쪽으로 이동한다.   (   )
(2) 달의 실제 공전 주기와 달의 위상 변화 주기가 다른 것은 지구의 자전 때문이다. (   )

05 달이 삭에서 다음 삭(또는 망에서 다음 망)이 될 때까지 걸리는 시간을 무엇이라 하는가?

(   )

06 (가) 초저녁에 남중하는 달 과 (나) 자정에 지평선 위로 뜨는 달 을 옳게 짝지은 것은?

	(가)	(나)
①	상현달	보름달
②	상현달	하현달
③	하현달	상현달
④	하현달	보름달
⑤	보름달	하현달

07 달의 관측 시각과 공전 주기에 대한 설명으로 옳은 것은 ○표, 옳지 않은 것은 ×표 하시오..

(1) 달은 자전하는 지구 주위를 공전하기 때문에 매일 약 52분씩 늦게 뜬다.   (   )

(2) 달의 자전에 의해 지구에서는 달의 한쪽 면만 볼 수 있다.   (   )

08 다음 중에 일식과 월식에 대한 설명으로 옳지 않은 것을 고르시오.

① 일식이 시작될 때는 태양의 서쪽부터 가려진다.
② 개기 일식이 일어날 때 태양의 대기를 더 잘 관측할 수 있다.
③ 부분 일식은 낮이 되는 지구의 모든 지역에서 관측 가능하다.
④ 개기 월식은 달이 지구의 본그림자 속에 들어갈 때 일어난다.
⑤ 월식은 태양 ─ 지구 ─ 달의 순으로 일직선을 이룰 때 생긴다.

유형 익히기&하브루타

[유형17-1] 태양의 관측 1

다음 그림은 4일 간격으로 관측한 태양의 흑점을 나타낸 것이다.

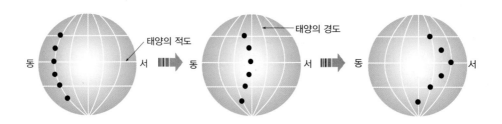

이에 대한 설명으로 옳은 것은 ○표, 옳지 않은 것은 ×표 하시오.

(1) 흑점의 이동은 지구의 자전에 의한 겉보기 운동이다. ( )
(2) 흑점이 고위도보다 저위도에서 더 빨리 이동하는 것으로 태양의 표면이 고체임을 알 수 있다. ( )

01 다음 중 태양에 대한 설명으로 옳지 않은 것은?

① 지구에서 볼 때 흑점은 태양 표면의 동에서 서로 이동한다.
② 자기장이 강한 곳에서 대류의 흐름이 막혀 흑점이 생성된다.
③ 광구 밑에서 일어나는 열대류 현상에 의해 쌀알무늬가 생긴다.
④ 태양의 에너지는 복사층에서 수소 핵융합 반응에 의해 생성된다.
⑤ 태양을 직접 관측할 때는 태양 필터 등으로 빛의 세기를 줄여야 한다.

02 다음 태양에 대한 설명에서 옳은 것을 선택하시오.

(1) 흑점은 주변보다 온도가 (높아서, 낮아서) 상대적으로 어둡게 보인다.
(2) 태양의 내부 구조 중 가장 큰 부피를 차지하는 것은 (복사층, 대류층)이다.
(3) 흑점의 이동을 관측하여 태양이 (서 ⇨ 동, 동 ⇨ 서)으로 자전하는 것을 알 수 있다.

[유형17-2] 태양의 관측 2

다음 그림은 태양의 활동을 촬영한 것이다.

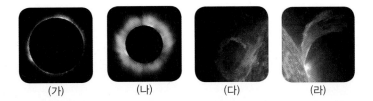

(가)　　　　(나)　　　　(다)　　　　(라)

─〈 보기 〉─

ㄱ. (가)와 (나)는 개기 일식 때 관측할 수 없다.

ㄴ. (라)가 많이 발생하는 때는 태양이 활발하게 활동하고 있는 때이다.

ㄷ. (다)는 수 초 ~ 수 분 동안 지속된다.

이에 대한 설명으로 옳은 것만을 〈보기〉에서 있는 대로 고른 것은?

① ㄱ　　　　② ㄴ　　　　③ ㄷ　　　　④ ㄱ, ㄴ　　　　⑤ ㄱ, ㄷ

03 다음 중 태양의 대기 관측에 대한 설명으로 옳은 것만을 〈보기〉에서 있는 대로 고르시오.

─〈 보기 〉─

ㄱ. 코로나는 흑점 수가 적을 때 가장 크기가 크다.

ㄴ. 플레어가 발생하면 지구 자기장에 영향을 미친다.

ㄷ. 홍염은 흑점 주변에서 떨어진 곳에 주로 발생한다.

(　　　　)

04 다음 설명에 해당하는 용어를 적으시오.

(1) 태양풍의 양성자나 전자가 지구 자기장에 붙잡혀 운동하다가 양극 지방의 상공에서 공기 입자와 충돌하여 빛을 내는 현상　　　(　　　)

(2) 채층 상부에서 나타나는 바늘 모양의 수많은 불꽃　　　(　　　)

[유형17-3] 달의 위상 변화와 공전 주기

다음은 한 달 동안 이틀 간격으로 첫 15일 간은 초저녁에, 다음 15일 간은 새벽에 각각 관측한 달의 위치와 모양 변화를 나타낸 그림이다.

초저녁(저녁 6시 경)

새벽녘(새벽 6시 경)

그림에 대한 설명 중 옳지 <u>않은</u> 것을 고르시오.

① 지평선 기준으로 달이 뜨는 시각이 매일 50분씩 느려졌다.
② 달의 위상 변화는 약 29.5일 주기로 반복된다.
③ 달의 위상 변화의 원인은 달이 공전하기 때문이다.
④ 해가 진 직후 남쪽 하늘에 보이는 달은 상현달이다.
⑤ 관측 기간 동안 달을 관측할 수 있는 시간이 계속 길어졌다.

05 각 설명에 해당하는 달의 위상이 무엇인지 〈보기〉에서 골라 기호로 적으시오.

〈 보기 〉
ㄱ. 초승달   ㄴ. 망   ㄷ. 하현달
ㄹ. 삭   ㅁ. 그믐달   ㅂ. 상현달

(1) 자정에 떠올라서 새벽 6시에 남중하는 달이다.   (   )
(2) 가장 오랫동안 맨눈으로 관측할 수 있는 달이다.   (   )

06 다음 중 달의 공전 주기에 대한 설명으로 옳은 것은 ○표, 옳지 않은 것은 ✕표 하시오.

(1) 삭에서 다음 삭이 될 때까지 걸리는 시간은 약 27.3일이다.   (   )
(2) 달이 지구 주위를 공전하는 동안 지구도 태양 주위를 공전하기 때문에 달이 실제 한바퀴 공전하는 주기와 달의 위상이 변하는 주기는 다르다.

(   )

[유형17-4] 일식과 월식

그림 (가)~(다)는 다양한 일식 사진이다.

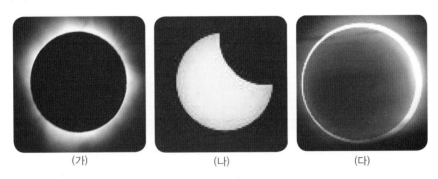

(가)   (나)   (다)

그림에 대한 해석으로 옳은 것은 ○표, 옳지 않은 것은 ×표 하시오.

(1) (가)의 현상이 일어났을 때 태양의 대기를 관측하기 쉽다.   (   )

(2) (나)는 (다)보다 더 넓은 곳에서 관측될 수 있다.   (   )

07 그림 (가)와 (나)는 월식을 촬영한 사진이다. 월식의 종류를 각각 쓰시오.

(   ),   (   )

08 다음 중 일식과 월식에 대한 설명으로 옳은 것은 ○표, 옳지 않은 것은 ×표 하시오.

(1) 일식은 달의 위상이 삭일 때 일어난다.   (   )

(2) 개기 일식이 일어날 때는 태양의 동쪽부터 가려진다.   (   )

(3) 개기 월식 때에는 달이 완전히 보이지 않게 된다.   (   )

01 다음 그림은 어느 해 6월 26일 정오와 6월 30일 정오에 관측한 흑점의 위치를 태양 경위도에 표시한 것이다. 물음에 답하시오. (단, 태양 경위도의 경도와 위도는 모두 $10°$ 간격이다.)

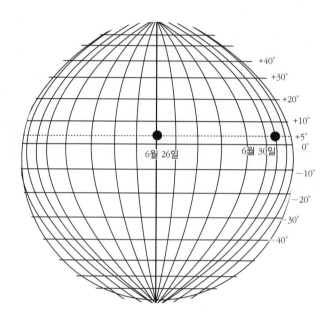

(1) 지구에서 관측할 때 위도 $5°$ 지역에서 태양의 자전 주기를 구하시오.

(2) 지구의 공전을 고려할 때 위도 $5°$ 지역에서 태양의 실제 자전 주기를 구하시오.

02

다음은 19세기 초 조선시대 3대 풍속화가로 알려진 신윤복의 두 풍속화이다. 두 그림 모두 밤 12시경에 그려진 것으로 알려져 있다. 그림을 보고, 물음에 답하시오.

〈그림〉 월하정인

〈그림〉 야금모행

(1) 두 그림에 그려진 달 중 과학적으로 오류가 있는 부분을 찾고, 그 이유를 서술하시오.

(2) 신윤복의 풍속화는 과학자들이 분석해 본 결과 모든 그림의 사물을 사실 그대로 그린 작가로 알려져 있다. 신윤복이 사실적으로 그렸다면 (1)의 그림에 그려진 달의 모습이 나타나게 된 원인을 과학적으로 설명하시오. (단 이 날은 구름이 없는 날이었으며, 해가 떴을 때는 달을 관측할 수 없었다.)

03 현재 관측되는 달의 주기는 삭망월(29.5일)과 항성월(27.3일)이다.
공전 운동을 할 때 질량 m 인 달에 작용하는 힘은 다음과 같다.

$$구심력\ F = \frac{mv^2}{r} \qquad\qquad 만유인력\ F = G\frac{Mm}{r^2}$$

공전 운동하는 달에는 구심력이 작용하며, 만유인력이 그 역할을 한다.

만약 영화처럼 달을 끌어당겨 지구와 달 사이의 거리(r)가 절반이 되었다고 가정했을 때, 다음의 물음에 답하시오.

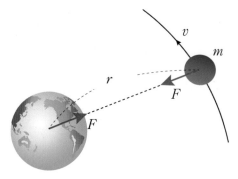

(1) 위의 내용처럼 지구와 달 사이의 거리가 절반이 된다면 달의 공전 속도는 현재보다 몇 배 빨라지겠는가? (위의 공식을 이용하여 풀이과정까지 쓸 것)

(2) 삭망월과 항성월의 차이는 어떻게 되겠는가? 그 이유도 서술하시오.

(감소한다 , 증가한다)

04

다음은 지구의 공전 궤도면과 달의 공전 궤도면을 나타낸 그림이다. A~H 는 각 궤도상 달의 위치를 뜻한다. 물음에 답하시오

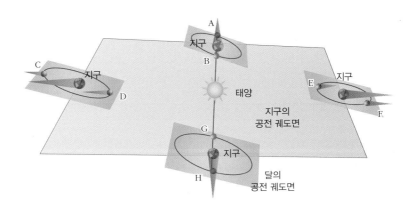

(1) 일식이 가장 잘 일어날 달의 위치를 고르고 이유를 서술하시오.

(2) 월식이 가장 잘 일어날 달의 위치를 고르고 이유를 서술하시오.

(3) 일식과 월식이 매달 생기지 않는 이유를 그림을 참고하여 설명하시오.

01 태양의 내부 구조에서 광구와 내부의 온도 차 때문에 대류가 일어나는 층을 무엇이라 하는가?

( )

02 태양의 표면에서 광구 아래의 열대류 현상 때문에 생기는 무늬는 무엇인가?

( )

03 태양의 대기에서 광구 바로 위의 붉게 보이는 대기층을 무엇이라 하는가?

( )

04 태양 자기장의 급격한 변동으로 인해 흑점 부근에서 발생한 폭발 현상은 무엇인가?

( )

05 항성을 기준으로 한 달의 실제 공전 주기는 무엇이라 하는가?

( )

06 달이 천구 상에서 지나는 길을 무엇이라 하는가?

( )

07 다음 그래프는 흑점 수의 변화를 나타낸 것이다.

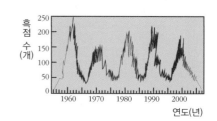

이에 대한 설명으로 옳은 것만을 〈보기〉에서 있는 대로 고른 것은?

〈 보기 〉
ㄱ. 흑점 수의 극대기는 11년을 주기로 돌아온다.
ㄴ. 태양 활동이 활발해지면 흑점 수가 감소한다.
ㄷ. 1960년에는 1975년보다 오로라가 자주 발생했을 것이다.

① ㄱ   ② ㄴ   ③ ㄱ, ㄷ
④ ㄴ, ㄷ   ⑤ ㄱ, ㄴ, ㄷ

08 그림은 월식이 일어나는 원리를 나타낸 것이다. 설명에 알맞는 달의 위치를 기호로 모두 적으시오.

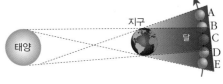

(1) 개기 월식이 일어나는 위치이다. ( )
(2) 부분 월식이 일어나는 위치이다. ( )
(3) 지구 대기를 통과한 햇빛 때문에 달이 붉게 보인다. ( )

09 태양의 관측 방법에 대한 설명으로 옳은 것은 ○표, 옳지 않은 것은 ×표 하시오.

(1) 투영법은 태양의 상을 투영판에 투영시켜 간접적으로 관측하는 방법이다. ( )
(2) 직사법은 맨눈으로 망원경을 통해 직접 관측하는 방법이다. ( )

10 달의 일부분이 지구의 본그림자 속에 들어갈 때나 나올 때 관측되는 현상을 무엇이라고 하는가?

( )

B

11 다음 〈보기〉 중 설명에 해당하는 기호를 고르시오.

〈 보기 〉
ㄱ. 초승달   ㄴ. 망   ㄷ. 하현달
ㄹ. 삭   ㅁ. 그믐달   ㅂ. 상현달

(1) 초저녁에 남중하는 달   (   )
(2) 태양과 함께 뜨고 지는 달   (   )
(3) 오전 6시에 지는 달   (   )

12 다음 중 활발한 태양 활동이 지구에 미치는 영향이 <u>아닌</u> 것은?

① 오로라   ② 자기 폭풍   ③ 통신 방해
④ 지구 온난화   ⑤ 인공위성의 장애

13 다음 중 달의 운동과 관측에 대한 설명으로 옳지 <u>않은</u> 것은?

① 달은 매일 약 52분씩 빨리 뜬다.
② 달의 위상은 약 29.5일을 주기로 변한다.
③ 달은 지구 주위를 서에서 동으로 공전한다.
④ 달은 1시간에 15°씩 동에서 서로 일주 운동한다.
⑤ 달이 뜨는 시각이 매일 변하는 이유는 달의 공전 때문이다.

14 그림은 1996년 1월부터 2014년 9월까지 관측된 모든 흑점의 위도별 분포도이다.

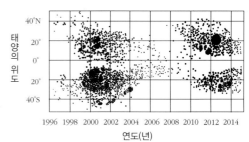

이에 대한 설명으로 옳은 것만을 〈보기〉에서 있는 대로 고른 것은?

〈 보기 〉
ㄱ. 흑점의 수는 2008년보다 2014년이 많다.
ㄴ. 코로나의 크기는 2008년보다 2001년이 크다.
ㄷ. 대부분의 흑점은 위도 40° 이내의 지역에서 나타난다.

① ㄱ   ② ㄴ   ③ ㄱ, ㄷ
④ ㄴ, ㄷ   ⑤ ㄱ, ㄴ, ㄷ

15 다음은 태양의 내부와 표면을 나타낸 그림이다.

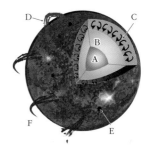

이에 대한 설명으로 옳지 <u>않은</u> 것은?

① A는 수소 핵융합 반응을 통해 에너지를 생산한다.
② B는 C에 에너지를 전달하는 역할을 한다.
③ C에서 일어나는 대류 현상에 의해 쌀알무늬가 나타난다.
④ D와 F는 개기 일식이 일어날 때 관측할 수 있다.
⑤ E는 주위보다 온도가 2000K 높아 검게 보인다.

16 다음 그림은 지구와 달이 공전하는 모습을 나타낸 것이다.

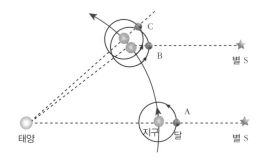

위에 대한 설명으로 옳은 것만을 〈보기〉에서 있는 대로 고른 것은?

〈 보기 〉
ㄱ. 삭망월은 A에서 C까지의 시간이다.
ㄴ. A에서 B까지 이동하는 데 걸린 시간은 약 29.5일이다.
ㄷ. A에서 B 사이와 A에서 C 사이에는 약 2.2일의 차이가 난다.

① ㄱ   ② ㄴ   ③ ㄷ
④ ㄴ, ㄷ   ⑤ ㄱ, ㄷ

17 다음 중 삭망월이 항성월보다 긴 이유를 바르게 설명한 것은?

① 달의 자전 주기와 공전 주기가 같기 때문
② 달의 자전 방향과 공전 방향이 같기 때문
③ 달이 공전하는 동안 지구가 공전하기 때문
④ 달이 공전하는 동안 지구가 자전하기 때문
⑤ 지구의 자전 방향과 달의 공전 방향이 같기 때문

18 그림 (가)와 (나)는 개기 일식과 금환 일식의 모습을 나타낸 것이다.

(가)   (나)

이에 대한 설명으로 옳은 것은 ○표, 옳지 않은 것은 ×표 하시오.

(1) (가)는 달의 본그림자 지역에서 관측한 것이다.
(   )

(2) (나)에서 밝은 부분은 코로나이다. (   )

19 그림은 일식이 진행되는 과정을 순서 없이 나타낸 것이다.

A   B   C

일식이 일어난 순서대로 올바르게 나열된 것은?

① A ⇨ B ⇨ C
② A ⇨ C ⇨ B
③ B ⇨ A ⇨ C
④ C ⇨ A ⇨ B
⑤ C ⇨ B ⇨ A

20 그림은 달이 지구 주위를 공전하면서 자전하는 모습을 나타낸 것이다. 이에 대한 설명으로 옳지 <u>않은</u> 것은?

① 지구에서는 달의 한쪽 면만 볼 수 있다.
② 달에서는 지구의 모든 면을 볼 수 있다.
③ 달의 공전 주기는 자전 주기보다 짧다.
④ 달의 자전 방향은 달의 공전 방향과 같다.
⑤ 지구에서 관측할 수 있는 보름달의 무늬는 항상 같다.

21 다음 그림은 일식이 일어날 때 지구, 달, 태양의 위치 관계를 모식적으로 나타낸 것이다.

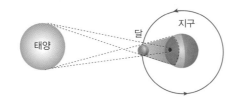

이에 대한 설명으로 옳은 것은?

① 보름달이 뜰 시기에 일식이 일어난다.
② 달의 본그림자 내에서 부분 일식을 관측할 수 있다.
③ 달의 반그림자 내에서 개기 일식을 관측할 수 있다.
④ 개기 일식이 일어날 때 태양의 대기를 관측할 수 있다.
⑤ 달이 더 지구로 가까이 오면 금환 일식을 관측할 수 있다.

22 지구에서 달을 보면 29.5일을 주기로 그 모양이 변한다. 반대로 달에서 지구를 볼 때 지구의 위상 변화는 어떻게 나타날 지 고르시오.

① 27.3일을 주기로 달과 같이 위상이 변한다.
② 29.5일을 주기로 달과 같이 위상이 변한다.
③ 365일을 주기로 달과 같이 위상이 변한다.
④ 주기에 관계없이 항상 망 상태로 보인다.
⑤ 주기에 관계없이 항상 삭 상태로 보인다.

23 그림은 달이 지구 주위를 공전하는 모습을 나타낸 것이다.

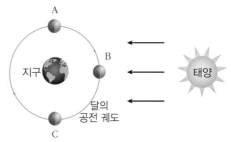

영희는 어느날 저녁 9시에 우리나라에서 달을 보았다. 이때 볼 수 있는 달의 공전 궤도상 위치는 A, B, C 중 어느 것이며, 이때 하늘에서 달이 보이는 방향으로 가장 적절한 것은?

	공전 궤도상 위치	달이 보이는 방향
①	A	남동쪽
②	A	남서쪽
③	B	남쪽
④	C	남동쪽
⑤	C	남서쪽

24 그림은 태양의 흑점을 관측하여 나타낸 것이다.

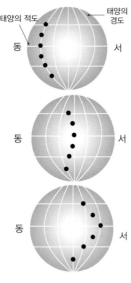

흑점에 대한 설명으로 옳은 것만을 〈보기〉에서 있는 대로 고른 것은?

─〈 보기 〉─

ㄱ. 흑점은 매우 불규칙한 속도로 이동한다.
ㄴ. 지구에서 보았을 때 동에서 서로 이동한다.
ㄷ. 태양의 자전 방향은 지구의 공전 방향과 같다.

① ㄱ   ② ㄴ   ③ ㄷ
④ ㄱ, ㄷ   ⑤ ㄴ, ㄷ

25 다음은 지구의 공전 궤도면과 달의 공전 궤도면을 나타낸 것이다.

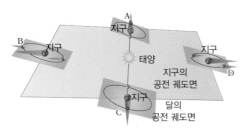

이에 대한 설명으로 옳은 것을 고르시오.

(1) 일식과 월식은 (A, B) 혹은 (C, D)일 때 일어난다.
(2) 월식이 시작될 때는 달의 (왼쪽, 오른쪽)부터 가려진다.

26 그림은 태양 − 지구 − 달의 위치 관계와 시간에 따른 달과 태양 사이의 거리를 나타낸 것이다.

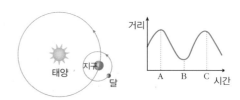

A ~ C 기간 동안 달에 대한 설명으로 옳은 것만을 〈보기〉에서 있는 대로 고른 것은?

─〈 보기 〉─

ㄱ. B에서 일식이 일어날 수 있다.
ㄴ. A에서 C까지의 기간은 약 27.3일이다.
ㄷ. A에서 B로 가는 동안 달의 밝기는 밝아진다.

① ㄱ   ② ㄴ   ③ ㄷ
④ ㄱ, ㄷ   ⑤ ㄱ, ㄴ, ㄷ

`심화`

27 그림 (가)와 (나)는 보름달이 관측되는 어느 하짓날과 동짓날의 모습을 순서 없이 나타낸 것이다.

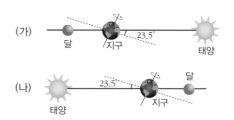

이에 대한 설명으로 옳은 것만을 〈보기〉에서 있는 대로 고른 것은?

─〈 보기 〉─

ㄱ. (가)는 동짓날에 해당한다.
ㄴ. 우리나라에서 달의 남중 고도는 (가)보다 (나)가 크다.
ㄷ. 우리나라에서 달이 뜨는 시각은 (가)보다 (나)가 빠르다.

① ㄱ   ② ㄴ   ③ ㄷ
④ ㄴ, ㄷ   ⑤ ㄱ, ㄴ, ㄷ

28 다음 그림은 어느 날 일식때 태양이 최대로 가려지는 시각과 비율(%)을 나타낸 것이다.

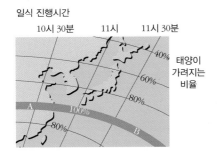

이에 대한 설명으로 옳은 것만을 〈보기〉에서 있는 대로 고른 것은?

───────〈 보기 〉───────

ㄱ. 일식은 A에서 B 순서로 관측된다.
ㄴ. A와 B 구역에서는 개기 일식을 볼 수 있다.
ㄷ. 개기 일식을 관측할 수 있는 지역이 부분 일식을 관측할 수 있는 지역보다 넓다.

① ㄱ   ② ㄴ   ③ ㄱ, ㄴ
④ ㄱ, ㄷ   ⑤ ㄱ, ㄴ, ㄷ

29 그림은 달의 위상을 표시한 천문 달력의 일부이다.

일	월	화	수	목	금	토
			1	2	3	4
5	6	7	8	9	10	11
12	13	14	15	16	17	18
19	20	21	22	23	24	25

이에 대한 설명으로 옳은 것만을 〈보기〉에서 모두 고른 것은?

───────〈 보기 〉───────

ㄱ. 8~23일 기간에 달에서 태양까지의 거리는 점점 가까워진다.
ㄴ. 우리나라에서는 16일 초저녁 남쪽 하늘에서 달을 관측할 수 있다.
ㄷ. 23일에 일식 현상이 나타날 수 있다.

① ㄱ   ② ㄴ   ③ ㄷ
④ ㄴ, ㄷ   ⑤ ㄱ, ㄴ, ㄷ

30 다음 그림은 달이 29.5일 동안 지구 주위를 공전할 때 태양과 지구에 대한 상대적인 위치 변화를 나타낸 것이다.

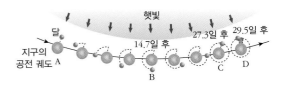

이에 대한 설명으로 옳은 것만을 〈보기〉에서 있는 대로 고른 것은?

───────〈 보기 〉───────

ㄱ. A에서 달의 위상은 망이고 B에서는 삭이다.
ㄴ. A에서 C까지의 기간은 달의 위상이 반복되는 주기이다.
ㄷ. 달이 지구 주위를 360° 공전하는 데 걸리는 시간은 27.3일이다.

① ㄱ   ② ㄴ   ③ ㄷ
④ ㄴ, ㄷ   ⑤ ㄱ, ㄴ, ㄷ

1. 내행성의 관측

(1) **내행성** : 지구 공전 궤도보다 안쪽에서 공전하는 행성이다.

(2) **내행성과 지구의 상대적 위치 관계**

외합	내행성-태양-지구의 순으로 일직선에 놓일 때, 지구에서 거리가 가장 멀다.
내합	태양 - 내행성 - 지구 순으로 일직선에 놓일 때, 지구에서 거리가 가장 가깝다.
최대 이각	내행성이 태양에서 가장 멀리 떨어진 각 동방 최대 이각 : 태양의 동쪽 방향의 최대 이각 서방 최대 이각 : 태양의 서측 방향의 최대 이각

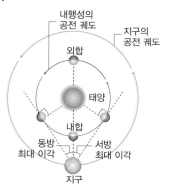

▲ 내행성의 위치 관계

(3) **내행성의 관측**

① **지구에서 관측할 때 내행성의 운동 방향** : 외합 → 동방 최대 이각 위치 → 내합 → 서방 최대 이각 위치 → 외합

② **관측 가능 시기** : 태양 근처에서 관측되고 태양과 함께 관측되지는 않으므로, 새벽이나 초저녁에만 관측되고 자정 무렵에는 관측되지 않는다.

③ **관측 가능 위상(모양)** : 보름달, 상현달, 초승달, 그믐달, 하현달 모양이 모두 관측된다.

④ **태양이 지거나 뜨기 전 관측 가능 시간** : 태양과 행성의 이각 (각 거리) ÷ 15°

내행성의 위치	관측 시간과 방향	모양(위상)
외합	태양과 함께 뜨고 지므로 관측 불가능	보름달 모양
동방 최대 이각	해 진 후, 서쪽 하늘에서 관측됨	상현달 모양
동방 최대 이각 ~ 내합	해 진 직후, 서쪽 하늘에서 잠깐 동안 관측됨	초승달 모양
내합	태양과 함께 뜨고 지므로 관측 불가능	삭
내합 ~ 서방 최대 이각	해 뜨기 직전, 동쪽 하늘에서 잠깐 동안 관측됨	그믐달 모양
서방 최대 이각	해 뜨기 전, 동쪽 하늘에서 관측됨	하현달 모양

(개념확인 1)

다음 내행성과 지구의 상대적 위치 관계에 대한 설명 중 옳은 것은 ○표, 옳지 않은 것은 ×표 하시오.

(1) 내행성과 지구의 거리가 가장 가까울 때는 외합이다. ( )

(2) 내행성이 외합 부근에 있을 때, 해 뜨기 전에 동쪽 하늘에서 보인다. ( )

(확인+1)

내행성이 내행성-태양-지구의 순으로 일직선에 놓일 때 관측 가능 여부와 위상은 어떻게 될지 쓰시오.

관측 가능 여부 : (O, X) 위상 : ( )

최대 이각

수성의 최대 이각은 28° 이고, 금성의 최대 이각은 46~48° 이다.

내행성 시직경 변화(크기 변화)

시직경은 관측자에 대해서 천체의 겉보기 지름이 이루는 각이다. 내합에 가까워질수록 지구와 가까워지므로 커지고, 외합에 가까워질수록 지구와 멀어지므로 작아진다.

미니사전

위상 [位 자리 相 상태] 어떤 사물이 가지는 위치나 상태

시직경 [視 보다 直 값 徑 길] 천체의 겉보기 크기를 각도로 니디낸 것

2. 외행성의 관측

(1) 외행성 : 지구 공전 궤도보다 바깥쪽에서 공전하는 행성

(2) 외행성과 지구의 상대적 위치 관계

합	외행성 - 태양 - 지구 순으로 일직선에 놓일 때, 지구에서 거리가 가장 멀다.
충	태양 - 지구 - 외행선에 놓일 때, 지구에서 거리가 가장 가깝다.
구	외행선이 지구를 중심으로 태양과 직각으로 놓일 때 동구 : 태양과 동쪽으로 90° 를 이룰 때 서구 : 태양과 서쪽으로 90° 를 이룰 때

▲ 외행성의 위치 관계

(3) 외행성의 관측

① **지구에서 관측할 때 외행성의 운동 방향** : 합 → 서구 → 충 → 동구 → 합

② **관측 가능 시기** : 새벽이나 초저녁, 자정 무렵에 관측할 수 있다.

③ **관측 가능 위상(모양)** : 보름달 또는 보름달에 가까운 모양만 관측된다.

④ **태양이 지거나 뜨기 전 관측 가능 시간** : 태양과 행성의 이각 (각 거리) ÷ 15°

⑤ **관측하기 좋은 위치** : 충일 때 지구와 가장 가까워 크고 밝게 보이며 오래 관측되기 때문에 관측하기 적합하다.

내행성의 위치	관측 시간과 방향	모양(위상)
합	태양과 함께 뜨고 지므로 관측 불가능	보름달 모양
서구	자정에 동쪽 하늘 ~ 새벽에 남쪽 하늘	하현달과 보름달 사이 모양
충	초저녁에 동쪽 하늘 ~ 자정에 남쪽 하늘 ~ 새벽에 서쪽 하늘	보름달 모양
동구	초저녁에 남쪽 하늘 ~ 자정에 서쪽 하늘	상현달과 보름달 사이 모양

개념확인 2   정답 및 해설 35쪽

외행성이 지구와 가장 가까운 거리에서 보름달 모양을 하고 있을 때를 무엇이라고 하는지 쓰시오.

(   )

확인+2

다음 외행성의 관측에 대한 설명 중 옳은 것은 ○표, 옳지 않은 것은 ×표 하시오.

(1) 외행성은 새벽이나 초저녁에만 관측된다.   (   )

(2) 외행성이 서구에 있을 때 초승달 모양으로 관측된다.   (   )

(3) 외행성이 합 부분에 있을 때, 태양과 함께 뜨고 지므로 관측이 어렵다.   (   )

◔ **외행성의 상대적 위치 관계**

외행성은 지구보다 공전 속도가 느리므로 지구에서 봤을 때 공전 방향과 반대로 운동한다.

◔ **외행성 시직경 변화**

지구에 가장 가까운 충의 위치일 때 가장 크고, 지구에서 가장 먼 합의 위치일 때 가장 작다.

◔ **화성의 출몰**

화성이 서구 부근에 있을 때는 자정에 동쪽 지평선에서 떠서 새벽 6시경에 남중하고, 해가 뜨면 보이지 않는다.

미니사전

합 [슴 합하다] 지구와 외행성 사이에 태양이 위치
충 [衝 회전하다] 행성과 태양 사이에 지구가 위치

3. 내행성과 외행성의 관측

(1) 내행성(금성)의 관측

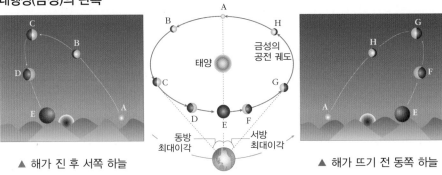

▲ 해가 진 후 서쪽 하늘   ▲ 내행성의 관측   ▲ 해가 뜨기 전 동쪽 하늘

위치	A	B	C	D	E	F	G	H
시직경	최소	⟶ 증가			최대	⟶ 감소		
위상								
관측 시간	관측 X	초저녁	초저녁 (약 3시간)	초저녁	관측 X	새벽	새벽 (약 3시간)	새벽

(2) 외행성(화성)의 관측

위치	뜨는 시각	남중 시각	지는 시각	관측 시간
합	새벽	정오	초저녁	0 시간 (관측 X)
서구	자정	새벽	정오	약 6시간 (자정~새벽)
충	초저녁	자정	새벽	약 12시간 (초저녁~새벽)
동구	정오	초저녁	자정	약 6시간 (초저녁~자정)

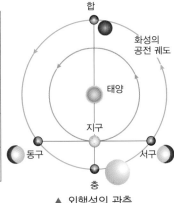

▲ 외행성의 관측

개념확인 3

다음은 화성에 대한 설명이다. ㉠, ㉡, ㉢에 들어갈 말을 바르게 짝지은 것은?

> 화성이 충 위치에 있을 때, 화성은 (㉠) 하늘에서 떠서 남중 시각은 (㉡)이며, 관측 시간은 (㉢)시간이다.

	㉠	㉡	㉢		㉠	㉡	㉢		㉠	㉡	㉢
①	동쪽	새벽	6	②	동쪽	자정	12	③	동쪽	초저녁	6
④	서쪽	자정	12	⑤	서쪽	새벽	6				

확인+3

금성의 관측에 대한 설명 중 옳은 것은 ○표, 옳지 않은 것은 ×표 하시오.

(1) 서방 최대 이각에 있을 때 하현달 모양으로 관측된다. (   )

(2) 내합에 있을 때, 시직경이 최대이다.

(   )

4. 내행성과 외행성의 겉보기 운동

(1) 순행과 역행

① **순행** : 행성이 천구 상에서 서쪽 → 동쪽으로 이동하는 것이다.

② **역행** : 행성이 천구 상에서 동쪽 → 서쪽로 이동하는 것이다.

③ **유** : 순행에서 역행 또는 역행에서 순행으로 운동 방향이 바뀔 때 잠시 머물러 있는 것이다.

(2) 내행성의 겉보기 운동

① **특징** : 내행성의 공전 속도가 지구의 공전 속도보다 빠르기 때문에 역행이 나타난다.

② **상대적 위치 변화** : 외합→ 동방 최대 이각 → 내합 → 서합 최대 이각 → 외합

③ **겉보기 운동(역행)** : 태양을 중심으로 동 → 서로 이동하는 것처럼 보이는 운동을 한다.

④ **금성의 겉보기 운동** : 지구가 A′에서 G′로 공전할 때 금성은 A에서 G로 천구상에서 운동한다.

A ~ B F ~ G	천구 상에서 서쪽에서 동쪽으로 이동 (순행)
B ~ F	천구 상에서 동쪽에서 서쪽으로 이동(역행)
B, F	잠시 머무름 (유)

▲ 내행성의 겉보기 운동

(3) 외행성의 겉보기 운동

① **특징** : 외행성의 공전 속도가 지구의 공전 속도보다 느리기 때문에 역행이 나타난다.

② **상대적 위치 변화** : 합→ 서구 → 충 → 동구 → 합

③ **겉보기 운동** : 순행과 역행이 교차하는 운동을 한다.

④ **화성의 겉보기 운동** : 지구가 A′에서 E′로 공전할 때 금성은 A에서 E로 천구상에서 운동한다.

A ~ B D ~ E	천구 상에서 서쪽에서 동쪽으로 이동 (순행)
B ~ D	천구 상에서 동쪽에서 서쪽으로 이동(역행)
B, D	잠시 머무름 (유)

▲ 외행성의 겉보기 운동

정답 및 해설 **35쪽**

개념확인 4

겉보기 운동에 대한 설명으로 옳은 것은 ○표, 옳지 않은 것은 ×표 하시오.

(1) 순행은 행성이 천구 상에서 서쪽에서 동쪽으로 이동하는 것이다. ( )

(2) 순행과 역행이 바뀔 때 잠시 정지해 있는 것처럼 순간을 유라고 한다. ( )

(3) 내행성의 공전 속도가 지구의 공전 속도보다 느리기 때문에 역행이 나타난다. ( )

확인+4

외행성은 지구와의 상대적 위치가 합 → (㉠) → 충 → (㉡) → 합으로 변화하고, (㉢) 부근에서 역행한다.

㉠ : ( ) ㉡ : ( ) ㉢ : ( )

◉ 행성이 겉보기 운동할 때 적경의 변화

· 순행 : 적경 증가

· 역행 : 적경 감소

◉ 내행성의 겉보기 운동이 순행과 역행으로 나타나는 경우

· 순행 : 서방 최대 이각 부근 → 외합→ 동방 최대 이각 부근일 때 (지구와의 거리가 멀 때)

· 역행 : 동방 최대 이각 부근 → 내합→ 서방 최대 이각 부근일 때 (지구와의 거리가 가까울 때)

◉ 외행성의 겉보기 운동이 순행과 역행일 때의 위치

· 순행 : 충 부근 이외의 대부분의 기간

· 역행 : 충 부근에 위치

◉ 외행성의 겉보기 운동 특징

지구에서 가까운 행성일수록 역행의 폭이 크다.
예) 화성 〉 목성 〉 토성

미니사전

적경 [赤 붉다 經 지나다] 춘분점을 지나는 시간권과 천체를 지나는 시간권이 이루는 각

01 금성에 대한 설명으로 옳은 것만을 〈보기〉에서 있는 대로 고른 것은?

〈 보기 〉

ㄱ. 내합에 가까울수록 시직경이 크다.
ㄴ. 가장 오래 관측할 수 있을 때는 내합이다.
ㄷ. 자정에 남쪽 하늘에서 볼 수 있다.

① ㄱ   ② ㄴ   ③ ㄷ   ④ ㄱ, ㄴ   ⑤ ㄴ, ㄷ

02 그림과 같은 위치에서 금성을 관측할 때, 해 진 후 서쪽 하늘에서 가장 오래 관측할 수 있는 금성의 위치는?

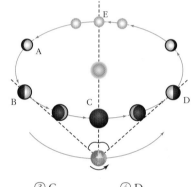

① A   ② B   ③ C   ④ D   ⑤ E

03 외행성의 위치에 대한 설명으로 옳은 것은?

① 외행성이 지구에 가장 가깝게 접근한 위치를 합이라고 한다.
② 외행성을 가장 오랫동안 관측할 수 있을 때를 충이라고 한다.
③ 외행성과 태양이 이루는 각 중 가장 큰 각을 최대 이각이라고 한다.
④ 외행성이 지구로부터 가장 멀리 떨어져 있는 위치를 충이라고 한다.
⑤ 외행성이 동구에 있을 때, 자정에 동쪽 하늘에서 떠올라 해 뜰 무렵에 남중한다.

04 화성이 충에 위치할 때 관측되는 내용에 대한 설명으로 옳은 것만을 〈보기〉에서 있는 대로 고른 것은?

〈 보기 〉

ㄱ. 가장 크고 밝게 보인다.   ㄴ. 천구상에서 순행을 한다.
ㄷ. 자정에 남쪽 하늘에서 관측된다.   ㄹ. 시직경이 가장 크다.

① ㄱ   ② ㄴ, ㄷ   ③ ㄱ, ㄴ, ㄹ   ④ ㄱ, ㄴ, ㄷ   ⑤ ㄱ, ㄴ, ㄷ, ㄹ

05 금성과 목성의 관측에 대한 설명으로 옳은 것만을 〈보기〉에서 있는 대로 고른 것은?

〈 보기 〉

ㄱ. 금성이 서방 최대 이각에 있을 때, 해 뜨기 전에 동쪽 하늘에서 관측된다.
ㄴ. 목성을 가장 오래 관측할 수 있을 때는 서구이다.
ㄷ. 두 행성 모두 한밤 중에 남쪽 하늘에서 볼 수 있다.

① ㄱ   ② ㄴ   ③ ㄱ, ㄴ   ④ ㄱ, ㄷ   ⑤ ㄱ, ㄴ, ㄷ

06 다음은 내행성에 대한 설명이다. ㉠과 ㉡에 들어갈 알맞은 말을 쓰시오.

내행성은 (㉠)에 위치할 때 시직경이 최대이고, (㉡)에 있을 때 상현달 모양으로 해가 진 후 초저녁에 서쪽 하늘에서 관측 가능하다.

07 지구와 화성의 위치에 따른 화성의 겉보기 운동에 대한 설명으로 옳은 것만을 〈보기〉에서 있는 대로 고른 것은?

〈 보기 〉

ㄱ. 화성이 역행할 때 가장 어둡게 보인다.
ㄴ. 화성은 충 부근에서 역행한다.
ㄷ. 화성이 합에서 서구로 이동할 때 천구 상으로 동쪽에서 서쪽으로 이동하는 것처럼 보이는 운동을 한다.

① ㄱ   ② ㄴ   ③ ㄷ   ④ ㄱ, ㄴ   ⑤ ㄴ, ㄷ

08 그림은 화성의 겉보기 운동을 나타낸 것이다. 화성이 가장 크게 보일 수 있는 위치는?

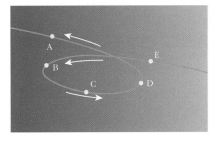

① A   ② B   ③ C   ④ D   ⑤ E

[유형18-1] 내행성의 관측

다음은 내행성에 대한 설명이다. ㉠, ㉡, ㉢에 들어갈 말로 바르게 짝지은 것은?

> 내행성이 동방 최대 이각에 위치하면 해 진 후 (㉠) 하늘에서 관측되고, 내합은 관측이 (㉡)하다. 그리고 내행성이 동방 최대 이각에서 내합으로 이동할 때 시직경은 (㉢)한다.

	㉠	㉡	㉢
①	서쪽	가능	감소
②	서쪽	불가능	증가
③	동쪽	가능	증가
④	동쪽	불가능	감소
⑤	남쪽	가능	증가

01 그림 (가)는 일정 기간 동안 새벽에 금성의 위치와 위상 변화를, (나)는 금성의 상대적 위치를 나타낸 것이다.

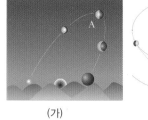 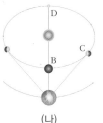

(가)   (나)

이에 대한 설명으로 옳은 것만을 〈보기〉에서 있는 대로 고른 것은?

> ── 〈 보기 〉 ──
> ㄱ. (가)는 동쪽 하늘에서 관측한 것이다.
> ㄴ. (가)는 (나)에서 B → C → D 로 이동하는 과정이다.
> ㄷ. (가)에서 A는 서방 최대 이각 위치이며 (나)의 C에 위치한다.

① ㄱ   ② ㄷ   ③ ㄱ, ㄷ
④ ㄴ, ㄷ   ⑤ ㄱ, ㄴ, ㄷ

02 그림은 지구, 금성, 태양의 상대적인 위치와 위상 변화를 나타낸 것이다.

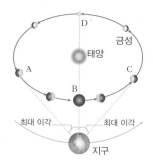

이에 대한 설명으로 옳은 것만을 〈보기〉에서 있는 대로 고른 것은?

> ── 〈 보기 〉 ──
> ㄱ. A에서 B로 이동할 때 시직경이 증가한다.
> ㄴ. C 위치의 금성은 관측 불가능하고 위상은 보름달 모양이다.
> ㄷ. D는 해가 뜨기 전 동쪽 하늘에서 관측된다.

① ㄱ   ② ㄷ   ③ ㄱ, ㄴ
④ ㄴ, ㄷ   ⑤ ㄱ, ㄴ, ㄷ

[유형18-2] **외행성의 관측**

그림은 지구와 화성의 궤도를 나타낸 것이다. 지구에서 화성을 관측할 때, 이에 대한 설명으로 옳은 것만을 〈보기〉
에서 있는 대로 고른 것은?

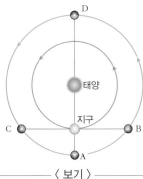

〈 보기 〉

ㄱ. 화성을 관측하기 가장 좋은 곳은 A이다.
ㄴ. 화성이 B에 있을 때 초저녁에 남중하고, C에 있을 때 새벽에 남중한다.
ㄷ. 화성이 D에 있을 때 보름달 모양의 위상이 된다.

① ㄱ   ② ㄷ   ③ ㄱ, ㄴ   ④ ㄱ, ㄷ   ⑤ ㄱ, ㄴ, ㄷ

03
그림은 어느 날 지구, 화성, 태양의 상대적인 위치를 나타낸 것이다.

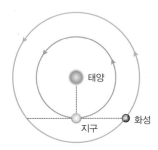

이에 대한 설명으로 옳은 것만을 〈보기〉에서 있는 대로 고른 것은?

〈 보기 〉

ㄱ. 화성의 위치는 서구이다.
ㄴ. 이 날 이후 화성의 관측 시간이 점점 짧아진다.
ㄷ. 이 날 화성은 정오에 떠서 자정에 진다.

① ㄱ   ② ㄷ   ③ ㄱ, ㄷ
④ ㄴ, ㄷ   ⑤ ㄱ, ㄴ, ㄷ

04
그림은 여러 날 동안 태양과 화성이 뜨는 시각을 나타낸 것이다.

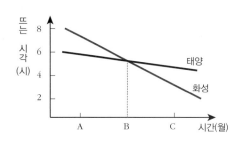

이에 대한 설명으로 옳은 것만을 〈보기〉에서 있는 대로 고른 것은?

〈 보기 〉

ㄱ. A 시기에 화성은 태양의 동쪽에 위치한다.
ㄴ. B 시기에 화성은 초저녁에 관측된다.
ㄷ. 화성이 C 시기에 있을 때 관측하기 가장 좋다.

① ㄱ   ② ㄷ   ③ ㄱ, ㄷ
④ ㄴ, ㄷ   ⑤ ㄱ, ㄴ, ㄷ

[유형18-3] 내행성과 외행성의 관측

다음은 우리나라에서 밤하늘을 관측한 결과를 나타낸 것이다. 다음 물음에 답하시오.

> 자정이 되자 동쪽 지평선에서 목성이 뜨기 시작했다. 해 뜨기 직전 남동쪽 하늘에서 금성이 보였고, 금성은 9시간 후에 서쪽 지평선 아래로 졌다.

(1) 목성의 상대적 위치를 쓰시오.

(   )

(2) 금성의 상대적 위치를 쓰시오.

(   )

(3) 금성과 태양 사이의 각거리를 쓰시오.

(   )

05

그림은 어느 날 관측한 화성과 금성을 나타낸 것이다.

이에 대한 설명으로 옳은 것만을 〈보기〉에서 있는 대로 고른 것은?

─〈 보기 〉─

ㄱ. 새벽에 관측한 모습이다.
ㄴ. 화성의 상대적인 위치는 충이다.
ㄷ. 금성의 상대적인 위치는 동방 최대 이각이다.

① ㄱ   ② ㄷ   ③ ㄱ, ㄷ
④ ㄴ, ㄷ   ⑤ ㄱ, ㄴ, ㄷ

06

그림 (가)는 금성의 공전 궤도 상의 위치를 나타낸 것이고, (나)는 며칠 간격의 금성의 위상 변화를 나타낸 것이다.

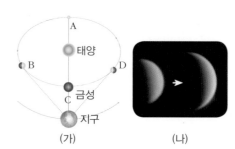

(가)   (나)

이에 대한 설명으로 옳은 것만을 〈보기〉에서 있는 대로 고른 것은?

─〈 보기 〉─

ㄱ. (가)의 A는 내합이고, C는 동방 최대 이각이다.
ㄴ. (나)가 관측되는 동안 금성의 관측 가능 시간이 길어졌다.
ㄷ. (나)는 금성이 B에서 C로 이동할 때 위상이다.

① ㄱ   ② ㄷ   ③ ㄱ, ㄷ
④ ㄴ, ㄷ   ⑤ ㄱ, ㄴ, ㄷ

[유형18-4] 내행성과 외행성의 겉보기 운동

그림은 금성의 겉보기 운동을 나타낸 것이다. 이에 대한 설명으로 옳은 것만을 〈보기〉에서 있는 대로 고른 것은?

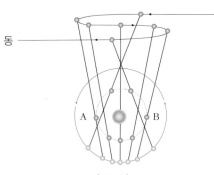

〈 보기 〉

ㄱ. 금성은 외합 부근에서 역행한다.
ㄴ. 금성의 위치 A와 B에서 유가 관측된다.
ㄷ. 금성이 B에서 A로 공전하는 동안 적경이 증가한다.

① ㄱ   ② ㄷ   ③ ㄱ, ㄴ   ④ ㄱ, ㄷ   ⑤ ㄴ, ㄷ

07 그림은 어느 해 화성의 겉보기 운동을 나타낸 것이다.

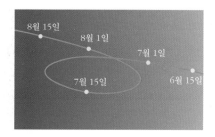

이에 대한 설명으로 옳은 것만을 〈보기〉에서 있는 대로 고른 것은?

〈 보기 〉

ㄱ. 화성은 7월 15일 무렵에 가장 밝게 보인다.
ㄴ. 8월 1일 무렵 화성은 초저녁에 관측된다.
ㄷ. 화성의 위치 변화는 지구의 자전에 의한 현상이다.

① ㄱ   ② ㄷ   ③ ㄱ, ㄴ
④ ㄴ, ㄷ   ⑤ ㄱ, ㄴ, ㄷ

08 남쪽 하늘에서 그림 (가)를 관측한 후, 15일 뒤 그림 (나)를 관측하여 화성의 위치 변화를 관측할 수 있었다.

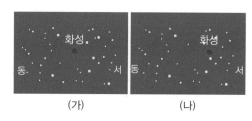

(가)   (나)

이에 대한 설명으로 옳은 것만을 〈보기〉에서 있는 대로 고른 것은?

〈 보기 〉

ㄱ. 화성은 역행하고 있다.
ㄴ. 이 기간동안 화성은 초저녁에 서쪽 하늘에서 관측된다.
ㄷ. 화성의 공전 속도가 지구의 공전 속도보다 빠르기 때문에 나타난다.

① ㄱ   ② ㄷ   ③ ㄱ, ㄷ
④ ㄴ, ㄷ   ⑤ ㄱ, ㄴ, ㄷ

창의력&토론마당

01 그림 (가)는 시간에 따른 금성의 이각 변화를 나타낸 것이고, 그림 (나)는 지구에서 금성까지의 거리 변화를, (다)는 금성이 태양면을 통과하는 모습이다.

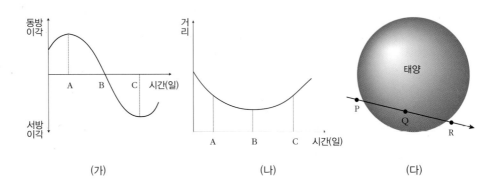

(1) 금성을 새벽 동쪽 하늘에서 가장 오랫동안 볼 수 있는 있는 위치는 A~C 중 어느 위치인지 쓰고 이때의 금성의 위상을 고르시오.

(2) 그림 (다)에서 금성이 P, Q, R일 때 금성의 상대적 위치는 그림 (가)와 (나)의 A~C 중에서 무엇인지 각각 쓰시오.

(3) 그림 (다)에 대해 설명으로 옳은 것만을 〈보기〉에서 있는 대로 고르시오.

〈 보기 〉

ㄱ. P에서 Q로 갈수록 시직경이 증가한다.
ㄴ. Q에서 R로 갈수록 관측 가능 시간이 증가한다.
ㄷ. 이때 금성은 동쪽에서 서쪽으로 역행 중이다.

02 그림은 어느 날 우리나라에서 관측한 하늘의 모습을 나타낸 것이다.

(1) 하루 중 어느 때, 어느 하늘을 관측한 것인지 쓰고, 그 이유를 쓰시오.

(2) 이 때 화성의 위상을 쓰고, 그 이유를 쓰시오.

(3) 이때 토성이 순행하는지 역행하는지 쓰고, 그 이유를 쓰시오.

03 그림은 우리나라에서 어느 한 해 동안 태양, 수성, 금성, 화성이 지는 시간을 순서 없이 나타낸 것이다. 다음 물음에 답하시오.

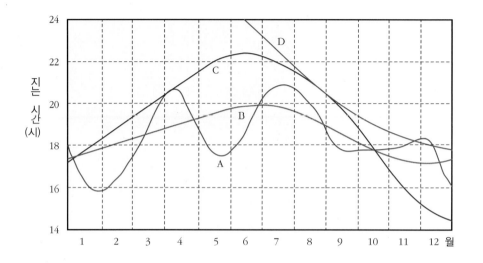

(1) 화성은 A~D 중 어느 것에 해당되는지 고르고, 6월 중순에 화성이 초저녁, 새벽 중 언제 남중하는지 쓰시오.

(2) 6월 중순에서 7월로 갈수록 화성의 시직경이 어떻게 변할지 쓰고, 그 이유를 쓰시오.

(3) 금성은 A~D 중 어느 것에 해당되는지 고르고, 9월 달 금성의 위상을 쓰시오.

(4) 수성은 A~D 중 어느 것에 해당되는지 고르고, 10월 중순에 수성의 상대적인 위치를 쓰시오.

04 그림 (가)는 별자리 사이에 있는 화성의 위치를 나타낸 것이고, (나)는 지구에 대한 화성의 여러 위치를 나타낸 것이다.

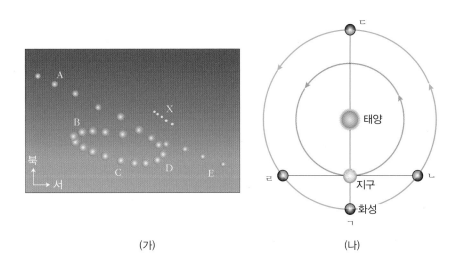

(가) (나)

(1) 그림 (가)에서 화성의 역행 구간을 쓰시오.

(2) 화성이 그림 (가)의 C 위치에 있을 때 그림 (나)에서는 어느 위치에 해당하며, 이때 하루 중 어느 시간에 남중하는가?

(3) 그림 (가)와 같이 화성이 별자리 사이를 시운동하는 까닭을 쓰시오.

01 내행성의 운동에 대해 옳은 것을 〈보기〉에서 있는 대로 고른 것은?

〈 보기 〉
ㄱ. 내행성이 지구에서 가장 먼 위치는 외합이다.
ㄴ. 금성이 서방 최대 이각의 위치에 있을 때 위상은 상현달 모양이다.
ㄷ. 내행성은 내합에서 적경이 최대이다.

① ㄱ   ② ㄴ   ③ ㄱ, ㄴ
④ ㄱ, ㄷ   ⑤ ㄱ, ㄴ, ㄷ

02 다음 금성에 대한 설명으로 옳은 것은 ○표, 옳지 않은 것은 ×표 하시오.

(1) 금성이 최대 이각 부근에 위치할 때 가장 오랜 시간 관측할 수 있다.   ( )

(2) 동방 최대 이각 위치에 있을 때 새벽에 동쪽 하늘에서 관측 할 수 있다.   ( )

(3) 시직경은 내합 부근에서 가장 작다.   ( )

03 태양을 중심으로 일정한 각도 안에서 멀어지지 않는 행성을 〈보기〉에서 있는 대로 고른 것은?

〈 보기 〉
ㄱ. 금성   ㄴ. 화성
ㄷ. 목성   ㄹ. 달

① ㄱ   ② ㄴ   ③ ㄱ, ㄴ
④ ㄱ, ㄴ, ㄹ   ⑤ ㄴ, ㄷ, ㄹ

04 토성이 자정에 서쪽 지평선으로 질 때 토성의 상대적 위치를 쓰시오.

( )

05 금성이 해 진 후 서쪽 하늘에서 약 3시간 관측될 때, 금성의 상대적 위치를 쓰시오.

( )

06 다음 빈칸에 알맞은 말을 고르시오.

외행성이 동구에 있을 때 (㉠ 초저녁 ㉡ 새벽)에 남중한다. 동구에서 합으로 상대적 위치가 변하면 시직경이 (㉠ 증가 ㉡ 감소) 한다.

07 다음 그림 (가)는 내행성의 상대적인 위치를 나타낸 것이고, (나)는 해가 진 후 서쪽 하늘을 나타낸 것이다. 이에 대한 설명으로 옳은 것은 ○표, 옳지 않은 것은 ×표 하시오.

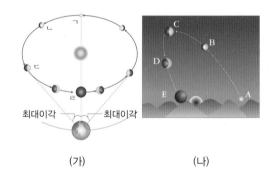

(가)   (나)

(1) A 의 시직경이 최대이다.   ( )
(2) B 는 자정에도 관측 가능하다.   ( )
(3) C 에서 D 로 갈수록 관측 시간이 증가한다.   ( )
(4) E 는 그림 (가)의 ㄹ에 해당한다.   ( )

08 다음 빈칸에 들어갈 알맞은 말을 고르시오.

내행성은 (㉠ 외합 , ㉡ 내합) 부근에서 역행한다. 외행성이 역행할 때 시직경은 (㉠ 최대 , ㉡ 최소) 이다.

09 행성의 겉보기 운동에 대한 설명으로 옳은 것은 ○표, 옳지 않은 것은 ×표 하시오.

(1) 행성과 지구의 공전 속도가 다르기 때문에 천구 상에서 행성의 위치가 달라보이는 운동이다.

( )

(2) 내행성이 순행할 때 적경은 증가한다.

( )

(3) 외행성이 역행할 때 자정에 남중한다.

( )

10 화성이 충에 위치할 때에 대한 설명으로 옳은 것은?

① 가장 밝게 보인다.
② 시직경이 가장 작게 관측된다.
③ 새벽에 동쪽 하늘에서 관측된다.
④ 태양과 이루는 이각이 90°가 된다.
⑤ 천구 상에서 서쪽에서 동쪽으로 연주운동한다.

B

11 그림은 금성의 공전 궤도 상의 위치를 나타낸 것이다.

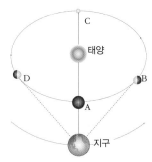

이에 대한 설명으로 옳은 것만을 〈보기〉에서 있는 대로 고른 것은?

〈 보기 〉
ㄱ. A는 내합이고, C는 외합이다.
ㄴ. B에 있을 때는 초저녁에 동쪽 하늘에서 보인다.
ㄷ. D에 있을 때는 금성의 위상은 상현달 모양이다.

① ㄱ   ② ㄴ   ③ ㄷ
④ ㄱ, ㄴ   ⑤ ㄱ, ㄷ

12 그림 (가)는 동쪽 하늘에서 관측한 금성의 위치 변화를 (나)는 태양과 지구, 금성의 상대적 위치를 나타낸 것이다.

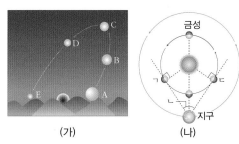

(가)   (나)

이에 대한 설명으로 옳은 것만을 〈보기〉에서 있는 대로 고른 것은?

〈 보기 〉
ㄱ. 그림 (가)에서 A에서 B로 이동하는 동안 그림 (나)에서는 ㄱ에서 ㄴ으로 움직인다.
ㄴ. C 위치에서 금성은 하현달 모양으로 관측된다.
ㄷ. 시직경은 D 위치보다 E 위치에 있을 때 더 크게 나타난다.

① ㄱ   ② ㄴ   ③ ㄷ
④ ㄱ, ㄴ   ⑤ ㄱ, ㄷ

13 그림은 어느 날 달의 위치와 위상, 금성의 위치를 나타낸 것이다.

이에 대한 설명으로 옳은 것만을 〈보기〉에서 있는 대로 고른 것은?

〈 보기 〉
ㄱ. 해가 진 직후 서쪽 하늘에서 관측한 모습을 그린 것이다.
ㄴ. 금성은 하현달 모양으로 관측될 것이다.
ㄷ. 다음 날 같은 시간에 관측하면 시직경이 더 클 것이다.

① ㄱ   ② ㄴ   ③ ㄷ
④ ㄱ, ㄴ   ⑤ ㄱ, ㄷ

14 그림은 어느 날 지구에 대한 목성의 상대적 위치를 나타낸 것이다.

이 날과 비교하여 다음날의 목성에 대한 설명으로 옳은 것만을 〈보기〉에서 있는 대로 고른 것은?

〈 보기 〉
ㄱ. 남중 시각은 빨라진다.
ㄴ. 적경은 감소한다.
ㄷ. 시직경이 작아진다.

① ㄱ   ② ㄴ   ③ ㄷ
④ ㄱ, ㄴ   ⑤ ㄱ, ㄷ

15 그림은 어느 날 태양, 지구, 목성의 상대적 위치를 나타낸 것이다.

이에 대한 설명으로 옳은 것만을 〈보기〉에서 있는 대로 고른 것은?

〈 보기 〉
ㄱ. 목성은 해가 진 직후에 남동쪽에서 관측할 수 있다.
ㄴ. 목성은 약 6시간 관측할 수 있다.
ㄷ. 목성의 위상은 하현달에 가깝다.

① ㄱ   ② ㄴ   ③ ㄷ
④ ㄱ, ㄴ   ⑤ ㄱ, ㄷ

16 그림은 어느 날 해가 진 직후에 하늘에서 관측된 금성과 토성의 위치를 나타낸 것이다.

이에 대한 설명으로 옳은 것만을 〈보기〉에서 있는 대로 고른 것은?

〈 보기 〉
ㄱ. 금성은 이 날 토성보다 관측 시간이 더 길다.
ㄴ. 이 날 금성의 위상은 상현달 모양으로 관측된다.
ㄷ. 토성은 이 날 동쪽 하늘에서 관측할 수 있다.

① ㄱ   ② ㄴ   ③ ㄷ
④ ㄱ, ㄴ   ⑤ ㄱ, ㄷ

17 다음 중 금성이 서방 최대 이각에 위치할 때에 대한 설명으로 옳은 것은?

① 초저녁에 관측할수 있다.
② 금성의 시직경이 가장 크다.
③ 이 날 가장 오래 관측 가능하다.
④ 금성의 위상은 보름달에 가깝다.
⑤ 이 날 자정에 금성은 동쪽 지평선 부근에 위치한다.

18 외행성의 겉보기 운동에 대한 설명으로 옳은 것만을 〈보기〉에서 있는 대로 고른 것은?

〈 보기 〉
ㄱ. 역행이 일어날 때 적경이 감소한다.
ㄴ. 역행이 일어날 때 해가 진 후부터 해뜨기 전까지 관측할 수 있다.
ㄷ. 목성이 화성보다 역행의 폭이 크다.

① ㄱ   ② ㄴ   ③ ㄷ
④ ㄱ, ㄴ   ⑤ ㄱ, ㄴ, ㄷ

19 표는 몇 개월 동안 관측한 화성의 적경을 나타낸 것이다.

일자(월/일)	적경(시:분)	일자(월/일)	적경(시:분)
2/15	13 : 44	5/15	12 : 55
2/30	13 : 50	5/30	12 : 50
3/15	13 : 44	6/15	12 : 55
3/30	13 : 32	6/30	13 : 07
4/15	13 : 19	7/15	13 : 18
4/30	13 : 07	7/30	13 : 30

이에 대한 설명으로 옳은 것만을 〈보기〉에서 있는 대로 고른 것은?

― 〈 보기 〉 ―
ㄱ. 3월에 화성은 합 위치에 존재했다.
ㄴ. 5월에는 화성이 천구 상에서 동쪽에서 서쪽으로 이동했다.
ㄷ. 이 기간 동안 화성은 2번 유의 위치에 있었다.

① ㄱ ② ㄴ ③ ㄷ
④ ㄱ, ㄴ ⑤ ㄴ, ㄷ

20 다음은 화성의 겉보기 운동을 나타낸 것이다.

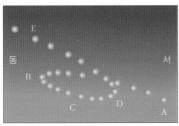

이에 대한 설명으로 옳은 것만을 〈보기〉에서 있는 대로 고른 것은?

― 〈 보기 〉 ―
ㄱ. A에서 B 기간 동안 화성의 적경은 증가한다.
ㄴ. B→C→D 기간 동안 화성은 천구 상에서 역행한다.
ㄷ. C 시기는 E 시기보다 시적경이 크다.

① ㄱ ② ㄴ ③ ㄷ
④ ㄱ, ㄴ ⑤ ㄱ, ㄴ, ㄷ

C

21 그림은 어느 날 우리나라에서 관측한 수성, 금성, 화성을 나타낸 것이다. 이날 수성과 금성의 위상은 모두 반달 모양이었다.

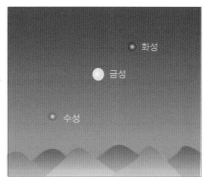

이에 대한 설명으로 옳은 것만을 〈보기〉에서 있는 대로 고른 것은?

― 〈 보기 〉 ―
ㄱ. 새벽에 관측한 동쪽 하늘의 모습이다.
ㄴ. 수성과 금성의 시직경은 이 날이 가장 크다.
ㄷ. 다음날 금성이 태양과 이루는 이각은 이 날보다 작다.
ㄹ. 다음날 수성의 관측 시간이 짧아진다.

① ㄱ, ㄴ ② ㄴ, ㄷ ③ ㄱ, ㄴ, ㄷ
④ ㄱ, ㄷ, ㄹ ⑤ ㄱ, ㄴ, ㄷ, ㄹ

22 학생들이 천체 관측을 한 다음날 자신들이 본 내용을 말하는 내용이다. 천체의 운동을 고려할 때 일어날 수 없는 사실을 말하는 학생을 고른 것은?

가희 : 자정 즈음에 상현달이 졌어.
나희 : 어제 저녁 서쪽 하늘에서 금성을 봤어.
다희 : 해가 진 후 동쪽 하늘에 화성이 붉게 보이더라.
라희 : 자정 무렵에 목성이 남쪽 하늘에 밝게 보이더라 .
마희 : 새벽에 동쪽 하늘에 목성이 보였어.

① 가희 ② 나희 ③ 다희
④ 라희 ⑤ 마희

23 그림은 태양 주위를 공전하는 어느 가상의 외행성과 지구 사이의 거리 변화를 나타낸 것이다.

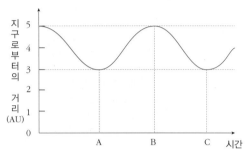

지구에서 이 행성을 관측할 때에 대한 설명으로 옳은 것만을 〈보기〉에서 있는 대로 고른 것은?

───────〈 보기 〉───────

ㄱ. A → B 구간에서 동구를 지난다.
ㄴ. B → C 구간에서 시직경이 감소한다.
ㄷ. B에서 위상은 보름달 모양이다.

① ㄱ   ② ㄴ   ③ ㄷ
④ ㄱ, ㄴ   ⑤ ㄱ, ㄷ

24 그림은 해가 진 후 며칠 동안 같은 시각에 금성을 관측한 것이다.

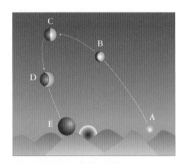

이에 대한 설명으로 옳은 것은?

① 금성이 A에 있을 때 지구와 가장 가까이 있다.
② A → B → C로 운동하는 경우는 역행한다.
③ 금성이 C에 있을 때 가장 오래 관측할 수 있다.
④ A에서 D로 운동하는 동안 금성의 시직경은 작아진다.
⑤ 금성이 E에 있을 때 보름달 모양으로 가장 크게 보인다.

25 그림은 태양 주위를 공전하는 지구와 화성의 위치 변화를 나타낸 것이다.

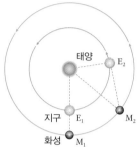

이 기간 동안의 화성에 대한 설명으로 옳은 것만을 〈보기〉에서 있는 대로 고른 것은? (단, 지구는 $E_1 → E_2$로 이동하는 동안, 화성은 $M_1 → M_2$ 로 이동하였다.)

───────〈 보기 〉───────

ㄱ. 화성은 충에서 서구로 위치가 이동하였다.
ㄴ. 화성은 역행 - 유 - 순행의 겉보기 운동을 하였다.
ㄷ. 화성의 시직경은 점점 커질 것이다.

① ㄱ   ② ㄴ   ③ ㄷ
④ ㄱ, ㄴ   ⑤ ㄱ, ㄷ

26 그림은 우리나라에서 관측한 금성의 태양면 통과 현상을 나타낸 것이다.

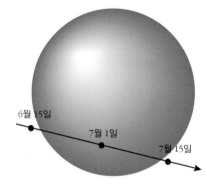

7월 1일에 대한 설명으로 옳은 것만을 〈보기〉에서 있는 대로 고른 것은?

───────〈 보기 〉───────

ㄱ. 이 날 금성은 내합의 위치를 지나고 있다.
ㄴ. 이 날 금성은 서쪽에서 동쪽으로 순행하고 있다.
ㄷ. 이 날 이후 한동안 금성은 새벽에 관측된다.

① ㄱ   ② ㄴ   ③ ㄷ
④ ㄱ, ㄴ   ⑤ ㄱ, ㄷ

심화

27 표는 어느 해 수성과 금성의 천문 현상을 나타낸 것이고, 그림은 이 기간 중 어느 날 우리나라에서 촬영한 사진이다.

날짜	행성	천문 현상
3월 05일	수성	외합
4월 04일	수성	동방 최대 이각
4월 20일	수성	내합
5월 11일	금성	외합
5월 15일	수성	서방 최대 이각
6월 20일	수성	외합
7월 19일	수성	동방 최대 이각

이에 대한 설명으로 옳은 것만을 〈보기〉에서 있는 대로 고른 것은?

―〈 보기 〉―
ㄱ. 사진을 촬영한 시기는 4월 초이다.
ㄴ. 6월에 금성은 적경이 증가할 것이다.
ㄷ. 6월 중순에 수성은 역행했을 것이다.

① ㄱ   ② ㄴ   ③ ㄷ
④ ㄱ, ㄴ   ⑤ ㄱ, ㄷ

28 다음은 화성의 겉보기 운동을 나타낸 것이다.

· 6월 30일 해가 진 직후 서쪽 하늘에서 금성과 목성이 각 거리 약 0.25° 까지 접근한 모습이 관측된다.
· 10월 26일 두 번째로 금성과 목성이 가까워지는데, 이번에는 해가 뜨기 전에 약 1° 까지 접근한 모습이 관측된다.

이에 대한 설명으로 옳은 것만을 〈보기〉에서 있는 대로 고른 것은?

―〈 보기 〉―
ㄱ. 10월 26일 금성과 목성은 서쪽 하늘에서 관측된다.
ㄴ. 이 기간 중에 목성은 충을 통과한다.
ㄷ. 6월 30일부터 10월 26일까지 금성의 적경이 감소하는 시기가 있다.

① ㄱ   ② ㄴ   ③ ㄷ
④ ㄱ, ㄴ   ⑤ ㄱ, ㄷ

29 그림은 우리나라에서 어느 한 해 동안 관측한 금성과 외행성의 겉보기 등급을 순서없이 나타낸 것이다.

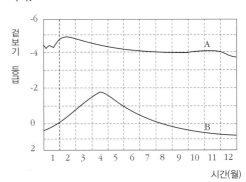

이에 대한 설명으로 옳은 것만을 〈보기〉에서 있는 대로 고른 것은?

―〈 보기 〉―
ㄱ. A의 시직경은 1월에 가장 크게 관측된다.
ㄴ. 5월에 B는 새벽에 서쪽 하늘에서 관측된다.
ㄷ. 3월 말에 적경은 A보다 B가 크다.

① ㄱ   ② ㄷ   ③ ㄱ, ㄴ
④ ㄱ, ㄷ   ⑤ ㄱ, ㄴ, ㄷ

30 그림은 2007년 우리나라에서 해가 진 직후 같은 시간에 관측된 수성의 위치를 나타낸 것이다.

수성에 대한 설명으로 옳은 것만을 〈보기〉에서 있는 대로 고른 것은?

―〈 보기 〉―
ㄱ. 시직경은 A가 B에서보다 크다.
ㄴ. B는 서방 최대 이각 부근의 위치이다.
ㄷ. 2월 22일 경에는 배경별에 대해 서에서 동쪽으로 이동한다.
ㄹ. 7월 말에는 새벽에 관측할 수 있다.

① ㄱ, ㄹ   ② ㄴ, ㄷ   ③ ㄱ, ㄴ, ㄷ
④ ㄱ, ㄷ, ㄹ   ⑤ ㄱ, ㄴ, ㄷ, ㄹ

19강. 행성의 운동 II

1. 행성의 공전 주기와 회합 주기

(1) 행성의 공전 주기 측정 : 공전 주기는 행성이 태양 둘레를 한 바퀴 회전하는 데 걸리는 시간으로, 지구에서 행성의 공전 주기를 직접 측정하는 것은 매우 어렵다. 행성들이 공전을 하는 동안 지구도 공전을 하기 때문에 천구 상에서 정확한 기준점을 잡기 어렵기 때문이다.

(2) 행성의 회합 주기 : 내행성들이 내합(또는 외합)에서 다음 내합(또는 외합)에 이르는 데까지 걸리는 시간, 외행성들이 합(또는 충)에서 다음 합(또는 충)에 이르는 데까지 걸리는 시간을 말한다. 이 주기를 통해 행성들의 공전 주기를 계산할 수 있다.

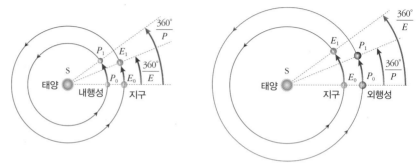

▲ 행성의 하루 동안의 공전 각도

- 지구의 공전 주기 : E · 내행성(외행성)의 공전 주기 : P · 회합 주기 : S
- 지구가 E_0에서 E_1 위치로 하루 동안 공전한 각도 : $\dfrac{360°}{E}$
- 내행성(외행성)이 P_0에서 P_1 위치로 하루 동안 공전한 각도 : $\dfrac{360°}{P}$
- 하루 동안 내행성(외행성)과 지구가 공전한 각도 차이 : $\dfrac{360°}{P} - \dfrac{360°}{E}$ (내행성), $\dfrac{360°}{E} - \dfrac{360°}{P}$ (외행성)
- 회합 주기 S 동안 공전한 각의 차이 : $\left(\dfrac{360°}{P} - \dfrac{360°}{E}\right) \times S = 360°$, $\left(\dfrac{360°}{E} - \dfrac{360°}{P}\right) \times S = 360°$

- 내행성 : $\dfrac{1}{S} = \dfrac{1}{P} - \dfrac{1}{E}$ · 외행성 : $\dfrac{1}{S} = \dfrac{1}{E} - \dfrac{1}{P}$

(3) 태양계 행성의 공전 주기와 회합 주기

행성	수성	금성	지구	화성	목성	토성	천왕성	해왕성
회합 주기(일)	115.9 (0.32년)	583.9 (1.6년)	—	779.9 (2.14년)	398.9 (1.09년)	378.1 (1.036년)	369.7 (1.014년)	367.5 (1.008년)
공전 주기(일)	88 (0.24년)	225 (0.62년)	365 (1년)	687 (1.88년)	4330 (11.86년)	10752 (29.42년)	30667 (83.75년)	60143 (163.72년)

개념확인 1

행성이 태양 둘레를 한 바퀴 회전하는 데 걸리는 시간을 무엇이라고 하는가?

(   )

확인+1

수성의 회합 주기가 0.3년일 때, 수성의 공전 주기를 구하시오. (단, 소수점 둘째 자리에서 반올림한다.)

(   )년

왼쪽 여백

내합과 외합

- 내합 : 태양 – 내행성 – 지구 순으로 행성이 배열
- 외합 : 내행성 – 태양 – 지구 순으로 행성이 배열

합과 충

- 합 : 외행성 – 태양 – 지구 순으로 행성이 배열
- 충 : 태양 – 지구 – 외행성 순으로 행성이 배열

태양계 행성의 회합 주기

행성의 회합 주기는 지구에서 멀어질수록 짧아진다. 외행성의 경우 지구에서 멀어질수록 1년에 가까워진다.

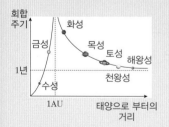

미니사전

회합 [回 돌아오다 合 모으다] 천구 상에서 행성이 태양과 같은 방향에 위치하는 것

2. 케플러 법칙

(1) **케플러 제1법칙(타원 궤도 법칙)** : 모든 행성은 태양을 한 초점으로 하는 타원 궤도를 그리며 공전한다.

① **근일점과 원일점** : 행성의 타원 궤도에서 행성이 태양과 가장 가까이 있게 되는 위치를 근일점, 가장 멀리 있게 되는 위치를 원일점이라고 한다.

② 태양과 행성의 평균 거리는 긴 반지름(장반경)을 말한다.

③ 태양계 행성들의 공전 궤도 이심률은 거의 0에 가깝고(공전 궤도가 거의 원에 가깝다), 수성은 상대적으로 이심률이 크다.

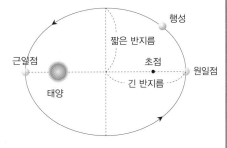
▲ 케플러 제1법칙

행성	수성	금성	지구	화성	목성	토성	천왕성	해왕성
이심률	0.206	0.007	0.017	0.093	0.048	0.056	0.044	0.011
긴 반지름 (AU)	0.39	0.72	1	1.52	5.20	9.58	19.22	30.09

(2) **케플러 제2법칙(면적 속도 일정 법칙)** : 행성과 태양을 잇는 직선은 같은 시간 동안 같은 면적을 쓸고 지나간다.($S_1 = S_2 = S_3$)

· **행성의 공전 속도** : 근일점에서 가장 빠르고, 원일점에서 가장 느리다(면적 속도가 같다).
⇨ 태양과 행성 사이의 거리가 가까울수록 행성의 공전 속도가 빠르다.($v_1 > v_2 > v_3$)

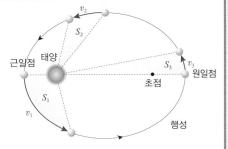
▲ 케플러 제2법칙

(3) **케플러 제3법칙(조화 법칙)** : 행성의 공전 주기(P)의 제곱은 그 행성의 공전 궤도 장반경(a)의 세제곱에 비례한다.

$$\frac{a^3}{P^2} = k \text{ (일정)}$$

⇨ 공전 주기의 단위로 년, 공전 궤도 장반경의 단위로 AU를 쓰면, $k = 1$이 되어, $P^2 = a^3$이 된다.

$$\left(\frac{a^3}{P^2}\right)_{수성} = \left(\frac{a^3}{P^2}\right)_{금성} = \cdots \left(\frac{a^3}{P^2}\right)_{해왕성} = 1$$

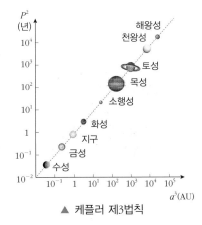
▲ 케플러 제3법칙

오른쪽 여백

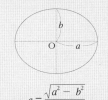
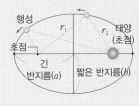

개념확인 2

정답 및 해설 41쪽

다음 빈칸에 알맞은 말을 각각 기호로 고르시오.

행성의 공전 궤도에서 태양으로부터 가장 먼 곳을 (㉠ 근일점, ㉡ 원일점) 이라고 하고, 행성의 공전 속도가 가장 (㉠ 느리다, ㉡ 빠르다).

확인+2

타원 궤도로 운동하는 소행성의 공전 궤도 긴반지름이 4AU였다. 이 소행성의 공전 주기는?

(　　　　　)년

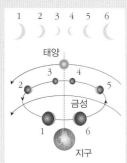

▲ 천동설에서 금성의 위상 변화

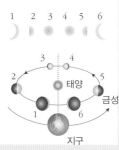

▲ 지동설에서 금성의 위상 변화

천동설에서는 금성이 초승달, 그믐달 모양 뿐만 아니라 반달 이상, 보름달에 가까운 모양도 관측된다는 것을 설명하지 못하였다.

별의 연주 시차

지구에서 6개월 간격으로 가까이 있는 별을 관측할 때, 천구 상에서 별의 위치가 달라지며, 이때 각 거리의 절반이 연주 시차이다.

▲ 연주 시차

천동설에서는 태양이 공전하고 지구는 정지해 있기 때문에 6개월 간격으로 별을 관측하더라도 천구 상의 별의 위치가 달라지지 않으므로 연주 시차가 생기지 않는다.

3. 태양계 모형의 변천 1

(1) **프톨레마이오스의 지구 중심설(천동설)** : 2세기 경 그리스의 천문학자 프톨레마이오스는 모든 천체가 지구를 중심으로 등속 원운동하는 태양계 모형을 제시하였다.

　① **천체 배열** : 우주의 중심인 지구로부터 달, 수성, 금성, 태양, 화성, 목성, 토성이 배열되어 있다.

　② **행성의 역행** : 지구는 정지한 채 움직이지 않는다. 각각의 행성들은 각자의 공전 궤도 위의 한 점을 중심으로 원(주전원)을 그리며 돌고, 이때 주전원의 중심은 서로 다른 주기를 가지고 지구 주위를 공전한다. ⇨ 행성의 역행 현상을 설명할 수 있다. 달과 태양은 역행이 관측되지 않으므로 주전원이 필요없다.

　③ **내행성의 최대 이각** : 수성과 금성의 주전원의 중심은 항상 지구와 태양을 연결한 일직선 위에 위치한다. ⇨ 수성과 금성의 최대 이각을 설명할 수 있다.

　④ **한계** : 금성의 위상 변화와 별의 연주 시차를 설명하지 못하였다.

(2) **코페르니쿠스의 태양 중심설(지동설)** : 16세기 경 폴란드의 코페르니쿠스는 태양을 중심으로 지구와 행성들이 돌고 있다는 우주 모형을 제시하였다.

　① **천체 배열** : 태양을 중심으로 수성, 금성, 지구, 화성, 목성, 토성이 배열되어 있다.

　② **행성의 역행** : 태양을 중심으로 달을 제외한 각 행성들은 태양 주위를 원 궤도로 공전한다. 이때 태양에서 멀리 떨어져 있는 행성일수록 행성의 공전 속도가 느리다. ⇨ 행성의 역행 현상을 설명할 수 있다.

　③ **내행성의 최대 이각** : 수성과 금성은 지구 공전 궤도보다 안쪽에서 공전하고 있다. ⇨ 수성과 금성의 최대 이각을 설명할 수 있다.

　④ **별의 연주 시차** : 지구가 공전하여 위치가 변하기 때문에 설명할 수 있다.

　⑤ **금성의 위상 변화** : 행성의 배열이 지구-태양-금성 순으로 위치할 수 있다. ⇨ 금성의 위상 변화를 설명할 수 있다.

　⑥ 달은 지구의 둘레를 공전하고, 지구는 하루를 주기로 자전한다.

　⑦ **한계** : 지구 공전의 명확한 증거인 별의 연주 시차를 설명은 하였으나, 당시의 관측 기술로는 연주 시차를 측정할 수 없었기 때문에 증거를 제시하지는 못하였다. 또한 실제 행성의 위치를 관측한 결과와 정확한 원 궤도를 따라 등속 원운동하는 행성의 위치가 차이가 있었다.

▲ 프톨레마이오스의 지구 중심 모형

▲ 코페르니쿠스의 태양 중심 모형

개념확인3

프톨레마이오스의 지구 중심설에서 행성의 역행을 설명하기 위해 도입한 것은?

(　　　　　　　)

확인+3

다음 빈칸에 알맞은 말을 각각 쓰시오.

> 코페르니쿠스가 주장한 (㉠) 중심설은 태양에서 멀리 떨어져 있는 행성일수록 행성의 (㉡)가 느려지므로 행성의 역행을 설명할 수 있다.

㉠ (　　　　　　), ㉡ (　　　　　)

4. 태양계 모형의 변천 2

(3) 티코 브라헤의 모형(절충설) : 관측자인 티코 브라헤는 연주 시차의 측정에 실패하면서 태양 중심설이 틀렸다는 결론을 내렸고, 더욱 복잡한 체계의 지구 중심설인 절충설을 제시하였다.

① **천체 배열** : 우주의 중심은 지구이고, 달과 태양은 그 주위를 돈다. 이때 수성, 금성, 화성, 목성 순으로 배열된 다른 행성들은 태양 주위를 공전한다.

② **행성의 역행** : 태양과 화성이 각각 공전을 하고 있기 때문에, 지구를 사이에 두고 정반대편에 위치할 수 있다. 이 경우 공전 궤도 방향은 서로 반대가 되고, 공전 속도는 태양이 더 빠르다. ➾ 행성의 역행 현상을 설명할 수 있다.

③ **내행성의 최대 이각** : 수성과 금성이 태양의 공전 궤도보다 작은 궤도로 공전하기 때문에 태양에서 일정한 각도 이상 멀어지지 않는다. ➾ 수성과 금성의 최대 이각을 설명할 수 있다.

④ **금성의 위상 변화** : 행성의 배열이 지구-태양-금성 순으로 위치할 수 있다. ➾ 금성의 위상 변화를 설명할 수 있다.

⑤ **한계** : 별의 연주 시차를 설명하지 못하였다.

▲ 티코 브라헤의 절충설

(4) 갈릴레이의 관측적 증거 : 갈릴레이는 천체 망원경을 발명한 후, 다양한 관측을 통해 태양 중심설을 확립하였다.

① **목성의 위성 발견** : 갈릴레이는 망원경을 이용하여 목성과 목성의 주위를 돌고 있는 4개의 위성(갈릴레이 위성 : 이오, 유로파, 가니메데, 칼리스토)을 관측하였다. 이를 통해 지구가 아닌 다른 천체도 회전 운동의 중심이 될 수 있다는 것을 입증였고, 지구 중심설을 반박할 수 있는 중요한 증거가 되었다.

② **금성의 위상 변화 관측** : 갈릴레이는 망원경을 이용하여 금성의 보름달 모양의 위상을 관측하였다. 이는 지구 중심설로는 설명할 수 없는 현상으로 태양 중심설의 확실한 증거가 되었다.

개념확인 4

다음 빈칸에 알맞은 말을 각각 기호로 고르시오.

정답 및 해설 **41쪽**

> 티코 브라헤는 연주 시차의 측정에 실패하면서 (㉠ 태양, ㉡ 지구) 중심설이 틀렸다는 결론을 내렸고, 더욱 복잡한 체계의 (㉠ 태양, ㉡ 지구) 중심설인 절충설을 태양계 모형으로 제시하였다.

확인+4

갈릴레이는 <u>이것</u>의 관측을 통해 지구가 아닌 다른 천체도 회전 운동의 중심이 될 수 있다는 것을 입증하면서 지구 중심설을 반박할 수 있는 중요한 증거를 제시하였다. 이것은 무엇인가?

(   )

고대의 우주관

① 피타고라스의 우주관 : 행성이나 별이 투명한 구의 표면에 붙어서 회전한다고 생각하였다. 피타고라스는 지구가 구형임을 확신하고, 태양을 중심으로 지구가 공전한다고 설명하였으며, 우주를 코스모스(Cosmos)라고 부르기 시작하였다.

② 아리스토텔레스의 우주관 : 태양과 달을 포함한 모든 천체들이 우주의 중심에 있는 지구를 중심으로 등속 원운동을 한다고 주장하였다.

별의 연주 시차 측정

티코 브라헤의 관측기기의 연주 시차 측정 한계는 1 이었다. 이는 별이 적어도 20만 AU 이내에 존재해야 한다. 하지만 별은 이보다 훨씬 멀리 떨어져 있기 때문에 측정할 수 없었다.

최초의 연주 시차는 1838년 베셀에 의해 측정되었다.

갈릴레이의 망원경

▲ 갈릴레이가 만든 최초의 망원경

▲ 갈릴레이의 달 스케치

개념 다지기

01 행성의 공전 주기와 회합 주기에 대한 설명 중 옳은 것은 ○표, 옳지 않은 것은 ×표 하시오.

(1) 외행성은 지구에서 멀어질수록 공전 주기는 짧아지고, 회합 주기는 길어진다. (　　　)

(2) 회합 주기를 통해 행성들의 공전 주기를 계산할 수 있다. (　　　)

(3) 지구의 공전 속도와 내행성의 공전 속도의 차가 작을수록 회합 주기는 길어진다. (　　　)

02 그림 (가)와 같은 위치에 있던 행성이 390일 후 그림 (나)의 위치가 되었다. 이 행성의 공전 주기는? (단, 소수점 첫째 자리에서 반올림한다.)

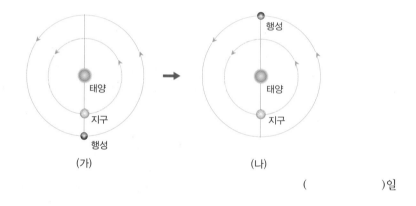

(가)　　　　　　　　　(나)

(　　　　　　　)일

03 케플러 법칙과 관련된 설명 중 옳은 것은 ○표, 옳지 않은 것은 ×표 하시오.

(1) 태양계 행성들의 공전 궤도 이심률은 거의 1에 가깝다. (　　　)

(2) 공전 궤도 이심률이 클수록 근일점과 원일점에서의 공전 속도 차이가 크다. (　　　)

(3) 케플러 법칙은 행성, 위성, 소행성에만 적용되고, 타원 궤도를 그리는 혜성이나 지구 주위를 도는 인공위성에는 적용되지 않는다. (　　　)

04 오른쪽 그림은 어떤 행성이 태양 주위를 공전 궤도를 따라 운동하는 것을 나타낸 것이다. 이때 태양과 P점 까지의 거리가 6AU, 태양과 Q점 까지의 거리가 12AU일 때, 이 행성의 공전 주기를 구하시오.

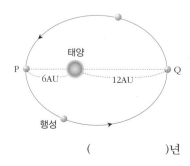

(　　　　　　　)년

05 오른쪽 그림은 프톨레마이오스의 태양계 모형을 나타낸 것이다. 이에 대한 설명으로 옳은 것만을 〈보기〉에서 있는 대로 고른 것은?

─── 〈 보기 〉───

ㄱ. 모든 천체가 지구를 중심으로 등속 원운동하는 태양계 모형이다.
ㄴ. 지구는 정지한 채 움직이지 않는다.
ㄷ. 금성의 주전원의 중심이 항상 지구와 태양을 연결한 일직선에 위치하는 것으로 금성의 위상 변화를 설명할 수 있다.

① ㄱ   ② ㄴ   ③ ㄷ   ④ ㄱ, ㄴ   ⑤ ㄱ, ㄷ

06 프톨레마이오스의 지구 중심설과 코페르니쿠스의 태양 중심설에 의해 공통적으로 설명되는 현상으로 옳은 것을 〈보기〉에서 있는 대로 고른 것은?

─── 〈 보기 〉───

ㄱ. 우주의 중심   ㄴ. 금성의 역행   ㄷ. 수성의 최대 이각
ㄹ. 별의 연주 시차   ㅁ. 금성의 보름달 모양의 위상

① ㄱ, ㄴ   ② ㄴ, ㄷ   ③ ㄷ, ㄹ   ④ ㄱ, ㄴ, ㄷ   ⑤ ㄷ, ㄹ, ㅁ

07 티코 브라헤의 절충설로 설명할 수 <u>없는</u> 것은?

① 행성의 역행   ② 별의 연주 시차   ③ 금성의 위상 변화
④ 달의 위상 변화   ⑤ 내행성의 최대 이각

08 다음 〈보기〉 중 갈릴레이에 의해 관측되어 지구 중심설을 반박할 수 있는 증거가 된 것을 모두 고르시오.

─── 〈 보기 〉───

ㄱ. 목성의 위성 관측   ㄴ. 금성의 보름달 모양의 위상 관측   ㄷ. 별의 연주 시차 관측

(   )

유형 익히기 & 하브루타

[유형19-1] 행성의 공전 주기와 회합 주기

그림 (가)와 (나)는 지구가 E_0에서 E_1 위치로 하루 동안 공전할 때, 내행성과 외행성도 각각 P_0에서 P_1, P'_0에서 P'_1으로 이동한 것을 각각 나타낸 것이다. 물음에 답하시오. (단, 지구의 공전 주기는 E, 내행성의 공전 주기는 P, 외행성의 공전 주기는 P' 이다.)

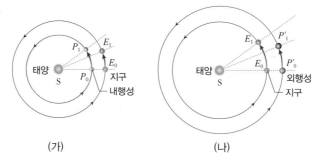

(가)   (나)

(1) 하루 동안 내행성과 지구, 외행성과 지구의 공전 각도 차이를 각각 나타내시오.

　　　　　　　　　　ㄱ 내행성과 지구 (　　　　　　　　), ㄴ 외행성과 지구 (　　　　　　　　)

(2) (1)을 이용하여, 회합 주기를 계산하는 식을 각각 쓰시오. (단, 내행성과 외행성의 회합 주기는 S, S'로 나타내시오.)

　　　　　　　　　　ㄱ 내행성과 지구 (　　　　　　　　), ㄴ 외행성과 지구 (　　　　　　　　)

01

다음 그림은 태양계 행성들의 태양으로부터의 거리에 따른 회합 주기를 나타낸 것이다. 이에 대한 설명으로 옳은 것만을 〈보기〉에서 있는 대로 고른 것은?

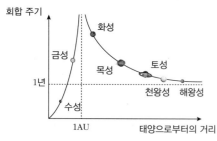

── 〈 보기 〉 ──

ㄱ. 회합 주기를 통해 행성들의 공전 주기를 계산할 수 있다.

ㄴ. 행성의 회합 주기는 지구에서 멀어질수록 짧아진다.

ㄷ. 지구와 공전 주기의 차이가 클수록 회합 주기는 짧다.

① ㄱ　　　　② ㄴ　　　　③ ㄷ
④ ㄱ, ㄴ　　　⑤ ㄱ, ㄴ, ㄷ

02

공전 주기가 88일인 행성이 그림 (가)의 배치를 한 이후, (나)와 같은 배열이 될 때까지 걸리는 시간을 구하시오. (단, 소수점 첫째 자리에서 반올림한다.)

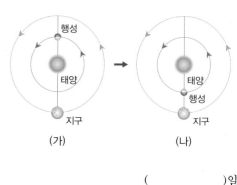

(가)　　　　　　　　(나)

　　　　　　　　　　(　　　　　　　　)일

[유형19-2] 케플러 법칙

다음 그림은 행성이 공전 궤도 위에서 같은 시간 동안 A 에서 B, C 에서 D로 이동할 때, 행성과 태양을 잇는 직선이 쓸고 지나간 면적 S_1, S_2와 속력 v_1, v_2를 각각 나타낸 것이다. 이에 대한 설명으로 옳은 것만을 〈보기〉에서 있는 대로 고른 것은? (단, A, C 지점은 각각 태양과 행성 사이의 거리가 가장 가까운 위치와 가장 먼 위치이다.)

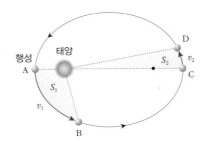

─〈 보기 〉─

ㄱ. $S_1 = S_2$, $v_1 > v_2$
ㄴ. 행성이 C 위치에 있을 때, 태양과 행성 간의 거리를 장반경이라고 한다.
ㄷ. A 지점에서 C 지점까지의 거리가 $2a$ 라면, 이 행성의 공전 주기의 제곱은 a 에 비례한다.

① ㄱ   ② ㄷ   ③ ㄱ, ㄴ   ④ ㄱ, ㄷ   ⑤ ㄴ, ㄷ

---

03 다음 그림은 행성 A 와 B 의 공전 궤도를 나타낸 것이다. 이에 대한 설명으로 옳은 것만을 〈보기〉에서 있는 대로 고른 것은?

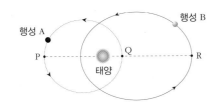

─〈 보기 〉─

ㄱ. P, Q, R 지점을 비교했을 때 행성의 공전 속도는 Q 지점에서 가장 빠르다.
ㄴ. 행성의 공전 주기는 행성 A가 행성 B보다 길다.
ㄷ. 같은 시간 동안 행성 A와 태양을 잇는 직선이 쓸고 지나간 면적은 행성 B와 태양을 잇는 직선이 쓸고 지나간 면적과 같다.

① ㄱ   ② ㄴ   ③ ㄷ
④ ㄱ, ㄴ   ⑤ ㄱ, ㄴ, ㄷ

04 다음 그림은 어떤 행성의 공전 궤도를 모식적으로 나타낸 것이다. 이에 대한 설명으로 옳은 것만을 〈보기〉에서 있는 대로 고른 것은?

─〈 보기 〉─

ㄱ. 태양은 타원 궤도의 한 초점에 위치한다.
ㄴ. a 와 b 의 차이가 클수록 더 납작한 궤도의 타원이 된다.
ㄷ. 태양과 행성의 평균 거리는 짧은 반지름인 b를 말한다.

① ㄱ   ② ㄴ   ③ ㄷ
④ ㄱ, ㄴ   ⑤ ㄱ, ㄴ, ㄷ

유형 익히기 & 하브루타

[유형19-3] **태양계 모형의 변천 1**

그림 (가)와 (나)는 서로 다른 태양계 모형을 나타낸 것이다. 이에 대한 설명으로 옳은 것만을 〈보기〉에서 있는 대로 고른 것은?

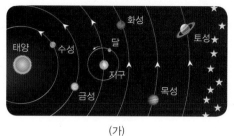

(가)   (나)

〈 보기 〉

ㄱ. (가)는 천동설, (나)는 지동설이다.
ㄴ. (가)에서 수성과 금성은 지구 공전 궤도보다 안쪽에서 공전하고 있기 때문에 천구 상에서 보면 늘 태양 근처에서만 보이는 현상을 설명할 수 있다.
ㄷ. (나)에서 주전원을 이용하여 금성의 위상 변화를 설명할 수 있다.

① ㄱ   ② ㄴ   ③ ㄱ, ㄴ   ④ ㄱ, ㄷ   ⑤ ㄴ, ㄷ

---

05 다음 그림은 프톨레마이오스의 우주관을 나타낸 것이다. 이에 대한 설명으로 옳은 것은?

① ㉠은 주전원이다.
② 지동설에 해당한다.
③ 수성이 최대 이각을 갖는다.
④ 모든 천체가 역행하는 모습을 볼 수 있다.
⑤ 금성의 주전원의 중심이 항상 지구와 태양을 연결한 일직선 위에 위치하기 때문에 금성의 보름달에 가까운 모습을 관측할 수 있다.

06 다음 그림은 어떤 우주관에 기초한 태양, 금성, 지구의 위치를 나타낸 것이다. 이 우주관에 대한 설명으로 옳은 것만을 〈보기〉에서 있는 대로 고른 것은?

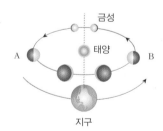

〈 보기 〉

ㄱ. 금성의 역행이 시작되는 지점은 A부터이다.
ㄴ. 지구는 금성보다 태양에서 멀리 떨어져 있으므로 공전 속도가 금성보다 느리다.
ㄷ. 태양을 중심으로 행성이 배열되어 있는 지동설에 해당한다.

① ㄱ   ② ㄴ   ③ ㄷ
④ ㄱ, ㄴ   ⑤ ㄱ, ㄴ, ㄷ

[유형19-4] 태양계 모형의 변천 2

다음 그림과 같은 우주관에 대한 설명으로 옳은 것만을 〈보기〉에서 있는 대로 고른 것은?

〈 보기 〉

ㄱ. 우주의 중심은 지구이고, 태양계 행성들은 지구 주위를 돈다.
ㄴ. 코페르니쿠스의 우주관과 같이 행성의 공전 속도의 차이를 이용하여 행성의 역행을 설명할 수 있다.
ㄷ. 연주 시차의 측정이 실패하면서 더욱 복잡한 체계의 지구 중심설을 제시하였다.

① ㄱ   ② ㄷ   ③ ㄱ, ㄴ   ④ ㄴ, ㄷ   ⑤ ㄱ, ㄴ, ㄷ

---

07 그림 (가)와 (나)는 각각 서로 다른 우주관을 단순화하여 나타낸 모식도이다. 이에 대한 설명으로 옳은 것만을 〈보기〉에서 있는 대로 고른 것은?

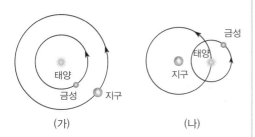

(가)   (나)

〈 보기 〉

ㄱ. (가)에서는 별의 연주 시차를 설명할 수 있다.
ㄴ. (나)에서는 주전원을 도입하여 행성의 역행을 설명하였다.
ㄷ. (가)와 (나) 모두 보름달에 가까운 금성의 모양에 대하여 설명할 수 있다.

① ㄱ   ② ㄷ   ③ ㄱ, ㄷ
④ ㄴ, ㄷ   ⑤ ㄱ, ㄴ, ㄷ

08 그림 (가)는 갈릴레이가 관찰한 목성의 위성(O는 목성, *는 위성)을, 그림 (나)는 금성의 위상을 스케치한 것을 나타낸 것이다.

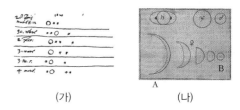

(가)   A   (나)   B

이에 대한 설명으로 옳은 것만을 〈보기〉에서 있는 대로 고른 것은?

[수능 기출 유형]

〈 보기 〉

ㄱ. 태양 중심의 우주관으로 설명할 수 있는 현상들이다.
ㄴ. (가)를 통해 지구가 아닌 다른 천체도 회전 운동의 중심이 될 수 있음을 입증하였다.
ㄷ. (나)에서 갈릴레이가 금성의 위상을 관측한 순서는 A에서 B이다.

① ㄱ   ② ㄴ   ③ ㄷ
④ ㄱ, ㄴ   ⑤ ㄱ, ㄴ, ㄷ

01 코페르니쿠스가 태양이 아닌 지구가 돈다는 지동설을 주장한 것보다 약 100여년 전인 1400년 대에 조선의 과학자 이순지는 이미 지동설을 주장하였다. 이순지는 지구가 둥글며, 해와 달은 물론 행성의 위치를 정확하게 계산하고 일식과 월식이 언제 일어나는지 예측할 수 있는 칠정산 내외편(七政算 內外編)을 발간하였다.

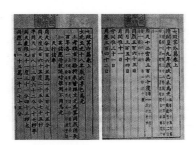

▲ 칠정산 내편과 외편

칠정산(七政算)이란 7개의 움직이는 별을 계산한다는 뜻으로 해와 달, 5행성(수성, 금성, 화성, 목성, 토성)의 위치를 계산하여 미리 예보하였다.

'칠정산외편'에는 지구가 태양을 도는 데 걸리는 시간은 365일 5시간 48분 45초라고 계산한 사실도 기록되어 있다. 오늘날 물리학적인 계산은 365일 5시간 48분 46초로 1초 차이가 나게 1400년대에 계산해냈다. 이는 세종 시절의 과학기술 수준이 세계 최정상급이었다는 것을 보여준다.

이순지는 월식 현상을 근거로 하여 지구는 둥글고, 태양의 주위를 돈다고 주장하였다. 이와 같이 월식 현상이 지동설의 근거가 될 수 있는 이유에 대하여 서술하시오.

02 만유인력이란 질량을 가진 모든 물체 사이에 작용하는 힘으로, 태양과 행성 사이에도 만유인력이 작용한다. 이때 만유인력의 크기는 서로 잡아당기는 두 물체의 질량의 곱에 비례하고, 두 물체 사이의 거리의 제곱에 반비례한다. 이러한 만유인력 법칙을 이용하여 케플러 제 3 법칙을 유도하시오.

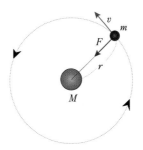

▲ 원운동하는 물체가 받는 힘

03 어떤 항성 S 를 중심으로 공전하는 세 개의 행성 A, B, C 가 있다. 행성 B에 살고 있는 관측자는 행성 A와 C 를 다음과 같이 관측했다고 한다. (단, 항성 S 에 대하여 행성 B 는 1AU 거리에서 360 일의 주기로 공전하고 있으며, 행성 B 의 시간은 1일 24시간, 방위는 동서남북으로 지구와 같다. 또한 모든 행성의 공전과 자전의 방향은 반시계 방향(서→동 방향)이며, 원 궤도를 따라 움직인다.)

㉠ 어느날 18 시에 행성 A 는 동방 최대 이각에서 관측되었으며, 항성 S 와 45° 떨어져서 관측되었고, C 는 동쪽 지평선 위에 관측되었다.

㉡ ㉠으로부터 600 일이 지난 날 18시에 행성 A 는 ㉠과 같은 위치에서 관측되었다.

㉢ 항성 S 와 행성 A 사이의 거리와 항성 S 와 행성 C 사이의 거리 비는 1 : 2 로 밝혀졌다.

행성 B 에 사는 사람이 행성 C 를 다시 같은 시간, 같은 위치에서 관측하기 위해서는 ㉠을 관측한 날로부터 며칠 후가 될까? (단, $\sqrt{2}$ 는 1.4로 계산한다.)

04

다음은 지구 – 태양 – 춘분점 사이의 각과 화성 – 지구 – 춘분점 사이의 각을 이용하여 화성의 공전 궤도를 작도하는 방법을 나타낸 것이다.

---

① 지구 공전 궤도 그리기 : 컴퍼스를 이용하여 반지름이 5cm인 원을 그린다.

② 춘분점 표시 하기 : 지구의 공전 궤도 위의 임의의 한 점을 잡아 궤도 중심과 그 점을 잇는 선을 그리고, 선 끝에 춘분점을 표시한다.

③ 화성의 위치 표시 하기

   ⓐ 지구 – 태양 – 춘분점 사이의 각이 202.5° 라면, 춘분점과 태양을 이은 선에서 반시계 방향으로 202.5° 되는 지점에 지구의 위치를 표시한다.

   ⓑ 화성 – 지구 – 춘분점 사이의 각이 159° 라면, ⓐ에서 표시한 점에 태양과 춘분점을 잇는 선과 평행하도록 선을 긋고, 그 선을 기준으로 반시계 방향으로 159° 되도록 선을 긋는다.

   ⓒ ⓐ와 ⓑ 방법으로 그 다음 관측일에 관측된 각도를 참고로 하여 반복한다.

   ⓓ ⓑ와 ⓒ 과정에서 그은 두 선이 만나는 곳에 화성의 위치 M 을 표시한다.

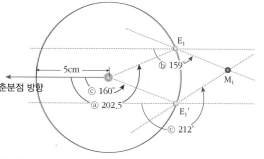

다음은 1화성년(지구 시간으로 687일) 동안 지구의 위치 변화를 나타낸 것이다. 주어진 자료를 이용하여 화성의 공전 궤도를 완성한 후, 공전 궤도의 긴 반지름과 짧은 반지름을 각각 측정하고, 측정된 값을 이용하여 화성의 궤도 이심률을 구하시오. (단, 소수점 셋째 자리에서 반올림하며, 지구 – 태양 – 춘분점 사이의 각을 ㉠, 화성 – 지구 – 춘분점 사이의 각을 ㉡이라고 한다.)

관측일	지구 위치	㉠	㉡	화성 위치	관측일	지구 위치	㉠	㉡	화성 위치
1965. 4. 13	E_1	202.5°	159°	M_1	1973. 10. 28	E_5	34°	30.5°	M_5
1965. 3. 1	E_1'	160°	212°		1975. 9. 15	E_5'	351.5°	77.5°	
1967. 6. 2	E_2	251°	196°	M_2	1975. 12. 17	E_6	84.5°	82.5°	M_6
1969. 4. 19	E_2'	208.5°	256.5°		1977. 11. 3	E_6'	40°	123°	
1969. 7. 21	E_3	297.5°	243°	M_3	1978. 2. 4	E_7	134.5°	118°	M_7
1971. 6. 8	E_3'	256.5°	316°		1979. 12. 23	E_7'	90.5°	162.5°	
1971. 9. 9	E_4	345.5°	313°	M_4	1980. 3. 25	E_8	184°	146.5°	M_8
1973. 7. 27	E_4'	303.5°	22°		1982. 2. 10	E_8'	140.5°	199°	

01 내행성들이 내합에서 다음 내합, 외행성들이 충에서 다음 충에 이르는 데까지 걸리는 시간을 무엇이라고 하는가?

( )

02 다음 설명에 해당하는 단어를 각각 골라 기호로 답하시오.

> 행성의 회합 주기는 지구에서 가까워질수록 (㉠ 짧아 , ㉡ 길어) 지며, 외행성의 경우 지구에서 (㉠ 가까워 , ㉡ 멀어)질수록 1년에 가까워진다.

03 다음 설명에 해당하는 단어를 각각 쓰시오.

> 타원 궤도의 납작한 정도를 (㉠)이라고 한다. 이심률이 (㉡)에 가까울수록 원에 가깝고, (㉢)에 가까울수록 직선에 가깝다.

㉠ ( ), ㉡ ( ), ㉢ ( )

04 다음은 케플러 법칙에 대한 설명이다. 제1법칙에 해당하면 '1', 제2법칙에 해당하면 '2', 제 3법칙에 해당하면 '3'을 각각 쓰시오.

(1) 행성의 궤도 긴 반지름으로부터 공전 주기를 구할 수 있다. ( )

(2) 행성은 태양을 한 초점으로 하는 타원 궤도를 그리며 공전한다. ( )

(3) 행성의 공전 속도는 근일점에서 가장 빠르고, 원일점에서 가장 느리다. ( )

05 북반구를 기준으로, 지구의 공전 속도는 여름철과 겨울철 중 언제가 더 빠를까?

( )

06 행성의 공전 주기 P 와 궤도의 긴 반지름 a 와의 관계를 바르게 표현한 것은? (단, 공전 주기의 단위는 '년', 긴 반지름의 단위는 'AU'로 한다.)

① $P = a$ ② $P^2 = a^2$ ③ $P^2 = a^3$
④ $P^3 = a^2$ ⑤ $\dfrac{1}{P^2} = a^3$

07 다음 설명에 해당하는 단어를 각각 고르시오.

> 프톨레마이오스의 우주관에 의하면 모든 천체가 (㉠ 지구 , ㉡ 태양)을(를) 중심으로 (㉠ 원 , ㉡ 타원) 궤도를 따라 공전한다.

08 다음 〈보기〉 중 지동설에 근거한 설명을 모두 골라 기호로 답하시오.

> 〈 보기 〉
> ㄱ. 태양계 행성들은 각자의 공전 궤도 위에서 원을 그리며 돌고 있다.
> ㄴ. 수성은 지구 공전 궤도보다 안쪽에서 공전하고 있다.
> ㄷ. 지구 − 태양 − 금성 순으로 행성이 위치할 수 있다.

( )

09 다음은 태양 중심설을 확립하는데 기여한 과학자의 관측 결과이다. 이 과학자는 누구인가?

> ㉠ 목성과 목성 주위를 돌고 있는 4개의 위성을 관측하였다.
> ㉡ 금성의 크기와 모양이 주기적으로 변하는 것을 관측하였다.

( )

10 지구 중심설, 태양 중심설, 절충설 중 태양 중심설로만 설명할 수 있는 현상은?

① 행성의 역행 ② 별의 연주 시차
③ 금성의 위상 변화 ④ 내행성의 최대 이각
⑤ 달의 일식과 월식

11

다음은 행성 A와 B를 관측한 내용이다.

	관측 시간	위상	공전 주기
행성 A	자정	보름달 모양	10년
행성 B	새벽	그믐달 모양	0.5년

이에 대한 설명으로 옳은 것만을 〈보기〉에서 있는 대로 고른 것은?

〈 보기 〉

ㄱ. 행성 A는 내행성, 행성 B는 외행성이다.

ㄴ. 행성 B의 회합 주기는 1년이다.

ㄷ. 행성 A와 B의 회합 주기의 차이는 $\frac{1}{9}$ 년이다.

① ㄱ   ② ㄴ   ③ ㄱ, ㄴ
④ ㄴ, ㄷ   ⑤ ㄱ, ㄴ, ㄷ

12

다음은 태양계 행성의 공전 주기를 나타낸 것이다.

행성	A	B	C	D
공전 주기	225일	687일	88일	4330일

이에 대한 설명으로 옳은 것만을 〈보기〉에서 있는 대로 고른 것은?

〈 보기 〉

ㄱ. A, C는 내행성, B, D는 외행성이다.

ㄴ. 회합 주기가 가장 긴 행성은 C이다.

ㄷ. 회합 주기가 1에 가장 가까운 행성은 D이다.

① ㄱ   ② ㄴ   ③ ㄱ, ㄷ
④ ㄴ, ㄷ   ⑤ ㄱ, ㄴ, ㄷ

13

다음 그림은 지구와 지구 궤도 근처에서 근일점을 통과하는 어느 혜성의 공전 궤도를 나타낸 것이다. 이 혜성의 공전 주기는 64년이며, 혜성의 근일점과 태양과의 거리는 4AU이다. 이 혜성 궤도에서 태양과 혜성의 원일점 사이의 거리는?

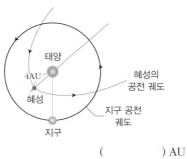

(   ) AU

14

다음 그림은 어느 행성이 태양 둘레를 공전하는 모습을 나타낸 것이다. 이때 행성이 A 위치에서 B 위치로 이동하는데 걸리는 시간은 1년이었고, 이 시간 동안 태양과 행성을 잇는 선이 쓸고 지나간 면적은 전체 궤도 면적의 $\frac{1}{8}$ 이었다. 이 행성에 대한 설명으로 옳은 것만을 〈보기〉에서 있는 대로 고른 것은?

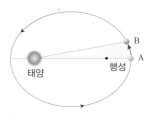

〈 보기 〉

ㄱ. 행성이 A 지점을 지날 때 공전 속도가 가장 빠르다.

ㄴ. 행성의 궤도 장반경은 4AU이다.

ㄷ. 행성의 회합 주기는 $\frac{7}{8}$ 년이다.

① ㄱ   ② ㄴ   ③ ㄱ, ㄴ
④ ㄴ, ㄷ   ⑤ ㄱ, ㄴ, ㄷ

15

다음 그림은 행성이 타원 공전 궤도 상에서 같은 시간 동안 이동한 구간 A와 B를 나타낸 것이다. 이에 대한 설명으로 옳지 않은 것은?(단, 구간 A, B를 이동한 면적은 각각 S_A, S_B 이고, A점과 B점에서 행성의 속도를 각각 v_A, v_B 라고 한다.)

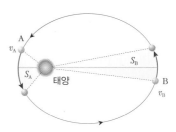

① $S_A = S_B$

② $v_A > v_B$

③ A와 B 지점에서의 각운동량은 일정하다.

④ 타원의 이심률은 원에 가까울수록 커진다.

⑤ 구간 A를 지날 때 행성의 근일점을 지나간다.

16 다음 표는 행성 A, B, C 가 각각 근일점과 원일점에 위치할 때 태양까지의 거리를 나타낸 것이다. 공전 궤도의 긴 반지름이 긴 순서대로 바르게 나타낸 것은?

행성	A	B	C
근일점(AU)	1.35	1.12	1.48
원일점(AU)	1.69	2.08	1.52

① A, B, C   ② A, C, B   ③ B, A, C
④ B, C, A   ⑤ C, A, B

17 천동설에서는 설명되지 않고 절충설에서만 설명되는 것을 〈보기〉에서 있는 대로 고른 것은?

〈 보기 〉
ㄱ. 수성은 초저녁이나 새벽에만 관측된다.
ㄴ. 화성의 시운동에서 역행이 나타난다.
ㄷ. 금성이 보름달에 가까운 모양으로 관측된다.

① ㄱ   ② ㄴ   ③ ㄷ
④ ㄱ, ㄴ   ⑤ ㄴ, ㄷ

18 다음은 세 학생이 지동설에 대하여 이야기하고 있는 모습을 나타낸 것이다. 옳은 말을 하는 학생만을 있는 대로 고른 것은?

① 학생 A   ② 학생 B   ③ 학생 C
④ 학생 A, B   ⑤ 학생 A, B, C

19 그림 (가)와 (나)는 행성의 운동을 설명하기 위한 두 우주관을 나타낸 것이다. 이에 대한 설명으로 옳은 것만을 〈보기〉에서 있는 대로 고른 것은?

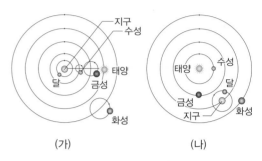

(가)   (나)

〈 보기 〉
ㄱ. (가)는 프톨레마이오스가 제시한 우주관이다.
ㄴ. (가)에서는 금성의 역행을 설명할 수 없다.
ㄷ. (나)에서는 보름달 모양의 금성을 설명할 수 있다.

① ㄱ   ② ㄷ   ③ ㄱ, ㄷ
④ ㄴ, ㄷ   ⑤ ㄱ, ㄴ, ㄷ

20 다음은 어떤 우주관에서 천체의 운동을 설명한 것이다. ⓐ, ⓑ가 설명할 수 있는 현상을 〈보기〉에서 골라 바르게 짝지은 것은?

ⓐ 각각의 행성들은 주전원을 그리며 원운동을 하고, 이때 주전원의 중심은 서로 다른 주기를 가지고 지구 주위를 공전한다.

ⓑ 내행성의 주전원의 중심은 항상 지구와 태양을 연결한 일직선 위에 있다.

〈 보기 〉
ㄱ. 행성의 역행   ㄴ. 보름달 모양의 금성
ㄷ. 별의 연주 시차   ㄹ. 내행성의 최대 이각

	ⓐ	ⓑ		ⓐ	ⓑ
①	ㄱ	ㄴ	②	ㄴ	ㄷ
③	ㄱ	ㄹ	④	ㄹ	ㄱ
⑤	ㄷ	ㄴ			

C

21 다음 그림은 어느 행성의 시간에 따른 지구와의 거리 변화를 나타낸 것이다. 이에 대한 설명으로 옳은 것만을 〈보기〉에서 있는 대로 고른 것은?

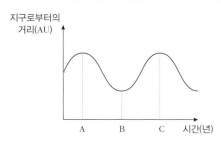

─────〈 보기 〉─────

ㄱ. 행성이 금성일 경우 A에서 B로 갈수록 시직경이 커진다.

ㄴ. 행성이 목성일 경우 A 시기는 충, B 시기는 합 근처이다.

ㄷ. A에서 C 까지 기간이 $\frac{5}{3}$ 년인 내행성의 공전 주기는 $\frac{5}{8}$ 년이다.

① ㄱ   ② ㄷ   ③ ㄱ, ㄷ
④ ㄴ, ㄷ   ⑤ ㄱ, ㄴ, ㄷ

22 다음 그림은 태양 주위를 타원 궤도를 따라 공전하고 있는 두 행성 A와 B를 나타낸 것이다. 이에 대한 설명으로 옳은 것만을 〈보기〉에서 있는 대로 고른 것은? (단, 행성 B의 질량은 행성 A의 질량의 300배이고, 행성 B의 궤도 긴 반지름은 행성 A의 5배이다.)

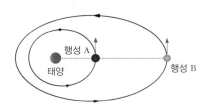

─────〈 보기 〉─────

ㄱ. 태양이 두 행성을 끌어당기는 힘은 각각 같다.

ㄴ. 행성 A의 공전 주기는 행성 B의 공전 주기보다 짧다.

ㄷ. 행성 A는 공전 궤도 상에서 항상 같은 크기의 만유 인력을 받는다.

① ㄱ   ② ㄴ   ③ ㄱ, ㄷ
④ ㄴ, ㄷ   ⑤ ㄱ, ㄴ, ㄷ

23 다음 그림은 태양을 초점으로 각각 원 궤도와 타원 궤도를 그리며 같은 방향으로 공전하는 가상의 두 행성을 나타낸 것이다. 이 행성들의 운동에 대한 설명으로 옳은 것만을 〈보기〉에서 있는 대로 고른 것은?

[수능 기출 유형]

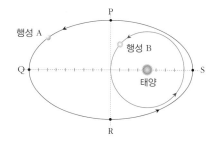

─────〈 보기 〉─────

ㄱ. 이심률은 행성 A 가 행성 B 보다 크다.

ㄴ. 행성 A의 공전 각속도는 일정하다.

ㄷ. 행성 A의 공전 주기는 행성 B의 공전 주기의 2.25배이다.

ㄹ. 행성 A가 S에서 Q까지 공전하는데 걸리는 시간은 P에서 R까지 공전하는데 걸리는 시간 보다 짧다.

① ㄱ, ㄴ   ② ㄴ, ㄷ   ③ ㄱ, ㄹ
④ ㄱ, ㄴ, ㄹ   ⑤ ㄴ, ㄷ, ㄹ

24 다음 그림은 어떤 우주관에 기초한 태양, 금성, 지구의 위치를 나타낸 것이다. 이 우주관에 대한 설명으로 옳은 것만을 〈보기〉에서 있는 대로 고른 것은?

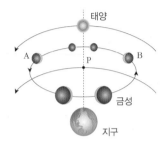

─── 〈 보기 〉 ───

ㄱ. P점과 태양이 지구 주위를 회전하는 주기는 같다.

ㄴ. 금성이 A에서 B로 이동할 때 금성은 천구 상에서 역행한다.

ㄷ. 금성이 B에 위치할 때, 새벽에 동쪽 하늘에서 관측된다.

① ㄱ   ② ㄷ   ③ ㄱ, ㄷ
④ ㄴ, ㄷ   ⑤ ㄱ, ㄴ, ㄷ

25 그림 (가)와 (나)는 서로 다른 우주관에 근거하여 금성의 공전 궤도를 각각 나타낸 것이다. 이에 대한 설명으로 옳은 것만을 〈보기〉에서 있는 대로 고른 것은?

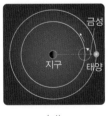 

      (가)   (나)

─── 〈 보기 〉 ───

ㄱ. (나)에서 금성의 시직경 변화가 더 크다.

ㄴ. 금성의 보름달 모양의 위상을 설명할 수 있는 것은 (가)이다.

ㄷ. 금성의 역행은 (가)와 (나)에서 모두 설명할 수 있다.

① ㄱ   ② ㄷ   ③ ㄱ, ㄷ
④ ㄴ, ㄷ   ⑤ ㄱ, ㄴ, ㄷ

26 그림 (가)~(다)는 서로 다른 태양계 모형을 나타낸 것이다. 세 가지 태양계 모형에 대한 설명으로 옳은 것만을 〈보기〉에서 있는 대로 고른 것은?

[수능 모의 평가 기출 유형]

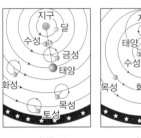  

  (가)   (나)   (다)

─── 〈 보기 〉 ───

ㄱ. (나)와 (다)에서 우주의 중심은 태양이다.

ㄴ. 별의 연주 시차를 설명할 수 있는 태양계 모형은 (다)이다.

ㄷ. (가)에서 금성의 보름달 모양은 설명할 수 없다.

ㄹ. 태양계 모형은 (가) ⇨ (나) ⇨ (다) 순으로 제안되었다.

① ㄱ, ㄴ   ② ㄴ, ㄷ   ③ ㄷ, ㄹ
④ ㄱ, ㄴ, ㄷ   ⑤ ㄴ, ㄷ, ㄹ

심화

27 다음 그림은 행성 A와 B를 각각 태양과 연결한 직선이 1년 동안 쓸고 지나간 면적을 나타낸 것이다. 이에 대한 설명으로 옳은 것만을 〈보기〉에서 있는 대로 고른 것은? (단, 행성 A와 B의 각각 쓸고 간 면적은 전체 면적의 $\frac{1}{27}$, $\frac{1}{8}$ 이다.)

─── 〈 보기 〉 ───

ㄱ. 행성 A의 공전 궤도 긴 반지름이 4AU라면, 행성 B의 공전 궤도 긴 반지름은 9AU이다.

ㄴ. 1년 동안 행성 A의 속력은 점점 빨라지고 있다.

ㄷ. 행성 B의 회합 주기가 행성 A보다 길다.

① ㄱ   ② ㄷ   ③ ㄱ, ㄷ
④ ㄴ, ㄷ   ⑤ ㄱ, ㄴ, ㄷ

28 그림 (가)와 (나)는 천동설과 지동설에서 행성의 운동과 겉보기 운동을 순서 없이 나타낸 것이다. 물음에 답하시오.

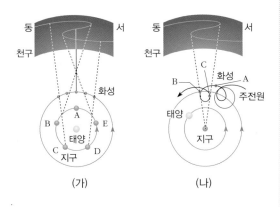

(1) (가)에서 역행이 일어나는 지점과 행성이 가장 밝게 보이는 지점은 A ~ E 중 각각 어느 지점 부근일까?

(2) (나)에서 화성이 A ~ C를 지날 때 천구 상에서 이 동하는 방향을 각각 쓰시오.

(3) (가)와 (나)에서 행성의 겉보기 운동이 일어나 는 이유에 대하여 각각 서술하시오.

29 다음 그림은 프톨레마이오스의 우주관을 나타낸 것이다. 프톨레마이오스는 주전원과 이심원을 도 입하여 천체의 운동을 설명하였다. 이때 주전원의 중심은 큰 원의 중심에 대해 일정한 속도로 공전 하며, 이 원을 이심원이라고 한다. 각각을 도입하 여 설명할 수 있었던 현상에 대하여 서술하시오.

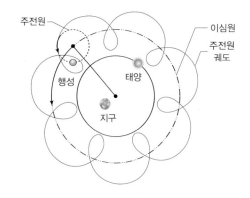

30 금성의 위상 변화는 태양 중심설의 증거가 되지 만, 지구 중심설에서는 설명할 수 없는 현상이다. 태양 중심설의 증거가 될 수 있는 이유와 지구 중 심설에서는 설명할 수 없는 이유에 대하여 각각 서술하시오.

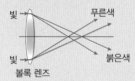

1. 광학 망원경 1

(1) 망원경의 구조와 기능

▲ 망원경의 구조와 기능

· 대물렌즈 : 천체의 빛을 모아서 초점에 상을 만든다.
· 이슬 방지통 : 경통 안에 이슬이 맺히는 것을 방지한다.
· 경통 홀더 : 경통을 고정시키거나 경통 앞뒤 간의 균형을 맞출 때 사용한다.
· 보조 망원경(파인더) : 주 망원경의 중심과 일치시켜 천체를 쉽게 찾도록 해 준다.
· 접안렌즈 : 초점에 맺힌 상을 확대해 준다.
· 초점 조절 손잡이 : 대물렌즈와 접안렌즈 사이의 거리를 조절하여 초점을 맞춘다.
· 적경 눈금 : 적도 좌표를 아는 천체를 쉽게 찾을 수 있다.
· 극축 망원경 : 극축을 천구의 북극 방향에 맞추어 놓으면 자동 추적 장치를 이용할 수 있다.
· 균형추 : 적위축의 수평 상태에 균형추를 앞뒤로 움직여 경통과 균형을 맞춘다.
· 삼각대 : 망원경의 가대를 받쳐주는 역할을 한다.

(2) 광학 망원경 : 천체로부터 오는 가시광선을 모아 관측하는 망원경이다.

① **원리** : 대물렌즈 또는 주 거울로 천체의 빛을 모은 후, 접안렌즈로 상을 확대하여 관측한다.
② **종류** : 렌즈로 빛을 모으는 굴절 망원경과 거울로 빛을 모으는 반사 망원경이 있다.

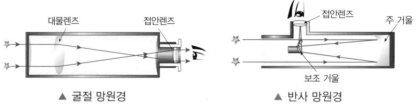

▲ 굴절 망원경   ▲ 반사 망원경

구분	굴절 망원경	반사 망원경
원리	렌즈를 통과하는 빛이 굴절되는 특성을 이용한 망원경이다.	빛이 거울에 반사되는 특성을 이용한 망원경이다.
장점	· 상이 안정적이다. · 조정이 쉽고, 유지 보수가 수월하다. · 행성, 달과 같은 천체의 고배율 관측에 유리하다.	· 색수차가 생기지 않는다. · 대형으로 만들기 쉽고, 가격이 저렴하다. · 성운, 성단과 같은 어두운 천체 관측에 유리하다.
단점	· 색수차가 발생한다. · 대형으로 만들기 어렵고, 가격이 비싸다.	· 상이 불안정하다. · 취급이 어렵다.

개념확인 1

광학 망원경은 (㉠)렌즈 또는 주 거울로 천체의 빛을 모은 후, (㉡)렌즈로 상을 확대하여 관측한다.

㉠ (　　　　　　　　　), ㉡ (　　　　　　　　)

확인+1

굴절 망원경은 렌즈로 빛을 모으므로 (　　　　)가 생기는 단점이 있다.

(　　　　　　　)

2. 광학 망원경 2

(1) 굴절 망원경의 구조

구분	갈릴레이식	케플러식
구조	대물렌즈(볼록 렌즈) 초점 접안렌즈(오목 렌즈)	대물렌즈(볼록 렌즈) 초점 접안렌즈(볼록 렌즈)
특징	· 정립상으로 보인다. · 지상 망원경으로 쓰인다.	· 도립상으로 보인다. · 천체 망원경으로 쓰인다.

(2) 반사 망원경의 구조

구분	뉴턴식	카세그레인식
구조	접안렌즈(볼록 렌즈) 보조 거울(평면 거울) 주 거울(오목 거울)	주 거울(오목 거울) 보조 거울(볼록 거울) 접안렌즈(볼록 렌즈)
특징	· 도립상으로 보인다. · 경통에 수직 방향으로 부착된 접안렌즈로 관측한다.	· 도립상으로 보인다. · 경통에 나란한 방향으로 부착된 접안렌즈로 관측한다.

(3) 망원경의 성능

집광력	분해능	배율(확대능)
집광력 $\propto$ 구경^2	분해능 $\propto \dfrac{\text{빛의 파장}}{\text{망원경의 구경}}$	배율 $= \dfrac{\text{대물렌즈의 초점 거리}}{\text{접안렌즈의 초점 거리}}$
· 대물렌즈가 천체로부터 오는 빛을 모을 수 있는 능력이다. · 집광력이 클수록 천체를 밝게 볼 수 있다. (어두운 천체를 잘 관측할 수 있다.)	· 인접해 있는 두 물체를 구분해서 볼 수 있는 능력이다. · 분해능 수치가 작을수록 분해능이 좋은 것이며, 선명하게 보인다. · 분해할 수 있는 최소한의 각거리로 표현된다.	· 물체를 확대할 수 있는 능력이다. · 배율이 높아지면 상이 커지면서 시야는 좁아지고, 상이 어두워진다.

망원경의 성능 해결 방법

· 상이 어두울 때 : 집광력이 좋지 않으므로 구경이 큰 망원경을 사용한다.
· 상이 흐릴 때 : 분해능이 좋지 않으므로 구경이 큰 망원경을 사용한다.
· 상이 작을 때 : 배율이 낮으므로 초점 거리가 짧은 접안렌즈를 사용하여 배율을 높인다.

배율에 따른 천체의 상

· 배율이 높아질 때 : 상이 커지고, 시야는 좁아진다.
· 배율이 낮아질 때 : 상이 작아지고, 시야는 넓어진다.

분해능(resolving power)

멀리 떨어져 있는 두 물체를 구별할 수 있는 능력이다. 멀리 떨어진 두 물체를 구별해 볼 수 있는 최소 각거리이다. 최소 각거리(θ)가 작을수록 분해능이 좋은 것이다. 이때

$$\theta \propto \frac{\lambda}{D}$$

(λ : 빛의 파장, D : 망원경의 대물렌즈나 반사경의 지름)

의 관계로 나타낸다.

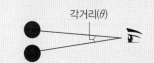

각거리(θ)

개념확인 2

정답 및 해설 49쪽

망원경의 분해능은 인접해 있는 두 물체를 구분해서 볼 수 있는 능력으로 빛의 파장이 (㉠)수록, 구경이 (㉡) 수록 선명하게 보인다.

㉠ (   ), ㉡ (   )

확인+2

망원경의 배율은 (㉠)렌즈의 초점 거리가 짧을수록, (㉡)렌즈의 초점 거리가 길수록 높다.

㉠ (   ), ㉡ (   )

미니 사전

구경 [口 구멍 徑 지름] 천체의 빛을 실제로 받는 대물렌즈(굴절망원경)나 주경(반사 망원경)의 직경

3. 전파 망원경

(1) 우주에서 방출되는 전자기파 : 우주에서 방출되는 전자기파는 γ선, X선, 자외선, 가시광선, 적외선, 전파 등이 있다.

(2) 지구에 도달하는 전자기파 : 지구 대기는 특정 파장의 전자기파를 흡수한다.

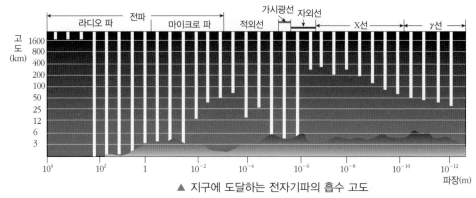

▲ 지구에 도달하는 전자기파의 흡수 고도

① **지구 대기에 잘 흡수되는 전자기파**
   · γ선 : 산소, 질소 원자 및 분자에 흡수된다.
   · 자외선 : 오존에 흡수된다.
   · 적외선 : 수증기와 이산화 탄소 등에 흡수된다.

② **지구 대기에 잘 흡수되지 않는 전자기파** : 가시광선과 근적외선, 전파의 일부는 대기에 흡수되지 않고 지상에 도달한다.

(3) 전파 망원경 : 천체로부터 오는 전파를 모아 관측하는 망원경이다.
   ① **구조** : 전파 망원경은 전파를 받는 안테나, 증폭기, 전파 신호를 기록하는 기록계로 구성되어 있다.
   ② **구경** : 수십 ~ 수백 m 에 이를 정도로 구경이 크다.
   ③ **장점** : 전파는 대기의 영향을 적게 받아 시간과 날씨에 상관없이 관측할 수 있다.
   ④ **관측 대상** : 성간 물질이나 성운 등 온도가 낮은 천체 관측에 이용되며, 외계 지적 생명체 탐사에도 이용된다.

▲ **아레시보 전파 망원경** | 푸에르토리코에 위치하며 직경 305 m 규모이다.

▲ **중국 톈옌 전파 망원경** | 세계에서 가장 큰 규모이며 직경 500 m 이다.

근적외선과 근자외선

적외선 중 가시광선과의 파장 차이가 크지 않아 지표까지 도달하는 적외선을 근적외선이라 하고, 자외선 중 가시광선과의 파장 차이가 크지 않아 지표까지 도달하는 자외선을 근자외선이라 한다.

전파 망원경의 구경이 큰 이유

전파 망원경은 파장이 긴 전파를 이용하므로 분해능이 떨어진다. 따라서 구경을 수십 m 이상 크게 하여 분해능을 높이거나, 여러 개의 망원경을 연결하여 각각의 망원경으로 들어온 신호를 간섭시켜 하나의 망원경처럼 사용하여 분해능을 높인다.

전파 망원경의 관측 대상

성간 기체나 저온 성운은 온도가 낮아 적외선이나 가시광선과 같은 파장이 짧은 복사 에너지는 방출하지 못하지만 파장이 긴 전파는 방출할 수 있다. 따라서 전파 망원경은 성간 기체들의 분포 및 외부 은하, 우주 배경 복사 등을 관측하는 데 주로 사용된다.

개념확인 3

우주에서 오는 전자기파 중 대기에 거의 흡수되지 않고 지상까지 도달하는 것은?

① X선   ② γ선   ③ 적외선   ④ 자외선   ⑤ 가시광선

확인+3

파장이 가장 긴 전자기파로 관측하는 망원경은 무엇인가?

(   )

4. 우주 망원경

(1) **우주 망원경** : 우주 공간에서 지구 둘레를 공전하면서 천체를 관측하는 망원경을 말한다. 대표적인 우주 망원경으로 허블 우주 망원경이 있다.

① 대기의 방해를 받지 않고 우주 원래의 모습을 선명하게 관측할 수 있다.
② γ선, X선, 자외선, 적외선 등 지상에서 관측하기 어려운 파장 영역으로도 관측할 수 있다.
③ 우주 공간은 항상 어두워서 장시간 노출이 가능하므로 어두운 천체도 관측할 수 있다.

종류	주요 관측 대상	예
가시광선 우주 망원경	가시광선으로 볼 수 있는 모든 천체	· 허블 우주 망원경
적외선 우주 망원경	광학 망원경으로 잘 보이지 않는 별의 생성 장소, 은하 중심부의 성간 물질 등 비교적 온도가 낮은 천체	· 허셜 우주 망원경 · 스피처 우주 망원경 · 제임스 웹 우주 망원경
X선 우주 망원경	중성자별이나 블랙홀, 초신성 잔해, 활동성 은하 등 온도가 매우 높은 천체, 강한 자기장이나 중력장, 폭발과 연관된 천체	· 찬드라 우주 망원경 · XMM − 뉴턴 우주 망원경
감마선 우주 망원경	태양의 플레어, 감마선 폭발, 펄서, 초신성 폭발, 블랙홀 주변의 원반, 퀘이사 등 높은 에너지 현상	· 콤프턴 감마선 우주 망원경

(2) **허블 우주 망원경** : 허블 우주 망원경은 고도 610km 상공에서 지구를 돌면서 천체를 관측하는 우주 망원경으로, 지난 1990년에 설치되었다.

① **특징** : 여러 우주 망원경 중 가장 크고, 무게는 12.2t 이며, 주경의 지름이 2.5m, 경통의 길이가 13m 인 반사 망원경을 탑재하고 있다.

② **구조** : 광시야 행성 카메라, 근적외선 카메라, 다중 물체 분광기, 우주 망원경 화선 분화기 등 다양한 장비가 탑재되어 있다.

③ **장점** : 지상에서 얻을 수 없는 높은 분해능을 이용하여 고해상도의 자료를 많이 얻을 수 있다.

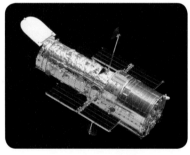

▲ 허블 우주 망원경

우주 망원경의 업그레이드
허블 우주 망원경은 다른 우주 망원경과 달리 운용되는 동안 우주 비행사들이 접근하여 고장 난 부분의 정비 및 장비의 업그레이드가 가능하도록 기획된 망원경이다. 가장 대표적인 예로 허블 우주 망원경 주 거울의 오류를 보완하기 위한 보정 광학계의 장착이다.

개념확인 4 　　　　　　　　　　　　　　　정답 및 해설 **49쪽**

다음 중 가시광선을 이용하여 천체를 관측하는 망원경인 것은?

① 허블 우주 망원경　　　　② 스피처 우주 망원경　　　　③ 허셜 우주 망원경
④ 찬드라 우주 망원경　　　　⑤ 뉴턴 우주 망원경

확인+4

우주 망원경에 대한 설명 중 옳은 것은 ○표, 옳지 <u>않은</u> 것은 ×표 하시오.

(1) 우주 망원경은 인공위성처럼 지구 둘레를 공전한다. 　　　　　　　　　(　　)
(2) 우주 망원경은 대기의 영향을 받지 않아 선명한 상을 얻을 수 있다. 　　(　　)

미니 사전

성운 [星 별 雲 구름] 별이 폭발할 때 나오는 가스와 먼지로 구성되며, 새로운 별이 탄생하는 곳

01 굴절 망원경에 대한 설명으로 옳은 것만을 〈보기〉에서 있는 대로 고른 것은?

〈 보기 〉

ㄱ. 상이 불안정하다.
ㄴ. 색수차가 생긴다.
ㄷ. 빛이 거울에 반사되는 특성을 이용한 망원경이다.

① ㄱ   ② ㄴ   ③ ㄱ, ㄷ   ④ ㄴ, ㄷ   ⑤ ㄱ, ㄴ, ㄷ

02 반사 망원경에 대한 설명으로 옳은 것만을 〈보기〉에서 있는 대로 고른 것은?

〈 보기 〉

ㄱ. 색수차가 생기지 않는다.
ㄴ. 가공이 쉬워 대형 망원경으로 만들기 쉽다.
ㄷ. 성운, 성단과 같은 어두운 천체를 관측하는 데 유리하다.

① ㄱ   ② ㄴ   ③ ㄱ, ㄷ   ④ ㄴ, ㄷ   ⑤ ㄱ, ㄴ, ㄷ

03 갈릴레이식 망원경에 대한 설명으로 옳은 것만을 〈보기〉에서 있는 대로 고른 것은?

〈 보기 〉

ㄱ. 상이 도립상으로 보인다.
ㄴ. 접안렌즈로 오목 렌즈를 사용한다.
ㄷ. 천체 망원경으로 쓰인다.

① ㄱ   ② ㄴ   ③ ㄷ   ④ ㄱ, ㄴ   ⑤ ㄱ, ㄴ, ㄷ

04 뉴턴식 망원경에 대한 설명으로 옳은 것만을 〈보기〉에서 있는 대로 고른 것은?

〈 보기 〉

ㄱ. 상이 정립상으로 보인다.
ㄴ. 보조 거울로 평면 거울을 사용한다.
ㄷ. 경통에 수직 방향으로 부착된 접안렌즈로 관측한다.

① ㄱ   ② ㄴ   ③ ㄷ   ④ ㄴ, ㄷ   ⑤ ㄱ, ㄴ, ㄷ

05 망원경의 성능에 대한 설명으로 옳은 것만을 〈보기〉에서 있는 대로 고른 것은?

──〈 보기 〉──

ㄱ. 망원경의 구경이 클수록 집광력이 커진다.
ㄴ. 망원경의 배율은 대물렌즈의 초점 거리가 길수록 낮아진다.
ㄷ. 망원경의 분해능 값이 클수록 물체를 더 선명하게 관측할 수 있다.

① ㄱ   ② ㄴ   ③ ㄱ, ㄷ   ④ ㄴ, ㄷ   ⑤ ㄱ, ㄴ, ㄷ

06 우주에서 오는 전자기파를 파장이 긴 것부터 순서대로 나열한 것은?

① 전파 − 적외선 − 가시광선 − 자외선 − X선 − 감마선
② X선 − 적외선 − 가시광선 − 자외선 − X선 − 감마선
③ X선 − 자외선 − 가시광선 − 적외선 − X선 − 감마선
④ 감마선 − 적외선 − 가시광선 − 자외선 − X선 − 전파
⑤ 감마선 − 자외선 − 가시광선 − 적외선 − X선 − 전파

07 다음 중 가시광선을 이용하여 천체를 관측하는 망원경으로 옳게 짝지은 것은?

① 반사 망원경, 전파 망원경   ② 굴절 망원경, 스피처 우주 망원경
③ 반사 망원경, 허블 우주 망원경   ④ 굴절 망원경, 전파 망원경
⑤ 전파 망원경, 뉴턴 망원경

08 우주 망원경에 대한 설명으로 옳은 것만을 〈보기〉에서 있는 대로 고른 것은?

──〈 보기 〉──

ㄱ. 우주 망원경은 인공위성처럼 지구 둘레를 공전한다.
ㄴ. 강한 자기장이나 중력장, 폭발과 관련된 천체는 X선 우주 망원경으로 관측한다.
ㄷ. 태양의 플레어, 감마선 폭발, 블랙홀 주변의 원반, 퀘이사 등 높은 에너지 현상을 관측하는
   데는 적외선 우주 망원경을 사용한다.

① ㄱ   ② ㄴ   ③ ㄱ, ㄴ   ④ ㄱ, ㄷ   ⑤ ㄱ, ㄴ, ㄷ

유형 익히기&하브루타

그림은 천체 망원경의 한 종류를 나타낸 것이다. 이에 대한 설명으로 옳은 것만을 〈보기〉에서 있는 대로 고른 것은?

〈 보기 〉

ㄱ. A의 지름이 클수록 빛을 모으는 성능이 향상된다.
ㄴ. B는 주 망원경으로 관측하기에 앞서 천체를 찾을 때 사용한다.
ㄷ. 고배율로 관측하려면 C를 초점 거리가 긴 것으로 바꾼다.

① ㄱ   ② ㄴ   ③ ㄱ, ㄴ   ④ ㄱ, ㄷ   ⑤ ㄱ, ㄴ, ㄷ

01

그림은 천체 망원경의 일부분을 나타낸 것이다.

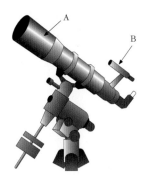

이에 대한 설명으로 옳은 것만을 〈보기〉에서 있는 대로 고른 것은?

〈 보기 〉

ㄱ. A는 B보다 배율이 낮다.
ㄴ. A는 B보다 시야가 좁다.
ㄷ. A는 B로 관측하기에 앞서 천체를 찾을 때 사용한다.

① ㄱ   ② ㄴ   ③ ㄷ
④ ㄱ, ㄴ   ⑤ ㄱ, ㄴ, ㄷ

02

그림은 적도의식 가대를 나타낸 것이다.

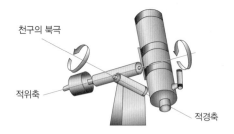

이에 대한 설명으로 옳은 것만을 〈보기〉에서 있는 대로 고른 것은?

〈 보기 〉

ㄱ. 극축 맞추기가 필요하다.
ㄴ. 천체의 위치를 추적하기 어렵다.
ㄷ. 구조가 간단하여 사용하기 편리하다.

① ㄱ   ② ㄴ   ③ ㄷ
④ ㄱ, ㄴ   ⑤ ㄱ, ㄴ, ㄷ

[유형20-2] 광학 망원경 2

그림은 굴절 망원경과 반사 망원경에서 빛이 진행하는 경로를 나타낸 것이다. 이에 대한 설명으로 옳은 것만을 〈보기〉에서 있는 대로 고른 것은?

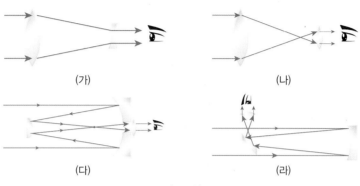

(가)　　　　　　　　　　　　　(나)

(다)　　　　　　　　　　　　　(라)

───── 〈 보기 〉 ─────
ㄱ. (가)의 망원경에서는 물체의 상이 똑바로 보인다.
ㄴ. 굴절 망원경은 (나)와 (다)이다.
ㄷ. (라)의 망원경에서는 색수차가 나타난다.

① ㄱ　　　② ㄴ　　　③ ㄱ, ㄴ　　　④ ㄱ, ㄷ　　　⑤ ㄱ, ㄴ, ㄷ

---

03 다음은 천체 망원경의 일부분을 나타낸 것이다. (단, 사람 동공의 직경은 5 mm 이다.)

· 종류 : 굴절 망원경
· 구경 : 80 mm
· 대물렌즈의 초점 거리 : 1200 mm
· 접안렌즈의 초점 거리 : 20 mm

이에 대한 설명으로 옳은 것만을 〈보기〉에서 있는 대로 고른 것은?

───── 〈 보기 〉 ─────
ㄱ. 이 망원경의 대물렌즈는 오목 렌즈이다.
ㄴ. 이 망원경의 집광력은 사람 눈보다 256배 크다.
ㄷ. 이 망원경의 배율은 60배이다.

① ㄱ　　　　　② ㄴ　　　　　③ ㄱ, ㄴ
④ ㄴ, ㄷ　　　⑤ ㄱ, ㄴ, ㄷ

04 그림 (가)와 (나)는 구경이 다른 두 망원경으로 달 표면을 촬영한 것이다. (단, 상의 크기는 비슷하다.)

(가)　　　　　　　　　(나)

이에 대한 설명으로 옳은 것만을 〈보기〉에서 있는 대로 고른 것은?

───── 〈 보기 〉 ─────
ㄱ. 집광력은 (가)가 (나)보다 좋다.
ㄴ. 분해능은 (가)가 (나)보다 좋다.
ㄷ. 배율은 (가)와 (나)가 거의 같다.

① ㄱ　　　　　② ㄴ　　　　　③ ㄱ, ㄴ
④ ㄴ, ㄷ　　　⑤ ㄱ, ㄴ, ㄷ

유형 익히기&하브루타

[유형20-3] 전파 망원경

그림은 우주에서 지구에 입사한 여러 파장의 전자기파가 도달하는 해발 고도를 나타낸 것이다. 이에 대한 설명으로 옳은 것만을 〈보기〉에서 있는 대로 고른 것은?

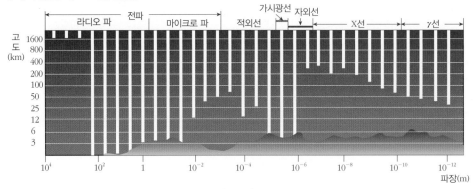

〈 보기 〉

ㄱ. 지구 대기를 잘 통과하는 전자기파는 전파와 가시광선 영역이다.
ㄴ. 적외선과 자외선은 전부 대기에 흡수되므로 지상 망원경에 이용될 수 없다.
ㄷ. X선 관측 망원경은 기권 밖의 우주 공간보다는 지상에 설치하는 것이 좋다.

① ㄱ   ② ㄴ   ③ ㄱ, ㄴ   ④ ㄱ, ㄷ   ⑤ ㄱ, ㄴ, ㄷ

05

위 유형의 그림에 대한 설명으로 옳은 것만을 〈보기〉에서 있는 대로 고른 것은?

〈 보기 〉

ㄱ. 전자기파의 파장이 길수록 지구 대기를 잘 통과한다.
ㄴ. 지상에서의 천체 관측에는 자외선 영역이 좋다.
ㄷ. 천문대의 위치는 고도가 높을수록 유리하다.

① ㄱ   ② ㄴ   ③ ㄷ
④ ㄱ, ㄴ   ⑤ ㄱ, ㄴ, ㄷ

06

그림은 전파 망원경을 나타낸 것이다.

이에 대한 설명으로 옳은 것만을 〈보기〉에서 있는 대로 고른 것은?

〈 보기 〉

ㄱ. 전파는 지구의 대기에 대부분 흡수된다.
ㄴ. 안테나 접시의 면적이 클수록 집광력이 크다.
ㄷ. 광학 망원경보다 파장이 짧은 전파를 통해 천체를 관측한다.

① ㄱ   ② ㄴ   ③ ㄱ, ㄴ
④ ㄴ, ㄷ   ⑤ ㄱ, ㄴ, ㄷ

[유형20-4] 우주 망원경

그림 (가)는 적외선, (나)는 X선, (다)는 감마선 우주 망원경을 나타낸 것이다. 이에 대한 설명으로 옳은 것만을 〈보기〉에서 있는 대로 고른 것은?

(가) 적외선

(나) X선

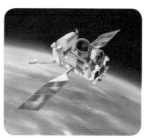
(다) 감마선

―― 〈 보기 〉 ――
ㄱ. (가)는 블랙홀, 초신성 잔해, 활동성 은하 등의 현상을 관측하는 데 이용된다.
ㄴ. (나)는 별의 생성 장소나 은하 중심부를 자세히 관측할 수 있다.
ㄷ. (다)는 펄서, 초신성 폭발, 블랙홀 주변, 퀘이사 등 높은 에너지 현상의 관측에 이용된다.

① ㄱ   ② ㄴ   ③ ㄷ   ④ ㄱ, ㄷ   ⑤ ㄱ, ㄴ, ㄷ

07 다음은 천체 망원경의 관측 대상을 나열해 놓은 것이다.

(가) 태양의 플레어, 펄서, 초신성 폭발
(나) 별의 생성 장소, 은하 중심부의 성간 물질

(가)와 (나) 관측에 적당한 천체 망원경을 옳게 짝 지은 것은?

	(가)	(나)
①	감마선 우주 망원경	X선 우주 망원경
②	감마선 우주 망원경	적외선 우주 망원경
③	감마선 우주 망원경	자외선 우주 망원경
④	적외선 우주 망원경	감마선 우주 망원경
⑤	적외선 우주 망원경	적외선 우주 망원경

08 그림은 허블 우주 망원경을 나타낸 것이다.

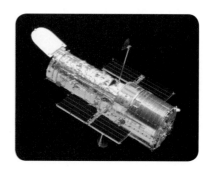

지상에 설치해 놓은 광학 망원경에 비해 허블 우주 망원경이 갖는 장점만을 〈보기〉에서 있는 대로 고른 것은?

―― 〈 보기 〉 ――
ㄱ. 관측 경비가 적게 든다.
ㄴ. 낮에도 관측이 가능하다.
ㄷ. 좀 더 선명한 상을 얻을 수 있다.

① ㄱ   ② ㄴ   ③ ㄱ, ㄴ
④ ㄴ, ㄷ   ⑤ ㄱ, ㄴ, ㄷ

01 그림은 우주에서 지구 대기에 입사되는 전자기파의 투과 정도를 고도에 따라 나타낸 것이다. 다음 물음에 답하시오.

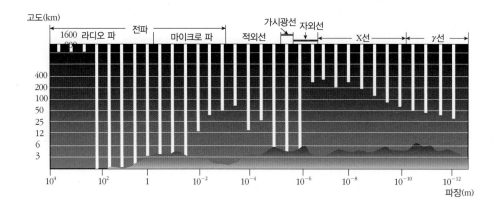

(1) 지표면까지 도달하는 전자기파는 어떤 파장 영역인가?

(2) 지상에서 천체를 관측할 때 어떤 망원경을 이용하는 것이 좋은가?

(3) 자외선이 X선보다 지구 대기를 잘 투과하지 못하는 이유는 무엇인가?

02

그림은 원리가 다른 두 종류의 광학 망원경의 내부 구조를 나타낸 것이다. 그림 (가)는 케플러식 망원경, (나)는 뉴턴식 망원경이다. 다음 물음에 답하시오.

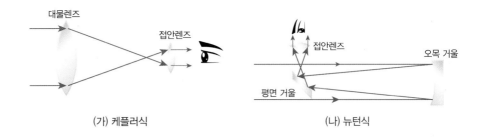

(가) 케플러식   (나) 뉴턴식

(1) 두 망원경에서 빛을 모으는 역할을 하는 것은 각각 무엇인가?

(2) (나)에서 렌즈 대신 거울을 사용함으로써 얻을 수 있는 장점은 무엇인가?

(3) 대형 망원경에 주로 사용되는 방식과 그 이유를 서술하시오.

03 다음 표는 두 개의 굴절 망원경의 규격을 비교한 것이다. 다음 물음에 답하시오.

망원경	(가)	(나)
대물렌즈의 구경	60 mm	120 mm
대물렌즈의 초점 거리	1,000 mm	1,200 mm
접안렌즈의 초점 거리	50 mm	60 mm
가대의 종류	경위대식	적도의식

(1) 두 망원경의 배율 비를 구하시오.

(2) 두 망원경의 집광력 비를 구하시오.

(3) 두 망원경의 분해능 값의 비를 구하시오.

(4) 두 망원경 중 성능이 우수한 망원경과 그 이유를 서술하시오.

(5) 천체를 한 곳에서 오랫동안 관측하는 데 용이한 망원경과 그 이유를 서술하시오.

04

그림 (가) ~ (다)는 서로 다른 파장 영역으로 천체를 관측하는 망원경이고, (라)는 지구 대기에 의한 파장별 복사 에너지의 흡수율을 나타낸 것이다. 다음 물음에 답하시오.

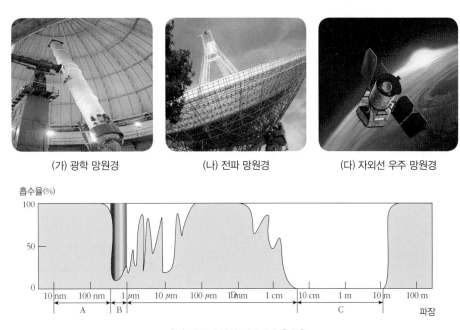

(가) 광학 망원경   (나) 전파 망원경   (다) 자외선 우주 망원경

(라) 파장별 복사 에너지의 흡수율

(1) (가) ~ (다) 중 날씨의 영향을 크게 받는 것을 고르시오.

(2) (가) ~ (다)는 각각 (라)에서 어떤 영역의 전자기파를 관측하는지 A ~ C 중 고르시오.

(3) D 영역의 전자기파를 관측하기 위해서는 어떠한 망원경이 필요하고, 어디에서 관측해야 하는가?

스스로 실력 높이기

01 다음은 굴절 망원경과 반사 망원경에 대한 설명이다. 빈칸에 들어갈 말을 바르게 짝지은 것은?

> 굴절 망원경은 (㉠)으로 빛을 모으고,
> 반사 망원경은 (㉡)으로 빛을 모은다.

	㉠	㉡
①	대물렌즈	주 거울
②	대물렌즈	보조 거울
③	대물렌즈	대물렌즈
④	접안렌즈	주 거울
⑤	접안렌즈	대물렌즈

02 주 망원경과 보조 망원경(파인더)에 대한 설명으로 옳지 <u>않은</u> 것은?

① 주 망원경은 파인더보다 배율이 높다.
② 주 망원경은 파인더보다 시야가 넓다.
③ 파인더에는 주로 굴절 망원경을 이용한다.
④ 주 망원경과 파인더의 광축을 일치시켜야 한다.
⑤ 천체를 관측할 때에는 먼저 파인더로 천체를 찾은 후 주 망원경으로 관측한다.

03 천체 망원경에 대한 설명으로 옳지 <u>않은</u> 것은?

① 굴절 망원경은 볼록 렌즈를 이용하여 빛을 모으므로 색수차가 생긴다.
② 뉴턴식 망원경은 주 거울로 오목 거울을 사용하고, 보조 거울로 평면 거울을 사용한다.
③ 반사 망원경은 어두운 성단이나 성운 등을 관측하기에 적합하다.
④ 접안렌즈는 물체의 상을 확대하여 보는 데 사용된다.
⑤ 굴절 망원경은 도립상으로, 반사 망원경은 정립상으로 보인다.

04 망원경의 성능에 대한 설명으로 옳지 <u>않은</u> 것은?

① 배율이 클수록 상의 크기는 커진다.
② 배율이 클수록 상의 밝기는 밝아진다.
③ 주경의 구경이 클수록 집광력은 커진다.
④ 주경의 구경이 클수록 분해능은 좋아진다.
⑤ 접안렌즈의 초점 거리가 짧을수록 배율은 높아진다.

05 다음 중 천체 망원경의 성능을 결정하는 가장 중요한 요소는 무엇인가?

① 구경   ② 삼각대   ③ 균형추
④ 경통 홀더   ⑤ 초점 거리

06 다음 천체 중 고배율로 관측하기에 적합한 것은 무엇인가?

① 외부 은하   ② 구상 성단   ③ 달의 표면
④ 행성상 성운   ⑤ 상개 성단

07 대물렌즈의 초점 거리가 1,000mm 이고, 접안렌즈의 초점 거리가 40mm 인 천체 망원경의 배율은 얼마인가?

① 5 배   ② 10 배   ③ 15 배
④ 20 배   ⑤ 25 배

08 다음 중 지상에서 관측이 가능한 파장 영역만으로 옳게 짝지어진 것은?

① γ선, 마이크로파   ② 전파, X선
③ 라디오파, 적외선   ④ 전파, 가시광선
⑤ X선, γ선

09 안테나 접시로 빛을 모으는 천체 망원경으로, 가시광선보다 파장이 긴 영역을 관측하는 망원경은 무엇인가?

① 광학 망원경   ② 적외선 망원경
③ 전파 망원경   ④ γ선 망원경
⑤ 자외선 망원경

10 허블 망원경에 대한 설명으로 옳지 <u>않은</u> 것은?

① 낮에도 관측 가능하다.
② 오목 렌즈를 이용하여 빛을 모은다.
③ 지구 주위를 공전하며 천체를 관측한다.
④ 가시광선과 적외선의 일부 영역을 관측한다.
⑤ 동일한 구경의 지상 망원경보다 선명한 상을 관측할 수 있다.

B

11 그림 (가), (나)는 두 종류의 광학 망원경의 원리를 나타낸 것이다.

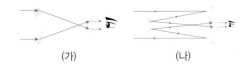

(가)   (나)

이에 대한 설명으로 옳은 것만을 〈보기〉에서 있는 대로 고른 것은?

〈 보기 〉

ㄱ. (가)는 반사 망원경, (나)는 굴절 망원경이다.
ㄴ. (가)는 거울, (나)는 렌즈를 이용하여 빛을 모은다.
ㄷ. 대형 망원경은 (가)보다 (나)의 방식을 많이 이용한다.

① ㄱ   ② ㄴ   ③ ㄷ
④ ㄱ, ㄷ   ⑤ ㄱ, ㄴ, ㄷ

12 표는 어느 천체 망원경의 자료이고, 그림은 이 망원경에 표와 같은 렌즈를 장착하고 주 망원경과 파인더로 촛불을 관측한 모습이다.

대물렌즈의 초점 거리	접안렌즈의 초점 거리	가대
200 mm	30 mm	경위대식

주 망원경의 시야   파인더의 시야

이에 대한 설명으로 옳은 것만을 〈보기〉에서 있는 대로 고른 것은?

〈 보기 〉

ㄱ. 배율은 주 망원경이 파인더보다 높다.
ㄴ. 천체가 일주 운동하는 궤적을 따라 가면서 관측할 수 있다.
ㄷ. 초점 거리가 50 mm 인 접안렌즈로 바꾸면 주 망원경의 시야가 어두워진다.

① ㄱ   ② ㄴ   ③ ㄱ, ㄴ
④ ㄱ, ㄷ   ⑤ ㄱ, ㄴ, ㄷ

13 그림 (가), (나)는 두 종류의 광학 망원경의 원리를 나타낸 것이다.

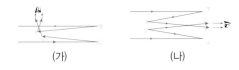

(가)   (나)

이에 대한 설명으로 옳은 것만을 〈보기〉에서 있는 대로 고른 것은?

〈 보기 〉

ㄱ. (가)에서 평면 거울은 오목 거울에서 반사된 물체의 상을 확대한다.
ㄴ. (가)와 (나)의 오목 거울의 초점 거리가 같을 때 (가)는 (나)보다 경통의 길이가 길다.
ㄷ. (나)는 관측자의 시선 방향과 경통의 방향이 나란하다.

① ㄱ   ② ㄴ   ③ ㄱ, ㄴ
④ ㄴ, ㄷ   ⑤ ㄱ, ㄴ, ㄷ

14 그림은 지구에 도달하는 전자기파가 대기를 통과하는 동안 파장에 따라 도달할 수 있는 고도를 나타낸 것이다.

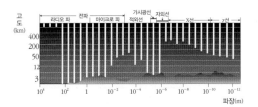

이에 대한 설명으로 옳은 것만을 〈보기〉에서 있는 대로 고른 것은?

〈 보기 〉

ㄱ. 파장이 긴 것에 비해서 파장이 짧은 전자기파는 지표까지 도달하지 못한다.
ㄴ. X선 망원경은 지표보다 대기권 밖에 설치하는 것이 좋다.
ㄷ. 우주 망원경은 지상 망원경보다 다양한 파장 영역에서 천체를 관측할 수 있다.

① ㄱ   ② ㄴ   ③ ㄱ, ㄴ
④ ㄱ, ㄷ   ⑤ ㄱ, ㄴ, ㄷ

15 그림은 전파 망원경의 모습이다.

이에 대한 설명으로 옳은 것만을 〈보기〉에서 있는 대로 고른 것은?

── 〈 보기 〉 ──

ㄱ. 야간에는 관측하기 어려운 단점이 있다.
ㄴ. 안테나 접시의 면적이 클수록 집광력이 크다.
ㄷ. 광학 망원경보다 파장이 짧은 전파를 통해 천체를 관측한다.

① ㄱ   ② ㄴ   ③ ㄱ, ㄴ
④ ㄱ, ㄷ   ⑤ ㄱ, ㄴ, ㄷ

16 그림 (가)는 광학 망원경을, (나)는 전파 망원경을 나타낸 것이다.

(가) 광학 망원경   (나) 전파 망원경

이에 대한 설명으로 옳은 것만을 〈보기〉에서 있는 대로 고른 것은?

── 〈 보기 〉 ──

ㄱ. (가)는 (나)보다 파장이 긴 영역을 통해 천체를 관측한다.
ㄴ. (가)를 이용하여 천체를 직접 눈으로 관측할 수 있다.
ㄷ. 분해능이 같은 경우 (가)와 (나)의 구경은 같다.

① ㄱ   ② ㄴ   ③ ㄱ, ㄴ
④ ㄱ, ㄷ   ⑤ ㄱ, ㄴ, ㄷ

17 그림 (가) ~ (다)는 은하수를 적외선, 가시광선, 감마선 영역에서 각각 관측한 모습이다.

(가) 적외선   (나) 가시광선   (다) 감마선

이에 대한 설명으로 옳은 것만을 〈보기〉에서 있는 대로 고른 것은?

── 〈 보기 〉 ──

ㄱ. (가)는 (나)에 비해 은하 중심부를 자세히 관측할 수 있다.
ㄴ. 우리가 육안으로 관측할 수 있는 은하수의 모습은 (가)이다.
ㄷ. (다)에서 온도가 매우 높은 천체와 고에너지 입자의 분포를 확인할 수 있다.

① ㄱ   ② ㄴ   ③ ㄱ, ㄴ
④ ㄱ, ㄷ   ⑤ ㄱ, ㄴ, ㄷ

18 다음 표는 여러 우주 망원경들이 관측하는 파장 영역을 정리한 것이다.

망원경	파장 영역	망원경	파장 영역
CGRO	감마선	HST	가시광선
찬드라	X선	IRAS	적외선
갈렉스	자외선	VSOP	전파

이에 대한 설명으로 옳은 것만을 〈보기〉에서 있는 대로 고른 것은?

── 〈 보기 〉 ──

ㄱ. 우주 망원경은 24시간 동안 한 천체를 계속 관측할 수 있다.
ㄴ. 우주 망원경은 대기에 의한 산란이나 흡수의 영향을 받지 않는다.
ㄷ. 모든 망원경의 구경이 같다면 VSOP의 분해능이 가장 우수하다.

① ㄱ   ② ㄴ   ③ ㄷ
④ ㄱ, ㄴ   ⑤ ㄴ, ㄷ

19 그림 (가) ~ (다)는 목성을 자외선, 가시광선, 적외선 영역에서 각각 관측한 모습이다.

(가) 자외선　　(나) 가시광선　　(다) 적외선

이에 대한 설명으로 옳은 것만을 〈보기〉에서 있는 대로 고른 것은?

〈 보기 〉
ㄱ. (가)로부터 목성에 자기장이 존재함을 알 수 있다.
ㄴ. 목성 상층 대기의 온도 파악에는 (다)보다 (나)가 유리하다.
ㄷ. (나)에서 밝게 보이는 부분이 (다)에서는 더 밝게 나타난다.

① ㄱ　　② ㄴ　　③ ㄱ, ㄴ
④ ㄱ, ㄷ　　⑤ ㄱ, ㄴ, ㄷ

20 그림은 허블 우주 망원경을 나타낸 것이다.

이에 대한 설명으로 옳은 것만을 〈보기〉에서 있는 대로 고른 것은?

〈 보기 〉
ㄱ. 허블 우주 망원경은 가시광선 뿐만 아니라 적외선 자외선 영역까지 관측할 수 있다.
ㄴ. 우주 망원경은 천체 관측 시 대기의 요동에 영향을 받는다.
ㄷ. 허블 우주 망원경은 밤에만 관측할 수 있다.

① ㄱ　　② ㄴ　　③ ㄱ, ㄴ
④ ㄱ, ㄷ　　⑤ ㄱ, ㄴ, ㄷ

C

21 그림은 어느 천체 망원경의 구조를 나타낸 것이다.

이에 대한 설명으로 옳은 것만을 〈보기〉에서 있는 대로 고른 것은?

〈 보기 〉
ㄱ. 카세그레인식 굴절 망원경이다.
ㄴ. 배율은 주 거울(오목 거울)과 보조 거울(볼록 거울)의 초점 거리비로 결정된다.
ㄷ. 관측되는 상은 도립상으로 보인다.

① ㄱ　　② ㄴ　　③ ㄷ
④ ㄱ, ㄴ　　⑤ ㄱ, ㄴ, ㄷ

22 다음 표는 규격이 다른 두 망원경을 비교한 것이다.

	A	B
종류	반사 망원경	굴절 망원경
구경	100 mm	60 mm
대물렌즈의 초점 거리	1,000 mm	1,000 mm

A와 B 두 망원경이 같은 접안렌즈를 이용하여 천체를 관측할 때, 이에 대한 설명으로 옳은 것만을 〈보기〉에서 있는 대로 고른 것은?

〈 보기 〉
ㄱ. A와 B의 시야는 같다.
ㄴ. A는 B보다 더 어두운 천체를 관측할 수 있다.
ㄷ. A는 B보다 천체를 더 상세하게 관측할 수 있다.

① ㄱ　　② ㄴ　　③ ㄷ
④ ㄱ, ㄴ　　⑤ ㄱ, ㄴ, ㄷ

23 표는 광학 망원경 A 와 B 의 규격 일부를, 그래프는 이들 망원경의 배율과 집광력을 나타낸 것이다.

망원경		A	B
초점 거리 (mm)	대물 렌즈	1,000	x
	접안 렌즈	10	5

배율(배)

B

200

A
100

1   10
집광력(A = 1)

이에 대한 설명으로 옳은 것만을 〈보기〉에서 있는 대로 고른 것은?

〈 보기 〉

ㄱ. B가 A보다 대물렌즈의 구경이 크다.
ㄴ. B가 A보다 대물렌즈의 초점 거리가 길다.
ㄷ. B가 A보다 분해능이 좋다.

① ㄱ   ② ㄴ   ③ ㄱ, ㄴ
④ ㄱ, ㄷ   ⑤ ㄱ, ㄴ, ㄷ

24 그림은 파장에 따른 지구 대기의 태양 복사 에너지 흡수율을 나타낸 것이다.

흡수율(%)

100

0

0.1   0.5   1   2   5   10

A   B   C

파장(μm)

천체에서 방출된 A, B, C 영역의 빛을 관측하는 방법에 대한 설명으로 옳은 것만을 〈보기〉에서 있는 대로 고른 것은?

〈 보기 〉

ㄱ. A는 우주 망원경으로 관측한다.
ㄴ. B는 지상에서 광학 망원경으로 관측할 수 있다.
ㄷ. C는 불규칙한 흡수율 때문에 천체 관측에 이용되지 않는다.

① ㄱ   ② ㄴ   ③ ㄱ, ㄴ
④ ㄱ, ㄷ   ⑤ ㄱ, ㄴ, ㄷ

25 그림 (가) ~ (다)는 게 성운을 각각, 전파, 적외선, 가시광선 관측 망원경으로 얻은 영상이다. (단, 상의 배율은 모두 같다.)

(가) 전파   (나) 적외선   (다) 가시광선

이에 대한 설명으로 옳은 것만을 〈보기〉에서 있는 대로 고른 것은?

〈 보기 〉

ㄱ. 전파 망원경은 주로 우주에 설치하여 사용한다.
ㄴ. 망원경의 구경이 모두 같다면 (가)의 분해능이 가장 좋다.
ㄷ. (다)는 (나)보다 높은 온도의 가스 분포를 잘 나타낸다.

① ㄱ   ② ㄴ   ③ ㄷ
④ ㄱ, ㄴ   ⑤ ㄱ, ㄴ, ㄷ

26 그림 (가)와 (나)는 구경이 같은 우주 망원경과 지상 망원경으로 가시광선 영역에서 관측한 어떤 천체의 모습을 순서 없이 나타낸 것이다. (단, (가)가 (나)보다 선명하게 보인다.)

(가)   (나)

이에 대한 설명으로 옳은 것만을 〈보기〉에서 있는 대로 고른 것은?

〈 보기 〉

ㄱ. 우주 망원경으로 관측한 것은 (가)이다.
ㄴ. 망원경의 분해능은 (가)가 (나)보다 좋다.
ㄷ. 구경이 동일한 적외선 망원경으로 관측하면 (가)보다 선명한 영상을 얻을 수 있다.

① ㄱ   ② ㄴ   ③ ㄱ, ㄴ
④ ㄱ, ㄷ   ⑤ ㄱ, ㄴ, ㄷ

27 그림은 지구 대기에 의한 파장별 복사 에너지의 흡수율을 나타낸 것이다.

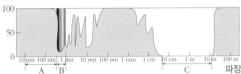

이에 대한 설명으로 옳은 것만을 〈보기〉에서 있는 대로 고른 것은?

─── 〈 보기 〉 ───

ㄱ. A 영역의 파장을 관측하는 망원경은 우주 공간에 설치하는 것이 좋다.

ㄴ. 지상에서 B 영역의 파장을 관측하는 망원경은 낮에 천체를 관측하기 어렵다.

ㄷ. C 영역의 파장을 관측하는 망원경은 같은 해상도일 때 B 영역의 파장을 관측하는 망원경보다 구경이 크다.

① ㄱ   ② ㄴ   ③ ㄷ
④ ㄱ, ㄴ   ⑤ ㄱ, ㄴ, ㄷ

28 그림 (가)는 구경이 1.3 m 인 X선 우주 망원경의 모습을, (나)는 구경이 6.5 m 인 적외선 우주 망원경 모습을 나타낸 것이다.

(가) X선   (나) 적외선

이에 대한 설명으로 옳은 것만을 〈보기〉에서 있는 대로 고른 것은?

─── 〈 보기 〉 ───

ㄱ. (가)와 (나)는 천체를 관측할 때 지구 대기의 영향을 받지 않는다.

ㄴ. (가)는 주로 높은 에너지를 방출하는 현상을 관측할 때 사용한다.

ㄷ. 집광력은 (나)가 (가)보다 약 5배 크다.

① ㄱ   ② ㄴ   ③ ㄱ, ㄴ
④ ㄱ, ㄷ   ⑤ ㄱ, ㄴ, ㄷ

29 그림은 서로 다른 파장 영역으로 각각 관측한 두 망원경의 안드로메다 은하 영상이다.

(가) 자외선   (나) 적외선

이에 대한 설명으로 옳은 것만을 〈보기〉에서 있는 대로 고른 것은?

─── 〈 보기 〉 ───

ㄱ. (가)는 (나)보다 긴 파장을 관측한 것이다.

ㄴ. (가)를 관측한 망원경은 주로 우주에 설치한다.

ㄷ. 두 망원경의 구경이 같다면 (가)의 분해능이 (나)보다 좋다.

① ㄴ   ② ㄷ   ③ ㄱ, ㄴ
④ ㄴ, ㄷ   ⑤ ㄱ, ㄴ, ㄷ

30 그림 (가)와 (나)는 같은 시각에 가시광선과 자외선 영역에서 각각 촬영한 태양 사진을 순서 없이 나타낸 것이다.

 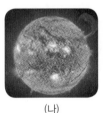

(가)   (나)

이에 대한 설명으로 옳은 것만을 〈보기〉에서 있는 대로 고른 것은?

─── 〈 보기 〉 ───

ㄱ. (가)는 자외선 영역으로 촬영한 것이다.

ㄴ. 흑점 부근에서는 자외선이 강하게 방출된다.

ㄷ. 흑점 모양의 연구는 (가)보다 (나)를 이용하는 것이 좋다.

① ㄴ   ② ㄷ   ③ ㄱ, ㄴ
④ ㄴ, ㄷ   ⑤ ㄱ, ㄴ, ㄷ

1. 태양계 탐사

(1) 탐사에 이용되는 우주선

① **인공위성** : 지구나 행성 주변을 돌며 대기의 상태와 지형 등을 관측하는 우주선으로, 사용 목적에 따라 과학 위성, 군사 위성, 통신 위성, 기상 위성 등으로 구분한다.
② **우주 정거장** : 우주 비행사들이 거주하면서 우주 환경에서 관측과 과학 실험을 수행하는 인공위성이다.
③ **행성 탐사선** : 지구 중력을 벗어나 직접 행성에 착륙하여 탐사하는 우주선으로, 탐사 방법에 따라 근접 통과 우주선, 궤도선, 착륙선으로 구분한다.

(2) 탐사선을 이용한 탐사 방법

탐사 방법	특징	탐사선의 예
근접 통과	· 천체 가까이 지나면서 탐사하는 방법이다. · 지상 망원경보다 자세하게 탐사할 수 있다. · 우주선이 행성을 지나가는 짧은 시간 동안만 탐사할 수 있다.	· 마리너 호 · 보이저 호
궤도선 (궤도 선회)	· 천체의 주위를 돌면서 탐사하는 방법이다. · 행성을 장기적으로 탐사할 수 있다.	· 마젤란 호, 메신저 호 · 갈릴레오 호
착륙선 (연착륙)	· 천체 표면에 착륙하여 지표나 대기를 탐사하는 방법이다. · 유인 착륙 : 우주 비행사가 천체 표면에 착륙하여 탐사한다. · 무인 착륙 : 우주 비행사 없이 탐사선이나 탐사 로봇이 천체 표면에 착륙하여 탐사한다.	· 아폴로 11호 · 바이킹 호, 패스파인더 호, 스피릿 호
표면 충돌	· 천체 표면에 탐사선이 착륙하기 어려운 경우, 천체 표면에 무거운 것을 충돌시켜 반응을 관찰하는 방법이다.	· 딥임펙트 호 · 니어-슈메이커 호
탐사정 낙하	· 단단한 표면이 없어 탐사선이 착륙할 수 없는 천체에 낙하산을 장착한 탐사 기구를 낙하시켜 탐사하는 방법이다.	· 카시니-하위헌스 호

(3) 태양계 탐사의 역사

1950년대	· 최초의 인공위성 스푸트니크 1호 발사, 미국 항공 우주국(NASA) 설립
1960년대	· 주로 달 탐사에 주력 · 1961년 최초의 유인 우주선인 보스토크 1호가 지구 둘레를 선회하는데 성공 · 1969년 최초의 유인 달 착륙선인 아폴로 11호가 달에 착륙
1970년대	· 주로 행성 탐사에 주력 : 금성, 화성, 목성, 토성에 대한 활발한 탐사가 이루어짐 · 1975년 바이킹호가 화성 표면에 착륙하여 화성 토양의 생명체 존재 여부 조사 · 1977년 보이저호가 목성, 토성, 천왕성, 해왕성을 지나며 사진을 전송함
1980년대	· 행성 탐사 활동에서 얻은 자료를 정리하고 분석한 시기 · 우주 왕복선 개발 : 엔터프라이즈 호(1981년), 컬럼비아 호(1982년), 챌린저 호(1983년), 디스커버리 호(1984년), 아틀란티스 호(1985년)
1990년대	· 탐사 대상이 행성과 위성, 소행성, 혜성 등의 다양한 천체로 확대된 시기 · 우주 망원경을 이용한 우주 탐사가 이루어짐 · 1990년 마젤란 호가 금성 궤도에 진입하여 궤도를 돌며 레이더로 금성 표면 지도 작성
2000년대 이후	· 다양한 천체 및 생명체 탐사 진행 · 2004년 로봇 스피릿과 오퍼튜니티가 화성 표면에 착륙하여 물의 존재 탐사 · 2004년 카시니-하위헌스 호가 토성 궤도에 진입하여 토성과 그 위성을 탐사 · 2011년 메신저 호가 수성 궤도 진입

개념확인 1

지구 중력을 벗어나 직접 행성을 방문하여 탐사하는 우주선을 무엇이라 하는가?

( )

확인+1

태양계 탐사 방법에 대한 설명으로 옳은 것은 ○표, 옳지 않은 것은 ×표 하시오.

(1) 보이저 호는 궤도선이다. ( )

(2) 근접 통과 우주선은 짧은 시간 동안만 행성을 관측할 수 있다는 단점이 있다. ( )

2. 태양계 행성 1

(1) 태양계의 구성

① 태양계 : 태양의 중력에 묶여 있는 천체를 통틀어 일컫는 말이다.

② 태양계의 구성원 : 태양, 8개 행성, 왜소행성, 소행성, 위성, 혜성, 유성체 등이다.

(2) 태양계 행성의 분류 : 물리적 특성에 따라 지구형 행성과 목성형 행성으로 분류한다.

지구형 행성	구분	목성형 행성
수성, 금성, 지구, 화성	행성	목성, 토성, 천왕성, 해왕성
작다	크기	크다
작다	질량	크다
철(Fe), 산소(O), 규소(Si) 등 밀도가 큼	구성 성분	수소(H_2), 헬륨(He) 등 밀도가 작음
크다	평균 밀도	작다
느리다 (자전 주기 : 1일 이상)	자전 속도	빠르다 (자전 주기 : 10시간 이내)
작다	편평도	크다
단단한 지각이 있다	행성 표면	단단한 지각이 없다
무거운 기체(CO_2, N_2, O_2 등)	대기 성분	가벼운 기체(H_2, He, CH_4, NH_3 등)
없거나 적다	위성 수	많다
없다	고리	있다

(3) 지구형 행성의 특징과 탐사 결과

① 수성

특징	· 태양에 가장 가까운 행성으로, 태양계 행성 중 질량과 크기가 가장 작다. · 중력이 작아 기체들이 대부분 우주로 탈출해 나가서 대기가 거의 없다. · 자전 주기가 59일로 길기 때문에 낮과 밤의 온도 차이가 크다. · 크기에 비해 밀도가 매우 높다.
탐사 결과	㉠ 마리너 10호의 탐사(1970년대 중반, 근접 통과) 　· 낮과 밤의 표면 온도 차가 심하다. 　· 표면에 크레이터(운석 구덩이)가 많다. ㉡ 메신저 호의 탐사(2011년, 궤도 선회) 　· 약한 자기장이 있고 자기장이 빠르게 변화하며, 옅은 대기가 존재한다.

② 금성

특징	· 지구에서 가장 가까운 행성으로, 질량과 크기가 지구와 비슷하다. · 두꺼운 CO_2 대기에 의해 표면 기압이 매우 높다(약 90기압). · 대기의 두꺼운 구름으로 가려져 표면을 직접 관찰할 수 없다. · CO_2에 의한 온실 효과로 표면 온도가 수성보다 높은 약 480℃ 이다. · 자전 방향이 지구와 반대이고, 자전 주기가 공전 주기보다 길다. · 크레이터의 수는 상대적으로 적으며, 자기장이 존재하지 않는다.
탐사 결과	㉠ 마젤란 호의 탐사(1990년대 초반, 궤도 선회) 　· 레이더를 이용해 표면을 관측하여 금성의 지형도를 완성하였다. 　· 금성의 표면은 평지, 산맥, 계곡, 화산 등으로 이루어져 있다. ㉡ 비너스 익스프레스 호의 탐사(2006년, 궤도 진입) 　· 극심한 온실 효과를 탐사하였고, 대기에서 번개와 소용돌이를 발견하였다.

개념확인 2

정답 및 해설 53쪽

태양계 행성 중 가장 작고, 대기가 거의 없으며 표면이 수 많은 크레이터로 덮여 있는 행성은?

(　　　　　　　)

확인+2

지구형 행성에 대한 설명으로 옳은 것은 O표, 옳지 않은 것은 ×표 하시오.

(1) 철, 산소, 규소 등으로 이루어진 행성이다. 　　　　　　　　(　　)

(2) 지구형 행성은 자전 속도가 빨라서 자전 주기가 길다. 　　　　(　　)

● 태양계의 특징

태양은 태양계 전체 질량의 약 99.8%를 차지하고 있다. 행성들의 공전 궤도면은 지구의 공전 궤도면과 거의 나란하며 공전 방향은 모두 반시계 방향이다.

● 물리량에 따른 행성 그래프

· Y축 물리량(목성형 행성이 더 큰 값을 가짐) : 질량, 반지름, 위성 수
· X축 물리량(지구형 행성이 더 큰 값을 가짐) : 평균 밀도, 자전 주기

● 수성의 표면

표면에 운석 충돌로 만들어진 구덩이(크레이터)가 매우 많고, 대규모 단층 절벽이 존재한다.

▲ 수성 표면

● 금성

태양계에서 가장 밝게 보이는 행성으로 '샛별'이라고도 불린다. 표면에 매우 두꺼운 이산화 탄소의 대기층이 있다.

▲레이더로 관측한 금성 표면

미니사전

편평도[扁 납작하다 平 편평하다 度 정도]
타원체의 납작한 정도를 나타내는 것으로, 값이 클수록 납작하고 작을수록 구에 가깝다. 편평도는 자전 속도가 클수록 커진다.

3. 태양계 행성 2

화성

산화철이 풍부해 표면이 붉은 색을 띠며, 지구형 행성 중에서 가장 작다.
화성의 여름철에는 극관의 크기가 작아지고, 겨울철에는 극관의 크기가 커진다.

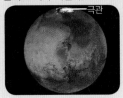

▲ 허블 우주 망원경으로 관측한 붉은색의 화성

대적점

지구 크기보다 큰 거대 소용돌이로 바람이 시계 반대 방향으로 분다. 다른 지점의 구름보다 온도가 2~3℃ 정도 낮다.

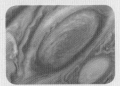

▲ 목성의 대적점

갈릴레이 위성

갈릴레이가 발견한 목성의 4개 위성이다.
· 이오 : 태양계에서 화산 활동이 가장 활발한 위성이다.
· 유로파 : 갈릴레이 위성 중 크기가 가장 작으며, 얼음 표면 아래 물이 있을 것으로 추정된다.
· 가니메데 : 태양계에서 가장 큰 위성으로 수성보다 크고, 자기장을 갖고 있다.
· 칼리스토 : 표면이 얼음과 바위로 이루어져 있다.

대흑점

대흑점(Great Dark Spot) 또는 대암점은 해왕성 표면에서 주위에 비해 눈에 띄게 어두운 부분으로, 대기의 소용돌이에 의해 생긴다.

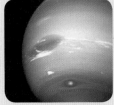

▲ 해왕성의 대흑점

③ 화성

특징	· 자전축이 지구와 비슷하게 기울어져 있어 계절의 변화가 있다. · 중력이 작고 희박한 이산화 탄소의 대기가 있으며 온도는 -60℃로 낮다. · 양극에 얼음과 드라이아이스로 이루어진 흰색의 극관이 있다. · 표면에 마리네리스 협곡과 태양계 최대 화산인 올림포스 화산이 있다. · 물과 바람에 의해 생성된 것으로 보이는 침식 지형이 있다. · 2개의 위성(포보스, 데이모스)을 갖고 있다.
탐사 결과	㉠ 바이킹 호 탐사(1975년) : 화성에 착륙하여 생명체 존재 여부를 실험하였다. ㉡ 패스파인더 호 탐사(1997년) : 로봇(소저너)과 함께 화성에 착륙하여 토양을 조사하였다. ㉢ 피닉스 호 탐사(2008년) : 화성 지하에 얼음 형태의 물의 존재를 발견하였다.

(4) 목성형 행성의 특징과 탐사 결과

① 목성

특징	· 크기와 질량이 태양계 행성 중에서 최대이지만 밀도는 작은 편이다. · 매우 빠르게 회전하여 자전 주기가 태양계 행성 중에서 가장 짧다. · 빠른 자전과 대기의 회전 때문에 가로 줄무늬와 대적점이 있다. · 60개 이상의 위성이 있으며, 그 중 가장 크고 밝은 4개의 갈릴레이 위성이 있다.
탐사 결과	㉠ 보이저 1,2호 탐사(1979년, 근접 통과) : 희미한 고리가 있고, 이오에 활화산이 있다. ㉡ 갈릴레오 호 탐사(1995년 목성 궤도 진입) · 대기에 번개 현상이 있고, 구름 상부에 강한 방사능대가 존재한다. · 위성 이오의 표면이 화산 활동에 의해 격렬하게 변하고, 위성 유로파는 표면이 얼음으로 덮여 있으며 그 밑에 바다가 있을 가능성이 있다. · 위성 가니메데는 태양계 위성 중 유일하게 자기장이 존재한다.

② 토성

특징	· 목성 다음으로 두 번째로 크며, 평균 밀도가 태양계 행성 중 가장 작은 0.7 g/cm³이다. · 자전 속도가 빨라서 편평도가 크며 적도 쪽이 볼록한 타원체 모양이다. · 얼음과 먼지 입자로 이루어진 고리를 가지며, 태양계 행성 중 위성이 가장 많다.
탐사 결과	㉠ 보이저 1,2호 탐사(1980년, 근접 통과) · 토성의 새로운 위성 발견, 토성의 고리가 얼음과 암석으로 구성되어 있다. ㉡ 카시니 호 탐사(2004년 토성 궤도 진입) · 고리의 구성 입자 크기는 토성에서 멀수록 크며, 위성에 의해 고리가 물결처럼 움직인다. · 토성의 위성 중 가장 큰 타이탄에 하위헌스 호를 착륙시켜 대기, 기후, 표면을 탐사 ⇨ 타이탄은 질소, 메테인 성분의 오렌지색 대기가 있고, 메테인 바다가 존재한다.

③ 천왕성

특징	· 1781년 허셜이 망원경으로 발견한 행성으로 태양계에서 세 번째로 크다. · 자전 주기가 짧고, 자전축이 90°이상 기울어져 다른 행성과 자전 방향이 반대이다. · 대기는 수소와 헬륨이 대부분 차지하고, 메테인에 의해 청록색으로 보인다.
탐사 결과	㉠ 보이저 2호 탐사(1986년, 근접 통과) : 많은 고리와 위성을 발견했다.

④ 해왕성

특징	· 태양계의 가장 바깥쪽 행성으로, 크기와 질량이 천왕성과 비슷하며 푸른색을 띤다.
탐사 결과	㉠ 보이저 2호 탐사(1989년, 근접 통과) · 어두운 고리와 대기의 소용돌이인 대흑점이 있다. · 위성 트리톤은 질소와 약간의 메테인으로 된 대기가 있다.

개념확인 3

화성의 양쪽 극지방에 하얗게 보이는 것으로, 얼음과 드라이아이스로 이루어진 것은?

(   )

확인+3

다음의 괄호 안에 알맞은 말을 쓰시오.
(1) 목성의 위성 중에서 화산 활동이 가장 활발한 위성은 (   )이다.
(2) 목성형 행성 중 다른 행성에 비해서 크고 화려한 고리가 있는 행성은 (   )이다.

4. 태양계의 작은 천체들

(1) 왜소 행성 : 행성과 소행성의 중간 크기의 천체
　① 2006년 국제 천문 연맹(IAU)에서 태양계의 9번째 행성이었던 플루토(구 명왕성)를 행
　　성 목록에서 제외시키면서 새롭게 정의한 명칭이다.
　② 대표적인 왜소 행성으로 플루토, 세레스, 에리스, 마케마케, 하우메아가 있다.

(2) 소행성 : 주로 화성과 목성 사이에서 태양 주위를 공전하는 행성보다 작은 천체
　① 특징
　　· 대부분 불규칙한 모양이라서 자전으로 반사되는 빛의 양이 달라 밝기가 일정하지 않다.
　　· 암석으로 이루어져 있고, 태양계 형성 초기의 물질을 지니고 있어 태양계의 기원을 밝
　　　히는데 중요한 자료가 될 것으로 추정된다.
　　· 일부 소행성 중에는 위성을 가진 것도 있다.
　② 탐사 결과
　　· 2001년 니어—슈메이커 호가 최초로 소행성 에로스에 착륙하여 구성 물질을 조사하였
　　　고, 2010년 하야부사 호가 소행성 이토카와에 착륙하여 암석 표본을 수집하였다.

(3) 혜성 : 얼음과 먼지로 이루어졌으며 타원 또는 포물선 궤도로 태양 주위를 공전하는 천체
　① 특징
　　· 핵, 코마, 꼬리로 구성되며, 혜성의 핵이 태양에 접근하면 태양열로 인해 승화하여 코
　　　마를 형성하고 코마의 물질이 태양풍에 날려 태양의 반대편으로 꼬리가 생긴다.
　　· 태양에 접근할수록 혜성의 머리(핵+코마)가 커지고 꼬리는 길어지며, 밝기가 증가한다.
　　· 태양계 형성 초기 물질을 지니고 있어 태양계의 기원을 밝히는데 중요한 자료가 될 것
　　　으로 추정된다.
　　· 물과 유기 물질을 포함하고 있어 생명 탄생의 비밀을 밝힐 수 있을 것으로 추정된다.
　② 탐사 결과
　　· 스타더스트 호는 혜성 탐사를 위해 개발된 최초의 탐사선으로 2004년 와일드2 혜성에
　　　접근하여 표본을 수집하였다.
　　· 딥임펙트 호는 2005년 충돌체를 템펠1 혜성과 충돌시켜 발생한 파편을 촬영하여 혜성
　　　의 물질을 분석하였다.

(4) 유성체 : 행성 공간을 떠도는 먼지, 암석 조각 등으로 이루어진 소행성보다 작고 단단한 천체
　① **유성** : 유성체가 지구 대기권에 진입할 때 대기와 마찰로 열과 빛을 내는 현상
　② **유성우** : 많은 유성체들이 한꺼번에 지구 대기에 끌려와 타면서 빛을 내는 현상
　③ **운석** : 유성이 나타날 때 유성체가 완전히 타지 않고 일부가 남아서 땅에 떨어진 것으로 태
　　양계 형성 초기 물질을 지니고 있어 태양계 기원을 밝히는데 도움이 될 것으로 추정된다.

(5) 카이퍼 띠 : 해왕성 바깥에서 태양 주위를 도는 작은 천체들의 무리가 존재하는 영역
　① 태양으로부터 거리 30 AU 바깥쪽에 분포한다.
　② 200년 이하의 짧은 공전 주기를 갖는 혜성들의 발생지로
　　여겨진다.
　③ 카이퍼 띠를 이루는 천체들은 태양계 형성 당시 행성을 이
　　루지 못하고 남은 천체들로 추정된다.

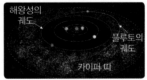
▲ 카이퍼 띠

개념확인 4　　　　　　　　　　　　　　　　　　　　　　정답 및 해설 53쪽

태양계 작은 천체들의 특징으로 옳은 것은 O표, 옳지 않은 것은 ×표 하시오.

(1) 왜소행성은 태양 주위를 공전한다.　　　　　　　　　　　　　　　(　)

(2) 소행성은 밝기가 항상 일정하다.　　　　　　　　　　　　　　　(　)

확인+4

유성체가 대기에서 완전히 타지 않고 일부가 남아서 땅에 떨어지는 것을 무엇이라 하는가?

　　　　　　　　　　　　　　　　　　　　　　　　(　　　　　　)

옆단 (sidebar)

● **왜소 행성의 조건**
· 태양을 중심으로 하는 궤도를 갖는다.
· 구형의 형태를 유지할 수 있는 중력을 가질 수 있도록 충분한 질량을 가진다.
· 공전 궤도 내에서 지배적인 역할을 하지 못하여 공전 궤도 주변에 다른 천체들이 함께 있을 수 있다.
· 다른 행성의 위성이 아니어야 한다.

● **명왕성을 행성 목록에서 제외시킨 이유**
국제 천문 연맹에서 정한 행성의 3가지 조건은 첫째, 태양 주위를 공전해야 하며 둘째, 구형에 가까운 모양을 유지할 수 있는 질량을 가져야 하며 셋째, 궤도 주변에서 지배적인 역할을 하여야 한다. 이 중 명왕성은 세 번째 조건을 만족하지 못하여 행성에서 제외되었다.

● **왜소 행성과 소행성의 차이점**
왜소 행성은 모양이 구형에 가깝지만, 소행성은 모양이 불규칙하다.

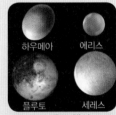
하우메아　에리스
플루토　세레스
▲ 왜소 행성

▲ 소행성

● **혜성의 구조**
· 핵 : 얼음, 먼지 및 암석이 섞여 있는 덩어리이다.
· 코마 : 혜성의 핵을 둘러싼 구름층으로 보통 가스와 먼지로 되어 있다.
· 꼬리 : 코마를 구성하는 가스와 먼지가 태양풍에 날려 형성된다. 이온화된 가스가 날리는 이온 꼬리와 먼지 알갱이가 날리는 먼지 꼬리로 구분된다.

이온 꼬리
먼지 꼬리
핵
코마

5. 외계 생명체 탐사

(1) 외계 생명체 : 지구가 아닌 다른 천체에 존재하는 생명체이다.
① **외계 생명체의 발생 요소** : 액체 상태의 물 ⇨ 물은 다양한 화학 물질을 녹일 수 있으므로 물이 있는 곳에서는 복잡한 유기물이 탄생할 가능성이 크기 때문이다.
② **외계 생명체의 기본 구성 물질** : 탄소로 추정 ⇨ 탄소 원자는 다른 원자와 쉽게 결합하여 다양한 화합물을 만들 수 있기 때문이다.

(2) 외계 생명체가 존재하기 위한 행성의 조건
① **생명 가능 지대(생명체 거주 가능 영역)에 위치** : 물이 액체 상태로 존재할 수 있도록 표면 온도가 적당해야 한다.
② **중심별의 느린 진화 속도** : 행성을 거느린 중심별의 수명이 충분히 길어야 한다.
③ **충분한 대기** : 생명체가 물질 대사를 할 수 있을 만큼 충분한 대기가 있어야 한다.
④ **자기장** : 우주에서 오는 위험한 전자기파(우주선)를 막을 수 있도록 자기장이 존재해야 한다.
⑤ **자전축의 경사** : 계절 변화가 크게 나타나지 않도록 자전축이 적당히 기울어져 있어야 한다.

(3) 최근의 외계 생명체 탐사
① **세티(SETI) 프로젝트** : 외계의 지적 생명체가 지구로 전파 신호를 보낸다는 가정 아래, 전파망원경으로 외계에서 오는 신호를 분석하여 인공적인 신호가 있는지 찾는 프로젝트이다.
② **드레이크 방정식** : 우리 은하 안에서 인간과 교신 가능성이 있는 외계 지적 생명체 수를 계산하는 방정식이다.

(4) 별의 광도에 따른 생명체 존재 가능 지역
① **H-R도** : 실제 별들의 밝기와 표면 온도를 나타낸 그래프이다.
② **주계열성의 특징** : 질량과 지름이 크고 표면 온도가 높은 별일수록 광도가 밝고 수명은 짧다.

분광형	O	B	A	F	G	K	M
질량	크다			↔			작다
지름	크다			↔			작다
표면 온도	높다			↔			낮다
광도(밝기)	밝다			↔			어둡다
별의 수명	짧다			↔			길다
색깔	청색/청백색/ 백색/ 황백색/ 황색/ 주황색/적색						

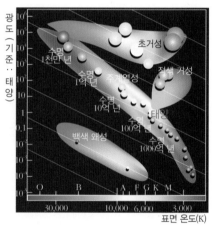

▲ 우리은하를 이루는 별의 H-R 도

③ **중심별의 밝기와 생명체 존재 가능성**
· 밝은 별(O형, B형)은 별의 수명이 짧아 생명체가 탄생할 시간이 부족하고, 표면 온도가 굉장히 높아 생명 가능 지대가 멀리까지 생길 수 있다.
· 어두운 별(K형, M형)의 행성은 동주기 자전을 하여 행성의 한 면만 태양을 바라보기 때문에 생명체가 살기 어려우며 K형, M형의 별은 표면 온도가 낮아 생명 가능 지대가 별과 가깝다.
· 분광형이 A, F, G형인 온도가 적당한 별에 생명체가 있을 확률이 높다.

개념확인 5

다음 빈칸의 ⓐ와 ⓑ를 채우시오.

> 생명 탄생에 가장 중요한 요소는 액체 상태의 (　ⓐ　)이며, 외계 생명체의 기본 구성 물질은 (　ⓑ　)로 추정된다.

확인+5

외계의 지적 생명체가 전파로 신호를 보낸다는 가정 아래 전파망원경에서 수신한 전파를 분석하여 인공적인 전파를 찾는 프로젝트는 무엇인가?

(　　　　　　　　　　　　　)

생명 가능 지대
· 물이 액체 상태로 존재하는 영역
· 별의 광도가 밝을수록 생명 가능 지대가 별에서 멀어짐
· 태양계 행성 중 지구만 생명 가능 지대에 속함

공전 궤도 반지름 (지구 = 1)

세티(SETI) 프로젝트
외계 지적 생명체 탐사인 SETI (Search for Extra-terrestrial Intelligence) 프로젝트는 1960년 탐사를 시작할 당시에는 정부의 지원을 받으며 진행되었으나, 현재는 민간 중심으로 추진되고 있다.

지구의 생명체
지구에서 처음 생명체가 탄생한 것은 지구 탄생 약 10억년 후(약 35억 년 전)로 보이며, 고등 생명체가 탄생한 것은 지구 탄생 약 40억 년 후이다.

H-R도 (Hertzsprung-Russell diagram)
별의 표면 온도와 밝기(광도)에 따라 별들의 위치를 표시한 것으로, 대부분의 경우 뜨거울수록 별이 더 밝은 것을 알 수 있다.
· 주계열성 : 고온의 별일수록 밝고 저온일수록 어둡다.
· 거성 : 온도는 낮으나 별의 크기가 커서 밝게 보인다.
· 초거성 : 표면 온도는 낮으나 광도는 매우 높다.
· 백색 왜성 : 온도가 높아 흰색을 띠지만 크기가 작아 어둡게 보인다.

주계열성
H-R도에서 대각선으로 길게 분포하는 별들로, 수소 핵융합 반응으로 에너지를 만드는 단계이며, 별의 일생에서 가장 오랫동안 머무는 단계이다.

미니사전
동주기 자전[同 한가지 週 돌다 期 기약하다 自 스스로 轉 회전하다]
사선 주기가 공전 주기와 같은 경우를 말한다.

6. 외계 행성 탐사

(1) 외계 행성 : 태양이 아닌 다른 별(항성) 주위를 공전하고 있는 행성

(2) 탐사 방법 : 행성은 너무 어두워서 직접 관측이 어려워 대부분 간접적인 방법으로 탐사한다.

① **도플러 효과 이용**
- 행성이 있는 별은 행성과 별의 공통 질량 중심 둘레를 공전하므로 지구에서 관측하면 별이 가까워질 때와 멀어질 때 별빛의 파장이 변한다. ⇨ 별 주변 행성의 존재를 확인할 수 있다.

▲ 행성이 있는 별빛의 도플러 효과

- 별 1 : 별이 관측자에 가까워지면 별빛의 파장이 짧아진다.
- 별 2 : 별이 관측자에서 멀어지면 별빛의 파장이 길어진다.
- 별에 비해 행성의 질량이 클수록 잘 관측된다.
- 행성의 공전 궤도면이 관측자의 시선 방향에 있을 때 잘 관측된다.

② **식 현상 이용**
- 행성이 별 주위를 공전하면 식 현상이 일어나 별의 밝기가 감소한다. ⇨ 별의 밝기 변화 관측으로 외계 행성의 존재를 확인할 수 있다.

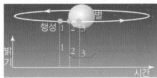
▲ 행성의 공전에 의한 별의 밝기 변화

- 1 : 행성이 별을 가리지 않아 별이 가장 밝게 관측된다.
- 2 : 행성의 일부가 별의 일부를 가리므로 별의 밝기가 감소한다.
- 3 : 행성 전체가 별의 일부를 가리므로 별의 밝기가 가장 어둡게 관측된다.

③ **미세 중력 렌즈 현상 이용**
- 시선 방향에서 앞뒤로 2개의 별이 있을 때, 뒤쪽 별의 빛은 앞쪽 별의 중력에 의해 굴절된다. ⇨ 앞쪽 별이 행성을 가지고 있다면 행성의 중력에 의해 밝기 변화가 불규칙해진다. ⇨ 뒤쪽 별의 밝기 변화를 관측하여 앞쪽 별의 행성 존재 여부를 확인할 수 있다.

▲ 미세 중력 렌즈 현상

- 뒤쪽 별이 B에 위치할 때 : 두 별이 시선 방향에서 겹치므로 앞쪽 별의 중력에 의해 뒤쪽 별빛의 진행 경로가 휘어져 B'로 집중되어 가장 밝게 관측된다.

④ **펄서 신호 주기 변화 이용**
- 전파 신호를 주기적으로 방출하는 펄서 주위에 행성이 돌고 있으면 펄서의 신호 주기가 달라진다. ⇨ 펄서의 신호 주기를 관측하여 행성을 발견할 수 있다.

⑤ **별의 운동 경로 이용**
- 행성을 거느린 별은 운동할 때 행성의 중력에 의해 영향을 받으므로 꼬불꼬불한 경로를 그리며 운동한다. ⇨ 별의 운동 경로 관측을 통해 행성을 발견할 수 있다.

(3) 최근의 외계 행성 탐사
① **외계 행성 탐사의 최대 목적** : 지구 이외의 행성에서 생명체를 발견하는 것이다.
② **탐사 경향** : 지구와 같이 크기가 작고 암석으로 된 지구형 행성을 찾기 위해 노력하고 있다.
③ **케플러 우주 망원경** : 2009년 발사된 우주 망원경으로, 식 현상에 의한 별(항성)의 밝기 변화를 정밀하게 관측하여 외계 행성을 찾고 있다.

개념확인6
정답 및 해설 53쪽

외계 행성의 탐사 방법에 대한 설명으로 옳은 것은 ○표, 옳지 않은 것은 ×표 하시오.

(1) 외계 행성에 대한 탐사는 직접적인 방법이 주로 이용된다. ( )
(2) 외계 행성이 식 현상을 일으키면 중심별의 밝기가 감소한다. ( )

확인+6

소리나 빛과 같은 파동이 관측자로부터 멀어지면 파장이 길어지고, 가까워지면 파장이 짧아지는 현상은 무엇인가?
( )

행성 직접 관측
최근 관측 기술의 발달로 가까운 거리에 있는 별 주위를 도는 행성 촬영에 성공했다. 2010년까지 직접 관측으로 발견된 외계 행성은 13개이다.

도플러 효과
소리나 빛과 같은 파동이 관측자로부터 멀어지면 파장이 길어지고, 가까워지면 파장이 짧아지는 현상이다.

별빛의 스펙트럼을 통한 도플러 효과 관측
분광기가 장착된 망원경으로 별빛의 스펙트럼을 촬영하면, 스펙트럼 사진에서 흡수선의 이동을 통해 별이 접근하거나 후퇴하는지 알 수 있다.

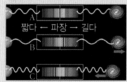
▲ 별빛의 스펙트럼 비교

- A (기준선) : 흡수선의 실제 파장. 별이 정지해 있을 때
- B : 흡수선이 긴 파장 쪽으로 이동(적색 편이). 별이 멀어질 때
- C : 흡수선이 짧은 파장 쪽으로 이동(청색 편이). 별이 가까워질 때

식 현상
일식이나 월식처럼 한 천체가 다른 천체를 가려 보이지 않게 하거나, 어두워 보이게 만드는 현상이다.

펄서(pulsar)
빠르게 자전하면서 강한 전파를 일정한 주기로 방출하는 별을 말하며, 전파의 주기가 자전 주기와 같다.

지금까지 발견된 외계 행성들의 특징
- 중심별의 질량이 태양과 비슷한 별들이 행성을 가장 많이 갖고 있다.
- 발견된 외계 행성들의 질량은 지구보다 큰 경우가 많고, 공전 궤도의 긴 반지름은 지구와 비슷하거나 작은 경우가 많다.
- 지금까지 발견된 외계 행성은 대부분 목성과 같이 질량이 큰 기체 행성이어서 생명체가 살기 부적합하다.

01 태양계 탐사에 대한 설명으로 옳은 것은 ○표, 옳지 않은 것은 ×표 하시오.

(1) 최초의 인공위성은 스푸트니크 1호이다. (   )
(2) 나로호는 우리나라 최초의 우주 발사체이다. (   )
(3) 행성 탐사선은 지구 주위를 일정한 궤도를 따라 도는 우주선이다. (   )
(4) 궤도선은 인공위성처럼 탐사하고자 하는 행성 둘레를 공전한다. (   )

02 다음 그림은 태양계 탐사선 중의 하나인 보이저호이다. 이에 대한 설명으로 옳은 것만을 〈보기〉에서 있는 대로 고른 것은?

─────── 〈 보기 〉 ───────
ㄱ. 이 탐사선은 근접통과 방법을 이용한다.
ㄴ. 목성에 희미한 고리가 있고, 이오에 화산이 있는 것을 알아냈다.
ㄷ. 토성의 새로운 위성을 발견하고, 토성의 고리는 얼음과 암석 조각으로 구성되어 있다는 것을 알아냈다.

① ㄱ   ② ㄴ   ③ ㄱ, ㄷ   ④ ㄴ, ㄷ   ⑤ ㄱ, ㄴ, ㄷ

03 다음 중 지구형 행성과 목성형 행성의 특징이 <u>아닌</u> 것은?

① 목성형 행성 중 토성은 평균 밀도가 가장 작다.
② 지구형 행성 중 금성은 크기와 질량이 가장 작다.
③ 목성형 행성은 자전 속도가 빠르고 자전 주기가 짧다.
④ 지구형 행성은 질량은 작으나 평균 밀도가 큰 행성이다.
⑤ 목성형 행성은 고리를 가지며 많은 위성을 가지고 있다.

04 다음 그림은 화성의 극관이다. 빈 칸에 알맞은 계절을 고르시오.

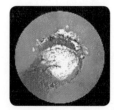

화성의 (여름 / 겨울)철에는 이산화 탄소와 수증기가 대기 중으로 방출되어 극관의 크기가 작아진다.

05 태양계 작은 천체들의 특징에 대한 설명으로 옳은 것만을 〈보기〉에서 있는 대로 고른 것은?

〈 보기 〉

ㄱ. 왜소 행성은 태양을 중심으로 공전한다.
ㄴ. 왜소행성은 소행성보다 크고 행성보다 작으며 모양이 구형이다.
ㄷ. 혜성이 태양에 가까워지면 태양열에 의해 얼음이 승화되어 태양 쪽을 향해 꼬리를 만든다.

① ㄱ   ② ㄴ   ③ ㄱ, ㄴ   ④ ㄴ, ㄷ   ⑤ ㄱ, ㄴ, ㄷ

06 다음 그림은 소행성들의 모습을 나타낸 것이다. 소행성의 일반적인 특징으로 옳은 것만을 〈보기〉에서 있는 대로 고른 것은?

〈 보기 〉

ㄱ. 소행성은 태양 주위를 공전하지 않는다.
ㄴ. 소행성은 모양이 불규칙하여 밝기가 일정하지 않다.
ㄷ. 소행성은 혜성과 함께 태양계 형성 초기의 물질을 지니고 있다.

① ㄱ   ② ㄷ   ③ ㄱ, ㄴ   ④ ㄴ, ㄷ   ⑤ ㄱ, ㄴ, ㄷ

07 외계 생명체가 존재할 수 있는 행성의 조건에 대한 설명으로 옳은 것은 ○표, 옳지 않은 것은 ×표 하시오.

(1) 자기장이 존재해야 한다.   (   )
(2) 충분한 대기가 있어야 한다.   (   )
(3) 중심별의 수명이 짧아야 한다.   (   )
(4) 중심별의 진화 속도가 빨라야 한다.   (   )
(5) 물이 액체 상태로 존재할 수 있도록 표면 온도가 적당해야 한다.   (   )

08 외계 행성 탐사 방법에 대한 설명으로 옳은 것만을 〈보기〉에서 있는 대로 고른 것은?

〈 보기 〉

ㄱ. 외계 행성은 어두워서 직접적인 관측이 어려우므로 주로 간접적인 방법으로 탐사한다.
ㄴ. 식 현상을 이용하여 행성을 발견하려면 별빛의 밝기 변화를 관측해야 한다.
ㄷ. 도플러 효과를 이용하여 외계 행성을 탐사하려면 행성에서 나오는 빛의 파장 변화를 관측해야 한다.

① ㄱ   ② ㄱ, ㄴ   ③ ㄱ, ㄷ   ④ ㄴ, ㄷ   ⑤ ㄱ, ㄴ, ㄷ

유형 익히기&하브루타

[유형21-1] 태양계 탐사

다음 그림은 태양계를 탐사했던 우주 탐사선의 모습이다. 그림 (가)는 스푸트니크 1호이고, 그림 (나)는 아폴로 11호이다. 각각의 역사적 의미를 옳게 짝지은 것은?

(가)

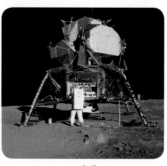

(나)

	스푸트니크호	아폴로 11호
①	최초의 인공위성	최초의 달 탐사선
②	최초의 인공위성	최초의 유인 달 착륙선
③	최초의 우주 왕복선	최초의 달 탐사선
④	최초의 우주 탐사선	최초의 유인 우주선
⑤	최초의 우주 탐사선	최초의 달 착륙선

01

다음 그림은 우리나라 우주 센터의 모습이다. 우리나라 우주 탐사에 대한 설명으로 옳지 않은 것은?

① 우리나라 최초의 인공위성은 우리별 1호이다.
② 우리나라 최초의 통신 위성은 아리랑 위성이다.
③ 2009년 전라남도 고흥에 우리나라 최초로 '나로 우주 센터'를 건립하였다.
④ 2008년 우리나라 최초의 우주인으로 뽑힌 이소연이 우주 비행에 참가하였다.
⑤ 2013년 한국 최초의 우주 발사체 '나로호'를 발사하여 나로 과학 위성을 궤도에 진입시켰다.

02

다음 〈보기〉의 설명에 해당하는 탐사 방법을 옳게 짝지은 것은?

― 〈 보기 〉 ―

ㄱ. 천체 표면에 착륙하여 지표나 대기를 탐사하는 방법
ㄴ. 인공위성처럼 천체의 주위를 돌면서 탐사하는 방법
ㄷ. 천체 가까이 지나가면서 사진 등을 촬영하여 탐사하는 방법.

	ㄱ	ㄴ	ㄷ
①	착륙선	궤도 선회	표면 충돌
②	착륙선	근접 통과	궤도 선회
③	착륙선	궤도 선회	근접 통과
④	근접 통과	표면 충돌	탐사정 낙하
⑤	궤도 선회	탐사정 낙하	표면 충돌

[유형21-2] 태양계 행성 1

다음 그림은 태양계 행성들을 두 집단으로 분류한 것이다. 이에 대한 설명으로 옳은 것만을 〈보기〉에서 있는 대로 고른 것은?

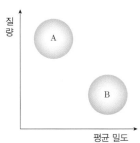

질량 / 평균 밀도

〈 보기 〉

ㄱ. A 집단에 수성, 금성, 지구, 화성이 포함된다.
ㄴ. B 집단은 자전 주기가 짧아 자전 속도가 빠르다.
ㄷ. A 집단은 단단한 지각이 없지만, B 집단에는 단단한 지각이 있다.

① ㄱ   ② ㄴ   ③ ㄷ   ④ ㄱ, ㄴ   ⑤ ㄴ, ㄷ

---

03 다음 그림은 지구형 행성으로 그림 (가)는 수성, (나)는 금성. (다)는 화성이다.

(가)   (나)   (다)

다음 설명에 해당하는 행성을 각각 기호로 쓰시오.

(1) 태양계 행성 중 질량과 크기가 가장 작다.

(   )

(2) 양극에 얼음과 드라이아이스 성분의 극관이 있다. (   )

(3) 일교차가 크고 대기가 거의 없으며 표면에 크레이터가 많다. (   )

(4) 두꺼운 이산화 탄소 대기의 온실 효과가 극심해 표면 온도가 매우 높다. (   )

04 그림 (가)는 두꺼운 대기로 둘러싸인 금성의 모습이고, 그림 (나)는 금성 표면의 지형도이다.

 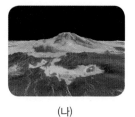

(가)   (나)

이에 대한 설명으로 옳은 것만을 〈보기〉에서 있는 대로 고른 것은?

〈 보기 〉

ㄱ. 금성 대기의 주성분은 이산화 탄소이다.
ㄴ. 두꺼운 대기로 인해 표면 기압이 매우 높다.
ㄷ. (나)는 금성의 표면을 직접 관측한 것이다.

① ㄱ   ② ㄴ   ③ ㄱ, ㄴ
④ ㄱ, ㄷ   ⑤ ㄱ, ㄴ, ㄷ

유형 익히기&하브루타

[유형21-3] 태양계 행성 2

그림은 태양계 행성의 표면을 나타낸 것이다. 이에 대한 설명으로 옳은 것만을 〈보기〉에서 있는 대로 고른 것은?

(가)

(나)

(다)

〈 보기 〉

ㄱ. (가)는 행성에 대기가 없어 유성체가 대기에 의해 타지 않고 떨어져 생긴 크레이터이다.
ㄴ. (나)의 붉은 점은 지구의 태풍과 비슷한 대기의 소용돌이 현상이다.
ㄷ. (다)의 줄무늬는 행성의 느린 자전 때문에 나타난다.

① ㄱ   ② ㄴ   ③ ㄱ, ㄴ   ④ ㄱ, ㄷ   ⑤ ㄱ, ㄴ, ㄷ

---

05 다음은 태양계 행성의 특징을 나타낸 것이다.

행성	특징
(가)	· 뚜렷한 고리가 있다. · 태양계 행성 중 밀도가 가장 작다.
(나)	· 대기에 포함된 메테인 때문에 청록색으로 보인다. · 자전축이 90°이상 기울어져 있다.
(다)	· 어두운 고리가 있다. · 표면에 대흑점이 있다.

이에 대한 설명으로 옳은 것만을 〈보기〉에서 있는 대로 고른 것은?

〈 보기 〉

ㄱ. 행성 (가)는 자전 속도가 빠르고 편평도가 크다.
ㄴ. 행성 (나)는 카시니호가 근접 통과하여 탐사하였다.
ㄷ. 행성 (다)의 위성 트리톤은 질소와 메테인으로 구성된 대기가 있다.

① ㄱ   ② ㄴ   ③ ㄱ, ㄷ
④ ㄴ, ㄷ   ⑤ ㄱ, ㄴ, ㄷ

06 다음은 화성 표면의 특징을 나타낸 그림이다. 그림 (가)는 극관이고, (나)는 올림포스 화산이다.

(가)   (나)

이에 대한 설명으로 옳은 것만을 〈보기〉에서 있는 대로 고른 것은?

〈 보기 〉

ㄱ. (가)의 크기는 계절에 따라 변한다.
ㄴ. (나)는 태양계에서 가장 큰 화산이다.
ㄷ. (나)로부터 과거 화성에서 화산 활동이 활발했음을 알 수 있다.

① ㄱ   ② ㄴ   ③ ㄱ, ㄴ
④ ㄱ, ㄷ   ⑤ ㄱ, ㄴ, ㄷ

[유형21-4] 태양계의 작은 천체들

그림 (가)는 혜성의 구조를, 그림 (나)는 혜성이 공전하여 태양 근처를 지나갈 때 꼬리의 변화를 나타낸 것이다.

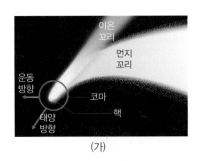

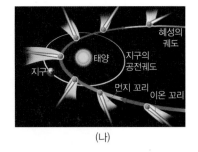

(가)　　　　　　　　(나)

혜성에 대한 설명으로 옳지 <u>않은</u> 것은?

① 혜성은 타원 또는 포물선 궤도를 그리면서 태양 주위를 공전한다.
② 혜성은 태양에 접근할수록 핵과 코마가 커지고 꼬리가 길어진다.
③ 혜성이 태양에 가까이 접근하면 태양열에 의해 핵을 둘러싸는 코마가 형성된다.
④ 혜성이 태양에 가까이 접근하면 가스 꼬리가 태양을 향하는 방향으로 만들어진다.
⑤ 가스 꼬리는 태양 반대 방향으로 곧게 뻗어 나타나고, 먼지 꼬리는 태양의 중력의 영향을 받아 휘어져 나타난다.

07 그림은 왜소 행성 중의 하나인 플루토의 모습이다.

왜소 행성에 대한 설명으로 옳지 <u>않은</u> 것은?

① 태양을 중심으로 공전한다.
② 세레스, 에리스가 이에 속한다.
③ 자체 중력에 의해 구형을 이룬다.
④ 소행성보다 크기가 작은 천체이다.
⑤ 공전 궤도 주변에 다른 천체들이 함께 있을 수 있다.

08 다음 그림은 태양계를 구성하는 어떤 천체의 모습을 나타낸 것이다.

이에 대한 설명으로 옳지 <u>않은</u> 것은?

① 핵은 주로 얼음과 먼지로 이루어져 있다.
② 혜성이 태양에 가까워질수록 꼬리는 길어진다.
③ 꼬리를 구성하는 가스와 먼지가 태양풍에 날려 코마를 형성한다.
④ 태양계 형성 초기 물질을 지니고 있어 태양계 기원을 밝히는 데 도움이 될 것이다.
⑤ 물과 유기 물질이 포함되어 있어 생명 탄생의 비밀을 밝힐 수 있을 것으로 추정된다.

유형 익히기&하브루타

[유형21-5] 외계 생명체 탐사

외계 생명체가 존재하기 위한 행성의 조건 중 하나는 생명 가능 지대에 위치해야 한다는 것이다. 다음 그림은 별의 질량에 따른 생명 가능 지대를 나타낸 것이다.

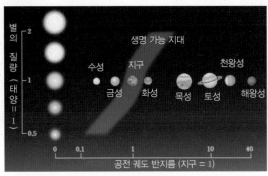

이에 대한 설명으로 옳은 것만을 〈보기〉에서 있는 대로 고른 것은?

───〈 보기 〉───

ㄱ. 태양계 행성 중 지구만 생명 가능 지대에 속한다.
ㄴ. 별의 질량이 클수록 광도가 크므로 생명 가능 지대가 별에서 가까워진다.
ㄷ. 생명 가능 지대는 별의 둘레에서 물이 액체 상태로 존재할 수 있는 영역이다.

① ㄱ   ② ㄷ   ③ ㄱ, ㄴ   ④ ㄱ, ㄷ   ⑤ ㄱ, ㄴ, ㄷ

---

09 별의 성질과 생명체 존재 가능성에 대한 설명으로 옳지 <u>않은</u> 것은?

① 별의 질량이 클수록 별의 광도가 크다.
② 별의 광도가 클수록 별의 수명이 짧다.
③ 별의 질량이 클수록 생명체 존재 가능성이 높다.
④ 별이 진화하면 별의 광도가 변하므로 생명 가능 지대의 거리도 변한다.
⑤ 생명체가 존재하려면 행성이 생명 가능 지대에 충분히 머물도록 별의 수명이 길어야 한다.

10 그림은 세티(SETI) 프로젝트에 이용되는 망원경의 모습이다.

세티(SETI) 프로젝트에서 사용되는 망원경의 종류와 찾는 대상을 옳게 나열한 것을 고르시오.

	망원경의 종류	찾는 대상
①	우주 망원경	외계 행성
②	우주 망원경	외계 지적 생명체
③	전파 망원경	외계 행성
④	전파 망원경	외계 지적 생명체
⑤	광학 망원경	외계 지적 생명체

[유형21-6] 외계 행성 탐사

그림 (가)와 (나)는 각각 도플러 효과와 식 현상을 이용하여 외계 행성을 탐사하는 방법을 나타낸 것이다.

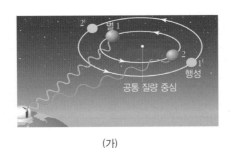

(가)   (나)

이에 대한 설명으로 옳은 것만을 〈보기〉에서 있는 대로 고른 것은?

〈 보기 〉

ㄱ. 그림 (가)는 별에 비해 행성의 질량이 작을수록 잘 관측된다.
ㄴ. 그림 (가)는 별빛의 스펙트럼 변화를 관찰하여 행성을 탐사할 수 있다.
ㄷ. 그림 (나)에서 행성이 공전 궤도 상의 1에 위치할 때 별의 밝기가 가장 밝게 관측된다.

① ㄱ   ② ㄴ   ③ ㄱ, ㄴ   ④ ㄱ, ㄷ   ⑤ ㄴ, ㄷ

11 그림은 외계 행성을 탐사하는 방법을 나타낸 것이다.

이에 대한 설명으로 옳은 것만을 〈보기〉에서 있는 대로 고른 것은?

〈 보기 〉

ㄱ. 별 B의 밝기 변화를 측정해야 한다.
ㄴ. B의 별빛이 별 A의 중력에 의해 굴절된다.
ㄷ. 별 A와 별 B가 같은 시선 방향에 위치할 때, 별 B가 가장 밝게 관측된다.

① ㄱ   ② ㄱ, ㄴ   ③ ㄱ, ㄷ
④ ㄴ, ㄷ   ⑤ ㄱ, ㄴ, ㄷ

12 그림은 식 현상을 이용한 외계 행성의 탐사 방법을 나타낸 것이다.

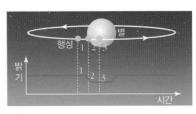

이에 대한 설명으로 옳은 것만을 〈보기〉에서 있는 대로 고른 것은?

〈 보기 〉

ㄱ. 중심별의 밝기 변화를 관측하여 행성의 크기를 유추할 수 있다.
ㄴ. 행성이 중심별의 바로 앞을 지나면 별의 밝기가 가장 강하게 관측된다.
ㄷ. 행성의 공전 궤도면과 관측자의 시선 방향이 나란할 때 관측할 수 있다.

① ㄱ   ② ㄴ   ③ ㄱ, ㄴ
④ ㄱ, ㄷ   ⑤ ㄴ, ㄷ

창의력&토론마당

3F 지구과학 (하)

01 다음은 태양계 탐사선의 모습으로 그림 (가)는 보이저 호, (나)는 바이킹 호, (다)는 마젤란 호이다. 다음 물음에 답하시오.

(가)

(나)

(다)

(1) (가)~(다) 탐사선의 탐사 방법을 각각 쓰시오.

(2) 1980년에 보이저 1,2호가 토성을 탐사하여 알아낸 것을 두 가지 쓰시오.

(3) 마젤란 호가 금성 탐사에 레이더를 이용한 이유는 무엇인가?

02

그림 (가)는 수성, 그림 (나)는 토성의 모습이다. 다음 물음에 답하시오.

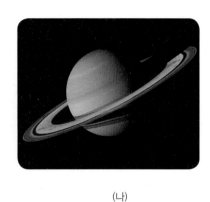

(가)   (나)

(1) 수성의 표면에 크레이터가 많은 이유를 서술하시오.

(2) 토성은 적도 쪽이 볼록한 타원체 모양으로, 다른 행성에 비해 납작한 형태이다. 그 이유를 서술하시오.

(3) 토성 고리의 특징을 3가지 서술하시오.

03 그림은 지구의 공전 궤도와 혜성의 공전 궤도를 나타낸 것이다. 다음 물음에 답하시오.

(1) 혜성 꼬리의 생성 원리에 대해 서술하시오.

(2) 혜성이 태양 주위를 공전할 때 먼지 꼬리와 이온 꼬리의 방향과 길이는 어떠한지 서술하시오.

04 그림 (가)와 (나)는 현재까지 발견된 약 500개의 외계 행성들의 물리량에 대한 자료이다. 다음 물음에 답하시오.

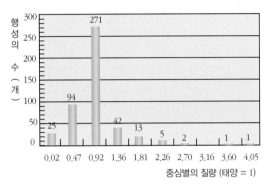

(가)

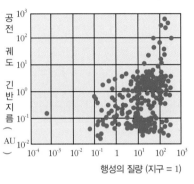

(나)

(1) 외계 행성계에서 중심별의 질량과 그에 따른 행성의 수와의 관계는 어떠한지 설명하시오.

(2) 지구보다 질량이 큰 외계 행성의 수가 많은 이유는 무엇인지 설명하시오.

01 태양계 탐사에 대한 설명으로 옳은 것만을 〈보기〉에서 있는 대로 고른 것은?

〈 보기 〉

ㄱ. 우주 정거장 내부는 무중력 상태이므로 물체가 공중에 떠 있다.

ㄴ. 궤도선은 인공위성처럼 천체의 주위를 돌면서 탐사한다.

ㄷ. 아폴로 11호는 근접 통과 방법으로 태양계를 탐사하였다.

① ㄱ   ② ㄴ   ③ ㄷ
④ ㄱ, ㄴ   ⑤ ㄱ, ㄴ, ㄷ

02 다음은 탐사선들이 탐사한 방법을 설명한 것이다.

(가) 보이저 호는 목성과 토성, 천왕성, 해왕성을 차례로 지나며 정보를 수집하여 전송하였다.

(나) 딥임펙트 호는 화성과 목성 사이에서 태양을 돌고 있던 '템펠1' 혜성에 구조물을 충돌시켜 이때 발생한 물질을 분석하였다.

(다) 스피릿 호는 화성 표면을 돌아다니며 물 존재 여부와 암석, 토양 등에 관한 정보를 파악했다.

(가) ~ (다)의 탐사 방법을 옳게 짝지은 것은?

	(가)	(나)	(다)
①	연착륙	궤도 선회	표면 충돌
②	근접 통과	연착륙	궤도 선회
③	표면 충돌	궤도 선회	근접 통과
④	근접 통과	표면 충돌	연착륙
⑤	궤도 선회	탐사정 낙하	표면 충돌

03 표는 태양계를 구성하는 행성들의 물리량을 나타낸 것이다.

물리량 행성	태양과의 거리 (AU)	적도 반지름 (km)	상대적인 질량	대기 구성 성분	대기압 (기압)
(가)	0.39	2,439	0.05	없음	0.0
(나)	0.72	6,052	0.8	CO_2	92.0
(다)	1.00	6,378	1	N_2, O_2	1.0
(라)	1.52	3,397	0.1	CO_2	0.01

이 자료에 대한 해석으로 옳지 <u>않은</u> 것은?

① 행성 (가)에 운석 구덩이가 가장 많이 분포할 것이다.

② 태양으로부터 거리가 멀어질 수록 행성의 상대적인 질량이 증가한다.

③ 행성 (가)는 대기가 없으므로 낮과 밤의 표면 온도 차이가 클 것이다.

④ 행성 (나)는 이산화 탄소로 이루어진 두꺼운 대기층을 갖고 있어 온실 효과가 클 것이다.

⑤ 공전 주기는 태양과 거리가 더 먼 행성 (라)가 행성 (다)보다 길다.

04 그림 (가)와 (나)는 태양계 행성의 모습이다.

(가)   (나)

두 행성의 공통점에 대한 설명으로 옳은 것은?

① 지구형 행성이다.

② 평균 밀도가 크다.

③ 두꺼운 대기를 갖고 있다.

④ 행성 표면에 단단한 지각이 있다.

⑤ 주로 수소와 헬륨으로 구성되어 있다.

05
그림은 태양계 행성을 특징에 따라 분류하여 벤 다이어그램으로 나타낸 것이다.

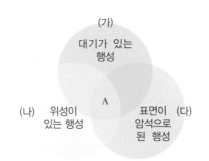

(가)~(다)의 공통 부분인 A에 해당하는 행성을 모두 고르시오.

① 금성   ② 목성   ③ 지구
④ 토성   ⑤ 화성

06
그림 (가)는 왜소 행성인 세레스, (나)는 소행성의 모습이다.

(가)   (나)

이에 대한 설명으로 옳은 것만을 〈보기〉에서 있는 대로 고른 것은?

─── 〈 보기 〉 ───
ㄱ. (가)의 크기는 (나)보다 크고 행성보다 작다.
ㄴ. (가)는 공전 궤도 내에서 지배적인 역할을 한다.
ㄷ. (나)는 모양이 구형이 아니기 때문에 밝기가 불규칙하게 변한다.

① ㄱ   ② ㄴ   ③ ㄱ, ㄴ
④ ㄱ, ㄷ   ⑤ ㄴ, ㄷ

07
외계 생명체의 발생 요소와 기본 구성 물질에 대한 설명으로 옳지 <u>않은</u> 것은?

① 액체 상태의 물이 중요한 요소이다.
② 물은 다양한 화학 물질 반응의 장소가 된다.
③ 물에서 복잡한 유기물이 탄생할 가능성이 크다.
④ 탄소 원자는 다른 원자와 쉽게 결합하기 어렵다.
⑤ 외계 생명체의 기본 구성 물질은 탄소로 추정된다.

08
세티(SETI) 프로젝트에 대한 설명으로 옳은 것만을 〈보기〉에서 있는 대로 고른 것은?

─── 〈 보기 〉 ───
ㄱ. 우주 망원경이 주로 이용된다.
ㄴ. 외계의 지적 생명체를 찾는 활동이다.
ㄷ. 외계에서 오는 신호 중 자연적이지 않는 것을 찾는다.
ㄹ. 처음에는 국가 프로젝트로 시작되었으나 현재는 민간 주도로 실시되고 있다.

① ㄱ, ㄴ   ② ㄱ, ㄷ   ③ ㄴ, ㄹ
④ ㄱ, ㄴ, ㄷ   ⑤ ㄴ, ㄷ, ㄹ

09 다음은 외계 행성의 탐사 방법을 나타낸 것이다.

> (가) 식 현상을 이용한 탐사
> (나) 도플러 효과를 이용한 탐사
> (다) 미세 중력 렌즈 현상을 이용한 탐사

이에 대한 설명으로 옳은 것만을 〈보기〉에서 있는 대로 고른 것은?

─〈 보기 〉─
ㄱ. (가)는 광학 망원경을 사용할 수 있다.
ㄴ. (가)와 (다)는 별의 밝기 변화를 측정하여 탐사한다.
ㄷ. (나)는 행성에서 나오는 빛의 스펙트럼을 분석하여 탐사한다.

① ㄱ   ② ㄴ   ③ ㄱ, ㄴ
④ ㄴ, ㄷ   ⑤ ㄱ, ㄴ, ㄷ

10 표는 지구형 행성에 속하는 세 행성 (가), (나), (다)의 대기 조성을 나타낸 것이다.

행성	주요 대기의 성분 비율	대기압
(가)	CO_2 95 %, N_2 2.7 %	0.01 기압
(나)	N_2 78 %, O_2 21 %	1 기압
(다)	CO_2 96 %, O_2 21 %	92 기압

세 행성의 온실 효과 크기가 큰 순서대로 바르게 나타낸 것은?

① (가) > (나) > (다)   ② (가) > (다) > (나)
③ (나) > (가) > (다)   ④ (다) > (가) > (나)
⑤ (다) > (나) > (가)

11 아래 그림은 태양계 행성들을 지구형 행성과 목성형 행성으로 분류한 것이다.

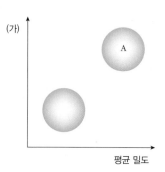

집단 A를 기준으로 할 때, (가)에 들어갈 수 있는 물리량을 쓰시오.

(   )

12 그림은 토성의 고리를 나타낸 것이다.

이에 대한 설명으로 옳은 것만을 〈보기〉에서 있는 대로 고른 것은?

─〈 보기 〉─
ㄱ. 고리는 얼음과 먼지 입자로 이루어져 있다.
ㄴ. 고리의 입자 크기는 토성에서 멀수록 작다.
ㄷ. 위성들에 의해 고리가 물결처럼 움직인다.

① ㄱ   ② ㄴ   ③ ㄷ
④ ㄱ, ㄷ   ⑤ ㄴ, ㄷ

13 다음은 여러 행성의 위성을 나타낸 것으로, 그림 (가)는 타이탄, (나)는 이오, (다)는 달이다.

(가)   (나)   (다)

이에 대한 설명으로 옳은 것만을 〈보기〉에서 있는 대로 고른 것은?

─────〈 보기 〉─────

ㄱ. (가)는 대기를 가지고 있다.
ㄴ. (나)의 표면에서 화산 활동이 활발하다.
ㄷ. (다)의 최초 유인 탐사선은 아폴로 11호이다.

① ㄱ   ② ㄴ   ③ ㄱ, ㄴ
④ ㄴ, ㄷ   ⑤ ㄱ, ㄴ, ㄷ

14 그림은 태양계의 행성 중 물리적 특성이 비슷한 행성들을 나타낸 것이다.

위 행성들의 공통적인 특성에 대한 설명으로 옳은 것만을 〈보기〉에서 있는 대로 고른 것은?

─────〈 보기 〉─────

ㄱ. 행성의 크기가 작다.
ㄴ. 단단한 지각이 없다.
ㄷ. 지구보다 공전 궤도가 길다.

① ㄱ   ② ㄴ   ③ ㄷ
④ ㄱ, ㄴ   ⑤ ㄴ, ㄷ

15 다음은 태양계의 어느 행성에 대한 설명이다.

· 갈릴레이가 발견한 4개의 위성이 있다.
· 보이저 호의 탐사에 의해 희미한 고리가 확인되었다.
· 빠른 자전 때문에 생긴 대기 현상이 표면에서 관찰된다.

위와 같은 특징을 나타내는 행성은 무엇인가?

①    ②

③   ④

⑤

16 태양계 작은 천체들에 대한 설명으로 옳지 <u>않은</u> 것은?

① 왜소 행성은 소행성보다 크고 행성보다 작으며 구형이다.
② 혜성은 유성체가 지구 대기와 마찰하여 빛을 내며 타는 것이다.
③ 카이퍼 띠는 짧은 공전 주기를 갖는 혜성들의 발생지로 여겨진다.
④ 운석은 유성체가 완전히 타지 않고 일부가 남아서 땅에 떨어진 것이다.
⑤ 소행성과 혜성은 태양계 형성 초기의 물질을 포함하고 있어 태양계 기원을 밝히는 데 중요한 천체이다.

17 다음은 어떤 태양계의 천체에 대한 설명이다.

> · 2004년 스타더스트 호는 '와일드2'의 꼬리 부분에 접근해 표본을 수집하였다.
> · 2005년 딥임팩트 호는 '템펠1'에 구조물을 충돌시켜 발생한 구성 성분을 조사하였다.

위의 설명과 관련된 천체로 옳은 것은?

18 외계 생명체가 존재하기 위한 행성의 조건에 대한 설명으로 옳지 <u>않은</u> 것은?

① 생명체가 물질대사를 할 수 있을만큼 충분한 대기가 있어야 한다.
② 우주에서 오는 우주선을 막을 수 있는 자기장이 존재해야 한다.
③ 행성을 거느린 중심별의 수명이 짧고 진화 속도가 빨라야 한다.
④ 적당한 표면 온도를 가지고 있어서 물이 액체 상태로 존재해야 한다.
⑤ 자전축이 적당히 기울어져 있어서 계절의 변화가 극심하게 나타나지 않아야 한다.

19 그림 (가)와 (나)는 각각 미세 중력 렌즈 현상과 도플러 효과를 이용하여 외계 행성을 탐사하는 방법을 나타낸 것이다.

(가)

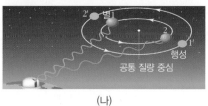

(나)

외계 행성을 탐사하기 위해 (가)와 (나)에서 측정해야 하는 것을 옳게 나타낸 것은?

	(가)	(나)
①	별 A의 밝기 변화	별빛의 밝기 변화
②	별 A의 밝기 변화	별빛의 파장 변화
③	별 B의 밝기 변화	별빛의 밝기 변화
④	별 B의 밝기 변화	별빛의 파장 변화
⑤	별 B의 밝기 변화	행성의 밝기 변화

20 외계 행성의 탐사 방법에 대한 설명으로 옳지 <u>않은</u> 것은?

① 가까운 별의 경우 관측 사진을 통해 직접 찾을 수도 있다.
② 행성으로 인한 중심별의 별빛 스펙트럼 변화를 조사한다.
③ 행성이 중심 별을 지날 때 나타나는 밝기 변화를 조사한다.
④ 중심별의 질량과 광도 관계를 파악하여 외계 행성의 존재 유무를 알아낸다.
⑤ 같은 방향에 앞뒤로 별이 있을 때, 뒤쪽 별빛에 니타나는 미세 중력 렌즈 현상을 조사한다.

21 그림 (가)~(다)는 태양계 행성 중 어느 한 행성의 표면 모습이다.

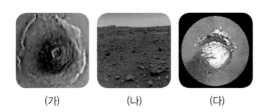

(가)　　　　(나)　　　　(다)

이에 대한 설명으로 옳은 것만을 〈보기〉에서 있는 대로 고른 것은?

〈 보기 〉

ㄱ. 그림 (가)로 보아 과거에 물이 흘렀던 것으로 추정된다.
ㄴ. 그림 (나)에서 표면이 붉게 보이는 이유는 산화철 때문이다.
ㄷ. 그림 (다)는 운석 충돌에 의해 형성된 것이다.

① ㄱ　　　　② ㄴ　　　　③ ㄷ
④ ㄱ, ㄷ　　　⑤ ㄴ, ㄷ

22 다음은 3개의 행성을 특성에 따라 분류한 것이다.

금성, 화성, 토성

예 ←　대기의 성분이 무거운 기체인가?　→ 아니오

자전 방향이 지구와 같은가?

예 ↓　　　　　　아니오 ↓

(가)　　　　(나)　　　(다)

(가) ~ (다)에 해당하는 행성을 순서대로 옳게 나타낸 것은?

① 금성, 화성, 토성
② 금성, 토성, 화성
③ 토성, 금성, 화성
④ 화성, 금성, 토성
⑤ 화성, 토성, 금성

23 그림 (가)는 수성 탐사선인 메신저 호이고, 그림 (나)는 국제 우주 정거장의 모습이다.

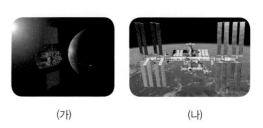

(가)　　　　　　(나)

이에 대한 설명으로 옳은 것만을 〈보기〉에서 있는 대로 고른 것은?

〈 보기 〉

ㄱ. 그림 (가)는 연착륙 방법으로 수성을 탐사하였다.
ㄴ. 그림 (나)는 우주 비행사들이 거주하면서 우주 관측을 하는 곳이다.
ㄷ. 그림 (나)의 내부는 무중력 상태로 이를 이용하여 다양한 실험이 가능하다.

① ㄱ　　　　② ㄴ　　　　③ ㄷ
④ ㄱ, ㄴ　　　⑤ ㄴ, ㄷ

24 다음은 주계열성에 속하는 별들의 분광형별 특징을 나타낸 것이다.

분광형	O	B	A	F	G	K	M
질량	크다			↔			작다
지름	크다			↔			작다
표면 온도	높다			↔			낮다
광도(밝기)	밝다			↔			어둡다

이에 대한 설명으로 옳은 것만을 〈보기〉에서 있는 대로 고른 것은? (단, 태양의 분광형은 G형이다.)

〈 보기 〉

ㄱ. M형에서 O형으로 갈수록 별의 수명이 짧다.
ㄴ. O형에서 M형으로 갈수록 생명 가능 지대가 중심별에 가까워진다.
ㄷ. 상대적으로 행성에 생명체가 존재할 가능성이 가장 큰 별은 O형이다.

① ㄱ　　　　② ㄱ, ㄴ　　　③ ㄱ, ㄷ
④ ㄴ, ㄷ　　　⑤ ㄱ, ㄴ, ㄷ

심화

25 그림은 태양계 행성의 자전축이 공전축과 이루는 각도를 나타낸 것이다.

금성	지구	화성	토성
177.4°	23.5°	25.2°	26.7°

위 자료를 통해 알 수 있는 행성의 특징에 대한 설명으로 옳은 것만을 〈보기〉에서 있는 대로 고른 것은?

─── 〈 보기 〉 ───
ㄱ. 금성의 자전 방향은 지구와 반대이다.
ㄴ. 화성에서는 계절에 따라 극관의 면적이 변한다.
ㄷ. 토성이 공전함에 따라 지구에서 관측한 고리의 모양은 같다.

① ㄱ　　　　　② ㄴ　　　　　③ ㄱ, ㄴ
④ ㄴ, ㄷ　　　　⑤ ㄱ, ㄴ, ㄷ

26 그림은 현재까지 발견된 외계 행성들의 질량과 공전 궤도 긴반지름을 나타낸 것이다.

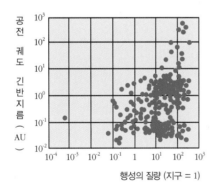

외계 행성에 대한 설명으로 옳은 것은?

① 발견된 행성들은 대부분 지구보다 질량이 작다.
② 질량이 작은 행성일수록 공전 궤도 긴반지름이 크다.
③ 발견된 외계 행성에 생명체가 존재할 가능성이 크다.
④ 공전 궤도 긴반지름이 클수록 행성을 발견할 확률이 커진다.
⑤ 발견된 행성들은 대부분 지구형 행성보다 목성형 행성에 더 가깝다.

27 다음은 타이탄에 대한 설명이다.

토성의 위성 중 가장 큰 '타이탄'은 대기의 주성분이 질소이고 대기압은 약 1.5기압, 온도는 −180℃ 정도이다. 표면에 액체 상태의 메테인 바다가 존재하여 응결과 기화 과정이 있을 것으로 추정된다. 이런 과정은 지구에서의 물의 순환과 비슷한데, 토성의 표면에 착륙한 하위헌스호의 사진 자료에 나타난 둥근 자갈은 이러한 의견을 뒷받침해 주고 있다.

▲ 타이탄 표면의 모습

위 자료를 참고하여 타이탄의 특징에 대해 추론한 내용으로 옳지 <u>않은</u> 것은?

① 타이탄의 대기에 메테인 성분의 구름이 있을 것이다.
② 타이탄의 표면 온도는 메테인의 녹는점보다 높을 것이다.
③ 타이탄의 표면에는 액체 상태의 H_2O가 존재할 수 없다.
④ 메테인의 순환 과정에 의해 고체 상태의 둥근 자갈이 형성되었을 것이다.
⑤ 타이탄은 지구와 비슷하게 계절의 변화가 뚜렷하게 나타날 것이다.

28 목성의 위성 유로파는 생명체 존재 가능 영역에 포함되지 않지만, 과학자들은 어쩌면 생명체가 존재할 수도 있다고 생각한다. 그 이유에 대한 설명으로 가장 적절한 것은?

① 위성에 화산 활동이 활발하기 때문이다.
② 태양계에서 가장 큰 위성이기 때문이다.
③ 대기가 두꺼운 이산화 탄소로 이루어져 있기 때문이다.
④ 표면의 얼음층 아래 액체 상태의 물이 존재할 것으로 추정되기 때문이다.
⑤ 운석 충돌로 만들어진 태양계 최대 크기의 크레이터가 있기 때문이다.

29 그림 (가)는 어느 외계 행성이 별 주위를 공전하는 모습이고, 그림 (나)는 이 별의 겉보기 밝기를 시간에 따라 나타낸 것이다.

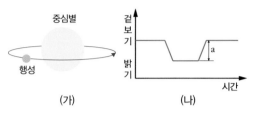

(가)   (나)

이에 대한 설명으로 옳은 것만을 〈보기〉에서 있는 대로 고른 것은?

〈 보기 〉

ㄱ. 행성의 반지름이 클수록 a는 커진다.
ㄴ. (가)에서 중심별의 스펙트럼 변화를 관측하여 행성을 탐사할 수 있다.
ㄷ. 관측자의 시선 방향이 행성의 공전 궤도면과 나란할 때 (나)를 관측할 수 있다.

① ㄱ   ② ㄴ   ③ ㄷ
④ ㄱ, ㄷ   ⑤ ㄴ, ㄷ

30 그림은 어떤 별 주변을 공전하는 외계 행성의 모습을 나타낸 것이다.

지구에서 이 외계 행성의 존재 여부를 확인할 수 있는 탐사 방법으로 적절한 것만을 〈보기〉에서 있는 대로 고른 것은? (단, 외계 행성의 공전 궤도면은 시선 방향에 나란하다.)

〈 보기 〉

ㄱ. 외계 행성이 중심별 앞을 지날 때 나타나는 별의 밝기 변화를 관측한다.
ㄴ. 외계 행성에 의한 중심별의 스펙트럼에 나타나는 도플러 효과를 관측한다.
ㄷ. 외계 행성의 중력에 의해 중심별의 빛이 미세하게 굴절되는 현상을 관측한다.

① ㄱ   ② ㄴ   ③ ㄱ, ㄴ
④ ㄴ, ㄷ   ⑤ ㄱ, ㄴ, ㄷ

별과 지구와의 거리 측정법
– 우주 거리 사다리

우주의 끝까지 가려면 빛의 속도로 460억년 동안 가야한다?!

우주는 과연 얼마나 넓을까?

관측이 가능한 우주의 끝은 460억 광년($4,400 \times 10^{20}$km)이라고 한다. 460억 광년이라는 것은 빛의 속도로 460억 년 동안 우주선을 타고 가야 겨우 우주의 끝에 도달할 수 있다는 것이다. 그런데 우주는 매우 빠른 속도로 팽창하고 있기 때문에 더 긴 시간이 필요할 것이다.

태양계와 가장 가까운 항성이라고 하는 '프록시마 센타우리'에 가기 위해서도 빛의 속도로 4.24년 동안 이동해야 도착할 수 있다.

이처럼 우주에 있는 별들, 행성들 사이의 거리는 지구에서 측정하는 단위로 측정하기에는 매우 크다.

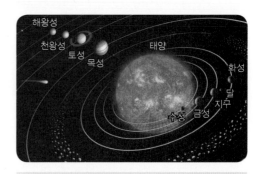

지구가 속해 있는 태양계 | 태양에서 가장 먼 행성인 해왕성까지의 거리는 약 45억 5천만 km이다.

우주의 거리를 측정하는 단계적 방법

태양이나 달까지의 거리를 측정하기 위한 노력은 고대 그리스 시대부터 행해져 왔다. 역사상 최

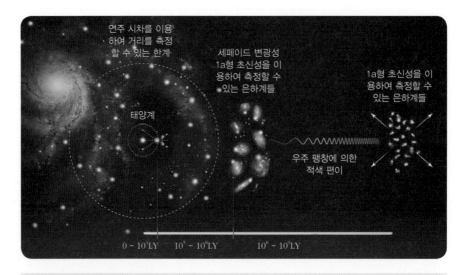

우주 거리 사다리로 측정할 수 있는 천체들 | 출처: NASA, ESA, A. Feild (STScI), and A. Riess (STScI/JHU)

초로 우주 거리를 측정한 방법은 삼각형을 이용한 방법이었다. 고대 그리스 천문학자 아리스타르 코스는 달이 정확하게 반달이 될 때 태양과 달, 지구는 직각 삼각형의 세 꼭짓점을 이룬다는 사실을 추론하여, 태양과 달과의 거리와 세 천체의 상대적 크기를 구했던 것이다.

현대의 천문학자들은 가까운 거리와 먼 거리를 측정할 때, 그때마다 서로 다른 측정법을 사용한다. 즉, 단계적으로 가까운 것의 거리를 측정하고, 차츰 각 단계에 걸쳐 새로운 측정법을 사용하여 측정 범위를 넓혀가며 우주의 거리를 측정하는 것을 가리켜 『우주 거리 사다리(Cosmic Distance Ladder)』라고 한다.

우주 거리 사다리

1단 : 태양계 내에 있는 별들과의 거리는 삼각비를 이용하거나 천체에 반사되어 돌아오는 레이더 신호의 시간을 측정하여 계산한다.

2단 : 태양계보다 멀리 있는 별과의 거리는 지구 공전의 증거가 되는 연주 시차를 이용하여 측정한다.

3단 : 30만 광년까지의 거리는 H-R도 (별들을 분광형과 광도에 따라 분류한 도표)를 이용하여 측정한다.

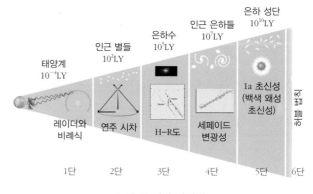

▲ 우주 거리 사다리

4단 : 보통 1억 광년까지의 거리는 세페이드 변광성의 주기를 측정하여 그 별까지의 거리를 측정하는 방법을 이용하여 측정한다.

5단 : 1억 광년이 넘는 별들 중 세페이드 변광성과 같이 절대 밝기를 알 수 있는 천체가 바로 1a형 초신성이다. 이를 이용하여 100억 광년이 떨어져 있는 별들까지의 거리를 측정할 수 있다.

6단 : 우주 끝까지 천체가 보이기만 하면 적용할 수 있는 방법이 허블의 법칙에 의한 방법이다. 이는 천체에서 오는 빛의 도플러 효과를 이용한 방법이다.

이와 같은 우주 사다리의 각 단은 서로 중복되어 있기도 하며, 서로를 연결하여 함께 사용할 수도 있다.

Q1 우주 거리 사다리의 2단에 해당하는 연주 시차를 이용한 거리 측정의 한계에 대하여 서술하시오.

Project - 탐구

자료 해석

다음 표는 한국천문연구원이 발행한 『역서(曆書)2015년』에서 적도 좌표계로 나타낸 주요 별자리들의 위치이다.

별자리(한글명)	별자리(학명)	적경(h)	적위(°)	별자리(한글명)	별자리(학명)	적경(h)	적위(°)
거문고	Lyra	19	−40	쌍둥이	Gemini	07	+20
게	Cancer	09	−20	양	Aries	03	+20
공작	Pavo	08	−40	여우	Vulpecula	20	+25
궁수	Sagittarius	19	−25	오리온	Orion	05	+05
까마귀	Corvus	12	−20	인디언	Indus	21	−55
남십자	Crux	12	−60	작은개	Canis Minor	08	+05
도마뱀	Lacerta	22	−45	작은곰	Ursa Minor	15	+70
독수리	Aquila	20	−05	전갈	Scorpius	17	−40
돌고래	Delphinus	21	−10	조각가	Sculptor	0	−30
마차부	Auriga	06	+40	처녀	Virgo	13	+00
멘사	Mensa	08	−80	천칭	Libra	15	−15
목동	Bootes	15	+30	카시오페아	Cassiopeia	01	+60
물병	Aquarius	23	−15	큰개	Canis Major	07	−20
물고기	Pisces	01	+15	큰곰	Ursa Major	11	+50
백조	Cygnus	21	+40	큰부리새	Tucana	0	−65
사자	Leo	11	+15	페가수스	Pegasus	22	+20
세페우스	Cepheus	22	+70	헤르쿨레스	Hercules	17	+30
비둘기	Columba	06	−35	황소	Taurus	04	+15

1. 표에 있는 별자리 중 우리나라에서 전혀 볼 수 없는 별자리들이 있다. 이를 모두 찾고, 그 이유를 설명하시오.

2. 표에 있는 별자리 중 지평선 아래로 지지 않는 별자리들이 있다. 이를 모두 찾고, 그 이유를 설명하시오.

3. 동짓날(12월 22일) 자정에 우리나라 밤하늘에서 남중하는 별자리를 찾고, 이때 별자리의 고도를 각각 구하시오.

[탐구-2] 자료 해석

'이 천문도 석각본이 오래 전 평양성에 있었으나 전쟁으로 인하여 대동강에 빠뜨려 잃어버린 지 세월이 오래되고 그 탁본조차 없어져 남아 있지 않았다. 그런데 우리 전하께서 나라를 세우신 지 얼마 안 되어 탁본 하나를 바치는 자가 있어 이것을 매우 귀하여 여겨 관상감으로 하여금 천문도를 돌에 새기도록 명하였다.'

국보 제228호 '천상열차분야지도'의 설명문에 적혀 있는 글이다. '천상열차분야지도'는 조선의 태조 대왕이 새왕조를 창건한 이후 첫 번째로 이룬 과학 기술의 성과물로 온 하늘의 별자리를 평면 위의 동심원 안에 그려 넣은 천문도이다. 그런데 그러한 천문도가 고구려 때 존재했던 천문도를 근간으로 제작되었다는 말이다.

일찍이 역사학자들은 이 인용문에 근거해서 1395년에 제작된 천상열차분야지도의 원본이 고구려에서 만들어진 우리 고대의 천문도였다고 이해했다. 그리고 이것은 고구려인들이 천

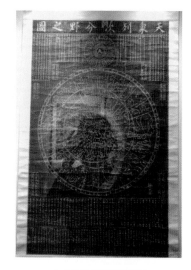

▲ 천상열차분야지도

상열차분야지도에 그려 넣은 별자리들에 대한 정보를 지니고 있을 만큼 천문학 수준이 매우 높았다는 이해로 이어졌다.

실제로 최근 천문학자들은 조선 태도 때 수정되기 이전의 별의 위치를 고려해서 관측 연대를 추정했다. 학자에 따라 조금씩 차이는 있지만 관측 연대가 대략 서기 1세기 중엽 무렵으로 계산되었으며 관측 장소는 고구려의 강역인 북위 40도 이내로 추정되었다. 이러한 추정이 옳다면 천상열차분야지도의 원본인 고구려 천문도는 지금부터 무려 2,000년 전에 제작된 셈이다.

- 문중양, 『우리역사 과학기행』 中

천문 관측은 현재 뿐 아니라 과거에도 중요한 일 중 하나였다. 특히 과거에는 시간이나 계절의 변화 등을 천문 관측에 의존해서 알아내곤 했기 때문에 오히려 일상 생활과 밀접한 관계가 있었다고 할 수 있다.

1. 태조 때 만들어진 '천상열차분야지도'의 원본이 고구려에서 만들어진 고대의 천문도였다면, 원본에서 어떤 것을 보정해야 했을지 서술하시오.

2. 우리나라에는 동양 최고(最古)의 천문대인 첨성대가 있을만큼 선조들의 천문 관측에 대한 관심이 높았다. 이와 같이 천문 관측이 중시된 이유에 대하여 자신의 생각을 서술하시오.

제2의 달?!
– 미니 문(Moon), 2016HO3

매일 밤하늘에서 관측할 수 있는 친근한 위성, 달

태양계 전체 위성 중 5번째로 큰 달은 지구에 하나밖에 없는 위성이다. 매일 밤하늘에서 관측할 수 있는 달은 우리에게 매우 친숙한 존재다 보니 이집트나 그리스 등의 신화와 스토리의 바탕이 되었고 고대로부터 인류의 문화와 예술, 사상에 큰 영향을 미쳤다.

지구에 생명체가 살 수 있는 환경이 될 수 있도록 도움을 준, 달

지구는 커다란 달 덕분에 자전축의 기울기가 약 23.4° 정도로 안정될 수 있었다.

다양한 달의 모습 | 달은 매일 조금씩 달라지는 모습으로 관측된다.

자전축의 기울기 정도는 행성의 기후에 큰 영향을 준다. 만약 자전축의 기울기가 지금보다 작은 경우 계절의 변화가 적어지고, 극지가 받는 태양 빛의 양이 줄어들어 고위도 지역과 저위도 지역의 기온 차가 커질 것이다. 반면에 자전축의 기울기가 커지면 극지보다 적도 주변 쪽이 추워지고, 적도 지역이 얼어붙는 일이 생길 수 있다. 하지만 지구는 달 덕분에 자전축의 기울기 변동 폭이 ±1°로 작아 지구 기후 변동이 크지 않기 때문에 생명체가 살아가기 좋은 행성이 될 수 있었다.

제2의 달 발견?!

2016년 4월 NASA는 하와이 천문대의 '판-스타스1' 소행성 탐사 망원경을 이용하여 지구 주위를 도는 소행성인 '2016HO3'를 발견하였다. 이 소행성은 지구가 물체를 당기는 힘인 중력에 의해 지구 궤도로 끌려와 제2의 달로 존재하게 될 전망이라고 미 항공우주국 NASA가 공식 발표했다.

'2016HO3'는 '미니문'이라고 불릴 만큼 작아서 지름은 약 100m로 달과 비교하면 3만 5천분의 1에 불과하며, 지구와도 약 1,400만 km 만큼 떨어져 있어, 지구와 달까지 거리의 38 ~ 100배에 이를 정도로 멀리 있기 때문에 밤하늘에 맨눈으로 보는 것은 사실상 불가능하고, 조석 간만 등의 영향을 미칠 수 없다고 밝혔다.

태양의 주위를 도는 소행성이었던
'2016HO3'가 지구 중력의 영향으로 지구
와 유사한 궤도로 태양 주위를 돌다가 속
도의 변화 때문에 지구의 주위를 돌게 된
것이다. 즉, 지구의 주위를 도는 것은 맞
지만 지구의 중력에 묶여있는 것은 아니
기 때문에 위성이라고 부르기는 어렵고,
위성으로 분류할 수 없어 '준위성' 또는 '
유사 위성'으로 분류한다고 밝혔다.

대부분의 소행성이 지구를 스쳐 지나가지

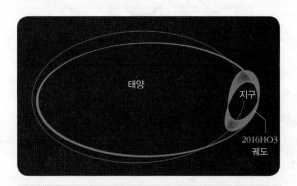

2016HO3와 태양, 지구 I 2016HO3은 지구와 나란히 태양
궤도를 크게 도는 동시에 지구 주위도 공전하고 있다.

만, 태양 중력에 강하게 묶인 채 태양 주
위를 크게 공전하는 동시에 지구의 중력에도 영향을 받아 지구 주위도 돌고 있는 '미니문'은 앞으로
도 수백 년 정도는 지구 중력에 붙들려 제2의 달로 존재할 전망이라고 한다. 또한 NASA는 2020년
을 전후하여 소행성을 포집한 뒤 달 근처로 이동시켜 탐사하는 계획을 추진 중인 것으로 알려졌다.

제2의 달의 발견은 이번이 처음은 아니다?!

▲ 지구와 달의 크기 비교

지구 주위에서 지구와 비슷한 궤도로 공전하는 일명 '미니
문'(Minimoon)이 발견된 것은 이번이 처음은 아니다. 가
장 유명한 것은 1986년 발견한 '3735 크뤼트네'라 부르는
준위성이다.

지구 궤도와 비교적 거리가 멀어서 금성과 화성, 수성의 인
력 영향도 받으며 공전하는 '3735 크뤼트네'는 크기가 5km
남짓으로, 달과 비교했을 때 터무니없이 작기 때문에 지구
의 위성에 포함되지 않고 준위성으로 채택되었다.

전문가들은 지구가 끌어당기는 힘에 휩쓸린 작은 소행성들이 끊임없이 지구와 태양 주위를 맴돌고
있으며, 이러한 위성 중 크기가 작은 것은 태양풍이나 우주에 떠다니는 미립자와 충돌해 수 천 년
뒤 사라지거나 혹은 궤도를 이탈할 수 있다고 설명했다. 또한 지구와 근접한 소행성에서 샘플을 채
취해 분석하면 지구와 우주 시스템의 생성 과정을 연구하는데 도움이 될 것으로 기대하고 있다.

Q1 만약 달과 같은 위성이 지구에 하나 더 존재한다면, 지구에는 어떤 변화가 일어날
까? 자신의 생각을 서술하시오.

MEMO

세페이드

3F. 지구과학(하)

정답 및 해설

윤찬섭
무한상상 영재교육 연구소

무한상상

세페이드 | 변광성은 지구에서 은하까지의 거리를 재는 기준별이며 우주의 등대라고 불린다.

과학 학습의 지평을 넓히다!

창의력과학의 대표 브랜드 특목고/영재학교 대비

창의력과학 세페이드 시리즈!

세페이드

3F. 지구과학(하)

정답 및 해설

윤찬섭
무한상상 영재교육 연구소

무한상상

Ⅲ 유체 지구의 변화

10강. 날씨의 변화

개념 확인   12~15쪽

1. ③   2. 급하다   3. 고기압, 저기압
4. (1) O (2) X (3) O

1. 답 ③
해설 고위도 해양에서 형성된 기단은 기온이 낮고 습한 성질을 가진다.

2. 답 급하다.
해설 찬 공기가 따뜻한 공기 밑으로 파고 들면서 형성되는 전선은 한랭 전선이며, 한랭 전선의 전선면의 기울기는 급하다.

4. 답 (1) O (2) X (3) O
해설 (2) 온난 저기압의 중심은 상승 기류로 인해 날씨가 흐리다.

확인+   12~15쪽

1. 양쯔강 기단   2. (1) O (2) X   3. 이동성 고기압
4. 기층의 위치에너지

2. 답 (1) O (2) X
해설 (2) 장마전선은 정체 전선에 해당한다.

4. 답 기층의 위치에너지
해설 찬 공기가 따뜻한 공기 아래로 내려오면서 찬 공기의 위치에너지가 운동 에너지로 전환되어 온대 저기압을 발달시킨다.

개념 다지기   16~17쪽

01. ②   02. ⑤   03. ⑤
04. ① 한랭 전선 ② 온난 전선   05. ⑤
06. 정체성 고기압   07. ②   08. ④

01. 답 ②
해설 ㄱ. 고위도에서 형성된 기단은 한랭하다.
ㄷ. 오호츠크 해 기단은 한랭 다습하며 우리나라 초여름에 장마 전선을 형성한다.

02. 답 ⑤
해설 우리나라의 6월 중순부터 7월 중순까지 초여름에 형성되는 장마 전선은 북태평양 기단과 오호츠크 해 기단의 세력이 비슷한 시기에 나타나며 장마 전선으로 인해 많은 비가 내린다.

03. 답 ⑤
해설 문제 속 그림은 한랭 기단의 변질과정을 나타낸다. 찬 기단이 따뜻한 바다 위를 통과하면 따뜻한 바다로부터 열과 수증기를 공급받아 기단 하층이 가열되고 대기가 불안정해진다. 이로 인해 강한 상승 기류가 발달하고, 적운형 구름이 발달하여 소나기나 폭설이 내린다. 우리나라 겨울철 서해안 지방에 폭설이 내리는 것은 차고 건조한 시베리아 기단이 따뜻한 황해를 지나면서 기단이 변질되기 때문이다.

04. 답 ① 한랭 전선 ② 온난 전선
해설 ① 찬 공기가 따뜻한 공기 밑으로 파고들어 형성되는 전선은 한랭 전선이다. 전선면의 기울기가 급하고 적운형(적란운, 적운) 구름이 형성된다.
② 따뜻한 공기가 찬 공기 위로 타고 올라가면서 형성되는 전선은 온난 전선이다. 전선면의 기울기가 완만하고 층운형(권층운, 고층운, 난층운) 구름이 형성된다.

05. 답 ⑤
해설 북반구 지역의 고기압에서는 바람이 시계 방향으로 불어 나간다. 북반구 지역에서 기류와 바람의 방향을 암기할 때에는 오른손을 이용하면 쉽다. 주먹을 쥔 상태에서 위나 아래로 향하는 엄지손가락은 기류의 방향, 나머지 손가락을 움켜쥐는 방향은 바람이 부는 방향이다. 북반구 지역의 고기압에서는 엄지손가락을 아래로 향하게 하면 되는데 그러면 나머지 손가락은 자연스럽게 시계방향으로 움켜쥐게 된다. 엄지손가락이 아래를 향하므로 하강 기류가 발달하고 바람은 시계방향으로 불어나간다.

06. 답 정체성 고기압
해설 한 곳에 오래 머무르며 이동이 거의 없는 고기압은 정체성 고기압이다. 정체성 고기압에서 떨어져 나와 생성된 세력이 약한 고기압은 이동성 고기압이다.

07. 답 ②
해설 찬 공기와 따뜻한 공기가 충돌하면서 정체 전선이 형성되고, 반시계 방향의 파동이 생기면서 온난 전선과 한랭 전선으로 분리가 된다. 이동속도가 빠른 한랭 전선이 온난 전선쪽으로 이동하면서 겹쳐져 폐색 전선이 만들어진다. 폐색 전선이 형성되면 찬 공기는 아래쪽에, 따뜻한 공기는 위쪽에 위치하게 되므로 기층이 안정되어 온대 저기압이 소멸한다.

08. 답 ④
해설 ㄴ. 온대 저기압은 편서풍의 영향으로 서에서 동으로 이동한다.
ㄷ. 온대 저기압의 주 에너지원은 찬 공기와 따뜻한 공기가 섞이면서 감소한 위치 에너지이며, 감소한 위치 에너지 양만큼 운동 에너지로 전환되어 온대 저기압이 발달한다.
ㄹ. 온대 저기압 중심의 남서쪽에 한랭 전선, 남동쪽에 온난 전선을 동반하므로 온대 저기압이 지나갈 때 온난 전선이 한랭 전선보다 먼저 통과하면서 영향을 미친다.

유형 익히기 & 하브루타   18~21쪽

[유형10-1] A. 시베리아 기단   B. 오호츠크 해 기단
         C. 양쯔강 기단   D. 북태평양 기단
                 01. ⑤   02. ④
[유형10-2] ③   03. ①   04. ②
[유형10-3] ④   05. ③   06. ④
[유형10-4] ②   07. ④   08. ②

[유형10-1] 답 A. 시베리아 기단 B. 오호츠크 해 기단
C. 양쯔강 기단 D. 북태평양 기단

01. 답 ⑤

해설 ③, ④ 기단은 넓은 대양이나 대륙 위에 오랫동안 머무르는 공기 덩어리가 지표면의 성질을 닮아 온도와 습도 등의 성질이 비슷해진 것을 말한다.
① 대륙성 기단은 건조하고 해양성 기단은 바다에서 수증기를 공급받아 습한 성질이 있다.
② 고위도에서 형성된 기단은 한랭하고 저위도에서 형성된 기단은 온난하다.
⑤ 기단은 계절 변화나 대기 대순환에 따라 이동한다. 기단이 이동하면서 성질이 다른 지표면 위를 지나면 그 지표면의 영향을 받아 기단의 성질이 변하게 된다.

02. 답 ④

해설 ① 봄에는 양쯔강 기단의 영향으로 이동성 고기압이 자주 통과하여 날씨 변화가 심하다.
② 초여름에는 오호츠크 해 기단과 북태평양 기단 사이에 동서로 길게 장마 전선이 형성되어 많은 비가 내린다.
③ 여름에는 북태평양 기단이 강한 고기압으로 영향을 미치기 때문에 남고 북저형의 기압 배치가 자주 나타나며, 남동 계절풍이 비교적 약하게 분다.
④ 꽃샘추위가 나타나는 것은 봄철 날씨의 대표적인 특징이다.
⑤ 겨울에는 시베리아 고기압의 영향으로 서고 동저형의 기압 배치가 자주 나타나며 북서 계절풍이 강하게 분다. 시베리아 고기압의 영향으로 인해 삼한사온 현상이 나타나기도 한다.

[유형10-2] 답 ③

해설 (가)는 찬 공기가 따뜻한 공기 밑으로 파고들어 형성된 한랭 전선이고, (나)는 따뜻한 공기가 찬 공기를 타고 올라가며 형성된 온난 전선이다. 한랭 전선은 전선면의 기울기가 급하고 전선의 이동 속도가 빠르다. 또한 적운형 구름이 형성되고 전선 뒤쪽 좁은 구역에 소나기성 비가 내린다. 전선이 통과하고나면 기온이 낮아지고 기압이 상승한다. 반면 온난 전선은 전선면의 기울기가 완만하고 전선의 이동속도가 느리다. 층운형 구름이 형성되고 전선 앞 넓은 구역에 약한 비가 내린다. 전선이 통과 하고 나면 기온이 상승하고 기압이 낮아진다.

03. 답 ①

해설 이동 속도가 빠른 한랭 전선이 이동 속도가 느린 온난 전선을 따라가 겹쳐지면 폐색 전선이 형성된다. 참고로 폐색 전선에는 온난형 폐색 전선과 한랭형 폐색 전선이 있다. 전선을 경계로 찬 기단과 따뜻한 기단의 세력이 비슷하면 전선의 이동이 거의 없이 한 곳에 오래 머무르게 되는데 이를 정체 전선이라고 한다. 정체 전선의 예로는 우리나라에서 초여름에 나타나는 장마 전선이 있으며 장마 전선은 한 곳에 머무르며 오랫동안 많은 양의 비를 내린다.

04. 답 ②

해설 A는 찬 공기가 따뜻한 공기를 파고 드는 한랭 전선이다. B는 따뜻한 공기가 찬 공기를 타고 올라가는 온난 전선이다. C는 이동속도가 빠른 한랭 전선이 온난 전선을 따라가 겹쳐진 폐색 전선이다.

표시된 돌기의 방향은 전선이 이동하는 방향을 의미하는데 폐색 전선은 두 전선의 진행방향이 일치하기 때문에 기호도 한쪽 방향으로만 그려지게 된다. 반면 정체 전선은 폐색 전선과 달리 진행

방향이 서로 다른 온난 전선과 한랭 전선이 맞붙을 때 만들어지는 전선이기 때문에 한랭 전선과 온난 전선의 돌기 방향이 반대이다.

[유형10-3] 답 ④

해설 ㄱ. 중심을 향해 반시계 방향으로 공기가 들어가므로 북반구의 저기압이다.
ㄴ. 이동성 고기압은 중심으로 갈 수록 기압이 높아지는데 그림은 저기압을 나타낸다.
ㄷ. 바람은 고기압에서 저기압으로 부는데, 중심을 향해 공기가 모여드는 것을 보아 A지점으로 갈수록 기압이 낮아진다.
ㄹ. 저기압 지역에서는 구름이 형성되어 흐리고 비나 눈이 내리기도 한다.

05. 답 ③

해설 ㄱ. (가)는 저기압으로 중심으로 갈수록 기압이 낮아지며, 바람은 저기압의 중심을 향해 불어 들어간다.
ㄴ. 저기압의 중심에서는 상승 기류가 형성된다.
ㄷ. (나)는 고기압으로 중심으로 갈수록 기압이 높아지며 하강 기류를 형성하므로 구름이 적고 맑은 날씨가 나타난다.
ㄹ. 북반구의 고기압에서는 바람이 시계방향으로 불어나간다.

06. 답 ④

해설 다음 그림은 한랭 고기압을 나타낸다. 한랭 고기압은 겨울철 고위도 지방에서 지표의 냉각에 의해 형성된 고기압으로, 중심부의 온도가 낮고 키 작은 고기압이라고도 한다. 시베리아 고기압이 이에 해당한다.

[유형10-4] 답 ②

해설 ㄱ. 그림 (나)에서는 정체 전선이 형성되었다.
ㄴ. 온대 저기압에서 전선의 발생 순서는 정체전선 ⇨ 한랭 전선과 온난 전선 ⇨ 폐색 전선이다. 그림 (가)는 한랭 전선과 온난 전선, 그림 (나)는 정체 전선, 그림 (다)는 폐색 전선을 나타내므로 (나) ⇨ (가) ⇨ (다) 순서로 온대 저기압이 발달한다.
ㄷ. A는 한랭 전선 뒤쪽, B는 온난 전선 앞쪽이다. A에서는 기온이 낮고 적운형 구름이 생성되며 단시간에 소나기가 내리고 북서풍이 분다. B에서는 기온이 낮고 층운형 구름이 생성되며 지속적인 약한 비가 내리고 남동풍이 분다. 그러므로 천둥과 번개는 강한 비가 내리는 A에서 발생할 가능성이 더 크다.

07. 답 ④

해설 ㄱ. (가)는 한랭 전선이고, (나)는 온난 전선이다. 한랭 전선은 강하고 짧은 비를 동반하고 온난 전선은 약하고 지속적인 비를 동반하므로 한랭 전선에서 내리는 비가 더 강하다.
ㄴ. 전선의 강수 구역은 한랭 전선은 전선의 뒤쪽이고 온난 전선은 전선의 앞쪽이다.
ㄷ. 온난 전선이 통과하고 나면 바람이 남동풍에서 남서풍으로 변한다. 한랭 전선이 통과하고 나면 남서풍에서 북서풍으로 변한다. 온대 저기압이 지나감에 따라 풍향은 시계방향으로 변한다.

08. 답 ②

해설 ① A 지역은 한랭 전선 뒤쪽으로 한랭 전선의 영향으로 적운형 구름이 발달한다.
② B 지역은 현재 온난 전선과 한랭 전선의 사이에 해당하여 따뜻한 공기가 머물게 되므로 기온이 높고 날씨가 맑으며 남서풍이 분다.
③ A 지역은 찬 공기의 영향을 받기 때문에 기온이 낮고 강한 소나기성 비가 내린다.
④ C 지역은 앞으로 온난 전선과 한랭 전선이 차례로 통과하면서 풍향이 남동풍 ⇨ 남서풍 ⇨ 북서풍으로 시계 방향으로 변해 갈 것이다.
⑤ C 지역은 현재 남동풍이 불고 기온이 낮으며 이슬비가 내린다.

01

(1) 기단 전체의 위치 에너지가 감소하여 운동에너지로 전환된다.

(2) $10\sqrt{3}$ (m/s)

해설 (1) 찬 기단은 따뜻한 기단보다 밀도가 높기 때문에 찬 기단과 따뜻한 기단이 만나면 찬 기단이 따뜻한 기단 아래로 내려간다. 이 과정에서 따뜻한 기단의 무게 중심은 올라가고 찬 기단의 무게 중심은 내려가는데, 찬 기단의 밀도가 더 높으므로 기단 전체의 무게 중심도 내려간다. 기단 전체의 무게 중심이 처음에 비해 하강하므로 그에 해당하는 만큼 위치 에너지가 줄어들고 줄어든 만큼 운동 에너지가 증가한다.

(2) 전체 기단의 감소한 위치 에너지는 운동 에너지가 되어 바람이 분다.

위치 에너지 변화량 $= mg\Delta h = \dfrac{1}{2}mv^2$(운동 에너지)

(*m*: 질량, *g*: 중력 가속도, *Δh*: 높이 변화량, *v*: 속력)

$\therefore m \times 10 \,(\text{m/s}^2) \times 15 \,(\text{m}) = \dfrac{1}{2}mv^2$

$\Rightarrow 150 = \dfrac{1}{2}v^2 \Rightarrow v^2 = 300 \quad \therefore v = 10\sqrt{3}\,(\text{m/s})$

02

(1)

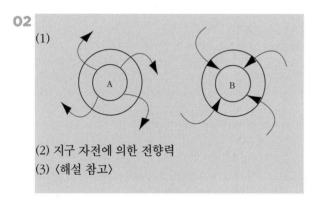

(2) 지구 자전에 의한 전향력

(3) 〈해설 참고〉

해설 (1) A는 고기압이므로 시계 방향으로 불어 나가고, B는 저기압이므로 반시계 방향으로 불어 들어온다.

(2) 지구 자전에 의한 전향력에 의해 휘어져 분다.

(3) 고기압은 공기가 하강하면서 단열 압축되므로 온도가 높아져서 상대습도가 낮아진다. 따라서 구름이 소멸되고 날씨가 맑아진다. 반면 저기압은 공기가 상승하여 단열 팽창하므로 구름이 만들어지고 비가 온다.

03

(1) A — ㄷ, B — ㄹ, C — ㄱ, D — ㄴ

(2) C, D. 장마 전선은 세력이 비슷한 오호츠크 해 기단과 북태평양 기단이 만나서 형성된 정체 전선이다.

해설 (1) 시베리아 기단(A)은 한랭 건조하고 양쯔강 기단(B)은 온난 건조하다. 북태평양 기단(D)은 고온 다습하고 오호츠크 해 기단(C)은 한랭 다습하다.

(2) 장마 전선은 세력이 비슷한 북쪽의 찬 기단인 오호츠크 해 기단과 남쪽의 따뜻한 기단인 북태평양 기단이 만나서 형성된 정체 정선으로 한 곳에 오래 머무르며 비를 뿌린다. 두 기단은 모두 다습한 해양성 기단으로 대치 상태에서 서로 세력을 확대 또는 축소함에 따라 장마 전선이 남북으로 오르내리면서 우리나라에 많은 양의 비를 뿌리게 된다.

04

(1) 〈해설 참고〉

(2) 〈해설 참고〉

해설 (1) 우리나라는 편서풍의 영향을 받아 서쪽에서 동쪽으로 대기가 이동하므로 온대 저기압의 중심이 서쪽에서 동쪽(북동쪽)으로 이동한 것을 관찰할 수 있다.

(2) 온대 저기압이 통과할 때 온난 전선과 한랭 전선 순으로 지나가며 전선이 이동함에 따라 날씨가 변화한다. 5월 1일에 서울은 온난 전선 앞쪽에 위치하므로 남동풍이 불고 기온이 낮으며, 층운형 구름이 발달해 흐리거나 지속적으로 약한 이슬비가 내린다. 온난 전선이 통과한 후 온난 전선과 한랭 전선 사이에서는 바람이 남서풍으로 바뀌고 따뜻한 기층의 영향으로 구름이 걷히면서 맑은 날씨를 보이며, 기온은 상승하고 기압은 낮아진다. 5월 2일에는 한랭 전선이 통과한 후이므로 북서풍이 불고 적란운이 발달해 소나기성 비가 내리며 우박이나 천둥 번개를 동반하기도 한다. 또한 기온은 낮아지고 기압은 높아진다.

스스로 실력 높이기 26~31쪽

01. ⑤　　02. ㉠ 불안정 ㉡ 적란운　　03. ④

04. ③　　05. ㉠ 전선면 ㉡ 전선

06. (1) O (2) X (3) X (4) O　　07. ④　　08. ③

09. ⑤　　10. ③　　11. ②　　12. ②

13. (1) ㄴ, ㄷ (2) ㄱ, ㄹ (3) ㄱ, ㄴ (4) ㄷ, ㄹ

14. ②　　15. ②, ③　　16. ㄷ ⇨ ㄹ ⇨ ㄱ ⇨ ㄴ

17. ③　　18. ②　　19. ②　　20. ④　　21. ②　　22. ⑤

23. ①　　24. ②　　25. ④　　26. ②　　27. ⑤　　28. ②

29. ②　　30. ④

---

1. 답 ⑤

해설 기단은 계절 변화나 대기 대순환에 따라 이동한다. 기단이 이동하면서 성질이 다른 지표면 위를 지나면 그 지표면의 영향을 받아 기단의 성질이 변하게 된다.

2. 답 ㉡ 불안정 ㉠ 적란운

해설 한랭한 기단이 따뜻한 지표면으로 이동하여 변질될 때의 설명이다. 한랭한 기단이 따뜻한 지방으로 이동하면 하층이 가열되어 기층이 불안정해지고 상승 기류가 발달하여 적운형 구름이 발달하며 소나기나 폭설이 내리기도 한다.

3. 답 ④

해설 찬물과 더운물이 만나면 밀도가 작은 더운 물이 찬물 위로 이동하고 밀도가 큰 찬물이 따뜻한 물 아래로 이동한다. 찬물과 더운물이 만나면 바로 섞이지 않고 경계가 만들어지는데 이 경계면을 전선면이라 볼 수 있다. 찬물과 더운물이 만나서 생긴 경계면과 수조 바닥이 만나 이루는 선을 전선이라 할 수 있다.

4. 답 ③

해설 한랭전선은 전선면의 기울기가 급하고 적운형 구름이 형성되며 전선의 이동속도가 빠르다. 전선 뒤쪽으로 좁은 구역에 소나기성 비가 내린다. 반면, 온난전선은 전선면의 기울기가 완만하고 층운형 구름이 형성되며 전선의 이동속도가 느리다. 전선 앞쪽으로 비교적 넓은 구역에 지속적인 비가 내린다.

5. 답 ㉠ 전선면 ㉡ 전선

6. 답 (1) O (2) X (3) X (4) O

해설 (2) 한랭 전선은 전선면의 기울기가 급하고, 온난 전선은 전선면의 기울기가 완만하다.
(3) 장마 전선은 정체 전선에 해당한다.

7. 답 ④

해설 그림은 따뜻한 공기가 찬 공기를 타고 올라가면서 만들어지는 온난 전선이다.
① 온난 전선은 층운형 구름을 형성한다.
② 온난 전선면의 기울기는 완만하다.
③ 온난 전선의 이동 속도는 느리다.
④ 온난 전선 앞쪽 넓은 지역에 지속적으로 약한비가 내린다.
⑤ 온난 전선이 통과하고 나면 기온이 높아지고 기압이 낮아진다.

8. 답 ③

해설 ① 저기압은 주위보다 기압이 낮은 곳을 말한다.
②, ③, ④ 저기압 중심부에서 상승 기류가 나타나 공기가 단열 팽창되므로 기온이 하강하여 구름이 생성되고 비가 오거나 흐린 날씨가 나타난다.
⑤ 저기압에서는 주변에서 중심으로 바람이 불어 들어온다.

9. 답 ⑤

해설 습도가 높은 A와 B는 해양성 기단, 습도가 낮은 C와 D는 대륙성기단이다. B와 D는 기온이 높으므로 열대 기단 A와 C는 기온이 낮으므로 한대 기단이다. 그러므로 A는 해양성 한대 기단인 오호츠크 해 기단, B는 해양성 열대 기단인 북태평양 기단, C는 대륙성 한대 기단인 시베리아 기단, D는 대륙성 열대 기단인 양쯔강 기단이다.
ㄱ. C(시베리아 기단)와 D(양쯔강 기단)는 습도가 낮으므로 대륙성 기단이다.
ㄴ. A(오호츠크 해 기단)는 B(북태평양 기단)보다 기온이 낮으므로 고위도에서 생성된 기단이다.
ㄷ. 초여름 장마전선은 오호츠크해 기단(A)과 북태평양 기단(B)에 의해 형성된다.
ㄹ. 한랭 건조한 C(시베리아 기단)가 따뜻한 황해를 지나면 해수면으로부터 열과 수증기를 공급받아 기층이 불안정해지고 대류가 활발해진다. 이로 인해 적운형 구름이 만들어지고 서해안에 폭설이 내리기도 한다.

10. 답 ③

해설 ㄱ. 전선이 통과하면 기온, 기압, 풍향 등이 변하는데 그림에서 보면 전선이 통과한 후에 기온이 낮아지고 기압이 높아졌으며 풍향이 남서풍에서 북서풍으로 바뀌었으므로 한랭 전선이 통과하였음을 알 수 있다.
ㄴ. 그림에서 보면 14시 경에 기온, 기압이 가장 크게 변하였으므로 이 때 전선이 통과하였음을 알 수 있다.
ㄷ. 한랭 전선이 통과한 직후에는 소나기성 강수가 내리므로 12~13시보다 14~15시에 강수량이 더 많았다.

11. 답 ②

해설 A는 한랭 전선 후면, C는 온난 전선 전면, B는 한랭 전선과 온난 전선 사이를 나타낸다. 한랭 전선 후면에서는 적운형 구름이 발달해 좁은 지역에 소나기가 내리므로 (가)는 A이다.
온난 전선 전면에서는 층운형 구름이 발달해 넓은 지역에 걸쳐 흐리거나 지속적으로 약한 비가 내리므로 (나)는 C이다.

12. 답 ②

해설 한랭 전선이 우리나라를 통과하면 우리나라에서 풍향은 남서풍에서 북서풍으로 변화하고. 온난 전선이 통과하면 우리나라에서 풍향이 남동풍에서 남서풍으로 변화한다.

13. 답 (1) ㄴ, ㄷ (2) ㄱ, ㄹ (3) ㄱ, ㄴ (4) ㄷ, ㄹ

해설 양쯔강 기단은 대륙성 열대 기단, 시베리아 기단은 대륙성 한대 기단, 오호츠크 해 기단은 해양성 한대 기단, 북태평양 기단은 해양성 열대 기단이다.

14. 답 ②

해설 ㄴ. 온난 전선이 지나가면 기온은 높아지고, 기압은 낮아진다.
ㄷ. 온난 전선은 전선면의 경사가 완만하고 상승기류가 강하지 않은 편이다.

15. 답 ②, ③

해설 P 지점은 현재 온난 전선의 앞쪽이므로, 남동풍이 불며 넓은 지역에 흐리고 약한 비가 지속적으로 내린다. 이후 온난 전선이 통과하면 풍향이 남서풍으로 바뀌고 날씨가 개이면서 기온이 높아져 비교적 맑은 날씨를 보일 것이다.

16. 답 ㄷ → ㄹ → ㄱ → ㄴ

해설 온대 저기압은 편서풍의 영향으로 서쪽에서 동쪽으로 이동하며, 온난 전선과 한랭 전선이 차례로 통과하면서 날씨, 풍향, 기온, 기압이 급변한다.
ㄷ. 온난 전선 전면에는 층운형 구름이 생기고 장시간 동안 약한 이슬비가 내리며 남동풍이 분다.
ㄹ. 온난 전선이 통과한 후에 바람이 남서풍으로 바뀐다.
ㄱ. 온난 전선과 한랭 전선 사이에서는 구름이 걷히면서 한동안 맑은 날씨가 되며 기온이 높아지고 기압은 낮아진다.
ㄴ. 한랭 전선이 통과한 후 전선 뒤쪽으로 적란운이 발달해 좁은 지역에 걸쳐 소나기성 강우가 내리며 우박이나 천둥 번개를 동반하기도 한다. 기온이 낮아지고 기압이 높아지며 풍향은 북서풍으로 바뀐다.

17. 답 ③

해설 ㄱ. 북반구의 저기압에서는 중심부에 상승 기류가 발달하고 바람이 반시계 방향으로 불어들어간다. 반면, 북반구의 고기압에서는 중심부에 하강 기류가 발달하고 바람이 시계 방향으로 불어나간다. 그림에서는 하강 기류가 형성 되어있고 바람이 불어 나가므로 북반구의 고기압에 해당한다.
ㄴ. 바람은 고기압에서 저기압으로 분다. 그림에서 바람이 주변으로 불어 나오고 있으므로, 중심으로 갈 수록 기압이 높아진다.
ㄷ. 그림에서 바람은 중심에서 바깥쪽으로 시계 방향으로 불어나오고 있다.
ㄹ. 고기압에서는 중심부의 공기가 주변으로 발산되므로 하강 기류가 발달하고 공기가 단열 압축되면서 기온이 상승한다. 이로 인해 상대 습도가 낮아지고 구름이 소멸하여 날씨가 맑아진다.

18. 답 ②

해설 A는 시베리아 기단, B는 오호츠크 해 기단, C는 양쯔 강 기단, D는 북태평양 기단이다.
① 대륙성 기단인 시베리아 기단은 한랭 건조하고 해양성 기단인 오호츠크 해 기단은 한랭 다습하므로 상대적으로 B의 습도가

더 높다.
② A의 세력이 강할때는 겨울이므로 폭설이나 한파가 발생할 수 있다.
③ 양쯔강 기단은 온난 건조한 성질을 지닌다.
④ 봄철에 황사가 나타나는 것은 양쯔강 기단인 C에 의해서이고, D가 영향을 주는 계절은 여름으로 장마나 무더위가 나타난다.
⑤ 초여름에 나타나는 장마 전선은 오호츠크 해 기단과 북태평양 기단이 만나 형성되므로 B와 D이다.

19. ②

해설 시베리아 기단이 서해를 지나 우리나라 쪽으로 이동해 오면 하층이 불안정해져서 서해안과 도서 지방에 많은 눈이 내린다.
ㄱ. 이날 서해에 보이는 구름은 층운형이 아닌 적운형 구름이다.
ㄴ. 눈을 만든 수증기는 대부분 따뜻한 서해의 해수면에서 공급된 것이다.
ㄷ. 대륙 고기압이 남쪽으로 확장할 때는 기단 하층의 공기가 올라가기 때문에 공기는 불안정해지고 상승 기류가 나타난다.

20. 답 ④

해설 해양성 한대기단은 오호츠크 해 기단이다. 초여름에 영향을 미치는 오호츠크 해 기단은 한랭 다습하며 북태평양 기단과 함께 장마 전선을 형성한다. 또한 오호츠크 해 기단의 영향으로 높새 바람이 나타나 영서 지방은 영동 지방보다 기온이 높고 건조해지며, 동해안 지역은 흐리고 강수량이 많아진다. 그러므로 오호츠크 해 기단에 대해 옳게 설명한 학생은 준영이와 민혁이다.
지훈 학생이 말한 기단은 시베리아 기단이고 지민 학생이 말한 기단은 양쯔강 기단이다.

21. 답 ②

해설 우선 바람이 중심부를 향해 들어간다고 하였으므로 저기압이다. 온대 저기압은 중위도 온대 지역에서 발달하여 전선을 동반하는 저기압이다. 찬 공기와 따뜻한 공기가 만나면 밀도 차이로 인해 찬 공기가 아래쪽으로 내려가며기층 전체의 무게 중심이 아래로 내려가므로 위치 에너지가 감소하며, 감소한 위치 에너지만큼 운동 에너지가 증가하여 온대 저기압을 발달시킨다.
열대 저기압은 열대 지역의 저위도 해양에서 발생하는 저기압이며, 전선을 동반하지 않고 따뜻한 해양에서 공급된 수증기의 숨은 열(잠열)이 에너지원이다.

22. 답 ⑤

해설 (가)는 온난 전선, (나)는 한랭 전선, (다)는 정체 전선이다.
(가)에서는 볼록한 기호가 오른쪽으로 나있으므로 기단의 진행방향이 오른쪽이며, 온난 전선은 따뜻한 공기가 찬 공기 위로 올라가는 것이므로 온난 전선의 전면인 B지역이 A지역보다 기온이 낮다.
(나)에서도 기단의 진행방향이 오른쪽이며, 한랭 전선은 찬 공기가 따뜻한 공기를 밀면서 이동할 때 생기므로 한랭 전선의 후면인 A지역이 B지역보다 기온이 낮다.
(다)에서 온난 전선은 진행방향이 왼쪽, 한랭 전선은 진행 방향이 오른쪽인 것을 알 수 있다. 온난 전선의 전면이 기온이 낮고 한랭 전선의 후면이 기온이 낮으므로 A지역이 B지역보다 기온이 낮다. 그러므로 A지역이 B지역보다 기온이 낮은 것은 그림 (나),(다)이다.

23. 답 ①

해설 ㄱ. 북반구에서 고기압 지역은 바람이 시계 방향으로 불어나가고 저기압 지역은 바람이 반시계 방향으로 불어 들어오므로 A는 고기압, B는 저기압이다.
ㄴ. 저기압인 B에서는 주변의 공기가 중심부로 들어오면서 상승 기류가 발달하고, 단열 팽창에 의해 기온이 하강하면서 상대 습

도가 높아져 구름이 형성되어 흐리거나 비가 온다.
ㄷ. 고기압인 A에서는 중심부의 공기가 주변으로 발산되므로 하강 기류가 발달하고, 단열 압축에 의해 기온이 상승하면서 상대 습도가 낮아져 구름이 소멸하고 맑은 날씨가 된다.

24. 답 ②

해설 ㄱ. 9시에서 12시 사이에 풍향이 남동풍에서 남서풍으로 바뀌었으므로 이 때 온난 전선이 통과했음을 알 수 있다. 온난 전선은 소나기가 아닌 지속적이고 약한 비를 동반한다.
ㄴ. 12시에서 15시 사이에는 풍향이 남서풍에서 북서풍으로 바뀌었으므로 한랭 전선이 통과하였음을 알 수 있다.
ㄷ. 온대 저기압이 통과하는 동안 시간별로 풍향을 살펴보면 9시에 남동풍, 12시에 남서풍, 15시에 북서풍으로 변했으므로 시계 방향으로 변했다.

25. 답 ④

해설 ㄱ. 시베리아 기단은 따뜻한 바다(황해)를 통과하면서 수증기와 열을 공급받아 상승 기류를 발달시킨다.
ㄴ. 한랭 건조한 시베리아 기단이 따뜻한 바다 위를 지나가게 되면 하층이 가열되어 불안정해지고 수증기를 얻어 적운형 구름이 생성된다.
ㄷ. 겨울철 우리나라 서해안 지방의 폭설이 내리는 것은 한랭 건조한 시베리아 기단이 북서 계절풍의 영향으로 남쪽으로 내려오면서 황해로부터 열과 많은 양의 수증기를 공급받아 눈구름이 형성되기 때문이다.

26. 답 ②

해설 ㄱ. 온대 저기압의 세력은 중심 기압이 낮을수록 강한데, (가)보다 (나)에서 온대 저기압의 중심 기압이 더 낮으므로, 온대 저기압의 세력은 (나)에서 더 강하다.
ㄴ. 한랭 전선의 후면인 A에서는 소나기성 비가 내리고, 온난 전선의 전면인 B에서는 약한 비가 지속적으로 내린다.
ㄷ. 이동 속도가 빠른 한랭 전선이 온난 전선을 따라잡아 두 전선이 겹쳐져서 폐색 전선이 나타났다.

27. 답 ⑤

해설 그림은 A는 한랭 전선 후면, B는 온난 전선 전면, C는 온난 전선과 한랭 전선 사이이다. C는 세 구역 중에서 기온이 가장 높고 날씨가 대체로 맑다. A와 B의 기온은 폐색 전선 구역 중에서 X에서 Y 구간의 대기의 수직구조도를 보면 알 수 있다.
매우 찬 공기가 찬 공기를 파고 들고 있으므로 한랭 전선쪽의 찬 공기가 기온이 더 낮다. 그러므로 A가 B보다 기온이 더 낮으므로 기온이 높은 순서대로 배열하면 C ― B ― A 의 순서이다.

28. 답 ②

해설 ㄱ. 우리나라 초여름에는 한랭 다습한 오호츠크 해 기단과 온난 다습한 북태평양 기단이 만나서 그림 (가)와 같은 장마 전선을 형성한다. 그림 (나)를 보면 우리나라 북서쪽에 강한 고기압이 발달되어 있는 것을 알 수 있으며 서고동저형의 기압 배치가 나타나므로 겨울철 일기도이다. 즉 그림 (가)는 초여름 일기도이고, 그림 (나)는 겨울철 일기도이다.
ㄴ. (가)는 초여름이고 (나)는 겨울철이므로 일평균 기온은 (가)에서 더 높다.
ㄷ. (가)의 기단은 북태평양 고기압과 오호츠크 해 기단으로 고온 다습하며 (나)의 기단은 시베리아 기단으로 차고 건조하다.

29. 답 ②

해설 ㄱ. 우리나라는 편서풍의 영향을 받으며, 대체로 모든 기상 현상이 서에서 동으로 진행된다. 따라서 (가)는 (나)보다 12시간 후의 일기도이다.

ㄴ. 이 기간 동안 온대 저기압의 중심 기압이 1012 hPa에서 1008 hPa로 낮아졌다. 따라서 세력은 더 강해졌다.

ㄷ. 이 기간 동안 A지역은 한랭 전선이 통과하였으므로 풍향은 남서풍에서 북서풍으로 바뀌었다.

30. 답 ④

해설 ㄱ. 그림 (나)에서 관측 지점의 풍향을 보면 12시에서 15시 사이에 남동풍에서 남서풍으로 바뀌었으므로 온난 전선이 통과하였고, 15시 사이에서 17시 사이를 보면 풍향이 남서풍에서 북서풍으로 바뀌었으므로 한랭 전선이 통과하였다. 따라서 그림 (나)는 12시에서 17시 사이에 온난 전선과 한랭 전선이 모두 통과한 C에서 관측한 것이다.

ㄴ. 그림 (나)에서 12시의 풍속을 보면 5 m/s 안쪽에 점이 위치하였으므로 5 m/s보다 작다.

ㄷ. A는 한랭 전선의 후면이므로 상공에 수직으로 높이 발달한 적운형 구름이 형성되고 C는 온난 전선 전면이므로 상공에 수평으로 넓게 발달한 층운형 구름이 형성된다. 그러므로 구름의 두께는 A보다 C에서 얇다.

ㄹ. 우리나라는 편서풍의 영향을 받아 온대 저기압이 서에서 동으로 이동한다. C지점에서 시간에 따라 바람의 방향이 바뀌는데 12시에는 남동풍, 15시에 남서풍, 17시에 북서풍으로 바뀌었으므로 풍향이 시계 방향으로 바뀐다.

11강. 기상 현상

개념 확인   32~35쪽

1. ㉠ 27 ℃ ㉡ 5°~ 25°
2. ㉠ 무역풍 ㉡ 편서풍 ㉢ 위험 ㉣ 안전(가항)
3. 뇌운(적란운)　4. 상승 기류

확인+   32~35쪽

1. ㉠ 고온 다습 ㉡ 마찰 ㉢ 온대 저기압
2. 편서풍　3. ㉠ (+) ㉡ (−) ㉢ (+)
4. 날씨 : 비 풍향 : 북동풍 풍속 : 7 m/s

2. 답 편서풍

해설 태풍은 위도 5°~ 25° 사이의 열대 해상 위에서 발생하여 무역풍을 타고 북서쪽으로 이동하다가 북위 25°~ 30°에 이르면 편서풍의 영향으로 북동쪽으로 방향을 전환하여 이동한다.

개념 다지기   36~37쪽

01. ⑤　02. ④　03. B　04. A 기압 B 풍속
05. ③　06. ①　07. ⑤　08. ⑤

01. 답 ⑤

해설 ㄱ. 태풍은 수증기 공급이 활발하고 전향력의 영향을 받을 수 있는 수온 27 ℃ 이상 위도 5°~ 25° 인 열대 해상에서 형성된다.

ㄴ. 우리나라에 영향을 주는 태풍은 주로 7월에서 9월 사이에 발생하여 우리나라로 이동한다.

ㄷ. 태풍의 중심부에는 약한 하강 기류가 나타나는 태풍의 눈이 있다. 태풍은 강한 회전에 의한 원심력 때문에 공기가 바깥으로 밀려나 중심부에는 공기가 부족하게 되고, 이를 채우기 위해 상부에서 공기가 하강한다.

02. 답 ④

해설 위험 반원은 태풍의 진행 방향의 오른쪽 반원이다. 따라서 편서풍대에서는 B 가, 무역풍대에서는 C 가 위험 반원이다.

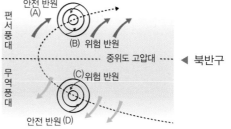

03. 답 B

해설 태풍이 이동하는 경로의 오른쪽 지역(위험 반원)은 왼쪽 지역(안전 반원)보다 풍속이 강하므로 태풍의 최대 풍속은 B 가 더 크다.

04. 답 A 기압 B 풍속

해설 기압은 중심에서 가장 낮고, 중심에서 멀어질수록 점점 높아진다. 풍속은 중심 부근에서 가장 높고, 중심에서 멀어질수록 낮아진다.

05. 답 ③

해설 ㄱ, ㄷ. 뇌우는 여름철에 국지적으로 가열된 공기가 빠르게 상승할 때, 온대 저기압 또는 태풍에 의해 강한 상승 기류가 발달하여 적란운이 형성될 때 나타난다.

ㄴ. 적운 단계에서는 상승 기류만 나타날 뿐 강수 현상은 일어나지 않는다.

06. 답 ①

해설 A는 적운 단계이다. 적운 단계는 강한 상승 기류로 적운이 급격하게 성장한다.

B는 소멸 단계이다. 소멸 단계는 하강 기류가 우세해지면서 뇌우가 소멸한다.

C는 성숙 단계이다. 성숙 단계는 상승 기류와 하강 기류가 공존하며 천둥, 번개, 소나기 등이 나타난다.

07. 답 ⑤

해설 104는 천의 자리와 백의 자리를 생략하고 소수점 첫째 자리까지 나타낸 것이므로 현재 기압은 1010.4 hPa이다.

08. 답 ⑤

해설 시베리아 고기압이 남하하면서 서해 바다를 지날 때 기단의 아래층이 따뜻한 바닷물로 데워지면서 한꺼번에 상승하면서 폭설이 내린다.

[유형11-1] 답 ②

해설 ㄱ. 태풍은 수온이 높고, 전향력이 작용하는 열대 해상에서 발생한다. 북위 30°해역에서는 수온이 낮아 수증기의 공급이 충분하지 않기 때문에 태풍이 발생하기 어렵다.

ㄴ. 우리나라의 태풍 피해는 주로 7~8월에 발생하는 태풍에 의한 것이다.

ㄷ. 우리나라는 편서풍 대인 중위도에 위치해있기 때문에 태풍은 우리나라 부근에서 편서풍의 영향을 받아 북동쪽으로 이동한다.

01. 답 ①

해설 ㄱ. 태풍의 이동하는 간격이 점점 멀어졌으므로 태풍의 이동 속도는 점점 빨라졌다.

ㄴ. 태풍의 중심기압이 낮을수록 태풍의 세력은 커진다. 따라서 북상하는 동안 태풍의 중심 기압은 높아졌으므로 태풍의 세력은 약해졌다.

ㄷ. 태풍이 제주도 부근을 통과할 때 제주도는 태풍의 진행 방향의 오른쪽에 있으므로 위험 반원에 위치해 있다.

02. 답 ④

해설 ㄱ. 6월 3일 태풍이 동해 북부로 이동하여 소멸하였다.

ㄴ. 6월 1일 태풍은 고기압과 고기압 사이의 기압골을 따라 이동하였다.

ㄷ. 태풍이 이동하는 경로의 오른쪽 지역은 왼쪽 지역보다 바람이 강하므로 우리나라보다 일본에서 바람이 강하다.

[유형11-2] 답 ①

해설 ㄱ. 바람은 시계 방향으로 태풍의 중심을 향해서 불므로 A에서는 서풍 계열의 바람이 불고 있다.

ㄴ. B의 상공은 태풍의 눈으로, 하강 기류로 인해 맑은 날씨가 나타나며 바람이 거의 없다.

ㄷ. 북반구에서는 태풍의 진행 방향에 대해 왼쪽은 안전 반원, 오른쪽은 위험 반원이다. 따라서 C는 오른쪽이므로 위험 반원에 위치해 있다.

03. 답 ②

해설 ㄱ. A는 태풍의 왼쪽으로 안전 반원, C는 태풍의 오른쪽으로 위험 반원이다. 따라서 C에서의 풍속이 더 빠르다.

ㄴ. B는 태풍의 중심으로 약한 하강 기류가 나타나 날씨가 맑다.

ㄷ. 태풍은 열대 저기압으로 태풍의 눈이 있는 중심부에서 기압이 가장 낮다.

04. 답 ①

해설 ㄱ. 태풍 이동 경로의 오른쪽이 위험 반원이므로 편서풍대에서는 B, 무역풍대에서는 C이다. 따라서 B, C는 위험 반원, A, D는 안전 반원이다.

ㄴ. 태풍의 이동 속도는 무역풍대에서는 태풍의 이동 방향이 무역풍과 직각이고, 편서풍대에서는 태풍의 이동 방향이 편서풍과 같은 방향이므로 편서풍대에서가 무역풍대에서보다 빠르다.

ㄷ. 태풍 이동 경로의 오른쪽 반원은 태풍의 풍향과 대기 대순환에 의한 바람의 방향이 같아 풍속이 왼쪽 반원보다 더 세다.

[유형11-3] 답 ②

해설 ㄱ. 적운 단계에서는 강한 상승 기류로 인해 적운이 탑 모양으로 발달한다. 이와 같은 공기의 상승 운동은 대기가 불안정할 때 잘 일어난다.

ㄴ. 성숙 단계에서는 상승 기류와 하강 기류가 공존하며 천둥, 번개와 함께 소나기, 우박 등이 나타난다.

ㄷ. 강수 현상은 상승 기류만 있는 적운 단계보다 하강 기류가 발달한 소멸 단계에서 잘 일어난다.

05. 답 ④

해설 뇌우는 강한 햇빛을 받아 국지적으로 가열된 공기가 빠르게 상승할 때, 한랭 전선에서 찬 공기가 따뜻한 공기를 파고들어 따뜻한 공기가 밀려 상승할 때, 저기압이나 태풍 등에 의해 강한 상승 기류가 일어날 때 발달한다.

06. 답 ⑤

해설 ㄱ. 뇌우는 지표가 국지적으로 가열되어 상승 기류가 생기는 여름철에 주로 발생한다.

ㄴ. 천둥과 번개는 뇌우의 성숙 단계에서 잘 일어난다.

ㄷ. 적란운의 위쪽에는 양전기, 아래쪽에는 음전기가 쌓이고, 이로 인해 지표면에는 양전기가 유도되어 번개가 발생한다.

[유형11-4] 답 ⑤

해설 그림의 전선은 온대 저기압을 나타내고 있다.

ㄱ, ㄴ. A지점은 한랭 전선 뒤쪽에 위치하므로 북서풍이 우세하게 불고, 적란운이 만들어져 소나기가 내릴 것이다.

ㄷ. 일기도를 보면 우리나라에 온대 저기압의 중심이 있으므로 상승 기류가 나타날 것이다.

07. **답** ④

해설 ㄱ. (가)는 비가 오고 남동풍이 부는 온난 전선의 앞쪽이다.

ㄴ. A는 기온이고, 아래 숫자는 이슬점이다. 온난 전선이 통과한 후에는 기온이 높아진다. 따라서 A는 26보다 클 것이다.

ㄷ. (가)와 (나) 사이에는 온난 전선이 (나)와 (다) 사이에는 한랭 전선이 통과하였다.

08. **답** ⑤

해설 집중 호우는 짧은 시간 동안에 반지름이 10 ~ 20 km 정도의 좁은 지역에서 일정량 이상의 비가 집중적으로 내리는 현상이다. 태풍, 장마 전선, 저기압과 고기압의 가장자리에서 대기가 불안정할 때 강한 상승 기류에 의해 형성되는 적란운에서 주로 발생하며, 천둥과 번개를 동반하는 경우가 많다.

창의력 & 토론마당 42~45쪽

01 〈 해설 참고 〉

해설 (1) 온대 저기압

(2) 우리나라는 편서풍 지대에 속해 있으므로 편서풍의 영향으로 저기압이 서쪽에서 동쪽으로 이동한다.

(3) 2 일 현재 A 지점은 온난 전선이 통과하여 기온이 높고 맑은 날씨를 보이고 있다. 따라서 잠시 후 서쪽에서 한랭 전선이 통과하면서 기온이 낮아지고, 북풍 계열의 바람이 불며, 두꺼운 적운형의 구름이 형성되어 소나기가 내릴 수 있다.

02 (1) 작다.
(2) 왼쪽
(3) 높아졌다.

해설 (1) T_1일 때 풍향은 북동풍, T_3일 때 풍향은 북서풍이다. 따라서 T_1과 T_3 일 때의 두 풍향이 이루는 각도는 180 ° 보다 작다.

(2) 태풍 진행 경로의 왼쪽에 위치한 지역에서는 풍향이 시계 반대 방향으로 변하고, 오른쪽에 위치한 지역에서는 풍향이 시계 방향으로 변한다. 태풍이 통과하는 동안 관측 지점의 풍향이 시계 반대방향으로 변했으므로 관측 지점은 태풍 진행 경로의 왼쪽에 위치해 있다.

(3) 태풍의 세력은 중심이 기압이 낮을수록 강하다. T_3 이후 태풍의 세력이 약해지면서 소멸하였으므로 T_3 이후 태풍의 중심 기압은 높아졌다.

03 (1) A
(2) B
(3) A

해설 (1) A 지점은 태풍의 진행 방향의 왼쪽이므로 안전 반원에 속한다.

(2) 적란운이 가장 두껍게 발달하는 곳은 풍속이 매우 **빠른** 상승 기류가 일어나는 곳이다. 따라서 풍속이 가장 **빠른** B 지점에서 적란운이 가장 두껍게 발달한다.

(3) 태풍은 중심으로 갈수록 기압이 급격히 낮아진다. 따라서 태풍의 중심에서 기압이 가장 낮다. 그래프 상에서 A 와 B 중 태풍 중심으로부터의 거리가 B 가 더 가까우므로 B 의 기압이 A 보다 낮다. 따라서 A 의 기압이 가장 높다.

04 (1) 7 월 21 일 새벽 (2) 높아진다.
(3) 커진다.

해설 (1) 7 월 21 일 새벽에 실제 해수면의 높이가 가장 높으므로 태풍과 함께 폭풍 해일이 상륙한 시기라고 할 수 있다.

(2) 폭풍 해일이 만조와 같은 시간에 도달했을 때 상승 효과로 인해 실제 해수면의 높이는 가장 높아져 해안가 피해가 극대화된다.

(3) 태풍의 등압선 간격이 조밀할수록 강한 바람이 부는 강한 태풍이므로 태풍에 의한 해수면의 높이 변화는 더욱 커진다.

스스로 실력 높이기 46~53쪽

01. ②	02. ③	03. ②	04. ②	05. ③	06. ②
07. ④	08. ①	09. ④	10. ⑤	11. ②	12. ①
13. ⑤	14. ③	15. ④	16. ③	17. ⑤	18. ⑤
19. ③	20. ③	21. ④	22. ④	23. ③	24. ④
25. ③	26. ④	27. ③	28. ③	29. ④	30. ④

01. **답** ②

해설 ㄱ. 8 일에는 무역풍의 영향으로 태풍이 북서쪽으로 이동하다가 11 일 부터 편서풍의 영향으로 북동쪽으로 이동한다.

ㄴ. 12 일 이후 태풍은 소멸하였으므로 중심 기압이 높아졌을 것이다.

ㄷ. 서울 지역은 태풍의 진행 방향에 대해 오른쪽에 위치해 있으므로 위험 반원이다. 따라서 풍향은 시계 방향으로 바뀌었을 것이다.

02. **답** ③

해설 ㄱ. 태풍이 육지에 상륙하면 수증기의 공급이 충분하지 않으므로 세력이 약해진다.

ㄴ. 10시에 B 는 태풍의 이동 경로의 오른쪽에 위치해 있으므로 위험 반원에 속한다. 따라서 풍속은 B 가 A 보다 더 크다.

ㄷ. (나)와 같은 풍향의 변화는 시계 반대 방향으로 풍향이 바뀌었으므로 안전 반원에 속한 곳이다. 따라서 A 에서 나타난다.

03. **답** ②

해설 ㄱ. A 지역은 태풍의 이동 방향의 오른쪽에 위치해 있으므로 위험 반원에 속한다.

ㄴ. 태풍이 육지에 상륙하면 수증기의 공급이 충분하지 않아 세력이 중심 기압이 높아지고 세력이 약해진다.

ㄷ. 태풍의 이동 간격이 점점 늘어났으므로 이동 속도는 점점 빨라졌다.

04. 답 ②
해설 ㄱ. 태풍 진행 경로의 왼쪽에 위치한 지역에서는 풍향이 시계 반대 방향으로 변하고, 오른쪽에 위치한 지역에서는 풍향이 시계 방향으로 변한다. 볼라벤이 북상하여 서해를 통과하는 동안 서울은 태풍의 오른쪽에 위치했으므로 풍향은 시계 방향으로 바뀌었다.
ㄴ. 산바는 남해안에 상륙한 이후 수증기의 공급이 줄어들어 중심 기압이 높아지고 세력이 약해졌다.
ㄷ. 제주도는 덴레이와 볼라벤에 대해서는 태풍의 진행 방향의 오른쪽이고, 산바에 대해서는 왼쪽에 위치해있다. 따라서 산바에 대해 안전 반원에 있다.

05. 답 ③
해설 ㄱ. 태풍의 중심 기압이 낮을수록 세력이 강하므로 5일에 세력이 가장 강했다.
ㄴ. 태풍은 수온이 높아 수증기가 활발하게 공급될 때 세력이 더 강해진다. 따라서 8월 이후 태풍이 통과하는 해역의 수온이 높으면 태풍의 세력은 강해질 것이다.
ㄷ. 7월 10일 우리나라의 남해안은 태풍의 이동 경로의 오른쪽에 있으므로 위험 반원에 해당한다. 따라서 남해안에서는 폭풍 해일이 발생할 가능성이 있다.

06. 답 ②
해설 ① 태풍의 중심에는 하강 기류가 있어서 맑은 날씨가 나타나며 바람이 거의 없다.
② 태풍의 풍속은 태풍의 중심에서 약간 떨어진 오른쪽(동쪽)에서 최대로 나타난다.
③ 태풍의 기압은 태풍의 중심에서 가장 낮다.
④ 태풍의 에너지원은 수증기의 잠열이므로 육지에 상륙하면 수증기의 공급이 감소하여 세력이 약해진다.
⑤ 태풍의 진행 방향의 오른쪽이 C이고, 위험 반원에 속하므로 A 지역보다 C 지역에서 풍속이 빠르다.

07. 답 ④
해설 ㄱ. 태풍의 기압은 태풍의 중심(태풍의 눈)으로 갈수록 급격히 낮아진다.
ㄴ. 태풍은 북쪽으로 이동하고 있으므로 A는 안전 반원, C는 위험 반원에 속한다. 따라서 풍속은 C가 A보다 더 빠르다.
ㄷ. 태풍의 눈에서는 약한 하강 기류가 나타나 날씨가 맑다.

08. 답 ①
해설 ㄱ. 뇌우는 천둥, 번개와 함께 집중 호우가 발생하여 피해가 발생할 수 있다.
ㄴ. B단계는 성숙 단계로 상승 기류와 하강 기류가 동시에 존재한다.
ㄷ. 천둥, 번개가 잘 발생하는 단계는 성숙 단계인 B단계이다.

09. 답 ④
해설 ㄴ, ㄷ. 그림의 기상 현상은 뇌우이다. 뇌우는 공기가 급격히 상승하여 적란운이 형성될 때 발생한다. 지표면이 국지적으로 가열될 때, 태풍의 중심 또는 한랭 전선에서 공기가 급격히 상승할 때 적란운이 형성된다.
ㄱ. 따뜻한 공기가 찬 지표면으로 이동할 때에는 공기가 지표로 열을 빼앗아 기층이 안정해지므로 적란운이 형성되지 않는다.

10. 답 ⑤
해설 ㄱ. (가)는 거대한 적란운에서 잘 나타나고, (나)는 겨울철에 저기압이 통과하거나 기단의 변질에 의해 형성된 적란운에서 잘 나타난다.
ㄴ. (가)는 저기압에 의한 강한 상승 기류가 발달할 때 잘 나타난다.

ㄷ. 우리나라에서 (나)는 시베리아 고기압이 서해의 따뜻한 해수면을 통과할 때 잘 나타난다.

11. 답 ②
해설 ㄱ. A는 태풍의 이동 경로의 왼쪽에 위치해있으므로 풍향은 시계 반대 방향으로 변하였다.
ㄴ. A는 태풍의 이동 경로의 왼쪽에 있으므로 안전 반원이고, B는 태풍의 이동 경로의 오른쪽에 있으므로 위험 반원이다. 따라서 A보다 B가 더 큰 피해를 입었을 것이다.
ㄷ. 태풍의 세력은 우리나라를 지나면서 수증기 공급이 줄어들어 세력이 급격히 약해진다.

12. 답 ①
해설 ㄱ. A는 태풍의 중심이 가장 근접하는 15시경에 가장 작은 값을 나타내므로 기압이다. B는 태풍 중심이 지나갈 때 가장 큰 값을 나타내므로 풍속이다.
ㄴ. 제주도에서는 바람이 북동풍 ⇨ 북서풍 ⇨ 남서풍으로 변하였으므로 풍향이 시계 반대 방향으로 변하였다.
ㄷ. 제주도에서 풍향이 시계 반대 방향으로 변하였으므로 안전 반원에 위치하였다.

13. 답 ⑤
해설 ㄱ. 태풍은 열대 해역에서 발생하여 무역풍과 편서풍의 영향을 받으며 북상한다. 5일에는 무역풍의 영향을 받아 북서 방향으로 진행하였다.
ㄴ. 태풍은 중심 기압이 낮을수록 세력이 강하다. 따라서 7일에 태풍의 세력이 가장 강하였다.
ㄷ. 제주도는 태풍의 이동 경로의 왼쪽에 위치해 있으므로 안전 반원에 속한다. 따라서 풍향은 시계 반대 방향으로 변하였다.

14. 답 ③
해설 ㄱ. 평서풍대에서 대기는 서쪽에서 동쪽으로 이동하는데 켓사나는 위도가 거의 변하지 않으면서 서쪽으로 이동하였으므로 무역풍의 영향을 받았다.
ㄴ. 태풍은 중심 기압이 낮을수록 세력이 강하다. 따라서 중심 기압이 가장 낮은 켓사나가 가장 강하다.
ㄷ. 북반구에서 태풍의 진행 방향의 오른쪽이 위험 반원이다. 세 태풍 모두 북반구에서 발생한 태풍이므로 위험 반원은 진행 방향의 오른쪽이다.

15. 답 ④
해설 ㄱ. 황사 발생 시 전반적으로 금속 성분이 증가한다.
ㄴ. 황사의 주요 금속 성분은 토양 기원 입자이다.
ㄷ. 황사는 발원지에서 편서풍을 타고 우리나라로 이동해 온다.

16. 답 ③
해설 ㄱ. 황사는 편서풍을 타고 우리나라로 이동한다.
ㄴ. 우리나라에 고기압이 발달해 있을 경우 하강 기류로 인해 황사 피해가 커진다.
ㄷ. 고도가 높은 고비 사막에서 떠오른 먼지는 낙차 때문에 한반도까지 쉽게 이동한다.

17. 답 ⑤
해설 ㄱ. 그림 상에서 지진 해일은 100분이 지난 후 우리나라의 동해안에 도달한다.
ㄴ. 지진 해일은 파장이 긴 너울의 형태이므로 발생 지점에서 먼 곳까지 큰 피해를 입힌다.
ㄷ. 동해에서 발생한 지진 해일은 100분이 지난 후 우리나라 동해안과 일본 서해안에 도달하여 영향을 미칠 것이다.

18. 답 ⑤

해설 ㄱ. 황사는 몽골과 중국의 사막 지역, 내몽골 고원, 황하 중류의 황토 고원 등지에서 발원하여 편서풍을 타고 우리나라에 영향을 준다. 지역들은 대부분 사막이거나 건조 지역에 해당한다.
ㄴ. 사막화의 원인은 증발량이 강수량보다 훨씬 많기 때문이다.
ㄷ. 사막화가 가속될수록 황사는 더욱 심해진다.

19. 답 ③

해설 발원지 부근에서 강한 상승 기류가 있어 토양 입자가 높은 상공으로 올라간 후 강한 편서풍을 따라 우리나라까지 이동한다. 또한 고기압이 우리나라에 위치하여 하강 기류가 발생하면 공중에 떠 있던 토양 입자가 낙하하면서 황사가 발생한다.

20. 답 ③

해설 ㄱ. 대기 현상이 일어나는 공간적인 규모는 뇌우의 경우 수십 ~ 수백 km, 토네이도의 경우 수 km 이다. 따라서 (가)가 (나)보다 길다.
ㄴ. 대기 현상이 지속되는 시간은 (나)가 (다)보다 짧다.
ㄷ. (가), (나), (다) 모두 대기가 불안정하여 강한 상승 기류가 발달할 때 잘 발생한다.

21. 답 ④

해설 ㄱ. 적도 해상에서는 지구 자전에 의한 전향력이 없어서 공기의 소용돌이가 형성되기 어렵다. 따라서 태풍이 거의 발생하지 않는다.
ㄴ. 태풍이 전향점을 지나게 되면 대기 대순환에 의한 편서풍의 풍향과 태풍의 이동 방향이 같아져 이동 속도가 빨라진다.
ㄷ. 지구 온난화가 지속되면 해수면의 온도가 상승한다. 따라서 태풍의 발생 지역은 북쪽으로 넓어질 것이다.

22. 답 ④

해설 ㄱ. 열대 저기압은 적도 해상(0°)이 아닌 열대 해상(5~25°)에서 발생하므로 무역풍의 영향으로 북반구에서는 북서쪽으로, 남반구에서는 남서쪽으로 이동한다.
ㄴ. 태풍의 에너지원은 증발된 수증기가 응결할 때 방출되는 잠열이므로 온도가 낮은 심해수의 용승 지역인 A 해역에서는 태풍이 발생하지 않는다.
ㄷ. 적도는 지구 자전에 의한 전향력이 작용하지 않아 태풍의 회전력이 나타나기 힘들어 태풍이 발생하기 힘들다.

23. 답 ③

해설 6월 2일과 3일을 비교하면 태풍은 북동 방향으로 진행하고 있다.
ㄱ. A 는 태풍의 오른쪽에 있으므로 위험 반원에 속해있다.
ㄴ. , A 지점은 태풍의 이동 경로의 오른쪽에 있으므로 풍향은 시계 방향으로 바뀐다.
ㄷ. 6 월 2 일에 B 에서는 고기압이 발달하였으므로 하강 기류가 나타났다.

24. 답 ④

해설 ㄱ. 태풍의 오른쪽 반원은 위험 반원으로 왼쪽 반원보다 풍속이 빠르다.
ㄴ. 부산 지역에서 풍속이 가장 빠르고 기압이 가장 낮을 때 풍향이 남동풍에서 남서풍으로 변하였다. 이는 태풍의 중심이 북서쪽에서 북동쪽으로 이동하였음을 뜻한다.
ㄷ. 태풍이 진행하면서 부산 지역의 풍향이 남동→남서→서 로 시계 방향으로 변하였으므로 위험 반원에 위치해 있다.

25. 답 ③

해설 ㄱ. 황사의 발원지인 고비 사막은 증발량이 강수량보다 많

은 지역이다.
ㄴ. 황사는 편서풍의 영향으로 한반도 부근까지 이동한다.
ㄷ. 고비 사막의 사막화가 진행되면 황사가 더욱 많이 발생하여 우리나라에서 황사로 인한 피해가 증가한다.

26. 답 ④

해설 ㄱ. 황사는 주로 겨울 내내 얼어 있던 건조한 토양이 녹으면서 잘게 부서져 크기가 매우 작은 모래먼지가 발생하여 공중으로 떠오르기 쉬운 봄철에 주로 발생한다.
ㄴ. 황사 발원지에서 상공으로 떠오른 모래먼지는 편서풍을 타고 우리나라로 온다.
ㄷ. 중국과 몽골의 사막 지대가 우리나라에서 나타나는 황사의 주요 발원지이다. 따라서 지구 온난화로 인한 사막 지대의 확대는 황사를 심화시킨다.

27. 답 ③

해설 ㄱ. 태풍 진행 방향의 오른쪽은 풍속이 강한 위험 반원이고, 왼쪽은 풍속이 상대적으로 약한 안전 반원이다. 따라서 풍속이 가장 빠른 C 가 태풍 진행 방향의 오른쪽에 위치한다.
ㄴ. B 는 태풍의 눈이므로 바람이 약하고 구름이 거의 없는 지역이다.
ㄷ. 태풍은 열대 저기압이므로 중심으로 갈수록 기압이 급격히 낮아진다. 따라서 B 에서 기압이 가장 낮다.

28. 답 ③

해설 ㄱ. 태풍의 기압은 중심으로 갈수록 낮아진다. 따라서 A 는 기압이고, B 는 풍속이다.
ㄴ. 태풍의 중심에는 약한 하강 기류로 인해 날씨가 맑고 비가 오지 않는다.
ㄷ. 태풍은 저기압이므로 해수면의 높이는 태풍의 중심에서 가장 높고, 태풍의 중심에서 멀어질수록 낮아진다.

29. 답 ④

해설 ㄱ. C 는 위험 반원에 속하고 높이에 따른 온도편차가 심하므로 풍속이 가장 빠르다.
ㄴ. 그림 (나)에서 태풍 내부의 기온이 중심으로 갈수록 높아지는 것을 알 수 있다.
ㄷ. B 지점은 태풍의 눈으로 상공에서는 하강 기류에서 생기는 단열 압축으로 인해 기온이 높아지는 부분이 나타난다.

30. 답 ④

해설 ㄱ. 황사는 편서풍을 타고 우리나라로 이동한다.
ㄴ. 발원지의 토양 입자가 이동하는 과정에서 공업도시의 오염 물질과 상호 작용 한다.
ㄷ. 중국 동부의 공업화가 진행될수록 황사 성분 중 황산염과 질산염의 비율은 높아진다.

12강. 대기와 해수의 순환

개념 확인   54~57쪽

1. (1) 공간(수평), 시간 (2) 미규모, 중간 규모
2. (1) 열적 순환 (2) 해류풍 (3) 산곡풍
3. (1) 계절풍 (2) 극순환 (3) 무역풍
4. (1) O (2) O (3) X

01. 답 (1) 공간(수평), 시간 (2) 미규모, 중간 규모
해설 (1) 대기 순환의 규모는 공간(수평) 규모와 시간 규모에 따라 구분한다.
(2) 대기 순환의 규모 중 미규모 순환과 중간 규모 순환은 전향력을 고려하지 않아도 된다.

02. 답 (1) 열적 순환 (2) 해류풍 (3) 산곡풍
해설 (1) 지표면의 불균등 가열에 의한 공기의 밀도 차로 일정 공간에서 일어나는 순환은 열적 순환이다.
(2) 해안 지역에서 육지와 바다의 비열 차이로 하루를 주기로 부는 바람은 해류풍이다.
(3) 산간 지방에서 부등 가열에 의해 하루를 주기로 부는 바람은 산곡풍이다.

04. 답 (1) O (2) O (3) X
해설 (3) 표층 해류는 과잉된 에너지를 부족한 곳으로 이동시켜 에너지 불균형을 해소시키는 역할을 한다.

확인+   54~57쪽

1. ②   2. 난류   3. 대기 대순환   4. 조경 수역

개념 다지기   58~59쪽

01. ④   02. ㄴ, ㄷ, ㅁ   03. ⑤
04. (1) O (2) X   05. 무역풍
06. (1) X (2) O   07. ②   08. ⑤

01. 답 ④
해설 ①,② 난류, 토네이도는 미규모이다.
③,⑤ 뇌우, 산곡풍은 중간 규모이다.
④ 계절풍은 지구 규모이다.

02. 답 ㄴ, ㄷ, ㅁ
해설 대기 순환 규모 중에 전향력을 무시할 수 있는 규모는 미규모와 중간 규모이다.
ㄱ. 태풍은 종관 규모이다.
ㄴ, ㅁ. 해류풍, 뇌우는 중간 규모이다.
ㄷ. 난류는 미규모이다.
ㄹ,ㅂ. 편서풍, 계절풍은 지구 규모이다.

03. 답 ⑤

해설 ⑤ 열적 순환이 일어날 때에는 같은 높이에서 불균등 가열로 인한 기압 차이가 생기고, 높이에 따른 기압 차이 역시 계속 존재한다.

04. 답 (1) O (2) X
해설 (2) 해들리의 순환 모형은 지구의 자전을 고려하지 않은 가상의 순환 모형이다.

05. 답 무역풍
해설 적도에서 위도 30° 까지의 저압대 지표에서 부는 바람은 무역풍이다.

06. 답 (1) X (2) O
해설 (1) 해수면 위에 부는 바람의 영향으로 해수의 표층에서 일정하게 흐르는 흐름이 표층 해류이다.

07. 답 ②
해설 ② 북태평양에서의 표층 순환은 북반구에서의 표층 순환이므로 시계방향으로 순환한다.

08. 답 ⑤
해설 ㄱ. 오호츠크 해에서 연해주를 따라 남단까지 흐르며 우리나라 주변 한류의 근원인 해류는 리만 해류이다.
ㄴ. 북태평양의 서쪽 해안을 따라 북상하는 해류로 우리나라 주변 난류의 근원인 해류는 쿠로시오 해류이다.

유형 익히기 & 하브루타   60~63쪽

[유형12-1] (1) X (2) O
    01. ①   02. (1) 비례 (2) 수평 규모
[유형12-2] (1) O (2) O
    03. ㄷ   04. (1) 층류 (2) 열적 순환
[유형12-3] ③
    05. (1) ㄱ (2) ㄷ   06. (1) O (2) X
[유형12-4] (1) X (2) O
    07. ④   08. (1) O (2) X (3) O

[유형12-1] 답 (1) X (2) O
해설 (1) 계절풍은 대륙과 해양의 비열 차이에 의해 일 년을 주기로 부는 바람으로 지구 규모에 속한다.
(2) 공간 규모가 클수록 시간 규모도 크다. 즉, 수명이 길다.

01. 답 ①
해설 ① 미규모와 중간 규모의 순환은 공간 규모도 작고 시간 규모도 일시적이기 때문에 일기도에 나타나지 않는다.
②,④ 작은 규모의 순환은 수평 규모와 연직 규모가 비슷하지만 큰 순환 규모에서는 연직 규모에 비해 수평 규모가 훨씬 크다.
③,⑤ 미규모와 중간 규모의 순환에서 전향력은 무시할 수 있을 정도로 작지만 종관 규모와 지구 규모의 순환은 지구 자전의 영향을 더 강하게 받기 때문에 전향력을 무시할 수 없다.

02. 답 (1) 비례 (2) 수평 규모
해설 (1) 공간 규모와 시간 규모는 대체로 비례한다.
(2) 규모가 커질수록 연직 규모에 비해 수평 규모가 커지는 비율이 높으므로 일반적으로 수평 규모에 따라 분류한다.

[유형12-2] 답 (1) ○ (2) ○
해설 (1) 산곡풍과 해륙풍은 둘 다 열적 순환에 의해 일어나는 현상이다.
(2) 산곡풍은 산간 지방에서 산 정상과 골짜기의 부등 가열에 의해 열적 순환이 일어나 하루를 주기로 부는 바람이다. 낮에는 산 사면이 주변 공기보다 빨리 가열되어 골짜기에서 산 위로 곡풍이 불고, 밤에는 산 사면이 주변 공기보다 빨리 냉각되어 산 위에서 골짜기로 산풍이 분다.

03. 답 ㄷ
해설 ㄱ. 중간 규모의 시간 규모는 수분에서 1일 정도이다. 시간 규모가 1일에서 1주 정도인 순환 규모는 종관 규모이다.
ㄴ. 우리나라에서 용오름이라 부르는 토네이도 현상은 미규모에 속한다. 중간 규모에는 뇌우, 해륙풍, 산곡풍 등이 속한다.

04. 답 (1) 층류 (2) 열적 순환
해설 (1) 지표면에서 상층으로 올라가 비교적 규칙적으로 흐르는 공기의 흐름은 층류라고 한다.
(2) 지표면의 불균등한 온도 변화로 인해 일어나는 대기 순환은 열적 순환이라 한다.

[유형12-3] 답 ③
해설 ㄱ. 온대 저기압은 종관 규모로, 중간 규모에 속하는 산곡풍보다 공간 규모가 크다.
ㄴ. 위도에 따른 태양 복사 에너지의 양과 지구 복사 에너지의 양 차이에서 비롯된 에너지 불균형을 맞추기 위해 대기와 해수의 순환이 일어나고, 에너지 과잉인 저위도에서 에너지가 부족한 고위도로 에너지가 이동한다.
ㄷ. 종관 규모 순환과 지구 규모 순환은 전향력의 영향을 무시할 수 없다.

06. 답 (1) ○ (2) X
해설 (1) 해들리 순환 모델은 지구가 자전하지 않는 경우를 가정한 순환 모형으로 적도에서 가열되어 상승한 공기가 극으로 이동하고 극에서 냉각된 공기가 하강하여 적도로 이동하는 순환 뿐이다. 따라서 남반구와 북반구에 각각 1개의 대순환만 나타나며 북반구 지표에는 북풍만, 남반구 지표에는 남풍만 불 것이다.
(2) 위도 30~60° 사이에는 공기가 위도 30℃ 부근에서 하강하여 고위도로 이동한 다음 위도 60℃ 부근에서 상승하는 페렐 순환의 영향을 받으므로 지표에서는 편서풍만 분다. 무역풍은 위도 0°에서 30° 사이에 존재하는 해들리 순환의 영향을 받아 지표에서 부는 바람이다.

[유형12-4] 답 (1) X (2) ○
해설 (1) 남극 순환류는 편서풍에 의해 형성된 해류이다.
(2) 우리나라 해역의 난류는 동한 난류와 황해 난류가 있으며 북태평양의 서쪽 해안을 따라 북상하는 쿠로시오 해류에서 갈라져 유입된 것이다.

07. 답 ④
해설 남극 순환류는 흐름을 가로막는 대륙이 없어 남극 대륙 주변을 순환하는 가장 긴 해류이다.

08. 답 (1) ○ (2) X (3) ○
해설 (1) 남극 순환류는 편서풍의 영향을 받은 해류이다.
(2) 북태평양의 표층 순환은 북반구에서 편서풍의 영향을 받은 순환이므로 시계 방향으로 순환한다.
(3) 난류는 저위도에서 고위도로 에너지를 수송하는 해류로 에너지의 양이 많아 수온이 높으며 염분 농도가 높지만 영양 염류와 용존 산소량이 적다.

01 (1) 태양으로부터 오는 태양 복사 에너지는 지구가둥글기 때문에 적도 부근에 가까운 저위도 지방의 태양 고도가 높아서 입사하는 에너지 양이 많다. 반면에 지구에서 방출되는 지구 복사 에너지는 위도에 상관없이 일정하기 때문에 (가)가 태양 복사 에너지 흡수량을 나타내는 것이고 (나)가 지구 복사 에너지 방출량을 나타내는 것이다.
(2) 지구에서 방출되는 에너지양은 위도에 상관없이일정한데 태양으로부터 입사하는 에너지는 저위도에 집중되고 고위도로는 많이 가지 않아 에너지 불균형이 일어난다. 이 에너지 불균형을 해소하기 위해 저위도의 과잉 에너지를 고위도로 보내는 과정에서 대기 대순환과 해류 순환이 발생한다.

02 (1) 무역풍. 적도~30°N 사이의 위도에서는 동쪽에서 서쪽으로 무역풍이 분다.
(2) 대서양 아열대 순환은 시계방향으로 돌기 때문에 갈 때는 서쪽 방향이므로 A(무역풍), 올 때는 동쪽 방향이므로 B(편서풍)의 경로가 해류와 대기 대순환에 의한 바람의 도움을 받을 수 있으므로 더 유리하다.

03 (1) (가) 극 순환, (나) 페렐 순환, (다) 해들리 순환
(2) 위도 30° 부근인 B 지역은 하강 기류로 인한 중위도 고압대(온대 고압대)가 형성되어 구름이 발생하지 않으므로 강수량보다 증발량이 더 많아 사막 지형이 발달한다. A 지역은 편서풍과 극동풍이 만나 한대 전선대가 형성되어 강수량이 많다. C 지역은 공기가 쉽게 가열되는 적도 부근으로 상승 기류가 발달하여 적도 저압대를 형성하고 강수량이 많다.

04 (1) 수온과 염분은 (나)가 (가)보다 높고, 영양염류와 용존 산소는 (가)가 (나)보다 많다.
(2) 동해는 한류와 난류가 만나는 곳이기 때문에 플랑크톤과 산소가 풍부하며 한류성 어종과 난류성 어종이 모두 잡히는 황금 어장이 된다.
(3) 조경 수역을 형성하는 해류는 겨울에는 한류의 세력이 강해져서 조경 수역의 위치가 남쪽으로 내려오며, 여름에는 난류의 세력이 강해져 북쪽으로 올라간다.

해설 우리나라 주변에는 쿠로시오 해류(나)에서 갈라져 나온 황해 난류와 동해 난류가 있으며, 리만 해류(가)에서 갈라져나온 북한 한류와 동해 난류가 만나면 고밀도의 한류가 난류 아래쪽으로 이동하는데 이 물은 용존산소량이 많아서 플랑크톤이 풍부하고 산소와 플랑크톤의 수직적 순환이 활발해 영양이 풍부해서 어족이 많이 모여 조경 수역을 이룬다. 한류성 어종인 대구, 명태, 청어 등과 난류성 어종인 오징어, 꽁치, 멸치, 정어리, 고등어 등이 모두 잡히므로 황금 어장을 형성한다.

01. 중간 규모   02. 산곡풍   03. 전향력   04. 비열
05. 대기 대순환   06. 쿠로시오 해류
07. (1) X (2) X   08. (1) X (2) O   09. ②
10. 리만 해류   11. (가) ㄴ (나) ㄹ   12. ③   13. ③
14. ④   15. ④   16. ⑤   17. ⑤   18. ②   19. ④
20. ①, ④   21. ④   22. ④   23. ③   24. ③
25. 중간 규모, 산곡풍   26. ③   27. ②   28. ③
29~30. 〈해설 참조〉

01. 답 중간 규모
해설 지표면의 불균등 가열에 의해 생성되는 열적 순환에 속하는 순환 규모는 중간 규모이다.

02. 답 산곡풍
해설 산간 지방에서 불균등 가열에 의해 하루를 주기로 부는 바람은 산곡풍이다.

03. 답 전향력
해설 지구 자전의 영향으로 북반구에서는 오른쪽, 남반구에서는 왼쪽으로 쏠리는 힘은 전향력이다.

04. 답 비열
해설 물질 1g의 온도를 1℃ 높이는 데 필요한 열량은 비열이다.

05. 답 대기 대순환
해설 위도에 따른 에너지 불균형이 원인인 가장 큰 규모의 대기 순환은 대기 대순환이다.

06. 답 쿠로시오 해류
해설 북태평양의 서쪽 해안을 따라 북상하는 해류로, 우리나라 주변 난류의 근원인 해류는 쿠로시오 해류이다.

07. 답 (1) X (2) X
해설 (1) 열적 순환은 일반적으로 가까운 두 지역의 온도 차에 의해 생기는 순환으로 중간 규모에 속한다. 미규모에 속하는 순환은 난류나 토네이도 등이 있으며, 온도 차이에 의해 발생하지 않는다.
(2) 가까운 두 지역의 온도 차이에 의해 생기는 순환이므로 지표면이 불균등하게 가열되었을 때 일어나는 순환이다.

08. 답 (1) X (2) O
해설 (1) A는 저위도에서 고위도로 이동하는 것에서 난류인 것을 알 수 있고 B는 고위도에서 저위도로 이동하는 것에서 한류인 것을 알 수있다. 난류인 A가 한류인 B보다 수온이 높다.
(2) C는 위도 30°~60° 사이의 지역으로 페렐 순환이 순환하고 있으며 지표에서 편서풍의 영향을 받는다.

10. 답 리만 해류
해설 오호츠크 해에서 연해주를 따라 남쪽으로 흘러서 우리나라 주변 한류의 근원이 되는 해류는 리만 해류이다.

11. 답 (가) ㄴ (나) ㄹ
해설 (가)는 미규모이고 (나)는 종관 규모이다.
ㄱ. 산곡풍, 해륙풍, 뇌우는 중간 규모이다.

ㄴ. 난류, 토네이도는 미규모이다.
ㄷ. 뇌우는 중간 규모이다.
ㄹ. 고기압은 종관 규모이다.
ㅁ. 계절풍은 지구 규모이다.

12. 답 ③
해설 ① 육지보다 바다의 기온이 더 높기 때문에 바다에서 데워진 공기가 상승하고 육지에서 차가워진 공기가 하강하여 지표에서 육지로 바람이 분다.
② (가)는 해륙풍으로 중간 규모에 속하는 열적 순환이다.
③ (가)는 비열이 작은 육지가 바다보다 더 빨리 냉각되어 부는 바람으로 낮보다 밤에 더 잘 부는 바람이다.
④ 가열할 때 공기가 팽창하여 상승함으로써 지표면은 저기압, 상층부는 고기압이 되므로 등압면 간격이 넓은 쪽이 기온이 높은 쪽이다.
⑤ 이 현상이 일어나는 원인은 바다와 육지의 비열 차이이고 이 때문에 둘 사이에 온도 차가 생겨 열적 순환이 일어난다.

13. 답 ③
해설 ㄱ. (가)는 저위도에서 복사 에너지 양이 많고 고위도에서 복사 에너지 양이 적으므로 태양 복사 에너지 흡수량이며, (나)는 저위도에서 복사 에너지 양이 적고 고위도에서 복사 에너지 양이 많으므로 지구 복사 에너지 방출량이다.
ㄴ. 저위도의 과잉 에너지 양과 고위도의 부족한 에너지 양이 같아야 하므로 A의 에너지량이 B와 C의 에너지량의 합과 같다.
ㄷ. 지구가 둥글기 때문에 위도에 따라 태양 복사 에너지 양이 불균형적으로 흡수되고 그 불균형을 해소하기 위해 대기와 해수의 순환이 일어난다.

14. 답 ④
해설 (가)는 뇌우로 중간 규모이고, (나)는 태풍으로 종관 규모, (다)는 토네이도로 미규모이다. 따라서 순환 규모를 작은 것부터 나열하면 (다) ⇨ (가) ⇨ (나)가 된다.

15. 답 ④
해설 표층 해류는 해수면 위에 부는 바람의 영향으로 해수가 일정한 속력과 방향으로 지속적으로 흐르는 것이다. 표층 해류에는 동서 방향으로 해수의 표층에서 흐르는 수평적 해류와 대륙에 부딪혀서 남북 방향으로 갈라져 흐르는 수직적 해류가 있다.
④ 쿠로시오 해류는 대륙에 부딪쳐 남북 방향으로 흐르는 수직적 해류이다.

16. 답 ⑤
해설 해수면 위에서 지속적으로 부는 바람이 해수면과 마찰하여 일정한 속력과 방향으로 흐르도록 하는 것을 표층 해류라 한다.

17. 답 ⑤
해설 적도 반류는 직접 바람의 영향을 받는 것이 아니라 주변 해류의 움직임에 의해 일어난 해수면의 불균형을 맞추기 위해 일어나는 적도 해상에서 서에서 동으로 흐르는 간접 해류이다.

18. 답 ②
해설 그림은 해풍을 나타낸 것이다.
ㄱ. 해풍은 비열이 작은 육지가 빨리 가열되어 육상에는 저기압, 해상에는 고기압에 형성되어 지표면에서 흐르는 바람으로 육지가 빠르게 가열되는 낮에 분다.
ㄴ. 육지가 빨리 가열되어 상승 기류를 기류를 만들고 있으므로 지표면의 기압은 바다보다 육지가 높다.
ㄷ. 육지에는 상승 기류, 바다에는 하강 기류가 나타난다.

19. 답 ④

해설 그림은 남반구의 태평양 표층 해류를 나타낸 것이다.

ㄱ. A는 저위도에서 고위도로 흐르는 해류이므로 난류이고 C는 고위도에서 저위도로 흐르는 해류이므로 한류이다. 따라서 난류인 A가 한류인 C보다 수온이 높다.

ㄴ. B는 위도 30°~60° 사이의 지역으로 페렐 순환이 순환하고 있으며 지표에서 편서풍의 영향을 받는 해류가 흐른다.

ㄷ. D는 위도 0°~30° 사이의 지역으로 남동 무역풍이 부는 해들리 순환에 의한 해류이다.

20. 답 ①, ④

해설 표층 해류는 해수면 위에 부는 바람의 영향으로 동서 방향으로 흐르는 수평적 해류와 대륙에 부딪쳐서 남북 방향으로 갈라져 흐르는 수직적 해류가 있다. 남적도 해류, 남극 순환류는 해류의 흐름을 막는 대륙이 없어 해류가 동서 방향으로 흐른다.

21. 답 ④

해설 ㄱ. 현재는 골짜기에서 산 위로 바람이 부는 곡풍이 불고 있다.

ㄴ. 그림은 산의 기압 분포를 나타낸 것으로 산 사면이 주변 공기보다 빨리 가열되어 저기압이 형성된다.

ㄷ. 산사면은 지표의 높이 차이에 의해 주변 공기보다 빠르게 가열되어 등압면의 변화가 생긴다.

22. 답 ④

해설 ㄱ. 적도 지역은 태양 복사 에너지 흡수량이 많으므로 지표가 가열되어 상승 기류가 발달한다.

ㄴ. 남반구 지표면에서는 고위도에서 저위도로 대기가 흐르므로 남풍이 분다.

ㄷ. 대기의 순환으로 인해 저위도의 과잉 에너지가 에너지가 부족한 고위도로 수송된다.

23. 답 ③

해설 ㄱ. A는 태양 복사 에너지 흡수량이 많은 저위도 지역으로 대기가 가열되어 상승 기류가 발생하므로 저압대가 나타나고, B는 하강 기류가 발달해 있으므로 고압대가 나타난다.

ㄴ. 위도 0°~30° 사이에는 해들리 순환이 나타난다.

ㄷ. 위도 30° 부근에는 하강 기류로 인한 고압대가 형성되어 증발량이 많다. 위도 60° 부근에는 편서풍과 극동풍이 만나 한대 전선대가 형성되어 강수량이 많다.

24. 답 ③

해설 ㄱ. 저위도와 고위도의 복사 에너지 양의 차이로 인해 대기와 해수의 순환이 일어나 에너지를 수송한다.

ㄴ. 저위도에서 방출되는 과잉 에너지를 에너지가 부족한 고위도 지역으로 수송하기 위해서는 반드시 위도 50° 부근을 지나야 하므로 에너지 수송량이 가장 많은 위도는 50° 부근이다.

ㄷ. 고위도로 갈수록 태양 복사 에너지량은 줄어든다.

25. 답 (1) 중간 규모 (2) 산곡풍

해설 시간 규모가 하루인 경우는 산곡풍, 해륙풍, 뇌우 등과 같은 중간 규모의 대기 순환이다.

26. 답 ③

해설 ㄱ. A 해류는 저위도에서 고위도로 흐르고 있으므로 난류이며 C 해류는 고위도에서 저위도로 흐르고 있으므로 한류이다. 따라서 표층 염분은 난류인 A가 한류인 C보다 높다.

ㄴ. 보기의 그림은 남태평양의 순환이며 위도가 높을수록 온도가 낮다. 해수의 흐름이 느려지면 A의 난류가 B로 가서 에너지를 주는 속도가 느려지는 것이므로 B 해역은 차가워진다.

ㄷ. B는 고위도의 해역이므로 저위도의 해역인 D보다 온도가 낮을 것이다. 따라서 표층 해수의 용존 산소량은 B가 D보다 많다.

27. 답 ②

해설 A 지점이 가열되면 지표면의 온도가 높아져 공기가 위로 상승하고 지표면의 기압이 낮아지며 상층부의 기압이 높아진다. 반대로 B 지점이 냉각되면 지표면의 온도가 낮아서 공기가 아래로 하강하고 지표의 기압이 높아지며 상층부의 기압이 낮아진다. 따라서 지표면에서는 B에서 A로 바람이 불며 가열된 A 지점의 등압면 간격이 더 넓다.

28. 답 ③

해설 A는 쿠로시오 해류이며 난류이고, B는 쿠로시오 해류에서 황해 쪽으로 갈라져 나온 황해 난류이다. C는 쿠로시오 해류에서 갈라져 동해 쪽으로 흐르는 동한 난류이며 D는 리만 해류에서 갈라져 나온 북한 한류이다.

ㄱ. D는 한류로 난류인 A보다 염분이 낮다.

ㄴ. B는 황해 난류로 흐름이 약한 해류이다.

ㄷ. 난류인 C와 한류인 D가 만나면 플랑크톤이 풍부한 조경 수역이 형성된다.

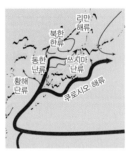

29. 답 해설 참조

해설 시간 규모와 공간 규모를 따져보았을 때 A 규모는 미규모, B 규모는 중간 규모, C 규모는 종관 규모, D 규모는 지구 규모이다. A, B는 규모가 작아 전향력이 무시할 수 있을 정도로 작게 주어지기 때문에 전향력의 영향을 고려하지 않아도 된다.

30. 답 (1) A : 극 순환 B : 페렐 순환 C : 해들리 순환
(2) A : 직접 순환 B : 간접 순환 C : 직접 순환

해설 A 순환은 극에 있고 순환 에너지의 양이 적은 극 순환이고, C는 적도 부근에 있고 순환 에너지의 양이 많은 해들리 순환이다. 그리고 그 중간에 있는 B는 페렐 순환이다. A 순환과 C 순환은 지표면의 불균등 가열에 의해 발생하는 직접 순환이고, B 순환은 그 사이에서 역학적으로 형성된 간접 순환이다.

13강. 지구 기후 변화

1. **답** (1) O (2) O
해설 (2) 빙하에 포함된 공기 방울을 연구하면 대기 중 이산화 탄소의 농도 등을 알 수 있다. 이산화 탄소의 농도 변화와 기온 변화는 비례하게 나타난다.

3. **답** ①
해설 13,000년 후 북반구는 근일점에 있을 때 여름이기 때문에 기온이 상승하고, 원일점에 있을 때 겨울이기 때문에 기온이 하강한다. 따라서 기온의 연교차가 현재보다 커진다.

4. **답** (1) X (2) O (3) O
해설 (1) 빙하는 반사율이 높기 때문에 빙하가 녹으면 지표면의 반사율은 감소한다.

2. **답** (1) X (2) X
해설 (1) 중생대는 전반적으로 온난한 기후였다. 초기에는 적색 사암층이 나타나는 것으로 보아 기온이 높고, 건조하였다. 후기에는 산호초가 발견되는 것으로 보아 온난 다습한 기후였다.
(2) 신생대는 전기에는 온난하였지만, 후기부터 4번의 빙하기와 3번의 간빙기가 있었다.

3. **답** (1) O (2) O
해설 (2) 지구의 자전축이 현재와 같을 때 이심률이 커지면 원일점과 근일점에서 태양으로부터의 거리 차이가 커지므로 원일점과 근일점의 일사량 차이는 커진다.

4. **답** ⑤
해설 수륙 분포의 변화, 대기의 투과율 변화, 지표면 상태의 변화, 수권과 기권의 상호 작용은 지구의 기후를 변화 시키는 내적인 요인이다. 하지만 지구 자전축 경사 변화는 지구의 기후를 변화 시키는 외적인 요인이다.

01. **답** ①
해설 ㄱ. 겨울보다 여름에 나무의 성장이 빠르므로 나이테 사이의 폭이 넓다.
ㄴ. 겨울보다 여름에 나무의 성장이 빠르므로 나이테의 밀도가 작다.
ㄷ. 강수량이 적은 해에는 나무의 성장이 느리기 때문에 나이테 사이의 폭이 좁다.

02. **답** ⑤
해설 과거 지질 시대의 기후를 알아낼 수 있는 방법으로는 지층의 퇴적물 속의 꽃가루 화석의 연구, 나무의 나이테 연구, 빙하 퇴적물의 연구, 화석의 동위 원소비 연구 등이 있다. 방사성 원소 붕괴는 외부 기후의 영향을 받지 않는다. 화성암의 방사성 원소 함량을 통해서 과거 지질 시대의 기후를 추정할 수 없다.

03. **답** ①
해설 ① 산호는 따뜻하고 얕은 바다에서 서식하므로 수온이 높을수록 산호초의 성장 속도가 빠르다.
② 따뜻할 때는 나무 조직이 많이 성장하고 추울 때는 조금 성장하므로 나무의 나이테 밀도는 따뜻할 때 작고 추울 때 크다. 빙퇴석은 빙하에 의해서 퇴적된 암석이다.
③ 빙퇴석이 광범위하게 분포한다는 것은 당시에 기후가 한랭하여 빙하 면적이 넓었다는 것이다.
④ 이산화 탄소는 온실 효과를 일으키므로 대기 중 이산화 탄소의 농도가 높으면 기후가 따뜻해진다.
⑤ 지구의 기후가 온난할 때 ^{18}O과 ^{16}O의 증발이 모두 활발하지만, 기후가 한랭할 때 ^{18}O의 증발이 상대적으로 약해져 ^{16}O의 비율이 증가한다.

04. **답** ④
해설 ㄱ. 고생대 말기에는 남극 부근의 지층 속에서 빙하의 흔적이 발견되는 것으로 보아 큰 빙하기가 나타났을 것이다.
ㄴ. 고생대 중기에는 대기 중에 산소의 양이 증가하여 생물의 개체 수가 급격하게 증가했을 것이다.
ㄷ. 신생대 전기에는 후기보다 평균 기온이 높았으므로 해수가 열팽창하고, 빙하가 녹으므로 해수면이 높았을 것이다.

05. **답** ④
해설 지구 자전축 경사 변화, 지구 공전 궤도 이심률의 변화는 기후 변화의 지구 외적 요인이다. 대규모 화산 폭발, 대기 투과율의 변화는 기후 변화의 지구 내적 요인이다.

06. **답** ①
해설 태양의 남중 고도는 태양이 남중할 때 지표면과 햇빛 사이의 각도이다.

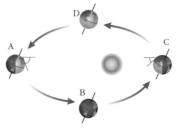

지구 북반구 중위도 지방에서 햇빛의 입사각이 가장 커지는 A일 때 남중 고도가 가장 높다.

07. **답** ②
해설 ㄱ. 흙이 물보다 비열과 열용량이 작으므로 육지가 바다보다 기온 변화가 크게 나타난다.
ㄴ. 댐을 건설하면 댐 주변에 수증기량이 많아져서 안개와 구름이 자주 발생하므로 일조 시간이 줄어 들고, 강수량이 증가한다.

ㄷ. 대륙이 이동하면 수륙 분포가 달라져서 해류, 기류 등이 달라지므로 기후 변화에 영향을 준다.

08. 답 ⑤

해설 대기의 상태에 따라 지구로 들어오는 태양 복사 에너지가 흡수되는 양이 달라지므로 기후 변화에 영향을 미친다.
②, ③ 지구 자전축 경사와 방향은 기후 변화의 외적인 요인에 해당한다.
④ 대륙과 해양의 분포 변화는 지구 내적인 요인 중 자연적인 요인으로 인간의 영향을 크게 받지 않는다.
⑤ 온실 기체인 이산화 탄소는 화석 연료의 사용으로 농도가 급격히 증가하고 있다. 이산화 탄소에 의한 대기의 복사 에너지 흡수율도 크게 증가한다.

유형 익히기 & 하브루타   80~83쪽

[유형13-1] ⑤
　　　　01. ④　02. ③
[유형13-2] (1) 중생대　(2) 신생대
　　　　03. ②　04. ⑤
[유형13-3] ②
　　　　05. ③　06. ④
[유형13-4] (1) 대기 투과율의 변화
　　　　(2) (가) 〈 (다) 〈 (나)
　　　　07. ⑤　08. ③

[유형13-1] 답 ⑤

해설 ㄱ. 과거 40만 년 동안의 기온 편차가 대부분 0℃ 이하인 것으로 보아 현재보다 평균 기온이 낮았다.
ㄴ. 기온과 대기 중 이산화 탄소 농도는 비슷한 변화 양상을 보인다. 대기 중 이산화 탄소 농도는 기온이 높은 간빙기(빙하기 사이의 기간)보다 기온이 낮은 빙하기에 낮았다.
ㄷ. 빙하 내부의 공기 방울 내의 기체 성분을 분석하면 당시의 대기 성분을 알 수 있다.

01. 답 ④

해설 ① 산호의 성장 속도는 수온이 높을수록 빠르다.
② 기온이 높을 때와 낮을 때 생성되는 나이테의 폭이 다르기 때문에, 계절 변화가 뚜렷할수록 나무의 나이테가 잘 나타난다.
③ 현재 고사리는 온난 습윤한 지역에 서식하고 있기 때문에, 고사리 화석이 포함된 지층은 퇴적될 당시의 환경이 온난 습윤했다는 것을 알 수 있다.
④ 지질 시대의 퇴적물 속에 담겨 있는 꽃가루 성분 및 각종 미생물을 조사하면 과거의 기후 패턴을 알 수 있다.
⑤ 빙하 속에 포함된 산소 동위 원소의 비를 분석하면 대기의 온도를 추정할 수 있지만, 강수량의 변화는 추정할 수 없다.

02. 답 ③

해설 ㄱ. 나무의 나이테(가)는 고온 다습한 기후에서는 밀도가 작고, 한랭 건조한 기후에서는 밀도가 크다.
ㄴ. 빙하 코어(나)의 물 분자의 산소 동위 원소비($^{18}O/^{16}O$)는 추운 빙하기 때 작아진다.
ㄷ. 빙하 코어(나)의 줄무늬의 수를 세어보면 빙하의 생성 시기를 알 수 있다.

[유형13-2] 답 (1) 중생대　(2) 신생대

해설 (1) 중생대는 전반적으로 온난한 기후로, 초기에는 적색 사암층이 나타나는 것으로 보아 기온이 높고 건조하였다. 후기에는 산호초가 고위도 지방의 지층에서 발견되는 것으로 보아 온난 다습한 기후였다.
(2) 신생대 전기는 온난하였고, 후기에 4번의 빙하기와 3번의 간빙기가 있었다.

03. 답 ②

해설 ㄱ. 양치식물은 덥고 습한 곳에서 잘 자라는 식물이고, 계절의 변화가 뚜렷하지 않은 곳에서는 나무의 나이테가 잘 생기지 않는다. 따라서 고생대는 대체로 온난 다습하고 계절 변화가 뚜렷하지 않았다는 것을 알 수 있다.
ㄴ. 적색 사암층은 사막 지역에서 만들어지므로 적색 사암층이 발견된 중생대 초기에는 온난하고 건조했음을 알 수 있다.
ㄷ. 고생대 초기에 양치식물과 나무가 발견되는 것으로 보아 육상 생물이 증가하였다.

04. 답 ⑤

해설 ㄱ. 약 14만 년 전에는 평균 해수면이 낮았으므로 현재보다 빙하가 넓게 분포했을 것이다.
ㄴ. 약 2만 년 전에는 해수면의 높이가 현재보다 낮았으므로 빙하의 양이 많았을 것이다. 빙하의 양이 많을 수록 반사율이 높기 때문에 약 2만년 전에는 현재보다 반사율이 높았을 것이다.
ㄷ. 약 2만년~1만 년 전 사이에 평균 해수면의 높이가 상승한 것으로 보아 지구 평균 기온은 점차 상승했을 것이다.

[유형13-3] 답 ②

해설 ㄱ. 지구의 자전축과 공전 궤도면 사이의 각은 66.5°이다.
ㄴ. 지구 자전축의 경사가 21.5°로 작아지면 우리나라에서는 태양의 고도가 작아지므로 태양 복사 에너지의 양이 감소한다.
ㄷ. 지구 자전축의 경사가 24.5°로 커지면 여름철에 북반구는 태양 남중 고도가 높아지므로 일사량이 증가하고, 겨울철에 태양 남중 고도가 낮아지므로 일사량이 감소한다. 따라서 기온의 연교차가 현재보다 커진다.

05. 답 ③

해설 ㄱ. 자전축이 회전하는 현상을 세차 운동이라고 한다.
ㄴ. 현재 북반구는 근일점에 있을 때 겨울이고, 원일점에 있을 때 여름이다. 13,000년 후에는 근일점에 있을 때 여름이고, 원일점에 있을 때 겨울이다.
ㄷ. 13,000년 후에는 지금보다 여름에 더 많은 에너지를 받아 더 더워지고, 겨울에는 더 적은 에너지를 받아 더 추워진다. 따라서 기온의 연교차가 현재보다 커진다.

06. 답 ④

해설 (가)는 지구의 공전 궤도가 거의 원 모양이고, (나)는 지구의 공전 궤도가 타원 모양이다.
ㄱ. (나)는 (가)보다 원일점이 태양에서 멀어 여름은 서늘하고, 근일점은 태양에서 가까워 겨울은 따뜻하다. 따라서 기온의 연교차가 더 작다.
ㄴ. (가)는 (나)보다 원일점이 태양에 가깝기 때문에 더 많은 에너지를 받아 여름철의 평균 기온이 높다.
ㄷ. (가)는 (나)보다 이심률이 작다.

[유형13-4] 답 (1) 대기 투과율의 변화　(2) (가) 〈 (다) 〈 (나)

해설 (1) 화산이 분출하면, 화산재가 지구를 덮어 지구의 반사율을 증가시켜 기온이 낮아진다.
(2) (가)지구는 대기를 가지기 때문에 온실효과가 나타나고 지구에서 방출한 에너지를 다시 흡수하고 재방출한다. 하지만 대기

가 없다면 평균 기온이 -18℃로 온도가 낮아질 것이다.
(나) 이산화 탄소는 온실기체이기 때문에 대기 중의 이산화 탄소가 증가하면 지구의 평균 표면 온도가 높아질 것이다.
(다) 대규모의 화산 폭발이 일어날 경우, 화산재가 성층권까지 올라가서 지구를 덮어 지구의 반사율을 증가시켜 기온이 낮아진다.

07. 답 ⑤
[해설] ㄱ. 화산이 분출한 직후인 1991년 이후부터 약 1년 동안 지구의 평균 기온이 낮아졌음을 알 수 있다.
ㄴ. 화산 폭발 시 분출한 화산재는 지표에 도달하는 태양 복사 에너지의 양을 감소시켜 지구의 평균 기온을 하강시키는 요인으로 작용하였다.
ㄷ. 화산 폭발은 대기 투과율을 변화시킨다. 화산재는 성층권까지 올라가서 지구를 덮어 지구의 반사율을 증가시켜 기온이 낮아진다.

08. 답 ③
[해설] ㄱ. 중생대의 바다에는 암모나이트, 육지에는 파충류가 번성하였다.
ㄴ. 판의 운동에 의해 수륙 분포의 변화가 일어나면 지구 전체적인 기후 변화가 일어난다.
ㄷ. 대륙이 분리되면 위도대가 넓어져 기후대가 다양해진다. 그리고 해안선이 증가하기 때문에 대륙붕의 면적이 넓어진다. 따라서 다양한 생물이 출현하게 되었다.

창의력 & 토론마당   84~87쪽

01
(1) 빙하 생성 당시의 대기 성분
(2) 산소 동위 원소비($^{18}O/^{16}O$)는 높아진다.
(3) ㄱ, ㄴ

[해설] (2) 물 분자를 이루는 산소(O)는 ^{18}O과 ^{16}O 동위 원소가 존재한다. ^{16}O는 ^{18}O보다 가벼워서 증발이 잘 되고, 응결이 잘 되지 않는다. 지구의 기후가 온난할 때 ^{18}O과 ^{16}O의 증발이 모두 활발하지만, 기후가 한랭할 때 ^{18}O의 증발이 상대적으로 약해진다. 따라서 기후가 한랭할 때 대기 중에 ^{18}O의 양이 상대적으로 적어지기 때문에 산소 동위 원소비($^{18}O/^{16}O$)는 낮아진다. 온난할 때는 대기 중 산소 동위 원소비($^{18}O/^{16}O$)가 한랭할 때에 비하여 높아진다.
(3) ㄱ. 고생대 말의 빙하 퇴적층이 다양한 지역에서 발견되는 것으로 보아 고생대 말에는 큰 빙하기가 있었다.
ㄴ. 인도는 남극 대륙과 인접해있었기 때문에 빙하 퇴적층이 쌓일 수 있었다.
ㄷ. 극지방의 빙하가 적도 지방까지 떠내려가는 일은 일어나지 않았다.

02
(1) 따뜻한 해양 환경이었다.
(2) B : 고생대 C : 중생대,
이유 : 각각 그 지질시대를 대표하는 표준화석인 삼엽충, 암모나이트 화석이 발견되었기 때문이다.
(3) 바다 환경에서 육지 환경으로 바뀌었다.

[해설] A는 따뜻한 바다 환경임을 알 수 있는 시상화석인 산호이다. B, C, D는 각각 고생대, 중생대, 신생대 표준화석인

삼엽충, 암모나이트(암몬조개), 매머드 화석이다.
(3) 암몬조개는 중생대에 바다에 살았던 생물이고, 매머드는 신생대의 육상동물이다.

03
(1) 원일점은 태양에 더 가까워져 여름은 더워진다. 근일점은 태양에서 더 멀어져 겨울은 추워진다.
(2) 자전축이 기울어져 있다.

[해설] (1) 지구의 공전 궤도가 완전한 원이 되는 경우 이심률이 작아지는 것이기 때문에 원일점은 태양에 더 가까워져 여름은 더 더워지고, 근일점은 태양에 더 멀어져 겨울은 추워진다. 그리고 기온의 연교차는 커진다.
(2) 계절이 나타나는 이유는 지구 상의 특정 지점에 빛이 비치는 각도(태양의 고도)와 관련이 있다. 각도는 1년 내내 계속 바뀌는데, 이는 자전축이 황도면에 대해 비스듬히 기울어 있기 때문이다. 따라서 지구의 공전 궤도가 원 모양이 되더라도 계절 변화가 나타난다.

04
(1) 북극해의 빙하가 녹으면 기온이 높아진다.
〈해설참조〉
(2) ㄱ, ㄷ
(3) 빙하의 면적이 넓어진다.

[해설] (1) 지표면의 종류에 따라 반사율이 달라지는데 눈의 반사율은 80~90%이고, 빙하의 반사율은 50~70%로 다른 지표면보다 높다. 따라서 빙하의 면적이 줄어들면 반사율이 감소해서 우주 공간으로 나가는 에너지의 양의 줄어들므로 지구의 기온이 높아진다.
(2) ㄱ. 얼음이 녹아 해양으로 흘러들어 가면 해수면이 높아져서 해양의 분포 면적이 넓어진다.
ㄴ. 염류가 없는 얼음이 녹아 해양으로 흘러들어가면 해수의 염분은 낮아진다.
ㄷ. 빙하의 면적이 감소했기 때문에 지표면의 반사율이 감소하여 지구에 흡수되는 태양 복사 에너지의 양이 증가하여 기온이 올라간다.
ㄹ. 지표면의 종류에 따라 반사율이 달라지는데 눈의 반사율은 80~90%이고, 빙하의 반사율은 50~70%로 다른 지표면보다 높다. 따라서 빙하의 면적이 줄어들면 지표면의 반사율이 감소한다.
(3) 화산 폭발에 의한 화산재의 영향을 받는다면 태양 복사 에너지의 대기 투과율이 낮아져 지구의 기온이 낮아지므로 빙하의 면적이 넓어진다.

01. ②   02. (1) ○ (2) ○ (3) ○

03. ㉠ 온난한, ㉡ 건조한   04. 스트로마톨라이트

05. 중생대   06. ⑤   07. (1) ○ (2) ○ (3) X

08. 기울기, 세차 운동   09. (1) ○ (2) ○ (3) ○

10. ①, ⑤   11. ⑤   12. ②   13. ①

14. ④   15. ①   16. ③   17. ⑤   18. ④

19. ⑤   20. ③   21. ④   22. ①   23. ②

24. ④   25. ③   26. ⑤   27. ⑤   28. ⑤

29. ②   30. ①

1. **답** ②

해설 ㄱ. 빙하 퇴적물은 추운 기후로 인해 빙하기가 있었다는 증거가 된다.

ㄴ. 나무의 나이테 폭이 넓으면 온난한 기후에 의해 성장이 빠르게 이루어졌다는 증거가 된다.

ㄷ. 침엽수는 주로 날씨가 추운 곳에서 자라는 나무이므로 침엽수의 꽃가루는 추운 기후의 증거가 된다.

2. **답** (1) ○ (2) ○ (3) ○

해설 (1) 기온이 높은 해에는 나무의 성장이 빠르기 때문에 나이테의 간격이 넓다.

(3) 물 분자를 이루는 산소(O)는 ^{18}O과 ^{16}O 동위 원소가 존재한다. ^{16}O는 ^{18}O보다 가벼워서 증발이 잘 되고, 응결이 잘 되지 않는다. 기후가 한랭할 때 ^{18}O의 증발이 상대적으로 약해지므로 대기 중에 ^{18}O의 양이 상대적으로 적어지기 때문에 산소 동위 원소비($^{18}O/^{16}O$)는 낮아진다. 따라서 기후가 온난할 때는 대기 중 산소 동위 원소비($^{18}O/^{16}O$)는 상대적으로 높아진다.

4. **답** 스트로마톨라이트

해설 스트로마톨라이트는 따뜻한 바다에서 사는 시아노박테리아가 얕은 바다에서 층상으로 쌓여 만들어진 화석이다.

5. **답** 중생대

해설 중생대 초기에는 사막에서 볼 수 있는 적색 사암층이 나타나는 것으로 보아 기온이 높고 건조한 기후였다. 후기에는 산호초가 고위도 지방의 지층에서 발견되는 것으로 보아 온난 다습한 기후였다.

6. **답** ⑤

해설 ㄱ. 공전 궤도가 변해도 자전축 경사는 변하지 않기 때문에 태양의 남중 고도는 변하지 않는다.

ㄴ. 원일점은 태양에 더 가까워져 여름은 더 더워진다.

ㄷ. 원일점은 태양에 더 가까워져 여름은 더 더워지고, 근일점은 태양에 더 멀어져 겨울은 더 추워진다. 따라서 기온의 연교차가 더 커진다.

7. **답** (1) ○ (2) ○ (3) X

해설 (1) 현재 우리나라는 공전 궤도상에서 태양의 고도가 높은 곳에 있으므로 여름철이다.

(2) 자전축의 경사각이 커지면 태양의 고도가 여름철에는 높아지고 겨울철에는 낮아지므로 우리나라에 기온의 연교차가 커진다.

(3) 이심률이 커지면 공전 궤도가 더 납작해지므로 원일점은 더 멀어지고 근일점은 더 가까워진다. 여름철에는 원일점이 태양에서 더 멀어지므로 서늘해진다.

8. **답** 기울기, 세차 운동

해설 밀란코비치는 지구의 기후 변화가 공전 궤도 이심률의 변화, 자전축의 경사각의 변화, 세차 운동과 관련있다는 사실을 알았다. 이 세 가지 지구 운동에 의해 만들어지는 지구 기후 변화의 주기를 밀란코비치 주기라고 한다.

9. **답** (1) ○ (2) ○ (3) ○

해설 (1) 화석 연료 사용으로 이산화 탄소의 농도가 증가하면 지구 온난화를 일으켜 지구의 기온이 급격히 상승하게 된다.

(2) 과도한 경작으로 토양이 황폐화되어 사막이 확대되면 지역의 기온이 상승한다.

10. **답** ①, ⑤

해설 지구 기후 변화의 외적 요인으로는 세차 운동, 지구 자전축 경사각 변화, 지구 공전 궤도 이심률의 변화가 있다. 지구 기후 변화의 내적 요인으로는 수륙 분포의 변화, 지표면 상태 변화, 대기 투과율의 변화 등이 있다.

11. **답** ⑤

해설 ㄱ. 산호는 얕고 따뜻한 해안에서 서식한다. 따라서 산호 화석이 발견되는 곳은 과거에 따뜻한 바다 환경이었을 것이다.

ㄴ. 따뜻할 때는 나무 조직이 많이 성장하고 추울 때는 조금 성장하므로 나무의 나이테 밀도는 따뜻할 때 작고 추울 때 크다.

ㄷ. 빙하 코어 물 분자의 산소 동위 원소비는 따뜻할수록 크다. 따라서 빙하기가 간빙기보다 작다.

12. **답** ②

해설 ㄱ. 침엽수는 주로 날씨가 추운 곳에서 자라는 나무이므로 침엽수의 꽃가루는 추운 기후의 증거가 된다.

ㄴ. 빙하 내의 공기 방울을 분석하면 지질 시대 당시의 대기 조성을 알 수 있다. 그리고 대기 조성에 이산화 탄소가 많이 있다면 따뜻한 기후로 예상할 수 있다.

ㄷ. 고온 다습하면 나무의 성장이 빨라지기 때문에 나이테의 간격이 넓어진다.

13. **답** ①

해설 (가)는 선캄브리아 시대이고, (나)는 고생대이고, (다)는 중생대이고, (라)는 신생대이다.

ㄱ. 선캄브리아 시대(가)의 중기와 말기에는 기온이 낮기 때문에 빙하 퇴적물이 나타난다.

ㄴ. 고생대(나) 초기에는 대기 중에 산소가 부족하여 육지 생물이 살지 못했다.

ㄷ. 중생대(다)는 전반적으로 온난한 기후였다. 신생대(라)는 전기에는 온난했지만 후기에는 4번의 빙하기와 3번의 간빙기가 나타난다.

14. **답** ④

해설 ㄱ. 약 13,000년 후에 우리나라는 근일점에서 여름, 원일점에서 겨울이 되어 기온의 연교차가 현재보다 커진다.

ㄴ. 약 13,000년 후에 우리나라는 근일점에서 여름이 되기 때문에 낮의 길이가 더 길어진다.

ㄷ. 현재는 원일점에서 여름이므로 태양의 남중 고도가 높지만, 약 13,000년 후에는 원일점에서 겨울이므로 태양의 남중 고도가 현재보다 낮아진다.

ㄹ. 현재는 원일점에서 여름이고, 13,000년 후에는 근일점에 있을 때 여름이다. 따라서 13,000년 후에는 현재보다 여름에 더 많은 에너지를 받아 더 더워진다.

15. 답 ①
[해설] ㄱ. 지구의 평균 기온은 태양과 지구 사이의 거리에 의해 결정된다. 지구의 자전축 경사각이 달라져도 태양과의 거리는 달라지지 않으므로 지구의 평균 기온은 변하지 않는다.
ㄴ. 북반구의 겨울철에는 태양의 남중 고도가 현재보다 높아지므로 겨울철 평균 기온은 높아진다.
ㄷ. 우리나라는 여름철 태양의 남중 고도가 현재보다 낮아지므로 여름철 평균 기온은 낮아진다.

16. 답 ③
[해설] ㄱ. 현재 북반구는 근일점에 있을 때 겨울이고, 원일점에 있을 때 여름이다.
ㄴ. 1만 년 전의 이심률은 현재보다 커서 공전 궤도가 더 납작한 타원형에 가까워질 것이다. 공전 궤도가 더 납작한 타원에 가까울수록 근일점 거리는 더 짧아지므로 북반구의 겨울철은 덜 추워지고, 원일점 거리는 더 길어지므로 북반구의 여름철은 서늘해진다. 따라서 1만 년 전에는 여름과 겨울의 기온 차이가 현재보다 작았을 것이다.
ㄷ. 1만 년 후의 이심률은 현재보다 작으므로 1만 년 후의 공전 궤도는 현재보다 덜 납작한 원에 가까운 타원 모양이다.

17. 답 ⑤
[해설] 그림은 세차운동이다.
ㄱ. 세차 운동의 주기는 2,6000년이다.
ㄴ. 13,000 년 후에는 근일점에 있을 때 여름이기 때문에 더 많은 에너지를 받아 더 더워진다.
ㄷ. 현재 북반구는 근일점에서 겨울이고 원일점에 있을 때 여름이다. 하지만 13,000년 후에는 근일점에 있을 때 여름이고, 원일점에 있을 때 겨울이다.

18. 답 ④
[해설] ㄱ. 기후 변화의 요인 중 수륙 분포의 변화는 육지와 바다의 비열 차이에 의해 기온 변화를 일으킨다.
ㄴ. 지표의 반사율이 증가하면 태양 복사 에너지의 흡수율이 감소해 지구의 기온이 낮아진다.
ㄷ. 지구 공전 궤도의 이심률이 달라지면 원일점과 근일점의 거리가 변한다. 현재 북반구에서는 원일점에 있을 때 여름, 근일점에 있을 때 겨울인데, 이 위치는 달라지지 않는다.

19. 답 ⑤
[해설] ① 삼림 면적이 감소하면 태양복사에너지의 반사가 증가하여 지구 온도가 하강하는 효과가 있으나 이산화 탄소를 저장하지 못하여 지구 온난화가 가속되어 지구 온도가 상승하는 효과가 더 크다.
② 자전축의 경사각이 커지면 북반구는 여름에 태양의 고도가 높아져 더 더워지고, 겨울에 태양의 고도가 낮아져 더 추워진다. 따라서 연교차가 더 커진다.
③ 이심률이 커지면 원일점이 더 길어지므로 때문에 여름은 서늘해진다.
④ 지표를 덮고 있는 빙하나 눈이 녹으면 지표면의 반사율이 감소하기 때문에 기온이 상승하게 된다.
⑤ 과도한 경작으로 토양이 황폐화되어 사막이 확대되면 그 지역의 기후가 건조해져서 사막화가 진행된다.

20. 답 ③
[해설] ㄱ. (가), (나), (다)는 내적 요인이다.
ㄴ. 대기로 방출된 화산재는 햇빛을 차단하여 지표면에 도달하는 태양 복사 에너지의 양을 감소시킨다. 지표면의 반사율을 변화시키지는 않는다.

ㄷ. 삼림은 콘크리트보다 태양복사에너지의 반사율이 작다. 따라서 삼림 면적이 감소하고, 콘크리트 건물이 증가하면 태양 복사 에너지의 지표면 반사율은 증가한다. 따라서 지표면이 흡수하는 태양 복사 에너지의 양이 감소한다.

21. 답 ④
[해설] ㄱ. ^{18}O를 포함한 물 분자는 ^{16}O를 포함한 물 분자보다 무거워 기온이 높아야 증발량이 증가하게 된다. 따라서 증발된 물이 응결되어 만들어진 눈 속 ^{18}O의 함량도 온난한 시기에 증가하고, 눈이 쌓여 만들어진 빙하 속 물분자의 산소 동위 원소비 $^{18}O/^{16}O$도 온난할 때 증가한다. 따라서 빙하 코어 속 물 분자의 산소 동위 원소비가 큰 시기일수록 기온이 높다.
ㄴ. 나무는 춥거나 가뭄이 심할 때일수록 생장 속도가 느려지므로 나이테 간격이 좁아진다.
ㄷ. 석회 조류는 온난한 해양에서 서식하므로 이들이 발견된 지역은 과거에 온난한 기후대에 위치한 해양이었음을 알 수 있다.

22. 답 ①
[해설] ㄱ. A는 고생대, B는 중생대, C는 신생대에 해당한다. 고생대(A)에는 중기보다 후기에 평균 기온이 낮아지고 평균 강수량은 많아졌으므로 한랭 다습해졌다.
ㄴ. 고생대(A)와 신생대(C)에는 빙하기가 있었지만 중생대(B)에는 빙하기가 없었다.
ㄷ. 신생대(C)에는 전기보다 후기에 평균 기온이 낮아졌고 여러 차례의 빙하기와 간빙기가 반복되어 나타났다. 수온이 낮아지면 해수의 부피가 감소하고, 빙하가 생성되므로 평균 해수면은 낮아진다.
ㄹ. 신생대(C) 후기에는 4번의 빙하기와 3번의 간빙기가 존재한다.

23. 답 ②
[해설] ㄱ. (가)에서 지구가 근일점에 가까울수록 우리나라는 겨울철에 해당하여 기온이 낮다.
ㄴ. (가)에서 우리나라는 근일점에서 겨울철, 원일점에서 여름철이다. 그러므로 (나)에서 우리나라는 근일점에서 여름철이 되므로 온도가 더 높아지고, 원일점에서 겨울철이 되므로 온도가 더 낮아진다. 따라서 기온의 연교차는 (나)가 (가)보다 크다.
ㄷ. 태양의 남중 고도가 작을수록 낮의 길이가 짧다. 하짓날 태양의 남중 고도는 (다)일 때 가장 작아 (다)일 때 가장 짧다.

24. 답 ④
[해설] ㄱ. 현재 지구가 근일점에 위치할 때 우리나라는 겨울이다. 겨울에는 태양이 남쪽으로 치우쳐서 뜨고 지기 때문에 낮의 길이가 밤의 길이보다 짧다.
ㄴ. 약 6,500년 후 지구 자전축의 방향은 시계 방향으로 90° 회전했을 것이다. 따라서 6,500년 후 A 지점에 있을 때 북반구에서 태양의 남중 고도가 가장 낮다. A 지점에서 북반구에 위치한 우리나라는 겨울이다.
ㄷ. 약 13,000년 후에 우리나라는 근일점에서 여름이 되고, 원일점에서 겨울이 된다. 현재보다 여름은 더 더워지고, 겨울은 더 추워지고 때문에 기온의 연교차는 현재보다 커질 것이다.

25. 답 ③
[해설] ㄱ. (가)와 (나) 모두 공전 궤도 장반경은 2AU로 같기 때문에 지구의 공전 주기도 1년으로 같다.
ㄴ. (나)는 (가)보다 원일점이 멀어지고 근일점은 가까워지기 때문에 여름의 온도는 더 높아지고, 겨울의 온도는 낮아진다. 따라서 (가)는 (나)보다 북반구 기온의 연교차가 작다. (나)는 (가)에 비해 북반구의 여름철에 입사되는 태양 에너지의 양은 많고, 겨울철에 입사되는 태양 에너지의 양은 적다. 따라서 북

반구 기온의 연교차는 (나)일 때 더 증가한다.

ㄷ. (가)와 (나)에서 지구 자전축의 기울기는 변하지 않으므로 하짓날 태양의 남중 고도는 변하지 않는다.

ㄹ. 자전축 기울기가 반대이므로 (나)는 원일점일 때 겨울이다.

26. 답 ⑤

해설 ㄱ. 화산 가스에 포함된 이산화 탄소는 온실 기체이므로 지구 평균 기온을 높이는 역할을 한다.

ㄴ. 대기 중에 분출된 화산재는 태양 복사 에너지의 대기 투과율을 감소시켜 지표에 도달하는 태양 복사 에너지를 감소시켜 지구 평균 기온을 낮추는 역할을 한다.

ㄷ. 대기 중에 분출된 화산재는 성층권까지 올라가 지구 전체로 확산되어 지구 기후에 영향을 미친다.

27. 답 ⑤

해설 ㄱ. 4억 년 전에는 1년이 약 400일로 현재보다 길었다.

ㄴ. 현재로 오면서 연중 일수는 점점 감소하였다.

ㄷ. 지구의 공전 주기가 일정하다고 할 때 연중 일수가 감소한다는 것은 하루의 길이가 길어짐을 의미한다.

ㄹ. 현재로 오면서 지구의 자전 속도가 감소하고 있음을 알 수 있다.

28. 답 ⑤

해설 ㄱ. 고생대 말에 기온의 급격한 하강으로 생물의 서식 환경이 달라져 생물의 대량 멸종과 같은 큰 변화가 있었다.

ㄴ. 암모나이트가 번성한 시기는 중생대로 기온이 온난했다.

ㄷ. 신생대 제 4기에는 빙하기와 간빙기가 반복적으로 나타났다.

29. 답 ②

해설 ㄱ. (가)만을 고려할 때, 1만 년 후 여름철에는 지구 자전축의 경사각이 작아지므로 기온의 연교차는 현재보다 작아질 것이다.

ㄴ. (나)만을 고려할 때, 3만 년 전의 여름철에는 태양과 지구 사이의 거리가 가까웠으므로 기온이 현재보다 높았을 것이다.

ㄷ. (가)와 (나) 모두를 고려할 때, 1만 년 전에는 자전축의 경사각이 현재보다 크고 여름철에 태양과 지구 사이의 거리가 가까웠으므로 계절 변화가 현재보다 뚜렷했을 것이다.

30. 답 ①

해설 ㄱ. 화산 분출은 기후 변화의 지구 내적 요인에 해당한다.

ㄴ. 탐보라 화산 폭발은 다음 해에 여름이 없었을 정도로 지구의 평균 기온을 낮추는 역할을 한다.

ㄷ. 대기 중에 분출된 이산화 탄소는 온실 효과를 일으켜 지구의 평균 기온을 높이는 역할을 한다. 하지만 오존층처럼 자외선을 차단하여 지표에 도달하는 자외선의 양을 감소시키는 것은 아니다.

14강. 지구 환경 변화

개념 확인 94~99쪽

1. 복사 2. 온실 효과 3. 온실 기체
4. ㉠ 엘니뇨 ㉡ 라니냐 5. 오존층 6. 황사

확인+ 94~99쪽

1. H_2O (수증기), CO_2 (이산화 탄소) 2. 온실 기체
3. ㉠ 증가 ㉡ 상승 4. 수권 5. Cl (염소 원자)
6. ㉠ 증가 ㉡ 하강

개념 다지기 100~101쪽

01. ④ 02. ② 03. ② 04. ③ 05. ③ 06. ①
07. ① 08. ①

01. 답 ④

해설 ㄱ. 태양 복사는 가시광선 영역, 지구 복사는 적외선 영역에서 에너지의 세기가 최대이다. 따라서 태양 복사에서 에너지의 세기가 최대인 파장이 지구 복사에서의 파장보다 짧다.

ㄴ. 적외선은 H_2O (수증기), CO_2 (이산화 탄소)에 의해 선택적으로 흡수된다.

ㄷ. 대기의 창은 대기에 의해 거의 흡수되지 않고 우주 공간으로 빠져나가는 전자기파의 파장 영역을 말한다.

02. 답 ②

해설 ㄱ. 온실 기체인 H_2O (수증기), CO_2 (이산화 탄소)는 주로 적외선을 흡수한다.

ㄴ. 온실 효과가 일어나면 대기가 없을 때보다 지표면과 대기의 온도가 모두 올라가므로 평균 기온이 높아진다.

ㄷ. 온실 효과가 일어나면 대기가 없을 때보다 높은 온도에서 복사 평형이 일어난다.

03. 답 ②

해설 ㄱ. 대륙 빙하의 융해는 지표의 반사율을 감소시켜 지구 온난화의 원인이 될 수 있다.

ㄴ. 대기 중의 먼지량이 증가하면 햇빛을 반사하여 기온이 하강한다.

ㄷ. 태양 활동은 지구 온난화의 원인으로 보기는 어렵다.

ㄹ. 화석 연료의 사용량 증가는 지구 온난화의 주된 원인이다.

ㅁ. 화산 활동은 화산재를 분출하여 지구의 기온을 낮출 수 있다.

ㅂ. 삼림 훼손은 대기 중 이산화 탄소 농도를 증가시켜 지구 온난화의 원인이 될 수 있다.

04. 답 ③

해설 ㄱ. 엘니뇨와 라니냐는 기권과 수권의 상호 작용에 의해 발생한다.

ㄴ. 평상시 동태평양 해역의 페루 앞바다는 찬 해수가 용승하여 산소와 영양 염류가 풍부하므로 어획량이 풍부하다.

ㄷ. 엘니뇨가 발생하면 적도 부근 서태평양 해역은 수온이 낮아져

증발량이 감소하고 하강 기류가 발달하여 구름이 생성되기 어렵기 때문에 강수량이 평상시보다 감소한다.

05. 답 ③

해설 ㄱ. 오존층의 O₃ (오존)은 자외선을 흡수하여 O (산소)가 되거나 산소가 다시 자외선을 받아 오존으로 되는 과정을 반복한다.

ㄴ. CFC (염화 플루오린화 탄소)가 자외선에 의해 분해되면 CCl₂F와 Cl 이 생성된다.

ㄷ. Cl (염소 원자) 1개는 약 10만 개의 오존을 분해시킬 수 있다.

06. 답 ①

해설 ㄱ. CFC (염화 플루오린화 탄소)는 Cl (염소 원자)를 포함하고 있어 오존을 파괴할 수 있다.

ㄴ. 인간이 인위적으로 합성한 기체이다.

ㄷ. 맛과 냄새가 없으며 불에 타지 않고, 대류권에서 잘 분해되지 않는다.

07. 답 ①

해설 ㄱ. 강수량이 감소하면 사막 지역이 확대된다.

ㄴ. 지표가 냉각되면 건조한 하강 기류가 생성된다.

ㄷ. 숲이 훼손되면 지표면의 반사율이 증가하여 지표가 냉각된다.

08. 답 ①

해설 ㄱ. 황사는 기권에 의해 모래 또는 미세한 황토 알갱이가 대기 중으로 떠올라 나타나는 현상으로 기권과 지권의 상호 작용으로 발생한다.

ㄴ. 황사는 편서풍을 타고 서에서 동으로 이동한다.

ㄷ. 우리나라의 황사는 주로 몽골이나 중국 북부의 사막 지역에서 발생한 먼지 때문에 나타난다.

유형 익히기 & 하브루타　102~107쪽

[유형14-1] ④	01. ④	02. ④
[유형14-2] ②	03. ⑤	04. ①
[유형14-3] ①	05. ②	06. ②
[유형14-4] ①	07. ①	08. ②
[유형14-5] ③	09. ③	10. ④
[유형14-6] ④	11. ④	12. ④

[유형14-1] 답 ④

해설 ㄱ. 태양 복사 에너지는 지구 복사 에너지에 비해 파장이 짧다.

ㄴ. 태양 복사 에너지 중 최대 세기를 나타내는 파장은 가시광선 영역이다.

ㄷ. 지구에 입사되는 태양 복사 에너지의 70 % 가 대기와 지표에 흡수된다.

01. 답 ④

해설 ㄱ. A는 자외선 영역이므로 주로 성층권의 오존층에서 흡수된다.

ㄴ. B는 주로 적외선 영역으로 온실 기체인 H₂O (수증기), CO₂ (이산화 탄소) 등에 의해 주로 흡수된다.

ㄷ. 가시광선은 대기에서 잘 흡수되지 않고 많은 양이 지표면까지 도달한다.

02. 답 ④

해설 ㄱ. 지구 복사 에너지는 대부분 적외선 영역에 속해 있다.

ㄴ. 지구 복사 에너지는 대기 중의 수증기와 이산화 탄소에 의해 주로 흡수된다.

ㄷ. 8 ~ 13 μm 영역의 파장은 지구 대기에 잘 흡수되지 않는 영역으로, 이를 대기의 창이라고 한다. 적외선 센서를 이용한 인공위성 탐사에는 대기의 창 영역의 파장을 이용하는 것이 좋다.

[유형14-2] 답 ②

해설 ㄱ. A는 태양 복사 에너지이므로 주로 가시광선, B는 지구 복사 에너지이므로 주로 적외선이다.

ㄴ. 빙하로 덮인 면적이 늘어나면 지표면의 반사율이 커지므로 태양 복사 에너지 중 우주 공간으로 되돌아가는 C의 양이 증가한다.

ㄷ. 성층권의 오존은 태양으로부터 오는 자외선을 흡수한다. 따라서 성층권의 오존이 감소하면 대기가 흡수하는 태양 복사 에너지인 D의 양이 감소한다.

03. 답 ⑤

해설

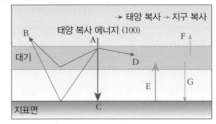

ㄱ. 지표면이 흡수하는 복사 에너지양은 태양 복사로부터 흡수하는 C 와 대기 복사로부터 흡수하는 G를 합한 양으로 C + G 이다.

ㄴ. 대기가 흡수하는 복사 에너지양은 태양 복사로부터 흡수하는 D와 지표 복사로부터 흡수하는 E를 합한 양으로 D + E 이다.

ㄷ. 지구 전체가 흡수하는 복사 에너지양은 지구에 입사하는 태양 복사 에너지양인 A에서 대기나 지표면에서 반사되어 우주 공간으로 되돌아가는 B를 뺀 양으로 A - B 이다.

04. 답 ①

해설 ㄱ. 고위도로 갈수록 태양의 고도가 낮아지므로 태양 복사 에너지의 흡수량이 감소한다.

ㄴ. 태양 복사 에너지의 흡수량이 많은 곳일수록 지표면의 온도가 높아 지구 복사 에너지의 방출량도 많다.

ㄷ. 극지방은 복사 평형 상태를 이루지 못하지만 대기와 해수의 순환을 통해 저위도의 과잉 에너지를 공급받기 때문에 극지방의 평균 기온이 일정하다.

[유형14-3] 답 ①

해설 ㄱ. 이산화 탄소는 온실 기체이므로 대기 중 농도가 증가하면 온실 효과가 증대되어 지구 온난화가 나타난다.

ㄴ. 해수면의 온도가 증가하면 이산화 탄소의 용해율은 감소한다.

ㄷ. 빙하가 증가하면 지표 반사율은 증가하고, 해수면의 높이는 감소한다.

05. 답 ②

해설 대륙 빙하로 덮인 면적이 감소하면 지표면의 반사율이 감소하므로 지표면의 태양 복사 에너지 흡수율이 증가하여 더 많은 양의 복사 에너지를 흡수한다. 따라서 지표면의 온도가 상승하고, 지표면의 온도가 상승하면 대기의 온도도 상승하여 지구 온난화가 촉진된다.

06. 답 ②

해설 대기 중의 이산화 탄소의 농도가 증가하면 온실 효과가 증가하여 평균 기온이 상승한다. 이에 따라 육지 빙하가 감소하고,

해수가 팽창하기 때문에 해수면의 높이가 상승하여 저지대가 해수에 잠기므로 대륙의 면적이 감소한다.

[유형14-4] 답 ①
해설 ㄱ. (가)는 평상시로 평상시 페루 연안에는 용승이 일어나 심해에서 산소와 영양 염류가 많이 올라오므로 좋은 어장이 형성된다.
ㄴ, ㄷ. (나)는 엘니뇨로 무역풍이 약해질 때 발생한다. 엘니뇨가 발생하면 페루 연안의 용승이 약해져 찬 해수가 올라오지 않으므로 표층 수온이 높아진다.

07. 답 ①
해설 라니냐는 무역풍이 강해질 때 나타난다. 이에 따라 라니냐가 나타나면 적도 부근에서 서쪽으로 이동하는 따뜻한 해수의 흐름이 강화되어 페루 해역의 용승이 강화되고, 필리핀 해역으로 따뜻한 해수가 몰려가므로 필리핀 해역은 수온이 상승하여 강수량이 증가한다.

08. 답 ②
해설 무역풍이 평상시 보다 약해지면 엘리뇨 현상이 나타나 동태평양 지역에서 용승이 약화되어 그지역의 수온이 상승한다.
ㄱ. 무역풍이 평소보다 약해지면 태평양 적도 해역에서 서쪽으로 흐르는 적도 해류의 흐름이 약해져서 동태평양 적도 해역의 수온이 높아진다.
ㄴ. 동쪽에서 서쪽으로 흐르는 적도 해류의 흐름이 약해지면 용승이 약해진다.
ㄷ. 수온이 높아지면 기압이 낮아져 평소보다 비가 많이 내린다.

[유형14-5] 답 ③
해설 ㄱ. (가) ~ (라) 과정은 주로 성층권에서 일어난다.
ㄴ. Cl (염소 원자)는 촉매로, 반응 후에도 사라지지 않는다.
ㄷ. (가) ~ (라) 과정이 계속 진행되면 오존층이 점차 파괴되므로 지표에 도달하는 자외선의 양은 증가한다.

09. 답 ③
해설 ㄱ. (가)에서 CFC (염화 플루오린화 탄소)는 태양 복사의 자외선에 의해 분해되어 염소 원자가 생성된다.
ㄴ. 오존의 파괴 반응은 성층권에서 가장 활발하게 일어난다.
ㄷ. 과정 (나)와 (다)의 반응에서 염소 원자는 소멸되지 않으면서 오존을 파괴하는 촉매 역할을 한다.

10. 답 ④
해설 ㄱ. 남극에서 평균 오존 농도는 대체로 감소하는 경향을 보이고 있다.
ㄴ. 자외선을 흡수하는 오존량이 감소하였으므로 남극의 지표면에 도달하는 태양 자외선의 양은 증가하였을 것이다.
ㄷ. 오존의 농도를 감소시키는 것은 주로 CFC (염화 플루오린화 탄소)이다.

[유형14-6] 답 ④
해설 ㄱ. 사막은 주로 중위도 고압대(위도 30°) 부근에 분포한다.
ㄴ. 사막이 많은 중위도 고압대는 다른 지역에 비해 증발량이 많고 강수량이 적다.
ㄷ. 사막이 많은 지역인 위도 20° ~ 30°에서는 대체로 건조한 기후가 나타나므로 이 위도대의 표층 염분은 다른 해역보다 높게 나타난다.

11. 답 ④
해설 ㄱ. 황사는 겨울에 얼었던 땅이 녹고 건조한 바람이 부는 봄철에 많이 발생하고, 비가 많이 오는 여름에는 거의 발생하지 않는다.

ㄴ. 황사의 발원지는 사막이나 황토 지대이므로 이곳에 나무가 자라게 되면 발생을 약화시킬 수 있다.
ㄷ. 황사에 포함된 미세 먼지는 호흡기 질환이나 안과 질환 등을 일으키고, 반도체나 항공기 등의 정밀 기기에 들어가 고장을 일으킬 수 있다.

12. 답 ④
해설 ㄱ. 사막이 있는 중국의 모래 먼지가 강한 바람에 의해 상공으로 날려 우리나라 쪽으로 온다.
ㄴ. 지표면에 식물 군락이 넓게 형성되면 토양 일부가 공중으로 떠오르는 것을 방해하므로 황사가 발생하기 어렵다.
ㄷ. 황사의 구성 입자는 가벼워야 쉽게 상공으로 올라갈 수 있으므로 매우 작은 토양 입자여야 한다.

창의력 & 토론마당　108~111쪽

01

(1) 30 %	(2) 〈 해설 참고 〉
(3) 20 %	(4) 103 %

해설 (1) 지구의 반사율은 지구에 입사하는 태양 복사 에너지 중에서 대기의 반사와 산란 또는 지표의 반사에 의해 지구에 흡수되지 못하고 우주로 되돌아가는 태양 복사 에너지의 비율로 주어진 자료에서 지구의 반사율은 30 % 이다.
(2) 지구의 대기를 구성하는 기체 중 온실 기체는 파장이 짧은 태양 복사 에너지는 잘 투과시키지만 파장이 긴 지구 복사 에너지는 잘 흡수한다. 즉, 지구 복사 에너지의 대부분은 적외선 영역이므로 지구의 대기에 잘 흡수된다.
(3) 지구 표면에서 수증기의 증발과 응결에 의해 대기로 이동하는 에너지는 잠열이며 주어진 자료에서 20 % 이다.
(4) 지구의 대기, 특히 CO_2 (이산화 탄소)와 H_2O (수증기)는 파장이 짧은 태양 복사 에너지를 잘 통과시키지만 파장이 긴 지구 복사 에너지는 흡수했다가 방출함으로써 지표면의 온도를 상승시킨다. 이를 온실 효과라 하고 주어진 자료에서 대기 복사에 의해 지표면으로 방출되는 에너지는 지표면이 흡수한 에너지와 같으므로 103 % 이다.

02　(1) 중생대　(2) 〈 해설 참고 〉　(3) 〈 해설 참고 〉

해설 (1) 중생대는 기온이 높은 온난화 시기였다.
(2) 기온이 상승하면 해수의 열팽창에 의해 해수면이 상승하고, 빙하가 녹아 해수면이 높아진다.
(3) 빙하기가 많이 나타나는 신생대 제 4기에는 해수가 얼어 빙하로 되면서 해수면이 낮아진다.

03　〈 해설 참고 〉

해설 (1) 지구 생성 초기의 대기는 대부분 이산화 탄소로 구성되어 있다. 이산화 탄소는 온실 효과를 일으키는 온실 기체이다. 따라서 현재보다 온실 효과가 더 많이 일어나 기온이 높았을 것이다.
(2) 22억 년 후부터 원시 해양에 광합성을 하는 해양 식물인 남조류가 출현하여 이산화 탄소를 흡수하고 산소를 대기 중으로 방출했기 때문이다.

〈 해설 참고 〉

해설 (1) 지구 온난화 현상은 화석 연료의 사용에 의해 이산화 탄소 등의 온실 기체가 대기로 방출되어 지구의 온도가 상승하는 온실 효과가 발생한다. 이산화 탄소의 효과율은 다른 온실 기체에 비해 작지만 대기 중의 농도가 다른 온실 기체보다 훨씬 높아 전체적으로 이산화 탄소의 기여도가 다른 온실 기체보다 높다. 따라서 온실 기체 중 지구 온난화에 가장 큰 영향을 주는 기체는 이산화 탄소이다.

(2) 해수면 상승 : 지구 온난화가 지속되면 빙하가 녹거나 해수 온도의 상승으로 인한 해수의 열팽창에 의해 해수면이 상승한다. 해수면이 상승하면 육지 면적이 감소하고, 생태계의 변화를 초래한다.

사막화 : 지구 기온이 상승하면 증발량과 강수량이 증가하지만 일부 사막 주변에 위치한 초원 및 삼림 지대에서는 증발량이 증가하여 사막화가 가속된다. 사막화가 가속되면 기온이 건조해지고 봄철 황사 현상이 우리나라에 많은 영향을 미치게 된다.

기상 이변 : 증발량과 강수량이 지역적으로 편중되어 어떤 지역은 가뭄이 장기화되고 어떤 지역은 태풍과 집중호우가 자주 발생하여 많은 피해를 입는다.

스스로 실력 높이기   112～117쪽

01. ①	02. ⑤	03. ④	04. ⑤	05. ②	06. ⑤
07. ⑤	08. ①	09. ③	10. ③	11. ④	12. ⑤
13. ⑤	14. ④	15. ④	16. ③	17. ①	18. ①
19. ②	20. ②	21. ⑤	22. ④	23. ①	24. ④
25. ①	26. ④	27. ⑤	28. ②	29. ①	30. ④

01. 답 ①
해설 태양 복사 에너지는 주로 가시광선 영역에 지구 복사 에너지는 주로 적외선 영역에 분포하고 있다.

02. 답 ⑤
해설 온실 효과를 일으키는 온실 기체로는 O_3 (오존), H_2O (수증기), CO_2 (이산화 탄소), CFC (염화 플루오린화 탄소) 등이 있다.

03. 답 ④
해설 대기와 해수의 순환에 의해 저위도의 과잉 에너지가 고위도로 이동함으로써 지구 전체적인 열평형을 유지한다.

04. 답 ⑤
해설 지구 온난화로 인한 현상은 기상 이변, 식생의 변화, 사막화 현상, 해수면 상승 등이 있다. 피부암 발생 증가는 오존층 파괴와 관련이 있다.

05. 답 ②
해설 라니냐 현상은 무역풍이 강화되어 동태평향의 적도 부근 수온이 낮아지는 현상이다.

06. 답 ⑤
해설 엘니뇨는 무역풍이 약화되어 서쪽의 따뜻한 해수층은 보통 때보다 얇아지고, 동쪽의 따뜻한 해수층은 두꺼워진다. 이에 따라 동태평양 일대의 용승이 약화되어 이 해역의 수온이 상승하게 됨으로써 대규모의 저기압이 형성되어 동태평양 연안에 폭우에 의한 홍수 피해가 나타난다.

07. 답 ⑤
해설 오존층을 파괴하는 물질은 Cl (염소 원자) 화합물인 CFC (염화 플루오린화 탄소)로서 CFC에서 나온 Cl이 촉매 역할을 하여 오존층을 파괴한다. 오존층은 태양으로부터 오는 자외선을 흡수하여 지상에 유해 자외선의 도달을 감소시키는 역할을 한다.

08. 답 ①
해설 황사는 겨울에 얼었던 땅이 녹고 건조한 바람이 부는 봄철에 많이 발생하고, 비가 많이 오는 여름에는 거의 발생하지 않는다.

09. 답 ③
해설 사막화를 일으키는 원인으로는 증발량과 강수량의 변화에 의해 가뭄이 지속되는 곳이나, 인간이 경작 활동을 위해 무분별하게 삼림을 파괴하는 곳에서 일어난다. 따라서 가뭄, 삼림 벌채, 과다한 방목이 사막화의 주요 원인이다.

10. 답 ③
해설 무역풍은 적도 부근의 더운 공기가 위로 올라가면 그 빈 곳을 채우려고 위도 30° 지역에서 지표면을 따라 적도 쪽으로 불어오는 편동풍이다.

11. 답 ④

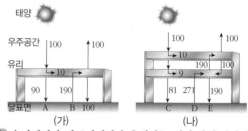

해설 유리에서나 지표면에서나 출입하는 열의 양이 같아야 하므로 조건을 만족하는 열의 출입은 위와 같다.

ㄱ. A는 90이고, C는 81이다.

ㄴ. (가)에서의 지표는 복사 평형을 이루기 위해 190의 에너지를 B과정에 의해 방출한다. (나)에서 위에서부터 두 번째 유리는 복사 평형을 이루기 위해 190을 방출한다. 따라서 지표는 190 + 81 = 271을 D과정을 통해 방출한다.

ㄷ. (가)에서 달의 표면은 190, (나)에서 달의 표면은 271의 에너지를 방출한다. 물체는 표면의 온도가 높을수록 더 큰 복사 에너지를 방출하므로 온실 속 달의 표면 온도는 (나)가 더 높다.

12. 답 ⑤
해설 ㄱ. 남북 방향 열 수송량이 가장 큰 지역은 에너지 과잉과 에너지 부족 지역의 경계로 남북 간의 온도 차이가 가장 큰 위도 ±38° 부근이다.

ㄴ. 적도 지방은 흡수량이 방출량보다 많으므로 에너지 과잉 상태이며, 극지방은 방출량이 흡수량보다 많으므로 에너지 부족 상태이다.

ㄷ. 위도별 에너지 불균형에 의해 대기와 해수의 순환이 일어나고 이를 해소하기 위해 저위도의 과잉 에너지가 고위도로 수송된다.

13. 답 ⑤
해설 ㄱ. 빙하의 융해로 발생하는 얼음 면적의 감소는 지구의 평균 표면 온도를 상승시킨 지구 온난화에 의해 발생한 것이다.

ㄴ. 얼음이 많을수록 반사율이 높으므로 3월의 반사율이 9월의 반사율보다 높게 나타난다.

ㄷ. 빙하의 융해는 시간이 갈수록 가속화되어 발생하므로 얼음 면적의 감소량은 1950 ~ 2000년보다 2000년 ~ 2050년이 더 크다.

14. 답 ②
해설 ㄱ. 빙하가 넓게 발달하는 시기는 평균 기온이 낮고, 해수면의 높이가 낮다. 평균 해수면의 높이는 A 구간보다 B 구간에서 더 낮게 나타났으므로 빙하의 분포 면적은 B 구간이 A 구간보다 넓게 나타난다.
ㄴ. 중생대는 약 2.5 억 년 전부터 0.65 억 년 전까지이고, 신생대는 0.65 억 년전부터 현재까지의 시기를 말한다. 평균 기온은 현재에 가까운 신생대 말기보다 중생대에 더 높게 나타나고 있다.
ㄷ. C 구간은 중생대로 빙하기가 없었으며, 기후가 대체로 온난화 시기이다. 빙하기와 간빙기가 여러 번 반복된 시기는 C 구간 이후에 속하는 신생대이다.

15. 답 ④
해설 (가)는 표층 수온이 높으므로 찬 해수의 용승이 활발하지 않은 엘리뇨 시기이며, (나)는 용승이 활발한 평상시의 페루 연안의 모습이다.
ㄱ. 강수 현상은 상승 기류가 발달한 저기압 지역에서 나타나며, 상승 기류는 지표나 해수의 온도가 높아 대기 하층의 가열이 일어날 때 잘 발생하므로 동태평양 지역의 강수량은 표층 수온이 높은 (가)에서 더 많다.
ㄴ. 영양 염류는 수온이 낮은 물속에 더 많이 존재하며, 이는 플랑크톤의 생산량과 관계가 있다. 영양 염류의 양은 플랑크톤의 양이 많고, 수온이 낮은 (나)에 더 많이 분포한다.
ㄷ. 엘니뇨는 남동 무역풍의 약화에 의해 발생하므로 남동 무역풍의 세기는 엘니뇨 시기인 (가)보다 평상시인 (나)에서 더 강하게 발생한다.

16. 답 ③
해설 ㄱ. A 시기에는 평년보다 수온이 0.5 ℃ 이상 높게 나타났으므로 무역풍이 약화되어 동태평양의 따뜻한 표층 해수의 이동이 잘 발생하지 않은 엘니뇨가 발생하였다.
ㄴ. B 시기에는 평년보다 수온이 0.5 ℃ 이상 낮게 나타난 라니냐가 발생한 시기로, 동태평양 지역에서는 찬 표층 해수에 의해 증발이 잘 발생하지 않고, 하강 기류가 발달하여 홍수 피해가 없었다.
ㄷ. 무역풍은 엘니뇨 시기인 A 보다 리니냐 시기인 B 에서 더 강하게 나타난다.

17. 답 ①
해설 ㄱ. 오존 구멍은 오존의 농도가 주위보다 낮은 영역이다.
ㄴ. 오존 구멍은 CFC (염화 플루오린화 탄소)에 의한 오존의 파괴 때문에 생긴 것이다.
ㄷ. (가)에 비해 (나)시기에는 오존 구멍이 확대되었다. 따라서 남극 지표면에 도달하는 자외선의 양이 크게 증가하였다.

18. 답 ①
해설 ㄱ. 오존 구멍은 오존의 농도가 220 DU 이하인 곳으로, 주로 9 ~ 11월에 나타난다.
ㄴ. 성층권 대기 중의 오존 농도가 9 ~ 11월에 낮게 나타나는데, 이는 CFC (염화 플루오린화 탄소)와 같은 오존층 파괴 물질이 밤이 지속되는 겨울철에 대기 중에 농축되어 있다가 태양빛의 입사가 시작되는 9월(남반구는 6~8월이 겨울이다.)부터 자외선에 의해 오존 파괴의 과정이 시작되기 때문이다. 대기 중으로 방출되는 것은 아니다.
ㄷ. 1980년대 초반에 형성된 오존 구멍의 넓이는 점차 넓어지는 경향을 보이고 있다. 따라서 1980년대보다 1990년대에 오존 구멍의 넓이가 넓어졌다.

19. 답 ②
해설 ㄱ. 사막화로 인하여 삼림이나 초원이 사라지고, 사막의 면적이 증가하면 지표면의 반사율이 증가하여 지표에 흡수되는 태양 복사 에너지를 감소시키는 역할을 한다.
ㄴ. A 지역의 사막이 확대되면 황사 발생 횟수와 농도가 증가하여 우리나라의 황사 피해를 증가시킨다.
ㄷ. 사막화 현상은 강수량이 적고 증발량이 많은 중위도 지역에서 심하게 진행된다. 따라서 이 위도대는 다른 위도대에 비해 해수의 표층 염분이 상대적으로 높다.

20. 답 ②
해설 ㄱ. (가)에서 월별 황사 일수는 서울이 부산보다 더 많은 황사 발생 일수를 보인다.
ㄴ. 황사는 대기 대순환에 의해 바람과 미세 모래 먼지의 상호 작용으로 인해 발생한다.
ㄷ. 황사는 상승 기류의 영향을 받으므로 온난 건조한 양쯔강 기단의 영향을 받는 3 ~ 5월에 주로 발생한다.

21. 답 ⑤
해설 ㄱ. 지구에 도달하는 태양 복사 에너지 중 대기와 구름, 지표면에서 70% 의 에너지를 흡수하고, 30% 의 에너지는 반사한다.
ㄴ. 물의 상태 변화를 통해 지표에서 방출되는 에너지는 잠열로 방출되는 에너지는 21이다.
ㄷ. 지표면에 도달하는 복사 에너지가 100보다 큰 이유는 대기의 온실 효과로 인해 지표면의 에너지 흡수량이 커졌기 때문이다. 대기가 없다면 온실 효과가 일어나지 않아 지표면의 복사 에너지는 104보다 작게 된다.

22. 답 ④
해설 ㄱ. 메테인은 온실 효과를 일으키는 온실 기체 중 하나이다.
ㄴ. 그래프의 기온 변화를 보면 기온이 크게 떨어진 시기인 4번의 빙하기와 5번의 간빙기가 있었다.
ㄷ. 과거 42만 년 동안의 기온 변화는 이산화 탄소와 메테인의 농도 변화와 밀접한 관련이 있음을 그래프를 통해 알 수 있다. 따라서 지구 온난화 현상도 대기 중의 온실 기체 농도 변화와 관련 있음을 알 수 있다.

23. 답 ①
해설 ㄱ. 그래프에서 사막화가 가장 많이 진행된 대륙은 아시아이다.
ㄴ. 사막화는 장기간의 가뭄 등에 의한 증발량이 강수량보다 많아 지는 것이 직접적인 원인이고, 인위적인 원인에 의해서도 발생한다.
ㄷ. 아시아의 사막은 대부분 우리나라의 서쪽에 위치하며, 사막화 지역이 증가했으므로 우리나라의 황사 피해는 증가했을 것이다.

24. 답 ④
해설 ㄱ. A 시기는 평상시 보다 평균 수온이 −0.5℃ 이상 낮아진 시기로 라니냐가 발생한 시기이다.
ㄴ. B 시기는 엘니뇨 시기이며 엘니뇨 시기의 서태평양은 평상시보다 표층 수온이 낮아지기 때문에 강수량이 감소한다.
ㄷ. 동태평양의 용승은 라니냐 시기가 엘니뇨 시기보다 강하다. 따라서 용승은 A 시기가 B 시기보다 강하다.

25. 답 ①
해설 ㄱ. 총 오존량 농도는 북반구는 3 ~ 4월에, 남반구는 9 ~ 10월에 가장 높으며, 남반구의 계절은 북반구와 반대이므로 두 반구 모두 봄철에 오존량 농도가 가장 높다.
ㄴ. 태양의 남중 고도가 가장 높을 때는 6월이고, 자외선 지수가 가장 높을 때는 8월이다.
ㄷ. 우리나라는 봄철에 오존량이 가장 많고, 자외선 지수는 겨울철에 가장 낮다.

26. 답 ④

해설 ㄱ. 3 ~ 6 월까지의 누적 강수량은 1997년에 가장 많았고, 2009년에 가장 적었다.

ㄴ. 2006년에 누적 강수량의 증가량이 6월보다 4월이 많으므로 4월에 비가 더 많이 내렸다.

ㄷ. 강수량의 감소는 사막화를 촉진시키는 요인 중 하나이다.

27. 답 ⑤

해설 ㄱ. 지표면에서 방출되는 에너지 A 는 주로 적외선 형태의 전자기파이다.

ㄴ. 대기가 방출하는 에너지의 양은 우주 공간으로 66, 지표면으로 88을 방출하므로 총 방출량은 154이다. 방출량과 흡수량은 같으므로 대기가 흡수하는 에너지 총량은 154이다.

ㄷ. 지표면이 흡수하는 에너지의 양은 45 + 88 = 133 이고, 방출하는 에너지의 양은 21 + 8 + A 이다. 133 = 29 + A 이므로 A = 104 이다.

ㄹ. 104 중 4 는 우주 공간으로 빠져나가므로 B 는 100 이 된다.

28. 답 ②

해설 A 시기는 평년보다 수온이 높으므로 엘니뇨가 발생하는 시기이고, B 시기는 평년보다 수온이 낮으므로 라니냐가 발생하는 시기이다.

ㄱ. 무역풍의 세기는 엘니뇨보다 라니냐가 더 강하므로 B 시기가 A 시기보다 강했다.

ㄴ. 무역풍이 약했던 A 시기보다 무역풍이 강했던 B 시기에 페루 연안의 용승이 강했다.

ㄷ. A 시기에 페루 연안에는 표층 수온이 상승하여 상승 기류가 발달했으므로 폭우나 홍수의 피해가 발생했을 것이다.

29. 답 ①

해설 ㄱ. 기온이 상승할수록 우리나라의 난대림 지대가 점점 고위도 쪽으로 확장되는 것을 알 수 있다.

ㄴ. 현재 우리나라 남해안 지역은 난대림 지대로 연평균 기온이 14 ℃ 이상이다.

ㄷ. 기온이 상승할수록 한대림 지대의 면적이 줄어들지만, 4 ℃ 증가하여도 완전히 사라지지는 않는다.

30. 답 ④

해설 ㄱ. CFC (염화 플루오린화 탄소)는 오존층 파괴 물질로 사막화를 일으키지 않는다.

ㄴ. 사막화가 진행되면 농경지가 줄어든다.

ㄷ. 사막화는 사막을 중심으로 건조 지대가 확대되는 현상으로 위도에 따른 증발량과 강수량의 차이를 조사하여 사막화 지역의 특징을 알 수 있다.

15강. Project 3

01

고기압은 주위보다 상대적으로 기압이 높은 곳으로, 지상에서는 고기압 중심부의 공기가 주변으로 발산되므로 하강 기류가 발생하고, 단열 압축 현상에 의해 기온이 상승하여 상대 습도가 낮아진다. 이에 따라 구름이 소멸되어 맑은 날씨가 된다. 열돔 현상은 지상에서 발달한 고기압으로 인하여 지속적으로 하강 기류가 발생하여 기온이 상승하고, 맑은 날씨가 계속되면서 열기가 쌓여서 더위가 한층 강화된 것이다.

02

북태평양 고기압은 한 곳에 오래 머무르며 이동이 거의 없는 정체성 고기압이고, 대기 대순환에 의해 중위도 상공에 수렴된 공기가 하강하여 형성된 온난 고기압으로 중심부의 온도가 주변보다 높은 키 큰 고기압이다.

[탐구] 자료 해석

1. 수권과 기권의 상호 작용으로 발생한다.

2. 태풍은 수증기의 공급이 충분해야 할 뿐만 아니라 소용돌이가 형성되기 위해서 전향력이 있어야 한다. 적도 부근에서는 전향력이 작용하지 않기 때문에 태풍이 발생하지 않는다.

3. 폭풍 해일은 태풍의 강한 저기압에 의한 기압 저하로 수면이 상승하여 발생하거나 강한 바람에 의해 해수면의 흔들림이 일어나 발생한다. 남해안은 밀물과 썰물이 있는 지역으로 폭풍 해일이 발생할 때 밀물 시간과 겹치는 경우 피해가 커지는 경우가 빈번하게 발생할 수 있다.

4. ① 태풍 진행 방향의 오른쪽 반원 쪽에 속하는 남해안과 동해안에 많은 비가 내린다.(태풍의 전면에서 주로 산맥의 풍상 측에 해당하는 지역)

② 주로 여름철에 집중적으로 태풍의 영향을 받는다.

③ 태풍 전면 수렴대에 속하는 제주도에는 비가 많이 내린다.

5. 태풍은 지구의 에너지 불균형을 조절해주는 역할을 한다. 저위도 지방의 따뜻한 공기가 바다로부터 수증기를 공급받으면서 강한 바람과 많은 비를 동반하여 고위도로 이동하면서 적도 지방의 과잉 에너지를 고위도로 전달해 주는 것이다.

① 북반구의 대부분은 대륙으로 이루어져 있고, 남반구는 거의 바다로 이루어져 있다. 따라서 태양 복사 에너지에 의해 대륙이 많은 북반구는 쉽게 달궈져 많은 상승 기류를 발생시키게 되고, 바다에서 이를 메우기 위해 바람이 많이 불어들면서 바다와 대륙의 상승 기류 차로 소용돌이가 더 많이 형성되어 태풍이 많이 발생하는 것이다.

② 남반구에 바다의 분포가 더 많으므로 물의 대류 현상이 더 광범위하여 열교환이 잘 되고 에너지 불균형이 더 작아진다. 따라서 북반구는 남반구에 비해 온도차가 크게 되고, 온도차가 큰 만큼 기압차가 크게 되므로 기압대가 많이 형성된다. 반면에 남반구는 같은 열을 받아도 기압대 형성이 잘 일어나지 않기 때문에 태풍이 잘 발생하지 않는 것이다.

서술   122~123쪽

01

북태평양 환류는 북태평양 해류, 쿠로시오 해류, 캘리포니아 해류, 북적도 해류, 남적도 해류, 페루 해류, 동오스트레일리아 해류가 이루는 환류이다. 이러한 표층 해류는 지속적으로 부는 바람으로 인하여 발생한다. 북적도 해류와 남적도 해류는 무역풍에 의해 생기고, 북태평양 해류는 편서풍의 영향으로 생긴다.

해설 저위도에서 북위 50°N 사이에 시계 방향의 북태평양 아열대 순환계(North Pacific Subtropical Gyre)가 생기고, 50°N 이북에는 반시계방향의 북태평양 아한대 순환계(North Pacific Subpolar Gyre)가 생성된다. 이 두 순환계를 북태평양 환류(North Pacific Gyre)라 한다.

IV 천문학

16강. 천체의 겉보기 운동과 좌표계

개념 확인   124~131쪽

1. (1) 천구 (2) 일주 운동   2. 전몰성
3. (1) X (2) X (3) O   4. ㉠ 지점 ㉡ 분점
5. (1) 천정, 천저, 수직권 (2) 지평 좌표계
6. (1) O (2) O (3) X

1. 답 (1) 천구 (2) 일주 운동
해설 (1) 관측자를 중심으로 한 반지름의 크기가 무한대인 가상의 구는 천구이다.
(2) 모든 천체가 지구의 자전축을 중심으로 하루에 한 바퀴씩 도는 것처럼 보이는 운동은 일주 운동이다.

3. 답 (1) X (2) X (3) O
해설 (1) 별이 뜨고 지는 시각은 매일 약 4분씩 빨라진다.
(2) 태양의 연주 운동 경로(황도)는 천구의 적도와 약 23.5° 기울어져 있다.

5. 답 (1) 천정, 천저, 수직권 (2) 지평 좌표계
해설 (1) 관측자의 머리 위를 연장하여 천구와 만나는 점인 천정과 발 아래를 연장하여 천구와 만나는 점인 천저를 지나는 대원을 수직권이라 한다.
(2) 관측자의 지평선을 기준으로 천체의 위치를 나타내는 방법을 지평 좌표계라 한다.

6. 답 (1) O (2) O (3) X
해설 (3) 별의 적경과 적위는 천구의 적도와 춘분점을 기준으로 하는 것으로 관측 장소와 상관없이 일정하다.

확인+   124~131쪽

1. 55.5°   2. 북   3. 황도   4. (1) ㉠ (2) ㉡
5. 자오선   6. 남중 고도

1. 답 55.5°
해설 일주권과 지평선이 이루는 각은 (90°−φ(관측자의 위도))가 된다. 따라서 위도가 34.5°N인 서울 지방에서 일주권과 지평선이 이루는 각은 90° − 34.5° = 55.5°이다.

01. ①   02. (1) ㄴ (2) ㄷ (3) ㄱ
03. (가) 북쪽 (나) 동쪽 (다) 남쪽 (라) 서쪽
04. (1) O (2) X   05. 적도 좌표계   06. (1) O (2) X
07. (1) 천정 (2) 지평선 (3) 자오선   08. ④

[유형16-1] (1) X (2) X
     01. (1) 무한대 (2) 반대 방향   02. ②
[유형16-2] (1) X (2) O
     03. (1) 황도 (2) 하지점   04. ㄱ
[유형16-3] ④   05. ㄷ, ㅁ   06. (1) X (2) O
[유형16-4] (1) O (2) X
     07. ③   08. (1) O (2) X (3) O

---

01. 답 ①

해설 ① 일주권은 천구의 북극과 남극을 잇는 축에 수직이므로 천구의 적도에 대해 평행하다.

03. 답 (가) 북쪽 (나) 동쪽 (다) 남쪽 (라) 서쪽

해설 우리나라는 위도가 37.5°N인 북쪽 중위도 지방이며, 여기서는 일주권이 지평선에 기울어진 각을 가지므로 주극성과 출몰성, 전몰성이 모두 존재한다.

북쪽 중위도 지방이므로 주극성이 북극성이 있는 천구의 북극을 중심으로 둘레를 도는 (가)가 북쪽 하늘이다.

별들이 수평으로 하늘을 지나는 (다)는 일주권이 지평선과 평행한 남쪽 하늘이고, (나)는 별들이 지평선에서 오른쪽으로 비스듬히 뜨고 있으므로 동쪽 하늘이다. 이때 일주권이 지평선과 이루는 각은 90°− 37.5° = 52.5°이다.

(라)는 별이 지평선에서 오른쪽으로 비스듬히 지고 있으므로 서쪽 하늘이며, 일주권이 지평선과 52.5°의 각을 가진다.

04. 답 (1) O (2) X

해설 (2) 황도는 천구의 적도에 대해 약 23.5° 기울어져 있다.

05. 답 적도 좌표계

해설 천구의 적도와 춘분점을 기준으로 천체의 위치를 적경과 적위로 나타내는 방법은 적도 좌표계이다.

06. 답 (1) O (2) X

해설 (2) 지평 좌표계는 관측자를 기준으로 하기 때문에 편리하지만 시간과 장소에 따라 좌표 값이 달라진다.

07. 답 (1) 천정 (2) 지평선 (3) 자오선

해설 (1) 관측자의 머리 위를 연장할 때 천구와 만나는 점은 천정이다.
(2) 관측자의 지평면을 연장하여 천구와 만나는 대원은 지평선이다.
(3) 수직권 중에서 천구의 북극과 남극을 지나는 대원은 자오선이다. 자오선은 수직권이면서 동시에 시간권이다.

08. 답 ④

해설 춘분날 태양의 적위는 0°이므로 북위 40.5°인 지방에서 태양의 남중 고도의 공식에 대입해 계산하면 90° − 40.5° + 0° = 49.5°이다.

[유형16-1] 답 (1) X (2) X

해설 (1) 별의 일주 운동은 지구의 자전으로 인하여 천체가 지구 자전축을 중심으로 회전하는 것처럼 보이는 겉보기 운동을 말한다. 이때 회전 방향은 북극성을 중심으로 지구 자전 방향과 반대 방향인 반시계 방향 (동 → 서)이고, 속도는 지구 자전 속도와 같은 약 15°/시 이다.
(2) 주어진 그림은 중위도 지방의 북쪽 하늘을 관찰한 것이다. 별의 일주 운동 모습이 천구의 극 둘레를 돌며, 지평선 아래로 지지 않는 것으로 보아 별 A, B 둘 다 주극성임을 알 수 있다.

02. 답 ②

해설 별의 일주 운동은 지구 자전에 의해 일어나는 현상이다.
② 별의 일주 운동 경로인 일주권은 천구의 북극과 남극을 잇는 축과 수직이므로 천구의 적도와 평행하다.
① 지구 자전 방향이 서 → 동이므로, 일주 운동에 의한 별자리는 동 → 서로 일어난다.
③ 별자리의 운동 속도는 지구 자전 속도와 같다. 따라서 1시간에 약 15°씩 이동한다.
④ 지구로부터 각 별자리의 별들의 거리는 각기 다르고, 이들과의 거리는 매우 멀다. 따라서 지구의 관측자에게 원근감이 느껴지지 않고 같은 위치에 있는 것처럼 보이는 것이다.
⑤ 일주 운동을 하더라도 별자리를 이루는 별들 사이의 상대적인 거리는 변하지 않기 때문에 별자리의 모습이 그대로 유지되는 것이다.

[유형16-2] 답 (1) X (2) O

해설 (1) 황도 12궁은 황도 주변의 12개의 별자리로, 태양 근처에 있는 별자리는 태양의 빛에 가려 볼 수 없고 황도의 반대쪽에 있는 별자리를 밤에 볼 수 있다.
(2) 하짓날 해 뜰 무렵 해가 동쪽 하늘에 있으므로 서쪽 하늘에서 보이는 별자리는 태양의 반대 방향에 있는 궁수자리이다.

04. 답 ㄱ

해설 ㄱ. 지구는 자전축이 약 23.5° 기울어져 있는 상태로 자전과 공전을 하기 때문에 태양의 일주권이 변한다. 태양의 일주권의 변화로 태양의 남중 고도와 밤낮의 길이가 변하며, 이로 인해 일사량도 변하게 되어 지표면이 받는 태양 복사 에너지의 양이 변하게 되므로 계절의 변화가 나타나는 것이다.
ㄴ. 태양의 연주 운동 경로는 황도이며, 이는 천구 적도와 약 23.5°의 각을 이룬다.
ㄷ. 지구에서 시각의 기준은 태양이며, 지구 기준 태양은 하루에 약 1°씩 서→동으로 공전하므로 천구 상에 멈춰있는 별은 태양의 서쪽으로 하루에 약 1°씩 이동하게 된다. 이것은 지구 기준 별이 뜨고 지는 시각이 매일 약 (24×60분)÷360 = 4분씩 빨라진다는 것을 의미한다.

[유형16-3] **답** ④

해설 ① 천정에서부터 수직권을 따라 천체까지 잰 각인 천정 거리가 35°이므로 별의 고도는 90° − 35° = 55°이다.

② 북점을 기준으로 별의 방위각을 재면 남점에서부터 잰 60°에 180°를 더해야 한다. 따라서 별의 방위각은 240°이다.

③ 지평 좌표계는 관측 시각에 따라 천체가 일주 운동하여 방위각과 고도가 계속 달라지므로 관측 시간의 영향을 받는다.

④ 지평 좌표계는 관측자의 위치에 따라 지평면이 달라지므로 천체의 방위각과 고도가 계속 달라진다.

⑤ 방위각은 북점 혹은 남점을 기준으로 지평선을 따라 시계 방향으로 천체를 지나는 수직권까지 잰 각이다.

05. **답** ㄷ, ㅁ

해설 지평 좌표계는 관측자의 지평선을 기준으로 천체의 위치를 나타내는 방법으로 이것을 위해 필요한 것은 북점으로부터 지평선을 따라 천체를 지나는 수직권까지 시계 방향으로 잰 각인 방위각(ㄷ)과 지평선에서 수직권을 따라 천체까지 0~90° 사이의 각도로 나타낸 고도(ㅁ)이다.

06. **답** (1) X (2) O

해설 (1) 관측자의 머리 위를 연장하여 천구와 만나는 점은 천정이다.

(2) 시간권은 천구의 북극과 천구의 남극을 지나는 대원으로 천구의 적도에 수직이며 무수히 많다. 수직권은 천정과 천저를 지나는 대원으로 지평선에 수직이며 무수하게 많다. 자오선은 수직권 중에서 천구의 북극과 천구의 남극을 지나는 대원으로 수직권이면서 동시에 시간권이다.

[유형16-4] **답** (1) O (2) X

해설 (1) 적위는 천구 적도로부터 시간권을 따라 천체까지 잰 각이다. 태양의 적위는 하짓날 최대이고, 동짓날 최소이다.

(2) 관측자의 그림자는 태양의 적위가 높을수록 짧고 적위가 낮을수록 길다. 동지는 태양의 적위가 낮기 때문에 그림자가 가장 길고 정오에 관측자의 그림자가 가장 짧을 때는 태양의 적위가 가장 높은 하지이다.

07. **답** ③

해설 시간권은 천구의 북극과 천구의 남극을 지나는 대원으로 천구의 북극과 천구의 남극은 관측자의 위치에 관계 없이 고정되어 있다. 따라서 시간권은 관측자의 위치에 따라 변하지 않는다.

08. **답** (1) O (2) X (3) O

해설 (1) 적도 좌표계는 춘분점과 천구 적도를 기준으로 천체의 위치를 적경과 적위로 나타내는 방법이다.

(2) 적경은 춘분점으로부터 천구 적도를 따라 천체의 시간권까지 시계 반대 방향으로 잰다.

(3) 적위는 천구 적도로부터 천체를 지나는 시간권을 따라 천체까지 잰 각이다.

창의력 & 토론마당　　　　　138~141쪽

01

(1) 해가 떠 있는 시간에 따라 그림자의 방향이 달라질 것이므로 시간을 알 수 있다.

(2) 같은 시간이지만 해의 고도에 따라 그림자의 길이가 달라질 것이므로 날짜를 알 수 있다.

해설 (2) 양부일구는 오목한 시계 판에 세로선 7줄과 가로선 13줄이 있다. 여기서 세로선은 시각선이고 가로선은 계절선이다. 해가 동쪽에서 떠서 서쪽으로 지면서 생기는 그림자가 시각선에 비춰져 시간을 알 수 있고, 절기마다 태양의 고도가 달라지기 때문에 계절선에 비춰지는 그림자 길이가 달라져 24절기를 알 수 있다.

02

(1) 북쪽　　　　　(2) 37.5°

해설 (1) 이 별은 시간이 지나도 지평선 아래로 사라지지 않고 고도만 조금씩 변하며 계속 눈에 보이는 주극성이다. 따라서 북극성이 있는 북쪽에서 볼 수 있다.

(2) 주극성은 북극성이 있는 자전축을 중심으로 일주 운동을 하는데, 최고 고도와 최저 고도의 중간 고도에 북극성이 있다고 볼 수 있다. 따라서 북극성은 52.5° − 22.5° = 30°의 절반만큼 최저고도보다 높은 고도에 위치해 있다. 따라서 북극성의 고도는 22.5° + 15° = 37.5° 이다.

03

(1) ㄴ, ㄷ

(2) 고위도 지방으로 갈수록 북극성의 고도가 높아진다는 것은 지구가 둥글기 때문에 지평면과 북극성이 이루는 각이 위도가 변함에 따라 변한다는 것을 뜻한다.

해설 (1) ㄱ. 북극성의 고도는 계절의 변화와 상관없다.

ㄴ. 각 지역의 관측자의 위도는 북극성의 고도를 재면 알 수 있다. 세 지역 중에 (나)의 북극성의 고도가 가장 높으므로 위도도 (나)가 가장 높다는 것을 알 수 있다.

ㄷ. 위도는 적도를 기준으로 하여 남북으로 적도와 평행하게 그은 선으로 지구 위의 위치를 나타내는 가로로 된 좌표축이다. 경도는 런던의 그리니치 천문대를 지나는 본초 자오선을 기준으로 지구 위의 위치를 나타내는 세로로 된 좌표축이다. 북극성의 고도는 관측자의 위도와 같으므로 위도가 같고 경도가 바뀌는 경우에는 변화가 일어나지 않는다.

04

(1) 지구의 자전축이 공전 궤도면에 대해 66.5° 기울어진 채로 공전하고 있기 때문에 태양이 연주 운동하면서 태양의 남중 고도가 변한다.

(2) 태양의 남중 고도가 달라지면 일정한 양의 태양 복사 에너지가 입사하는 각도가 달라짐으로써 단위 면적당 지표면이 받는 태양 복사 에너지 양이 달라져서 지구의 기온이 변한다.

(3) 태양이 연주 운동을 함으로써 남중 고도가 달라져 단위 면적당 지표면이 받는 태양 복사 에너지 양이 달라진다. 예를 들어 하지에는 태양의 남중 고도가 최대이고, 더 오랫동안 지평면 위에 떠 있으므로 낮의 길이가 길어지고, 일조 시간이 길어져 기온이 높아진다.

01. 지평선　02. 수직권　03. 시간권　04. 방위각
05. 출몰성　06. 일주권　07. ②, ③
08. (1) ○ (2) X　09. ①　10. 남중 고도
11. (1) ㄱ (2) ㄷ (3) ㅂ　12. ②　13. (1) ○ (2) X
14. ④　15. ⑤　16. ②　17. ④　18. ①　19. ②
20. ⑤　21. ①　22. ④　23. ③　24. ④　25. ⑤
26. ③　27. ③　28. ③　29. 〈해설 참조〉
30. (1) 15^h (2) +5°

07. 답 ②, ③

해설 ① 같은 별자리의 별이라 해도 실제 거리는 다를 수 있다.
④ 일주 운동이 일어나는 경로는 천구의 적도에 평행한다.
⑤ 별자리를 이루는 별들은 일주 운동을 해도 별들 사이의 상대적
위치는 변하지 않는다.

08. 답 (1) ○ (2) X

해설 (2) 태양이 별자리 사이를 서에서 동으로 매일 약 1°씩 이
동해 간다.

09. 답 ①

해설 ① 방위의 범위는 0°~360°까지이다.

12. 답 ②

해설 지평 좌표계나 적도 좌표계로 천체의 위치를 나타낼 때 관
측자의 위치에 따라 변하지 않는 것은 시간권이다. 시간권은 천구
의 북극과 천구의 남극을 지나는 대원으로 천구의 북극과 천구의
남극은 관측자의 위치에 관계 없이 고정되어 있다. 따라서 시간
권은 관측자의 위치에 따라 변하지 않는다.

13. 답 (1) ○ (2) X

해설 (2) 태양이 별자리 사이를 서에서 동으로 매일 1°씩 이동해
간다.

14. 답 ④

해설 ㄱ. '남중 고도 = 90° − 관측자의 위도 + 천체의 적위'이므
로 황소자리의 남중 고도는 90° − 60° + 25° = 55°이다.
ㄴ. 처녀자리는 적위가 0°이며 일주권은 천구의 적도와 평행하므
로 처녀자리는 천구의 적도를 따라 일주 운동한다.
ㄷ. 하짓날 태양의 적경은 6^{h}이고, 자정에 관측하기 좋은 별자리는
태양과 적경 차이가 12^{h}이므로 적경이 18^{h}부근에 있는 궁수자
리이다.

15. 답 ⑤

해설 지평선 아래로 지지 않고 언제나 볼 수 있는 별은 주극성이
다. 주극성의 적위 범위는 '90° ≥ 별의 적위 ≥ 90°−관측자의 위도'
이므로 위도 60°N 지방에서의 주극성의 적위 범위는 '90° ≥ 별의 적
위 ≥ 30°이다. 카시오페이아의 적위가 60°이므로 주극성이다.

16. 답 ②

해설 ㄱ. (가)에서 A는 북극성에 가깝게 위치하고 있으므로 천구
의 북극에 가깝고, (나)는 서쪽 하늘을 관측한 것으로 일주권이 직
선으로 나타나므로 천구의 적도에 가깝다.
ㄴ. (가)에서 북극성의 고도는 곧 그 지방의 위도를 의미하므로 적

도에 가까운 지역이고, (나)의 위도는 일주권과 지평선이 이루
는 각이 비스듬한 것으로 보아 중위도 지역이다.
ㄷ. (가)는 북쪽 하늘을, (나)는 서쪽 하늘을 관측한 것이다.

17. 답 ④

해설 방위각은 북점에서 지평선을 따라 시계 방향으로 재며, 남
점의 방위각은 180°이다. 따라서 A의 방위각은 180° + 80° = 260°
이다. 고도는 지평면에서 올려다 본 각으로, (90° − 40°)과 같으므
로 50°이다.

[18-19] 황도에서 가장 태양의 적위가 높은 곳은 하지점이고 태양
의 적위가 낮은 곳은 동지점이다. A별은 동지점에 있다. B별은 주
어진 A~E 별 중 가장 적위가 크다.

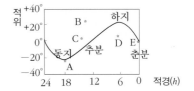

18. 답 ①

해설 하짓날 태양은 하지점에 위치하므로 동지점 부근의 별이
자정에 남쪽 하늘에서 보인다. 따라서 동지점 부근의 A별이 남쪽
하늘에서 보인다.

19. 답 ②

해설 남중 고도는 90°−위도 + 적위이므로 북반구에서 천체의
남중 고도는 천체의 적위가 클수록 높다. 따라서 남중 고도가 가장
높은 별은 B이다.

20. 답 ⑤

해설 ① 별 C가 가장 높게 올라가 있으므로 별 C의 적위가 가장
크다.
② 북극성을 중심으로 일주 운동하는 모습이므로 북쪽 하늘의 모
습을 관측한 것이다.
③ 별 A는 출몰성으로 1시간에 15°씩 일주 운동했을 때 새벽 2시
에는 지평선 아래로 내려가 관측되지 않을 것이다.
④ 별 B와 C의 일주권이 지평선 아래로 내려가 있지 않으므로 지
평선 아래로 지지 않는 주극성이다.
⑤ 별 B와 C는 고도가 올라가는 중이다. 자정까지는 2시간이 남아
있는데 2시간 동안 30° 만큼 일주 운동을 하여도 고도가 낮아
지지는 않는다.

21. 답 ①

해설 ㄱ. 태양의 연주운동(서→동)에 의하여 별자리들은 하루에
약 1°씩 태양의 오른쪽(서쪽)으로 이동한다. 따라서 각 별자리들은
매일 4분씩 일찍 뜨고, 일찍 진다.
ㄴ. 매일 별자리의 위치가 변한 것은 지구의 공전에 의해 태양이
연주 운동하기 때문이다.
ㄷ. 태양은 별자리를 기준으로 매일 약 1°씩 서에서 동으로 이동한다.

22. 답 ④

해설 ㄱ. 천구의 적도와 황도가 만나는 점 중에서 적경이 0^{h}인 점
이 춘분점이고, 춘분점에서 천구의 적도를 따라 시계 반대 방향으
로 잰 각이 적경이다. 따라서 태양의 적경은 3^{h}이다.
ㄴ. 적위는 천구 적도로부터 시간권을 따라 천체까지 잰 각으로 별
A의 적위는 30°이다.
ㄷ. 천구의 적도와 황도가 만나는 점은 2개로 춘분점과 추분점이
다. 춘분점은 적경이 0^{h}이고, 추분점은 적경이 12^{h}이다.

23. 답 ③

해설 그림에서 적경이 증가하는 방향을 고려하면 태양의 위치가 B에서 A로 이동하였고, 이 기간 동안 추분점을 지났다.

ㄱ. A의 위치는 적위가 (+)인 곳으로 정확한 날짜는 알 수 없다.

ㄴ. 우리나라에서 적위가 (-)인 태양은 동점에서 남쪽으로 지우친 점에서 뜨므로 낮의 길이가 짧다.

ㄷ. 우리나라에서 태양은 적위가 클수록 뜨는 시각이 빠르다. 그림에서 태양의 적위는 A일 때 (+)이고, B일 때 (-)이다. 따라서 태양이 뜨는 시각은 A가 B보다 더 빠르다.

24. 답 ④

해설 별의 적경과 적위는 고정된 천구의 적도와 시간권을 기준으로 나타내므로 변하지 않는다. 방위각과 고도는 관측자의 위치를 기준으로 나타내므로 관측시간과 장소에 따라 변한다. 북쪽 하늘에서 별의 일주 운동은 북점(북극성)을 중심으로 시계 반대 방향으로 시간당 15° 씩 원주 상에서 원호의 모양으로 나타난다.

① 촬영한 시간 동안 별이 45°만큼 일주 운동 했다. 별은 1시간에 15°씩 일주 운동하므로 촬영한 시간은 3시간이다.

② 적위는 천구 적도로부터 시간권을 따라 천체까지 잰 각으로 천구의 북극(적위 +90°)에 가까울수록 적위가 크다. 따라서 별 A가 가장 적위가 크다.

③ 적위의 기준인 천구 적도와 시간권은 관측자의 위치와 촬영 시간에 관계없이 일정하므로 촬영하는 동안 별의 적위는 변하지 않는다.

④ 적경은 춘분점을 기준으로 하며, 별이 일주 운동할 때 춘분점도 일주 운동하므로 일주 운동하는 동안 별의 적경은 변하지 않는다.

⑤ 방위각은 북점으로부터 지평선을 따라 전체를 지나는 수직권까지 시계 방향으로 잰 각으로 촬영을 시작했을 때 B와 C의 시작점 (원호의 가장 오른쪽 점)이 북점(그림의 노란선)을 지나있지 않아 방위각이 작게 측정된다. A는 북점을 지나서 촬영이 시작되었으므로 방위각은 300° 이상이다. 따라서 촬영을 시작했을 때 방위각은 A가 가장 크다.

25. 답 ⑤

해설 ㄱ. 방위각은 북점을 기준으로 지평선을 따라 시계 방향으로 측정하므로 A는 180°+ 100°(β) = 280°이고 B는 180° − 15°(β) = 165°이다. 따라서 A가 B보다 115° 크다.

ㄴ. 고도는 지평면에서 수직권을 따라 올려다 본 각으로 α 이며 A가 B 보다 40° 낮다.

ㄷ. 천정 거리는 천정에서부터 수직권을 따라 천체까지 잰 각으로 (90° − 고도)와 같다. 따라서 B의 천정 거리는 90° − 60° = 30° 이다.

26. 답 ③

해설 A : 추분날 태양의 적경은 12^h이다.

B : 하짓날 태양의 적경은 6^h이고, 자정에 남중하는 별은 적경이 태양의 동짓점과 같으므로 태양보다 적경이 12^h 크고, 별의 적경은 18^h이다.

C : 춘분날 태양의 적경은 0^h이고, 적위 0°인 별은 태양과 같은 일주권에 있고, 태양보다 3시간 늦게 졌으므로 지구에서 봤을 때 천구 상에서 태양의 동쪽(오른쪽)에 있는 별이며, 별의 적경은 태양의 적경보다 3^h 크다. 따라서 별의 적경은 3^h 이다.

따라서 천체의 적경 크기는 B 〉A 〉C이다

27. 답 ③

해설 ㄱ. A는 북점을 기준으로 한 방위각에서 0°(북쪽)보다 크고 90°(동쪽)보다 작으므로 북동쪽 하늘에서 보인다.

ㄴ. B의 고도는 45°보다 작으므로 90° − 고도인 천정 거리는 45° 보다 크다.

ㄷ. B는 관측자 기준으로 남동쪽 낮은 하늘에 있는 별이므로, 일주 운동에 의해 남쪽을 거쳐 남서쪽으로 이동하므로 방위각이 증가할 것이다.

28. 답 ③

해설 주극성의 적위의 범위는 '90° ≥ 별의 적위 ≥ (90°−관측지의 위도)'이므로 '90° ≥ 별의 적위 ≥ 45°' 내에 위치하는 별이 주극성이다.

29. 해설 적도 좌표계가 많이 이용된다. 지평 좌표계는 관측자 중심이므로 시간과 장소에 따라 좌표의 값이 달라지는 불편함이 있지만 적도 좌표계는 관측자와 관계없는 천구의 적도와 천구의 북극을 기준으로 하므로 시간과 장소에 상관없이 좌표의 값이 일정하기 때문이다.

30. 답 (1) 15^h (2) +5°

해설 (1) 동짓날 태양의 적경은 18^h 이고, 태양보다 3시간 먼저 남중하는 천체는 지구에서 봤을 때 태양의 오른쪽(동쪽)에 위치하므로 천구 상에서 춘분점에서 시계 반대 방향으로 적경을 측정하면 태양보다 적경이 3^h 작으므로 적경이 15^h이다.

(2) '천체의 남중 고도 = 90° − 관측자의 위도 + 천체의 적위'이므로 '45° = 90° − 40° + 천체의 적위' 이다. 따라서 천체의 적위는 +5° 이다.

17강. 태양과 달의 관측

개념 확인   148~151쪽

1. (1) ○ (2) ○ (3) X
2. (1) 채층   (2) 코로나   (3) 플레어
3. (1) 삭, 망 (2) 공전
4. (1) X (2) X (3) ○

01. 답 (1) ○ (2) ○ (3) X
해설 (3) 흑점은 주위보다 온도가 낮기 때문에 상대적으로 어둡게 보이는 것이다.

04. 답 (1) X (2) X (3) ○
해설 (1) 월식은 달이 지구 그림자에 가릴 때 일어난다.
(2) 일식이 일어날 때의 천체 배열은 태양 — 달 — 지구이다.

확인+   148~151쪽

1. 광구   2. ②   3. 항성월   4. 금환 일식

개념 다지기   152~153쪽

01. (1) ㄷ, A (2) ㄱ, B (3) ㄴ, C   02. ①
03. ②   04. (1) ○ (2) X   05. 삭망월
06. ②   07. (1) ○ (2) ○   08. ③

02. 답 ①
해설 ① 쌀알무늬는 수명이 약 3~4분으로 모양이 계속 변하고 밝기도 일정하지 않다.

03. 답 ②
해설 (가) 채층, (나) 코로나, (다) 홍염, (라) 플레어이다.
② 코로나는 흑점 수가 극대기일 때 매우 크고 밝으며, 흑점 수가 극소기일 때 작아진다.

04. 답 (1) ○ (2) X
해설 (1) 지구가 한 번 자전하는 동안 달은 지구에 대하여 중심 각 13° 만큼 서→동으로 공전한다.
(2) 달의 실제 공전 주기와 달의 위상 변화 주기가 다른 것은 지구의 공전 때문이다.

05. 답 삭망월
해설 삭에서 다음 삭(또는 망에서 다음 망)이 될 때까지 걸리는 시간을 삭망월이라 한다.

06. 답 ②
해설 (가)초저녁에 남중하는 달은 상현달이고 (나)자정에 지평선 위로 뜨는 달은 하현달이다.

07. 답 (1) ○ (2) ○

해설 (2) 달의 자전과 공전의 주기가 같기 때문에 달의 한쪽 면만 지구를 향하게 된다.

08. 답 ③
해설 ③ 부분 일식은 달의 반그림자 속에 들어가는 지역에서만 관측할 수 있다.
④, ⑤ 태양-지구-달이 일직선으로 배열될 때 지구의 그림자에 달이 들어갈 수 있다. 지구의 본그림자 속에 달이 들어가면 개기 일식이 일어나지만 달이 없어지는 것은 아니다.

유형 익히기 & 하브루타   154~157쪽

[유형17-1] (1) X (2) X
     01. ④
     02. (1) 낮아서 (2) 복사층 (3) 서 ⇆ 동
[유형17-2] ②
     03. ㄴ   04. (1) 오로라 (2) 스피큘
[유형17-3] ⑤
     05. (1) ㄷ (2) ㄴ   06. (1) X (2) ○
[유형17-4] (1) ○ (2) ○
     07. 개기 월식, 부분 월식
     08. (1) ○ (2) X (3) X

[유형17-1] 답 (1) X (2) X
해설 (1) 흑점의 이동은 태양의 자전에 의한 겉보기 운동이다. 지구에서 볼 때 흑점의 위치가 동에서 서로 이동하는 것으로 태양이 서에서 동으로 자전한다는 것을 알 수 있다.
(2) 흑점이 고위도보다 저위도에서 더 빨리 이동하는 것은 위도 별로 자전 속도가 다르다는 뜻이고 이것으로 태양의 표면이 기체라는 것을 알 수 있다.

01. 답 ④
해설 ① 흑점은 태양 표면의 동에서 서로 이동하며 이것을 통해 태양이 서에서 동으로 자전한다는 것을 알 수 있다.
② 강한 자기장이 에너지의 흐름을 방해하여 온도가 주위보다 낮아지기 때문에 상대적으로 어둡게 보이는 흑점이 생성된다.
③ 광구 밑에서 열대류 현상이 일어나 고온의 가스가 상승하는 곳은 밝은 부분으로, 저온의 가스가 하강하는 곳은 어두운 부분으로 보임으로써 쌀알무늬가 생성된다.
④ 태양의 에너지는 핵에서 수소 핵융합 반응에 의해 생성된다.
⑤ 태양을 직접 맨눈으로 관찰하기에는 태양의 빛의 세기에 시력에 손상을 입을 수 있으므로 태양 필터 등으로 빛의 세기를 줄여서 관측해야 한다.

[유형17-2] 답 ②
해설 (가)는 채층. (나)는 코로나. (다)는 홍염. (라)는 플레어이다.
ㄱ. (가)와 (나)는 태양의 대기에서 나타나는 현상으로 개기일식 때 관측 가능하다.
ㄴ. (라)는 태양 자기장의 급격한 변동으로 인해 흑점 부근에서 발생하는 폭발 현상으로 흑점 수가 많아지는 태양의 활동이 활발한 때에 많이 발생한다.
ㄷ. (다)는 홍염으로 채층을 뚫고 올라가는 붉은색의 불꽃 또는 고리 모양의 가스 분출물이며 수일에서 수 주 동안 지속된다.

03. 답 ㄴ

해설 ㄱ. 코로나는 태양 가장 바깥쪽의 진주빛을 띄는 희박한 대기층으로 흑점 수가 많을 때 크기가 커진다.

ㄴ. 플레어는 태양 자기장의 급격한 변동으로 인해 흑점 부근에서 발생한 폭발 현상으로 지구 자기장에 영향을 미친다.

ㄷ. 홍염은 흑점 주변에서 주로 발생한다.

[유형17-3] 답 ⑤

해설 ① 이틀 간격으로 달의 위치를 관측했을 때 달이 동쪽으로 이동한 곳에서 관측되는 것을 통해 달이 뜨는 시각이 매일 늦어지는 것을 알 수 있다. 달은 지구 주위를 하루에 약 13°씩 서에서 동으로 공전하므로 매일 약 52분씩 늦게 뜬다.

② 한 달 동안 관측한 달의 위치와 모양 변화를 통해 약 29.5일 주기로 달의 위상 변화가 반복되는 것을 알 수 있다.

③ 달은 스스로 빛을 내지 못하고 태양빛을 반사하여 밝게 보이는 것으로, 달이 지구 주위를 공전함에 따라 태양빛을 받을 수 있는 위치와 지구에서 관측할 수 있는 위치가 달라지기 때문에 지구에서 보이는 달의 위상이 달라진다.

④ 해가 진 직후(저녁 6시 경)에 남중하는 달은 상현달이다.

⑤ 보름달이 되는 15일까지는 달이 태양에 비해 지는 시각이 점점 늦어짐으로써 관측할 수 있는 시간이 길어졌지만 15일 이후부터는 달이 태양에 비해 뜨는 시각이 점점 느려짐으로써 달을 관측할 수 있는 시간이 점점 짧아진다.

05. 답 (1) ㄷ (2) ㄴ

해설 (1) 자정은 태양과 반대편에 위치해 있을 때이다. 이때 하현달은 동쪽에 떠오르며, 새벽 6시 태양이 뜰 때 남중하고, 이후에 태양빛에 가려 보이지 않게 된다.

(2) 태양빛에 가리면 달을 볼 수 없다. 그러나 망(보름달)은 저녁 해가 진 후 떠서 새벽 해가 뜰 때 지므로 가장 오랫동안 관측할 수 있다.

06. 답 (1) X (2) O

해설 (1) 삭에서 다음 삭이 될 때까지 걸리는 시간은 달의 위상 변화 주기를 기준으로 한 삭망월로 약 29.5일이다.

(2) 달이 지구 주위를 공전하는 동안 지구도 태양 주위를 공전하기 때문에 달이 실제 한바퀴 공전하는 주기인 항성월과 달의 위상이 변하는 주기인 삭망월은 다르다.

[유형17-4] 답 (1) O (2) O

해설 (가)는 개기 일식, (나)는 부분 일식, (다)는 금환 일식의 사진이다.

(1) 개기 일식이 일어났을 때 광구가 가려지므로 태양의 대기를 관측하기 쉬워진다.

(2) (다) 금환 일식은 태양 - 달 - 지구가 완벽하게 가운데에서 일직선이 되어 가려지는 곳에서만 관측 가능하지만 (나) 부분 일식은 달의 반그림자 속에서 관측하는 것이므로 태양 - 달 - 지구의 각도가 약간 치우쳐져 있는 곳에서도 관측 가능하다. 따라서 (다)보다 (나)가 더 넓은 범위에서 관측될 수 있다.

08. 답 (1) O (2) X (3) X

해설 (1) 일식은 태양 - 달 - 지구의 순으로 나열되었을 때 발생하므로 삭일 때 일어난다.

(2) 개기 일식이 일어날 때는 달이 서에서 동으로 이동하며 태양을 가리므로 태양의 서쪽부터 가려진다.

(3) 개기 월식이 일어나도 지구 대기에 의해 산란된 빛이 달 표면을 약하게 비추기 때문에 달은 어두운 붉은색을 띤다.

01
(1) 24일　　　　(2) 22.5일

해설 (1) 태양 경도도에서 60°를 이동하는데 4일이 걸렸으므로 360° 자전하는 주기는 6배인 24일이 걸린다는 것을 알 수 있다.

(2) 지구는 하루에 1°씩 같은 방향으로 공전하므로 실제로는 태양이 4일에 64°를 자전한다는 것을 알 수 있다. 1일에 16°, 즉 360° 자전하는데엔 22.5일이 걸린다. 따라서 실제 위도 5° 지역의 태양의 자전 주기는 22.5일이다.

02
(1) 〈해설 참조〉　　　(2) 〈해설 참조〉

해설 (1) 자정에 그림처럼 동쪽하늘이나 서쪽하늘에 볼 수 있는 달의 모양은 반달(상현달, 하현달)이다. 보름달은 자정에 하늘 높이 남중한다.

(2) 산등성이에 가려진 달의 모습일 가능성이 있고, 구름은 없으나 안개가 많이 낀 날이라면 반달이 그림처럼 초승달(월하정인)이나 그믐달(야금모행)으로 보일 수 있다. 월식은 망일 때 일어나므로 월식이 일어났을 가능성은 없다.

03
(1) 해설 참조
(2) 감소한다. 전체 달의 공전 주기 자체가 짧아졌기 때문에 지구가 그 시간 만큼 공전하는 공전 각도도 더 작아지므로 차이가 더 작아진다.

해설 (1) 지구와 달 사이의 거리가 절반이 된다면 r 은 $0.5r$ 이 되고, 만유인력 공식에 대입하면 만유인력 F 는 4배가 된다. 이것이 구심력과 같아야 하는데 달의 질량 m 은 변하지 않으므로 속도 v 가 $\sqrt{2}$ 배가 되어야 한다는 것을 알 수 있다.

$$구심력\ F = \frac{mv^2}{r} \quad 만유인력\ F = G\frac{Mm}{r^2}$$

04
(1) B와 G. 달의 공전 궤도면(백도)와 지구의 공전 궤도면(적도)가 겹치는 부분임과 동시에 삭이 일어나는 부분이기 때문이다.
(2) A와 H. 달의 공전 궤도면(백도)와 지구의 공전 궤도면(적도)가 겹치는 부분임과 동시에 망이 일어나는 부분이기 때문이다.
(3) 백도와 황도가 5°만큼 기울어져 있기 때문에 태양-지구-달이 매번 일직선으로 나열되지 않는다.

해설 그림에서 보면 월식이 일어나는 태양 - 지구 - 달과 일식이 일어나는 태양 - 달 - 지구처럼 일직선을 이루는 위치는 A, B, G, H정도이고 나머지는 달의 공전 궤도면과 태양의 공전 궤도면이 일치하지 않으므로 일직선이 되지 않는다.

1. 대류층　　2. 쌀알 무늬　　3. 채층　　4. 플레어
5. 항성월　　6. 백도　　　　7. ③
8. (1) C (2) B, D (3) C　　9. (1) O (2) X
10. 부분 월식　　　　　　　11. (1) ㅂ (2) ㄹ (3) ㄴ
12. ④　　13. ①　　14. ⑤　　15. ⑤　　16. ⑤　　17. ③
18. (1) O (2) X　　19. ④　　20. ③　　21. ④　　22. ②
23. ②　　24. ⑤　　25. (1) A, C (2) 왼쪽　　26. ①
27. ④　　28. ③　　29. ②　　30. ③

01. 답 대류층
해설 태양의 내부 구조에서 광구와 내부의 온도 차 때문에 대류가 일어나는 층은 대류층이다.

02. 답 쌀알 무늬
해설 태양의 표면에서 광구 아래의 열대류 현상 때문에 생기는 무늬는 쌀알 무늬이다.

03. 답 채층
해설 태양의 대기에서 광구 바로 위의 붉게 보이는 대기층은 채층이다.

04. 답 플레어
해설 태양 자기장의 급격한 변동으로 인해 흑점 부근에서 발생한 폭발 현상은 플레어이다.

05. 답 항성월
해설 항성을 기준으로 한 달의 실제 공전 주기는 항성월이다.

06. 답 백도
해설 달이 천구 상에서 지나는 길은 백도이다.

07. 답 ③
해설 ㄴ. 태양 활동이 활발해지면 흑점 수가 증가한다.
ㄷ. 흑점 수가 많았던 1960년에 태양 활동이 활발하였고, 태양풍이 강하여 극지방에 오로라가 자주 발생했을 것이다.

08. 답 (1) C (2) B, D (3) C
해설 (1), (3) 개기 월식은 지구의 본그림자 속에 달이 모두 들어갔을 때 생기며, 지구 대기의 빛의 산란 때문에 붉게 보인다.
(2) 부분 월식은 지구의 본 그림자에 달이 걸쳤을 때 일어난다.

09. 답 (1) O (2) X
해설 (2) 직사법은 망원경의 대물렌즈나 접안렌즈에 태양 필터를 설치하고 파인더 뒤에 종이를 대어 태양상을 찾은 후 접안렌즈로 직접 관측하는 방법이다.

10. 답 부분 월식
해설 달의 일부분이 지구의 본그림자 속에 걸쳤을 때 관측되는 현상은 부분 월식이다.

11. 답 (1) ㅂ (2) ㄹ (3) ㄴ
해설 (1) 초저녁에는 태양이 서쪽 지평선에서 지는 중이다. 이때 남중하는 달은 상현달이다.
(2) 삭은 달이 태양과 같은 방향일 때이다. 이때 달은 태양과 같이 뜨고 진다.

(3) 오전 6시에 태양은 동쪽 지평선 끝에서 떠오른다. 이때 지는 달은 서쪽 끝에 있으며, 자정이라면 남중하는 망이다.
아래 그림은 저녁 6시경 관측자의 지평선을 나타낸 것이며 지평선이 서에서 동으로 시계 반대 방향으로 돌아 자정에는 태양과 반대편에 있게 된다.

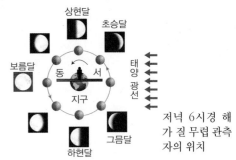

저녁 6시경 해가 질 무렵 관측자의 위치

위상		관측 시각과 위치	날짜(음력)
삭	●	태양과 함께 뜨고 져 관측 불가능	1일경
상현	◐	초저녁(남쪽)~자정(서쪽)	8일경
망	○	초저녁(동쪽)~자정(남쪽)~새벽(서쪽)	15일경
하현	◑	자정(동쪽)~새벽(남쪽)	22일경

12. 답 ④
해설 지구 온난화는 온실 가스 때문이다.

13. 답 ①
해설 지구가 1일 동안 한 바퀴 서→동으로 자전하는 동안 같은 방향으로 달이 13°씩 공전하므로 달은 매일 약 52분씩 늦게 뜬다. 달도 다른 천체와 마찬가지로 하루에 한 바퀴씩 일주 운동한다.

15. 답 ⑤
해설 ⑤ E는 흑점으로 주위보다 온도가 2000K 낮아 검게 보인다.

16. 답 ⑤
해설 ㄴ. A에서 B까지는 항성월로 약 27.3일이 걸린다.

18. 답 (1) O (2) X
해설 (2) (나)는 금환 일식으로 밝은 부분은 채층이며, 그 주위로 퍼진 부분은 코로나이다. 금환 일식이 일어날 때에는 주로 채층과 코로나 외에도 광구의 일부를 관측할 수 있다.

19. 답 ④
해설 달이 서(오른쪽)에서 동(왼쪽)으로 공전하기 때문에 달에 의해 가려지는 일식 때 태양은 오른쪽에서부터 가려지며 진행된다.

20. 답 ③
해설 ③ 달의 공전 주기는 자전 주기와 같기 때문에 지구에서 달의 한쪽 면만 볼 수 있다. 반대로 달은 지구 주위를 공전하므로 달에서는 지구의 모든 면을 볼 수 있다. 달의 자전 방향, 공전 방향, 지구의 자전 방향, 공전 방향 등은 모두 서→동으로 같다.

21. 답 ④
해설 ① 일식은 삭일 때 일어난다.
② 달의 본그림자 내에서는 개기 일식을 관측할 수 있다.
③ 달의 반그림자 내에서는 부분 일식을 관측할 수 있다.
⑤ 달이 지구에서 더 멀어질 때 금환 일식을 관측할 수 있다.

22. 답 ②
해설 달이 태양의 빛을 반사해서 빛나듯이 지구도 우주에서 보면 태양의 빛을 받아 빛난다. 달이 지구 주위를 돈다는 말은 지구가 달

의 주위를 돈다는 것과 같으며 태양 광선이 일정하게 비춰지므로 달과 같은 모양으로 위상이 변하고, 달이 지구 주위를 공전하므로 삭망월인 29.5일을 주기로 한다.

23. 답 ②
해설 달이 공전 궤도상의 A의 위치에 있는 경우는 상현달로 정오에 떠서 저녁 6시에 남중하고 자정에 지는 달이지만 해가 떠 있는 동안에는 볼 수 없다. B의 위치에 있는 경우는 삭으로 태양과 같이 뜨고진다. C의 경우는 하현달로 자정에 떠서 아침 6시에 남중하고 정오에 지는 달이지만 해가 뜨면 볼 수 없다. 이 중 저녁 9시에 하늘에 떠 있는 달은 A의 경우밖에 없으며 저녁 6시에 남중하고 자정에 지는 달이므로 저녁 9시에는 남서쪽에 있게 된다.

24. 답 ⑤
해설 ㄱ. 일정한 시간의 흐름에 따라 찍은 사진을 볼 때 흑점은 일정한 속도로 이동하고 있다.
ㄷ. 달의 자전 방향, 공전 방향, 지구의 자전 방향, 공전 방향, 태양의 자전 방향 등은 모두 서→동으로 같다.

25. 답 (1) A, C (2) 왼쪽
해설 (1) 일식과 월식은 달의 공전 궤도면인 백도와 태양의 공전 궤도면인 적도가 겹쳐지는 A와 C에서 일어난다.
(2) 달이 서에서 동으로 공전하고, 지구의 공전 속도보다 빠르기 때문에 월식 때 달은 왼쪽부터 가려진다.

26. 답 ①
해설 태양과 달이 가장 거리가 먼 A, C는 태양 - 지구 - 달의 순으로 나열된 상태이므로 망이고, 태양과 달의 거리가 가장 가까운 B는 태양 - 달 - 지구의 순으로 나열된 상태이므로 삭이다. 삭일 때 일식이 일어날 수 있다.
ㄴ. A에서 C까지의 기간은 1삭망월로 29.5일이다.
ㄷ. A는 망이고 B는 삭이므로 달의 밝기는 감소한다.

27. 답 ④
해설 (가)는 태양의 적위가 23.5°이므로 하짓날이고, 이날 보름달은 동지점 부근에 위치할 것이다. (나)는 태양의 적위가 −23.5°이므로 동짓날이고, 이날 보름달은 하지점 부근에 위치한다.
ㄱ. 우리나라에서 (가)는 하짓날이다.
ㄴ. 달의 적위가 클수록 달의 남중 고도가 높으므로 달이 하지점 부근에 위치한 (나)가 (가)보다 남중 고도가 높다.
ㄷ. 남중 고도가 높을 수록 빨리 떠서 늦게 지므로 (나)가 (가)보다 빨리 뜬다.

28. 답 ③
해설 ㄷ. 개기 일식을 관측할 수 있는 지역보다 부분 일식을 관측할 수 있는 지역이 더 넓다.

29. 답 ②
해설 ㄱ. 8일에는 태양과 지구 사이에 있던 달이 23일에는 태양 반대쪽으로 이동해서 보름달이 된 것이므로 이 기간 동안 태양과 달 사이는 점점 멀어졌다.
ㄷ. 23일에는 보름달이 뜨는데, 보름달일 때에는 일식이 아니라 월식이 일어날 가능성이 있다.

30. 답 ③
해설 ㄱ. A에서 달의 위상은 삭이고 B에서 달의 위상은 망이다.
ㄴ. 달의 위상이 반복되는 주기는 삭망월로, A에서 D까지의 기간이다.

18강. 행성의 운동 Ⅰ

개념 확인   168~171쪽

1. (1) X (2) X   2. 충
3. ②   4. (1) O (2) O (3) X

1. 답 (1) X (2) X
해설 (1) 지구에서 거리가 가장 가까울 때는 내합이고, 외합은 지구에서 거리가 가장 멀 때이다.
(2) 내행성이 외합 부근에 있을 때는 태양과 함께 뜨고 지므로 관측이 불가능하다. 내행성이 서방 최대 이각에 있을 때, 해뜨기 전에 동쪽 하늘에서 관측된다.

3. 답 ②
해설 화성이 충 위치에 있을 때, 화성은 초저녁에 동쪽 하늘에 떠서 자정에 남쪽 하늘에서 남중한다. 그리고 새벽에 서쪽 하늘에서 진다. 보름달의 출몰과 같다. 관측 시간은 지구 기준 서로 반대편에 있으므로 태양과 행성의 이각(180) ÷ 15 = 약 12시간 동안 관측된다.

4. 답 (1) O (2) O (3) X
해설 (3) 내행성의 공전 속도가 지구의 공전 속도보다 빠르기 때문에 역행이 나타난다.

확인+   168~171쪽

1. X, 보름달 모양   2. (1) X (2) X (3) O
3. (1) O (2) O   4. ㉠ : 서구 ㉡ 동구 ㉢ 충

2. 답 (1) X (2) X (3) O
해설 (1) 외행성은 새벽이나 초저녁, 자정 무렵에도 관측할 수 있다.
(2) 외행성이 서구에 있을 때 하현달과 보름달 사이 모양으로 관측된다.

3. 답 (1) O (2) O
해설 (1) 금성은 서방 최대 이각에 있을 때 해 뜨기 전에 동쪽 하늘에서 하현달 모양으로 관측된다.
(2) 금성은 내합에 있을 때 지구와 가장 가까우므로 시직경은 최대이고, 외합에 있을 때 시직경은 최소이다.

개념 다지기   172~173쪽

01. ①   02. ②   03. ②   04. ④
05. ①   06. ㉠ : 내합 ㉡ : 동방 최대 이각
07. ②   08. ③

01. 답 ①
해설 금성은 내행성이다.
ㄱ. 내행성의 시직경은 내합에 가까울수록 커지고, 외합에 가까울수록 작아진다.

ㄴ. 내행성을 가장 오래 관측할 수 있을 때는 최대 이각 때이다. 관측 가능 시간은 태양과 행성의 이각 ÷ 15° 이고, 금성의 최대 이각은 48° 이므로 약 3시간 정도 관측 가능하다.

ㄷ. 금성은 새벽이나 초저녁에만 관측되고 자정 무렵에는 관측되지 않는다.

02. 답 ②

해설 해 진 후 서쪽 하늘에서 가장 오래 관측할 수 있는 금성의 위치는 동방 최대 이각에 있을 때이다.

03. 답 ②

해설 ① 외행성이 지구에서 가장 가깝게 접근한 위치를 충이라고 한다.

② 외행성을 가장 오랫동안 관측할 수 있을 때를 충이라고 하며 보름달 처럼 12시간 동안 관측 가능하다.

③ 태양과 이루는 각 중 가장 큰 각을 최대 이각이라고 하는 것은 내행성이다. 외행성은 동구 또는 서구라고 한다.

④ 외행성이 지구로부터 가장 멀리 떨어져 있는 위치는 합이라고 한다.

⑤ 외행성이 서구에 있을 때, 자정에 동쪽 하늘에서 떠올라 해 뜰 무렵에 남중한다. 동구에 있을 때, 초저녁에 남쪽 하늘에서 떠올라 자정에 서쪽 하늘에 위치한다.

04. 답 ④

해설 ㄱ. 화성이 충에 있을 때 지구와 가장 가까워 크고 밝게 보인다.

ㄴ. 화성은 충 부근에서 역행한다.

ㄷ. 초저녁에 동쪽 하늘에서 떠서 자정에 남쪽 하늘에서 관측되며, 새벽에 서쪽 하늘에서 진다.

ㄹ. 화성의 시직경은 지구에 가장 가까운 충에 있을 때 가장 크고, 지구에서 가장 먼 합의 위치일 때 가장 작다.

05. 답 ①

해설 ㄱ. 금성이 서방 최대 이각에 있을 때, 해뜨기 전에 동쪽 하늘에서 관측된다. 동방 최대 이각에 있을 때, 해 진 후 서쪽 하늘에서 관측된다.

ㄴ. 목성을 가장 오래 관측할 수 있는 곳은 태양과 행성의 이각이 180° 로 가장 큰 충이다.

ㄷ. 내행성인 금성은 새벽이나 초저녁에만 관측되고 자정 무렵에는 관측되지 않는다. 외행성인 목성은 새벽이나 초저녁, 자정 무렵에도 관측할 수 있다.

06. 답 ㉠ : 내합 ㉡ : 동방 최대 이각

해설 내행성은 내합에 위치할 때 시직경이 최대이고, 외합에 위치할 때 시직경이 최소이다. 동방 최대 이각에 있을 때 상현달 모양으로 해가 진 후 초저녁에 서쪽 하늘에서 관측 가능하다.

07. 답 ②

해설 ㄱ. 화성이 역행할 때는 충 부근에 위치하므로 거리가 가장 가까워 가장 밝게 보인다.

ㄴ. 화성은 충 부근에서 역행하고, 대부분 기간 순행한다.

ㄷ. 화성이 합에서 서구로 이동할 때 순행하므로 천구 상에서 서쪽에서 동쪽으로 이동하는 것처럼 보이는 운동을 한다.

08. 답 ③

해설 화성이 충에 위치하면 지구와 가장 가까우므로 가장 크게 보인다. 화성은 충 부근을 지날 때 동쪽에서 서쪽으로 이동하는 역행을 한다. 따라서 화성이 C에 위치하면 가장 크게 보일 것이다.

[유형18-1] ②
     01. ⑤   02. ①
[유형18-2] ④
     03. ①   04. ①
[유형18-3] (1) 서구 (2) 서방 최대 이각 (3) 약 45°
     05. ②   06. ②
[유형18-4] ⑤
     07. ③   08. ①

[유형18-1] 답 ②

해설 내행성의 동방 최대 이각은 해 진 후 초저녁에 서쪽 하늘에서 관측되며, 내합은 관측이 불가능하다. 그리고 내행성이 동방 최대 이각에서 내합으로 이동할 때 시직경은 증가하여 내합에서 시직경이 최대이다.

01. 답 ⑤

해설 ㄱ. 금성의 위상이 그믐달에서 하현달의 위상으로 변하는 것으로 보아 새벽녘 동쪽 하늘에서 관측한 것이다.

ㄴ. 금성이 내합에서 외합으로 이동하는 과정을 나타낸 것으로 (나)에서 B → C → D 로 이동하고 있다.

ㄷ. (가)의 A는 서방 최대 이각으로 하현달 모양의 위상을 가지며, (나)에서 C의 위치에 해당한다.

02. 답 ①

해설 ㄱ. A에서 B로 이동하면서 지구에 점점 가까워지므로 시직경이 점점 증가한다.

ㄴ. C일 때 서방 최대 이각 위치이며 새벽에 동쪽 하늘에서 관측되고 위상은 하현달 모양이다.

ㄷ. D는 지구 - 태양 - 내행성 순으로 일직선으로 놓여 태양과 금성이 같이 뜨기 때문에 관측이 불가능하다.

[유형18-2] 답 ④

해설 ㄱ. A는 충으로 지구와 가장 가까워 크고 밝게 보이며 오래 관측되기 때문에 관측에 적합하다.

ㄴ. 화성이 B에 있을 때 서구로 새벽에 남중하고, C에 있을 때 동구로 초저녁에 남중한다.

ㄷ. 화성이 D에 있을 때 합으로 위상은 보름달 모양이지만 관측하기는 불가능하다.

03. 답 ①

해설 ㄱ. 이 날 화성은 태양의 서쪽에 있으며, 지구를 중심으로 태양과 화성이 직각을 이루는 위치이므로 서구이다.

ㄴ. 화성은 지구보다 공전 속도가 느리므로 위치 관계는 공전 방향과 반대로 변해 서구에서 충으로 이동한다. 그러므로 태양과 화성의 이각이 점점 커지므로 서구 이후 화성은 충에 이르기 전까지 화성의 관측 시간은 점점 길어진다.

ㄷ. 서구의 위치에서는 자정에 떠서 새벽에 남중하고 정오에 진다.

위치	뜨는 시각	남중 시각	지는 시각	관측 시간
합	새벽	정오	초저녁	0 시간
서구	자정	새벽	정오	약 6시간
충	초저녁	자정	새벽	약 12시간
동구	정오	초저녁	자정	약 6시간

04. 답 ①

해설 ㄱ. A 시기는 화성이 태양보다 나중에 뜬다. 태양의 동쪽(왼쪽)에 화성이 위치하여 태양이 먼저 지므로 태양이 진 초저녁에 서쪽 하늘에서 관측 가능하다.

ㄴ. B 시기에는 화성이 태양과 함께 뜨기 때문에 관측이 어렵고, 지구에서 화성까지의 거리가 가장 멀기 때문에 시직경이 가장 작다. 따라서 화성은 합에 위치해 있다.

ㄷ. C 시기에는 화성이 태양의 서쪽(오른쪽)에 위치해 태양보다 먼저 뜨므로 새벽에 동쪽 하늘에서 관측된다. C 위치에서보다 충에서 관측하기 가장 좋다.

[유형18-3] 답 (1) 서구 (2) 서방 최대 이각 (3) 약 45°

해설 (1) 목성이 서구에 위치할 때 자정에 떠서 새벽에 남중하고 정오에 진다.

(2) 금성이 서방 최대 이각에 위치할 때 해가 뜨기 전 동쪽 하늘에서 금성을 관측할 수 있다.

(3)

현재 금성과 목성의 위치는 위 그림과 같다. 그림의 동과 서는 관측자 입장에서의 지평선에서의 방향이다. 현재 관측자 입장에서 해뜨기 직전 금성은 남동쪽 하늘에 있다. 금성은 9시간(각거리 135°) 후 서쪽 지평선과 만나게 되고 이후 지게 된다. 따라서 태양과 금성 사이의 각거리는 45°이다.

05. 답 ②

해설 화성은 남중하고 있고 금성은 서쪽 하늘에 보이므로 상대적 위치는 다음 그림과 같다. 그림의 동과 서는 관측자 입장에서의 지평선에서의 방향이다.

ㄱ. 금성이 서쪽 지평선 부근에서 보이는 때는 해가 진 직후인 초저녁에 관측한 모습이다.

ㄴ. 초저녁에 화성이 남중했으므로 화성의 남중 시각은 태양보다 약 6시간 늦다. 따라서 화성은 태양의 동쪽에서 90° 떨어진 동구 부근에 위치한다.

ㄷ. 금성이 초저녁에 보일 때 금성은 태양보다 동쪽에 있으므로 동방 최대 이각 부근에 위치한다.

06. 답 ②

해설 ㄱ. A는 지구로부터 가장 멀리 있는 위치이므로 외합이고, C는 지구로부터 가장 가까이 있는 위치이므로 내합이다.

ㄴ. 금성이 상현달 모양인 동방 최대 이각에서 초승달 모양인 내합 부근으로 이동하는 동안 태양과 금성 사이의 이각이 감소하므로 금성을 관측할 수 있는 시간은 짧아진다.

ㄷ. (나)에서 금성의 시직경이 커졌으므로 금성과 지구 사이의 거리는 가까워지고, 위상이 상현달에서 초승달 모양으로 변하였으므로 금성이 동방 최대 이각에서 내합 부근으로 이동할 때이다.

[유형18-4] 답 ⑤

해설 ㄱ. 금성은 내합 부근에서 역행하고, 외합 부근에서 순행한다.

ㄴ. A와 B에서는 운동 방향이 바뀌면서 잠시 머물러 있는 것처럼 보이는 유가 관측된다.

ㄷ. 금성이 B에서 A로 공전하는 동안 순행하기 때문에 적경이 증가한다.

07. 답 ③

해설 ㄱ. 화성은 충 부근에 위치할 때 역행하며 가장 밝게 보인다.

ㄴ. 8월 1일 무렵 화성은 충에서 합으로 가는 경로 상에 위치하므로 태양보다 동쪽에 있다. 따라서 태양이 지고 난 후 화성은 아직 지지 않아서 서쪽 하늘에 초저녁에 관측된다.

ㄷ. 화성의 공전 속도가 지구의 공전 속도보다 느리기 때문에 겉보기 운동이 나타난다.

08. 답 ①

해설 ㄱ. 화성은 별자리에 대해 동쪽에서 서쪽으로 위치가 변하므로 천구상에서 역행하고 있다.

ㄴ. 화성은 역행하므로 충 부근에 있다. 따라서 이 기간 동안 화성은 초저녁에 동쪽 하늘→자정에 남쪽 하늘→새벽녘에 서쪽 하늘에서 보인다.

ㄷ. 화성의 공전 속도가 지구의 공전 속도보다 느리기 때문에 역행이 나타난다.

창의력 & 토론마당   178~181쪽

01

> (1) C, ⑤
>
> (2) P : B , Q : A , R : C
>
> (3) ㄱ, ㄴ, ㄷ

해설 (1) 금성이 서방 최대 이각의 위치에 있을 때이므로, 위상은 하현달 모양이다.

(2) Q일 때 태양 - 금성 - 지구의 순서로 일직선을 이루는 내합의 위치를 지날 때이므로 거리가 가장 가까운 B이다. P일 때는 내합을 지나기 전인 동방 최대 이각인 A이다. R일 때는 내합을 지난 후인 서방 최대 이각인 C이다.

(3) ㄱ. P는 동방 최대 이각이고, Q는 내합이기 때문에 시직경이 증가한다. ㄴ. Q는 내합이고, R은 서방 최대 이각이다. 관측 가능 시간은 태양과 행성의 이각 ÷ 15°이다. 내행성이 태양에서 가장 큰 각도로 떨어지는 서방 최대 이각에 가까울수록 관측 가능 시간이 증가한다. ㄷ. 내행성은 내합의 위치 전후에서 역행이 일어난다. 이때 금성은 내합에 있으므로 동쪽에서 서쪽으로 역행한다.

02

> (1) 초저녁, 서쪽 하늘
>
> (2) 보름달에 가까운 모양
>
> (3) 순행, 해설 참조

해설 (1) 달의 오른쪽 부분이 얇게 빛나고 있으므로 초승달이고 태양은 달의 오른쪽 아래에 가깝게 위치한다. 따라서 그림은 초저녁 서쪽 하늘의 모습이다.

(2) 화성은 외행성이므로 초저녁 서쪽 하늘에서 관찰될 때는

동구 ~ 합 사이에 위치한다. 따라서 화성의 위상은 보름달에 가까운 모양이다. 충~동구 사이에 있을 때는 초저녁 동쪽 하늘에서 관찰된다.

(3) 토성이 초저녁 서쪽 하늘에서 관찰되므로 동구 ~ 합 사이에 위치한다. 따라서 순행하고 있다.

03
(1) D, 초저녁
(2) 시직경이 작아진다.
(3) C, 초승달
(4) A, 외합

[해설] A는 공전 주기가 짧으므로 수성이다. B는 1년 동안 지는 시간이 한 주기 반복되며 가장 늦게 질 때가 20시 무렵이므로 태양이다. D는 자정 무렵에도 관측이 가능한 행성이므로 외행성인 화성이다. 나머지 C는 태양보다 2시간 가량 늦게 지거나 일찍지는 것으로 금성이다.

(1) 6월 중순에 화성은 자정에 지므로 동구에 위치한다. 따라서 초저녁에 남중한다.

(2) 6월 중순에서 7월로 갈수록 지는 시간이 빨라진다. 화성은 지구보다 공전 속도가 느리므로 지구에서 관측할 때 위치 관계는 공전 방향과 반대로 변하므로 동구에서 합으로 이동한다. 따라서 시직경이 점점 작아진다.

(3) 9월에 금성은 태양보다 지는 시각이 늦으므로 태양보다 동쪽에 위치하고 있고, 10월 중순에 태양과 같이 지므로 내합에 가까운 위치에 있다. 따라서 금성의 위상은 초승달 모양이다.

(4) 수성은 지구보다 공전 속도가 빠르므로 지구에서 관측할 때 상대적으로 지구를 앞질러서 공전하게 된다. 10월 중순 이전에 수성은 태양보다 먼저 지다가 10월 중순에는 태양과 같이 지고, 10월 중순 이후에는 수성이 태양보다 나중에 지므로 태양의 서쪽에 위치하다가 태양과 일직선이 되었다가 태양의 동쪽에 위치하였다. 따라서 10월 중순에 수성은 외합 부근에 위치한다.

04
(1) B → C → D
(2) ㄱ, 한밤중
(3) 외행성이 지구보다 바깥쪽 궤도에서 지구보다 느리게 공전하기 때문에 역행이 일어난다.

[해설] (1) 순행은 서 ⇨ 동이고, 역행은 동 ⇨ 서이다. 따라서 순행은 E ⇨ B, D ⇨ A이고, 역행은 B ⇨ D이다.

(2) 화성은 충의 위치에서 역행이 일어난다. 따라서 그림 (가)의 C는 충이므로, 그림 (나)에서 충의 위치인 ㄱ이다. 화성이 충에 위치할 때, 자정에 남중한다.

(3) 역행이 나타나는 이유는 행성들의 공전 속도가 각각 다르기 때문이다. 외행성은 지구보다 바깥쪽 궤도에서 지구보다 느리게 공전하기 때문에 충 부근에서 역행이 일어난다.

스스로 실력 높이기 182~187쪽

01. ①   02. (1) O (2) X (3) X   03. ①
04. 동구   05. 동방 최대 이각
06. ㉠ 초저녁 ㉡ 감소 07. (1) X (2) X (3) X (4) O
08. ㉡ 내합 ㉠ 최대 09. (1) O (2) O (3) O
10. ①   11. ⑤   12. ②   13. ⑤   14. ①
15. ①   16. ②   17. ③   18. ④   19. ⑤
20. ⑤   21. ④   22. ⑤   23. ⑤   24. ③
25. ②   26. ⑤   27. ②   28. ③   29. ①
30. ①

1. [답] ①
[해설] ㄴ. 금성이 서방 최대 이각의 위치에 있을 때 위상은 아래와 같이 하현달 모양이다.

ㄷ. 내행성이 천구상에서 서→동으로 이동할 때 적경이 증가하고, 동→서로 이동할 때 적경이 감소한다. 따라서 서방최대이각 → 외합 → 동방최대이각 일 때 적경이 증가하고, 동방최대이각→ 내합→ 서방최대이각 일 때 적경이 감소한다.

2. [답] (1) O (2) X (3) X
[해설] (1) 금성이 최대 이각 부근에 위치할 때 이각이 약 48° 로 3시간 정도 관측 가능하다.
(2) 동방 최대 이각 위치에 금성이 있을 때 해 진 후 서쪽 하늘에서 관측할 수 있다.
(3) 시직경은 내합에 가까울수록 커지고, 외합에 가까울수록 작아진다.

3. [답] ①
[해설] 태양을 중심으로 일정한 각도 안에서 멀어지지 않는 행성은 내행성이다.

4. [답] 동구
[해설] 자정에는 관측자가 태양과 반대 방향에 있다. 그림은 토성이 자정에 서쪽 지평선으로 지는 모습이다. 토성이 동구에 위치할 때, 정오에 동쪽 지평선에서 떠서 초저녁에 남중하고 자정에 서쪽 지평선에서 진다.

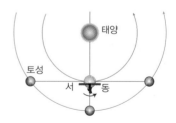

5. [답] 동방 최대 이각
[해설] 금성이 동방 최대 이각에 위치할 때 해 진 후 서쪽 하늘에서 3시간 동안 관측할 수 있다.

6. [답] ㉠ 초저녁 ㉡ 감소

해설 외행성은 지구보다 공전속도가 느리므로 지구에서 본 상대적 위치가 태양을 시계 방향으로 도는 방향으로 변한다. 따라서 동구→합으로 상대적 위치가 변하는데, 지구로부터 거리가 멀어지므로 크기가 작아지며, 시직경이 감소한다. 외행성이 동구에 있을 때에는 태양이 질 때 머리 위에 있으므로 초저녁에 남중한다.

7. 답 (1) X (2) X (3) X (4) O
해설 그림(나)는 해가 질 때 서쪽 하늘의 내행성을 나타낸 것이며 A, B, C, E 는 그림(가)의 ㄱ, ㄴ, ㄷ, ㄹ에 각각 대응한다.
(1) A는 외합으로 지구로부터 가장 멀므로 시직경이 최소이다.
(2) 내행성은 초저녁과 새벽에 관측 가능하고 자정에는 관측할 수 없다.
(3) C에서 D로 갈수록 태양과 행성의 이각이 작아지기 때문에 관측 시간이 감소한다.
(4) (E)는 내합으로 (가)의 ㄹ에 해당한다.

8. 답 ㉡ 내합 ㉠ 최대
해설 내행성은 지구와 가까운 내합 부근에서 역행하고 외합 부근에서 순행한다. 외행성이 역행할 때 지구와 가까운 충에 위치하기 때문에 시직경은 최대이다.

9. 답 (1) O (2) O (3) O
(2) 내행성은 순행할 때 서→동으로 이동하므로 적경이 증가하고, 역행할 때 동→서로 이동하므로 적경이 감소한다.
(3) 외행성은 지구와 가까운 충에서 역행하므로 자정에 남중한다.

10. 답 ①
해설 ①,② 화성이 충에 위치할 때 가장 가깝기 때문에 시직경이 가장 크고 밝게 관측된다.
③ 자정에 남중하므로 새벽에 서쪽 하늘에서 관측된다.
④ 지구를 중심으로 태양과 화성의 이각은 180°이다.
⑤ 천구 상에서 동쪽에서 서쪽으로 이동하는 역행을 한다.

11. 답 ⑤
해설 ㄱ. C는 지구에서 가장 멀리 있는 위치이므로 외합이고, A는 지구로부터 가장 가까이 있는 위치이므로 내합이다.
ㄴ. 그림은 해가 뜰 때 관측자 입장에서의 동쪽과 서쪽을 표시한 것이다. 지평면은 서에서 동으로 화살표 방향으로 회전한다. B에 있을 때 금성은 서방 최대 이각으로, 해뜨기 전 동쪽 하늘에서 보인다.

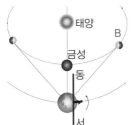

ㄷ. D에 있을 때 동방 최대 이각으로 금성의 위상은 상현달 모양이다.

12. 답 ②
해설 동쪽 하늘에서는 태양이 뜨기 직전 새벽에 금성을 관측할 수 있다. 이때 금성은 내합→서방최대이각 →외합으로 상대적 위치 이동이 일어난다. 그림(가)에서 A(내합)→B→C(서방최대이각)→D→E(외합) 으로 상대적 위치 이동이 일어난다.
ㄱ. (가)에서 A에서 B로 이동하는 동안 (나)에서는 ㄴ에서 ㄷ으로 이동한다.
ㄴ. C 위치에 있는 금성은 서방 최대 이각에 위치하므로 하현달과 같은 위상을 갖는다.

ㄷ. 금성의 시직경은 지구로부터 멀어질수록 작아지므로 A가 가장 크고, E가 가장 작다. 따라서 D 위치가 E 위치에서보다 시직경이 크다.

13. 답 ⑤
해설 ㄱ. 달의 오른쪽 부분이 빛나는 것으로 보아 초승달에 해당하며, 초승달은 초저녁에 서쪽 하늘에서 관측된다.
ㄴ. 금성과 달은 모두 태양빛을 받아서 반사하며, 금성과 달이 모두 비슷한 방향에 위치하므로 밝게 빛나는 부분도 비슷할 것이다. 따라서 금성은 달과 같이 오른쪽 부분이 빛나는 상현달의 모습으로 보인다.
ㄷ. 금성이 상현달 모양으로 보이기 때문에 동방 최대 이각 부근이다. 다음 날 같은 시각에 관측하면 내합에 가까워져 시직경이 더 클 것이다.

14. 답 ①
해설 ㄱ. 목성은 외행성이므로 공전 속도가 지구보다 느리다. 따라서 다음날 목성은 상대적 위치가 시계 방향으로 변한다. 따라서 태양보다 서쪽으로 이동하게 되어 남중 시각이 빨라진다.
ㄴ. 목성은 지구와 멀 때 천구 상에서 순행하기 때문에 적경은 증가한다.
ㄷ. 목성이 서구쪽으로 이동하면서 지구와 가까워지기 때문에 시직경이 증가한다.

15. 답 ①
해설 아래 그림은 태양과 지구와 목성의 배치에서 서쪽 지평선에서 해가 질 때 목성의 위치를 나타낸 것이다. 그림의 동서 방향은 관측자 입장이다.

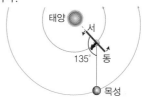

ㄱ. 목성은 해가 진 이후에 관측될 것이다. 태양 - 지구 - 목성이 이루는 각이 135°이므로 해가 진 직후에 목성은 서쪽 지평선에서 135° 동쪽 방향인 남동쪽 하늘에 위치한다.
ㄴ. 행성의 관측 시각은 태양 - 지구 - 행성이 이루는 각(이각)÷15° 이므로 목성이 관측 가능한 시간은 135° ÷ 15° = 9시간이다.
ㄷ. 목성은 동구와 충 사이이기 때문에 위상은 상현달과 보름달 사이의 모양이다.

16. 답 ②
해설 ㄱ. 금성과 토성은 지구의 자전 운동에 따른 일주 운동으로 서쪽 지평선을 향하여 이동한다. 따라서 금성은 금방 지므로 토성보다 관측 시간이 짧다.
ㄴ. 해가 진 직후에 관측된 모습이므로 태양은 서쪽 지평선 바로 아래에 위치하고 있을 것이다. 금성은 태양빛을 받아서 반사하기 때문에 태양이 있는 방향이 밝게 빛난다. 따라서 금성은 오른쪽 부분이 밝게 빛나므로 상현달과 같은 모양의 위상을 갖는다.
ㄷ. 토성은 해가 진 직후에 남쪽 하늘에 위치하고 있으므로 6시간이 지난 자정쯤 서쪽 지평선 아래로 진다. 따라서 토성은 이 날 동쪽 하늘에서 관측할 수 없다.(아래 그림 참고)

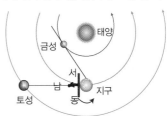

17. 답 ③

해설 ① 금성이 서방 최대 이각에 위치하면 해 뜨기 전 동쪽 하늘에서 가장 높은 위치에서 관측된다.
② 금성의 시직경이 가장 큰 시기는 내합 때이다.
③ 서방 최대 이각일 때 내행성이 태양과 이각이 가장 크기 때문에 가장 오래 관측 가능하다.
④ 금성의 위상은 하현달 모양에 가깝다.
⑤ 이 날 자정에 금성은 관측할 수 없다.

18 답 ④

해설 ㄱ. 역행이 일어날 때 적경이 감소하고, 순행이 일어날 때 적경이 증가한다.
ㄴ. 역행이 일어날 때 충에 위치하므로 외행성은 보름달 모양으로 초저녁에 떠서 자정에 남쪽 하늘에 남중하고, 새벽에 진다.
ㄷ. 지구에서 가까운 행성일수록 역행의 폭이 크기 때문에 목성이 화성보다 역행의 폭이 작다.

19. 답 ⑤

해설 ㄱ. 3월에 적경이 감소하므로 역행한다는 것을 알 수 있다. 역행할 때 화성은 충에 위치한다.
ㄴ. 5월에는 적경이 감소하므로 역행한다. 따라서 천구 상에서 동쪽에서 서쪽으로 이동했다.
ㄷ. 이 기간 동안 적경이 감소하다가 증가하거나 증가하다가 감소하는 부분이 2군데 존재하기 때문에 화성은 2번 유의 위치에 있었다.

20. 답 ⑤

해설 ㄱ. A에서 B 기간 동안 화성은 천구 상에서 서에서 동으로 순행하므로 적경이 증가한다.
ㄴ. B에서 D 기간 동안 화성은 동에서 서로 겉보기 운동하므로 역행한다.
ㄷ. C는 역행 구간의 중심이므로 충 부근이다. 따라서 시직경이 가장 크다.

21. 답 ④

해설 지구에서 관측된 내행성인 수성과 금성의 위상이 모두 반달 모양이므로 모두 최대 이각의 위치이다. 수성의 최대 이각이 금성보다 작으므로 모두 동방 최대 이각의 위치라면 초저녁 해가 졌을 때 관측한 수성은 금성보다 서쪽(오른쪽)에 치우쳐 있고, 지평선으로부터의 수성의 높이가 낮을 것이다. 따라서 수성과 금성을 잇는 축을 그리면 왼쪽이 위로 올라가는 모양이 된다.
한편, 모두 서방 최대 이각의 위치라면 새벽녘 해가 뜨기 직전 동쪽 하늘에서 수성은 금성보다 동쪽(왼쪽)으로 치우쳐 있고, 지평면으로부터 수성의 높이가 금성보다 낮을 것이다. 따라서 수성과 금성을 잇는 축을 그리면 오른쪽이 위로 올라가는 모양이 된다. 따라서 문제의 그림은 수성과 금성이 서방 최대 이각에 위치해 있고, 해뜨기 전 동쪽 하늘의 모양이다.
이때 화성은 금성보다 이각이 더 커서 지평선으로부터 금성보다 더 높게 있고, 금성보다 서쪽(오른쪽)에 있어서 관측자가 관측할 때 동쪽 지평선에서 금성보다 먼저 뜨게 된다.

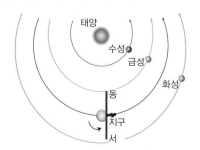

ㄱ. 문제의 그림은 각 행성들이 동쪽 하늘에서 떠 올라왔을 때의 모습이다. 태양은 수성에 가까운 위치에 있어야 하므로 동쪽 지평선 아래에 있다. 따라서 태양이 뜨기 전 동쪽 하늘의 모습이다.
ㄴ. 시직경은 지구와의 거리가 가장 가까운 내합일 때 가장 크다.
ㄷ. 다음날 금성은 서방 최대 이각 위치에서 외합을 향하기 때문에 태양과 금성 사이의 이각은 이 날보다 작아진다.
ㄹ. 다음날 태양과 수성 사이의 이각이 작아지므로 관측 시간이 짧아진다.

22. 답 ⑤

해설 목성이 자정 무렵 남쪽 하늘에 관측되는 것은 목성이 충에 위치에 있을 때이며, 같은 기간 새벽에 서쪽 하늘에서 관측된다.

23. 답 ⑤

해설 ㄱ. A와 C는 외행성이 지구와 가장 가까울 때이므로 충의 위치이며, B는 가장 멀 때이므로 합의 위치이다. 외행성의 공전 속도는 지구보다 느리므로 시운동은 충 → 동구 → 합 → 서구 의 순서로 변해가고, A → B 구간에서 동구를 지난다.
ㄴ. B → C 구간에서 외행성은 지구와의 거리가 점점 가까워지므로 시직경이 증가한다.
ㄷ. B는 합의 위치이기 때문에 위상은 보름달 모양이다.

24. 답 ③

해설 ① 시직경이 가장 작기 때문에 A는 지구와 가장 멀리 있다.
② 금성은 지구와 가까운 E 부근에서 역행하므로 A에서 C로 운동하는 경우 순행한다.
③ 금성이 C에 위치에 있을 때 최대 이각이다. 따라서 3시간 정도 가장 오래 관측 할 수 있다.
④ A에서 D로 운동하는 동안 점점 지구에 가까이 오므로 금성의 시직경은 커진다.
⑤ E에 위치할 때 위상은 삭이다.

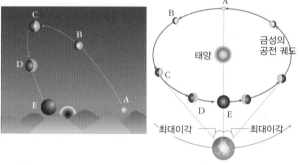

25. 답 ②

해설 ㄱ. E_1 - M_1 의 관계는 충이고, E_2 - M_2의 관계는 화성이 동구가 되기 약간 전이다.
ㄴ. 외행성은 충 부근에서 역행하고, 동구에서 순행하므로 이 기간 동안 역행 - 유 - 순행의 겉보기 운동을 했다.
ㄷ. 시직경이 가장 큰 충 위치에서 점점 멀어지므로 시직경은 점점 작아진다.

26. 답 ⑤

해설 ㄱ. 이 날 금성이 태양면을 통과하였으므로 금성의 위치 관계는 태양 - 금성 - 지구의 순서로 일직선을 이루는 내합의 위치에 있었다.
ㄴ. 내행성은 내합의 위치 전후에서 역행이 일어난다. 이 날 금성은 내합에 있으므로 동쪽에서 서쪽으로 역행하고 있다.
ㄷ. 금성이 내합을 지난 후에는 태양의 서쪽에 위치하므로 한동안 새벽에 관측된다.

27. **답** ②

해설 ㄱ. 4월 초에 수성은 동방 최대 이각 부근에 위치하므로 초저녁 서쪽 하늘에서 관측할 수 있다. 금성은 외합이 되기 이전이므로 서방 이각에 위치하므로 새벽에 관측할 수 있다. 따라서 4월 초에는 사진처럼 수성과 금성을 동시에 관측할 수 없다.

ㄴ. 6월에 금성은 외합을 지나 동방 최대 이각으로 진행 중이다. 내행성은 내합 부근에서만 역행하기 때문에 이 시기에 금성은 순행한다. 따라서 적경은 증가한다.

ㄷ. 6월 중순 수성은 외합 위치에 존재하기 때문에 천구 상에서 서쪽에서 동쪽으로 이동하는 순행을 했다.

28. **답** ③

해설 금성은 내행성이므로 해가 진 후 서쪽 하늘, 해 뜨기 전 동쪽 하늘에서 관측할 수 있다.

ㄱ. 10월 26일 금성과 목성은 해 뜨기 전에 동쪽 하늘에서 관측된다.

ㄴ. 6월 30일에는 금성과 목성이 태양의 동쪽에 위치하고, 10월 26일에는 금성과 목성이 태양의 서쪽에 위치한다. 목성은 동구 → 합 → 서구 → 충 → 동구로 상대적인 위치가 변하므로, 이 기간 중에 목성은 합을 통과한다.

ㄷ. 외행성의 경우 충 부근에서, 내행성의 경우 내합 부근에서 역행이 일어난다. 이 기간 중 금성은 내합을 통과하므로 역행하여 적경이 감소하는 시기가 있다.

29. **답** ①

해설 금성은 지구와의 거리가 가까워 밝으므로 겉보기 등급이 음수로 크다. (겉보기 등급은 숫자가 작을수록 밝다.) 따라서 A는 금성이며, 그래프에서 세로축 위로 올라갈수록 밝은 것이다.

ㄱ. A 는 금성으로, 가장 밝게 보이는 시기는 2월 중순으로 이때 내합의 위치에 있고 시직경도 가장 크다.

ㄴ. B는 외행성으로 4월에 가장 밝게 관측되므로 충에 위치한다. 따라서 5월에 B는 충과 동구 사이에 위치하기 때문에 초저녁에 동쪽 하늘에서 관측된다.

ㄷ. 3월 말에 금성인 A는 서방 최대 이각 부근에 위치하고, 외행성인 B는 충이 되기 직전이다. 이 기간에 천구 상에서 태양은 춘분점에서 하지점 쪽으로 약간 지난 위치이므로 A는 동지점~춘분점 사이, B는 추분점에 가까운 곳에 위치한다. 따라서 적경은 A가 더 크다.

30. **답** ①

해설 수성은 내행성으로 공전궤도 이심률이 커서 시운동이 일정하지 않다. 문제의 그림은 해가 진 직후 서쪽하늘의 모습이다. 수성은 외합→동방최대이각 위치→내합 으로 시운동하며 동방최대이각 위치→ 내합의 운동에서는 역행한다.

ㄱ. 수성의 시직경은 B(동방 최대 이각)에서보다 지구에 가까운 A(내합 부근)에서 크다.

ㄴ. 해가 진 직후에 지표면에서 가장 먼 위치에 해당하는 B는 동방 최대 이각 부근에 위치한다.

ㄷ. 2월 22일경에 수성은 내합 부근에 위치하므로 배경별에 대해 동쪽에서 서쪽으로 이동하는 역행이 일어난다.

ㄹ. 6월 28일경에 수성은 내합 부근에 위치하므로, 7월 말에 수성은 태양의 서쪽(오른쪽)에 위치하게 된다. 따라서 7월 말에 수성은 새벽에 해뜨기 전 동쪽 하늘에서 관측할 수 있다.

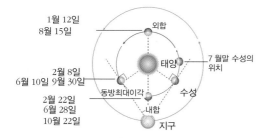

19강. 행성의 운동 II

1. 공전 주기   2. ㉡ 원일점 ㉠ 느리다   3. 주전원
4. ㉠ 태양 ㉡ 지구

2. **답** ㉡ 원일점 ㉠ 느리다

해설 행성의 타원 궤도에서 행성이 태양과 가장 가까이 있게 되는 위치를 근일점, 가장 멀리 있게 되는 위치를 원일점이라고 한다. 이때 행성의 공전 속도는 근일점에서 가장 빠르고, 원일점에서 가장 느리다.

3. **답** 주전원

해설 프톨레마이오스의 지구 중심설에 의하면 태양과 달을 제외한 행성들은 주전원을 따라 돌면서 주전원의 중심은 서로 다른 주기를 가지고 지구 주위를 공전한다. (천체들이 지구 주위를 돌면서 그리는 원을 이심원이라고 한다.)

1. 0.2   2. 8   3. ㉠ 태양 ㉡ 공전 속도
4. 목성의 위성

1. **답** 0.2

해설 수성은 내행성이다. 따라서 내행성의 공전 주기가 P, 지구의 공전 주기 $E = 1$, 회합 주기가 S 일 때, 다음 공식이 성립한다.

$$\frac{1}{S} = \frac{1}{P} - \frac{1}{E}$$

$$\therefore \frac{1}{0.3} = \frac{1}{P} - 1 \Rightarrow P = \frac{3}{13} = 0.2307\cdots \fallingdotseq 0.2(년)$$

2. **답** 8

해설 케플러 제3법칙에 의하면 행성의 공전 주기(P)와 그 행성의 공전 궤도 장반경(a)은 다음의 관계가 성립한다.

$$\frac{a^3}{P^2} = k \,(일정)$$

이때 공전 주기의 단위로 년, 공전 궤도 장반경의 단위로 AU를 쓰면, $k = 1$이 되어, $P^2 = a^3$ 이 된다.

$$\therefore P^2 = 4^3 = (2^2)^3 = (8)^2$$
$$\therefore P = 8$$

3. **답** ㉠ 태양 ㉡ 공전 속도

해설 코페르니쿠스의 ㉠ 태양 중심설은 태양에서 멀리 떨어져 있는 행성일수록 행성의 ㉡ 공전 속도가 느려지므로 행성의 역행을 설명할 수 있다.

> 01. (1) X (2) O (3) O   02. 686
> 03. (1) X (2) O (3) X   04. 27   05. ④   06. ②
> 07. ②   08. ㄱ, ㄴ

01. 답 (1) X (2) O (3) O

해설 (1) 외행성은 지구에서 멀어질수록 공전 주기는 길어지고, 회합 주기는 1에 가까워지며 짧아진다.

(2) 행성들이 공전을 하는 동안 지구도 공전을 하기 때문에 천구 상에서 정확한 기준점을 잡기가 어렵다. 따라서 공전 주기를 직접 측정하는 것은 매우 어렵고, 회합 주기를 통해 행성들의 공전 주기를 계산할 수 있다.

(3) 태양으로부터 멀리 있는 행성일수록 공전 속도는 느려진다. 이때 지구의 공전 속도와 행성의 공전 속도가 비슷할수록 다시 같은 위치로 배열되는데 시간이 더 오래 걸리므로 회합 주기가 길어진다.

02. 답 686

해설 그림 (가)는 외행성이 충의 위치에, 그림 (나)는 합의 위치에 위치하고 있다. 이 행성의 회합 주기는 충의 위치에서 다음 충이 이르는 데까지 걸리는 시간이므로 390일 × 2 = 780일이다. 외행성의 공전 주기가 P, 지구의 공전 주기 E = 1(AU), 회합 주기가 S(일) 일 때, 다음 공식이 성립한다.

$$\frac{1}{S} = \frac{1}{E} - \frac{1}{P}$$

$$\Rightarrow \frac{1}{P} = \frac{1}{E} - \frac{1}{S} \quad \therefore P = \frac{ES}{S - E}$$

따라서 이 행성의 공전 주기 P 는

$$P = \frac{ES}{S-E} = \frac{365 \times 780}{780 - 365} = \frac{284,700}{415} = 686.024\cdots$$

$$\fallingdotseq 686(일)$$

03. 답 (1) X (2) O (3) X

해설 (1) 이심률이 1에 가까울수록 타원이 더 납작해지고, 0에 가까울수록 원에 가까워진다. 태양계 행성들의 공전 궤도는 거의 원에 가깝기 때문에 이심률은 0에 가깝다.

(2) 공전 궤도의 이심률이 클수록 타원이 더 찌그러지므로 긴 반지름과 짧은 반지름의 차이가 커지게 되고, 태양과 멀어질수록 공전 속도는 느려진다. 따라서 근일점과 원일점에서의 공전 속도 차이가 커진다.

(3) 케플러 법칙은 타원 궤도를 그리는 혜성이나 지구 주위를 도는 인공위성에도 적용된다.

04. 답 27

해설 공전 궤도의 긴 반지름(a)은 근일점의 거리와 원일점의 평균값과 같다. 따라서 긴 반지름(a)은 $\frac{6 + 12}{2}$ = 9(AU)

이다. 행성의 공전 주기(P)는 케플러 제3법칙에 의해 $P^2 = a^3$ 이 된다.

$$\therefore P^2 = 9^3 = (3^2)^3 = (3^3)^2$$
$$\therefore P = 27(년)$$

05. 답 ④

해설 ㄱ, ㄴ. 프톨레마이오스는 우주의 중심에 정지한 채 움직이지 않는 지구를 중심으로 모든 천체가 등속 원운동하는 태양계 모형인 지구 중심설(천동설)을 제시하였다.

ㄷ. 지구 중심설은 금성의 위성 변화를 설명하지 못하는 한계가 있다.

06. 답 ②

해설 행성의 역행과 내행성의 최대 이각은 어떤 우주관이든 설명이 가능하다. 단지 설명하는 방법이 지구 중심설의 경우 주전원으로 설명을 하고, 태양 중심설에서는 지구 공전 속도 차이로 설명을 한다.

07. 답 ②

해설 ② 지구가 공전하지 않기 때문에 별의 연주 시차는 설명하지 못하였다.

① 태양과 행성의 공전 속도의 차이로 역행 현상을 설명할 수 있다.

③ 금성 −태양−지구 순으로 위치할 수 있기 때문에 금성의 위상 변화를 설명할 수 있다.

④ 달이 지구를 중심으로 변하기 때문에 달의 상대적 위치가 변한다. 따라서 위상 변화를 설명할 수 있다.

⑤ 내행성의 공전 궤도가 태양보다 작기 때문에 최대 이각을 설명할 수 있다.

08. 답 ㄱ, ㄴ

해설 ㄱ. 목성의 위성 관측으로 지구가 아닌 다른 천체도 회전 운동의 중심이 될 수 있다는 것을 입증하였다.

ㄴ. 지구 중심설로는 설명할 수 없는 금성의 보름달 모양에 가까운 위상을 관측하였다.

> [유형19-1] (1) ㉠ $\frac{360°}{P} - \frac{360°}{E}$ ㉡ $\frac{360°}{E} - \frac{360°}{P'}$
>
> (2) ㉠ $\left(\frac{360°}{P} - \frac{360°}{E}\right) \times S = 360°$
>
> ㉡ $\left(\frac{360°}{E} - \frac{360°}{P'}\right) \times S' = 360°$
>
> 01. ⑤   02. 58
>
> [유형19-2] ①
>
> 03. ①   04. ④
>
> [유형19-3] ②
>
> 05. ③   06. ⑤
>
> [유형19-4] ④
>
> 07. ③   08. ④

[유형19-1] 답 (1) ㉠ $\frac{360°}{P} - \frac{360°}{E}$ ㉡ $\frac{360°}{E} - \frac{360°}{P'}$

(2) ㉠ $\left(\frac{360°}{P} - \frac{360°}{E}\right) \times S = 360°$

㉡ $\left(\frac{360°}{E} - \frac{360°}{P'}\right) \times S' = 360°$

해설

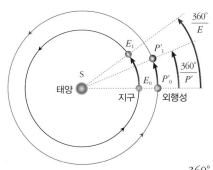

지구가 E_0에서 E_1 위치로 하루 동안 공전한 각도 $= \dfrac{360°}{E}$

내행성이 P_0에서 P_1 위치로 하루 동안 공전한 각도 $= \dfrac{360°}{P}$

외행성이 P_0'에서 P_1' 위치로 하루 동안 공전한 각도 $= \dfrac{360°}{P'}$

따라서 하루 동안 내행성과 외행성이 공전한 각도와 지구가 공전한 각도의 차이는 각각 $\dfrac{360°}{P} - \dfrac{360°}{E}$, $\dfrac{360°}{E} - \dfrac{360°}{P'}$ 이다.

(2) 회합 주기란 내행성들이 내합에서 내합 또는 외합에서 외합에 이르는 데까지 걸리는 시간, 외행성들이 합에서 다음 합 또는 충에서 다음 충까지 이르는 데까지 걸리는 시간을 말한다. 따라서 회합 주기 동안 내행성(외행성)과 지구가 공전한 각도와의 차이는 360° 가 된다. 그러므로 내행성과 외행성의 회합 주기가 S, S' 일 때, 회합 주기 동안 공전한 각의 차이는 각각
$$\left(\dfrac{360°}{P} - \dfrac{360°}{E}\right) \times S = 360°, \left(\dfrac{360°}{E} - \dfrac{360°}{P'}\right) \times S' = 360°$$ 이다.

01. 답 ⑤
해설 ㄴ. 행성의 회합 주기는 지구에서 멀어질수록 짧아지고, 외행성의 경우 지구에서 멀어질수록 1년에 가까워진다.
ㄷ. 지구의 공전 주기와 행성의 공전 주기의 차이는 지구에서 멀어질수록 커진다. 따라서 지구와 공전 주기의 차이가 클수록 회합 주기는 짧아진다.

02. 답 58
해설 그림 (가)는 행성이 외합의 위치에, 그림 (나)는 내합의 위치에 위치하고 있는 내행성이다. 이 행성의 회합 주기는 외합의 위치에서 다음 외합이 이르는 데까지 걸리는 시간이다. 내행성의 공전 주기가 P, 지구의 공전 주기 $E = 1$, 회합 주기가 S 일 때, 다음 공식이 성립한다.
$$\dfrac{1}{S} = \dfrac{1}{P} - \dfrac{1}{E} \quad \therefore S = \dfrac{EP}{E - P}$$
$$S = \dfrac{365 \times 88}{365 - 88} = \dfrac{32,120}{277} = 115.956\cdots ≒ 116(일)$$
(가)→(나)까지 걸리는 시간은 회합 주기의 절반이므로
$$\therefore \dfrac{S}{2} = \dfrac{116}{2} = 58(일)$$

[유형19-2] 답 ①
해설 ㄱ. 케플러 제2법칙은 행성과 태양을 잇는 직선이 같은 시간 동안 같은 면적을 쓸고 지나간다는 면적 속도 일정 법칙이다. 이때 태양과 행성 사이의 거리가 가까울수록 행성의 공전 속도는 빠르다. 따라서 $S_1 = S_2$, $v_1 > v_2$ 가 된다.
ㄴ. 행성의 C 위치를 원일점, A 위치를 근일점이라고 한다. 장반경은 타원 궤도의 긴 반지름이다.
ㄷ. (타원 궤도 상의 A점에서 태양까지의 거리) + (C점에서 태양까지의 거리) = 2 × (궤도의 긴 반지름) 이 된다. 따라서 A지점에서 C점까지의 거리가 $2a$ 라면, 이 타원 궤도의 긴 반지름(장

반경)은 a 가 된다. 케플러 제3법칙에 의해 행성의 공전 주기 P의 제곱(P^2)은 그 행성의 공전 궤도 장반경 a 의 세제곱(a^3)에 비례한다.

03. 답 ①
해설 케플러 제1법칙에 의해 모든 행성은 태양을 한 초점으로 하는 타원 궤도를 그리며 공전한다.
ㄱ. 행성 A의 원일점인 P 지점의 속력(v_P)은 근일점인 Q 지점의 속력(v_Q)보다 느리다($v_Q > v_P$). 또한 태양과 행성 사이의 거리가 가까울수록 행성의 공전 속도가 빠르다. 따라서 행성 B의 원일점인 R 지점에서의 속력(v_R)은 행성 A의 P 지점에서의 속력(v_P)보다 느리다($v_P > v_R$). 따라서 행성의 속력은 $v_Q > v_P > v_R$ 가 된다.
ㄴ. 케플러 제3법칙에 의하면 행성의 공전 주기의 제곱은 그 행성의 공전 궤도 장반경의 세제곱에 비례한다. 따라서 공전 궤도 장반경이 더 긴 행성 B의 공전 주기가 행성 A의 공전 주기보다 길다.
ㄷ. 케플러 제2법칙에 의하면 행성과 태양을 잇는 직선은 같은 시간 동안 같은 면적을 쓸고 지나간다. 그러나 이는 같은 타원 궤도 내에서만 적용이 가능하므로 서로 다른 타원 궤도를 돌고 있는 두 행성이 같은 시간 동안 쓸고 지나간 면적은 다르다.

04. 답 ④
해설 ㄱ. 케플러 제1법칙 이다.
ㄴ. 타원 궤도의 납작한 정도를 이심률이라고 한다. 타원의 긴 반지름을 a, 짧은 반지름을 b 라고 할 때, 이심률 e 은 다음과 같다.

$$e = \dfrac{\sqrt{a^2 - b^2}}{a}$$

이때 이심률이 1에 가까워질수록 직선에 가까워지고, 0 에 가까워질수록 원에 가까워진다. 긴 반지름과 짧은 반지름의 차이가 클수록 이심률은 더 커지므로, 더 납작한 원 궤도를 갖는다.
ㄷ. 태양과 행성의 평균 거리는 긴 반지름(a)을 말한다.

[유형19-3] 답 ②
해설 ㄱ. (가) 코페르니쿠스의 태양 중심 모형(지동설), (나) 프톨레마이오스의 지구 중심 모형(천동설)이다.
ㄴ. 내행성의 공전 궤도는 지구보다 안쪽에 있기 때문에 천구상에서 보면 늘 태양 근처에서만 보인다. 즉, 태양이 뜨기 전 동쪽 하늘에서, 태양이 진 후 서쪽 하늘에서만 관측할 수 있다. 이때 태양으로부터 가장 멀리 떨어진 위치에 있을 때를 최대 이각이라고 한다. (가) 태양 중심설에서 내행성의 최대 이각을 설명할 수 있다.
ㄷ. (나) 지구 중심설에서 행성의 역행 현상을 설명하기 위해 주전원을 도입하였다. 금성의 위상 변화는 설명하지 못하였다.

05. 답 ③
해설 ③, ⑤ 수성의 주전원의 중심은 항상 지구와 태양을 연결한 일직선에 위치하기 때문에 수성의 최대 이각을 설명할 수 있지만, 금성의 보름달 위상은 설명할 수 없다.
① ㄱ은 이심원, ㄴ은 주전원이다.
② 프톨레마이오스의 우주관은 지구 중심설(천동설)이다.
④ 달과 태양은 역행이 관측되지 않으므로 주전원이 필요없다.

06. 답 ⑤
해설 그림은 태양을 중심으로 행성이 태양 주위를 공전하는 태양 중심설(지동설)을 나타낸다. 행성의 배열이 지구−태양−금성 순으로 배열될 때, 보름달에 가까운 금성의 모양을 관찰할 수 있는 것을 통해 금성의 위상 변화를 설명할 수 있다. 이때 금성의 위치

가 A에서 B로 진행할 때, 천구상에서 금성의 역행이 일어난다.
ㄱ. 금성의 역행은 내합(태양−내행성−지구 순으로 행성이 배열) 부근에서 일어난다.
ㄴ. 태양 중심설에서는 태양에서 멀리 떨어져 있는 행성일수록 행성의 공전 속도가 느려진다는 것을 통해 행성의 역행 현상을 설명하였다.

[유형19-4] **답** ④
해설 그림은 티코 브라헤의 절충설을 나타낸 것이다.
ㄱ. 우주의 중심은 지구이고, 달과 태양이 지구 주위를 돈다. 하지만 다른 행성들은 태양 주위를 공전한다.
ㄴ. 태양과 행성이 각각 공전을 하고 있기 때문에 지구를 사이에 두고 정반대편에 위치할 경우 공전 궤도 방향은 서로 반대가 되고, 공전 속도는 태양이 더 빠르게 된다. 이러한 공전 속도의 차이를 이용하여 행성의 역행 현상을 설명할 수 있다.
ㄷ. 관측자인 티코 브라헤는 연주 시차의 측정에 실패하면서 태양 중심설이 틀렸다는 결론을 내렸고, 더욱 복잡한 체계의 지구 중심인 절충설을 제시하였다.

07. **답** ③
해설 (가)는 코페르니쿠스의 태양 중심설(지동설), (나)는 티코 브라헤의 절충설이다.
ㄱ. 태양 중심설에서는 지구가 공전하여 위치가 변하기 때문에 별의 연주 시차를 설명할 수 있다.
ㄴ. 주전원을 도입하여 행성의 역행을 설명한 것은 프톨레마이오스의 지구 중심설(천동설)이다.
ㄷ. 태양 중심설과 절충설 모두 행성의 배열이 지구 − 태양 − 금성 순으로 위치할 수 있기 때문에 금성의 위상 변화에 대하여 설명할 수 있었다.

08. **답** ④
해설 ㄱ. 갈릴레이가 천체 망원경을 발명한 후 다양한 관측을 통해 태양 중심설을 확립하였다.
ㄴ. 목성의 위성 발견을 통해 지구가 아닌 다른 천체도 회전 운동의 중심이 될 수 있다는 것을 입증하였다.
ㄷ. 태양 중심설의 확실한 증거가 되는것은 금성의 위상이 B에서 A로 변하는 것을 관측한 것이다. 금성의 위상 변화는 시운동의 순서에 따라(북반구 초저녁 기준) 보름달 모양 ⇨ 상현달 모양 ⇨ 초승달 모양으로 변하면서 시직경이 증가한다.

창의력 & 토론마당　　198~201쪽

01
〈해설 참조〉

해설 월식 현상은 달이 지구의 그림자에 의해 가려지는 현상이다. 이는 태양 − 지구 − 달의 순으로 일직선으로 배열되는 망일 때 일어나며, 월식이 일어날 때는 달의 왼쪽(동쪽)부터 가려진다. 이러한 월식 현상이 진행될 때 보이는 둥근 그림자를 통해 그 그림자는 지구에 의한 것이므로 지구는 둥근 모양이라고 주장할 수 있었다. 또한 지구가 태양 주위를 돌면서(지동설) 태양과 달 사이에 들어갈 수 있기 때문에 태양 − 지구 − 달의 순으로 행성들이 배열되어 지구의 그림자에 의해 월식이 일어난다고 주장할 수 있었다.

02
〈해설 참조〉

해설 질량이 m 인 행성이 질량이 M 인 태양을 중심으로 반지름이 r 인 등속 원운동한다고 가정하면, 태양과 행성 사이에 작용하는 만유인력 F 는 다음과 같다.

$$F = G\frac{mM}{r^2}$$

이때 만유인력은 행성의 원운동에 있어 구심력으로 작용한다.

$$\therefore G\frac{mM}{r^2} = m\frac{v^2}{r}$$

행성의 속력 $v = \dfrac{\text{이동 거리}}{\text{이동 시간}} = \dfrac{2\pi r}{P}$ (P는 행성이 한 바퀴 회전하는데 걸리는 시간이므로 공전 주기가 된다.)

$$\Leftrightarrow G\frac{mM}{r^2} = m\frac{\left(\dfrac{2\pi r}{P}\right)^2}{r}$$

$$\therefore \frac{r^3}{P^2} = \frac{GM}{4\pi^2} = k(\text{일정})$$

03
830일

해설 B에 있는 관측자가 동방 최대 이각에서 A를 관측하였으므로, 행성 A는 행성 B보다 안쪽 궤도에서 공전하고 있는 것을 알 수 있다. 따라서 18시에 동방 최대 이각에서 관측한 행성 A는 서쪽 하늘에서 관측된다. 이때 행성 C는 동쪽 지평선 위에 있으므로, B보다 바깥 쪽 궤도에서 공전하고 있으며, 외행성의 충과 같은 위치임을 알 수 있다. 즉, ㉠과 같은 관측 결과를 얻었을 때 행성의 위치는 다음과 같다.

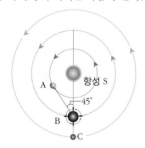

행성 A, B, C의 궤도 반지름이 각각 a_A, a_B, a_C 이고, 공전 주기가 각각 P_A, P_B, P_C 일 때, 케플러 제3법칙에 의해 다음과 같은 식이 성립한다.

$$\frac{a_A{}^3}{P_A{}^2} = \frac{a_B{}^3}{P_B{}^2} = \frac{a_C{}^3}{P_C{}^2}$$

또한 항성 S와 행성 A, C 사이의 거리 비는 1 : 2 이므로, $2a_A = a_C$ 이다. $a_B = 1\text{AU}$, $P_B = 360$일이다.
내행성 A 의 공전 주기가 P_A, 행성 B의 공전 주기 $E = P_B = 360$일, 회합 주기가 $S_A = 600$일(㉡으로 부터 600일이 지난 후 같은 위치에서 관측되었기 때문에 내합에서 내합까지 600일이 걸렸음을 알 수 있다.) 일 때 다음과 같은 공식이 성립한다.

$$\frac{1}{S_A} = \frac{1}{P_A} - \frac{1}{P_B} \Leftrightarrow \frac{1}{P_A} = \frac{1}{600} + \frac{1}{360}$$

$$\therefore P_A = \frac{3600}{16} = 225(\text{일})$$

$$\frac{a_A{}^3}{225^2} = \frac{1^3}{360^2} = \frac{(2a_A)^3}{P_C{}^2}$$

$$\Leftrightarrow a_A{}^3 = \frac{225^2}{360^2},\ P_C{}^2 = (2a_A)^3 \times 360^2 = 8a_A{}^3 \times 360^2$$

$$\therefore P_C^2 = 8\left(\frac{225^2}{360^2}\right) \times 360^2 = (2\sqrt{2})^2 \times (225)^2$$

$$P_C = 225 \times 2\sqrt{2} \fallingdotseq 636(일)$$

따라서 행성 P_B에 사는 사람이 행성 P_C를 같은 시간, 같은 위치에서 관측하기 위해서 회합 주기만큼의 시간이 흘러야 한다.

$$\frac{1}{S_B} = \frac{1}{P_B} - \frac{1}{P_C} \Rightarrow S_B = \frac{P_B P_C}{P_C - P_B}$$

$$\therefore S_B = \frac{360 \times 636}{636 - 360} = 830(일)$$

04 〈해설 참조〉

해설 주어진 자료를 토대로 화성의 공전 궤도는 다음과 같이 그려진다.

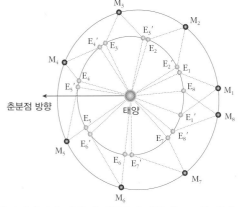

이때 반경이 가장 긴 쪽의 지름을 측정한 후 ÷2를 해서 궤도의 긴 반지름을 측정하고, 가장 짧은 쪽의 지름을 측정한 후 ÷2를 하여 궤도의 짧은 반지름을 측정한다.

⇨ 궤도의 긴 반지름(a)은 7.5cm, 짧은 반지름(b)은 7.47cm 이다. 따라서 궤도 이심률은 다음과 같다.

$$e = \frac{\sqrt{a^2 - b^2}}{a} = \frac{\sqrt{7.5^2 - 7.47^2}}{7.5} = \frac{\sqrt{0.4491}}{7.5}$$

$$\fallingdotseq \frac{0.67}{7.5} = 0.08933\cdots \fallingdotseq 0.09$$

거의 원에 가까운 궤도 모양임을 알 수 있다.

스스로 실력 높이기 202~207쪽

01. 회합 주기 02. ㉡ 길어 ㉢ 멀어
03. ㉠ 이심률 ㉡ 0 ㉢ 1 04. (1) 3 (2) 1 (3) 2
05. 겨울철 06. ③ 07. ㉠ 지구 ㉡ 원
08. ㄴ, ㄷ 09. 갈릴레이 10. ② 11. ④ 12. ③
13. 28 14. ② 15. ④ 16. ③ 17. ③ 18. ④
19. ③ 20. ③ 21. ③ 22. ② 23. ③ 24. ⑤
25. ③ 26. ② 27. ②
28 ~ 30. 〈해설 참조〉

---

02. 답 ㉡ 길어 ㉢ 멀어

해설

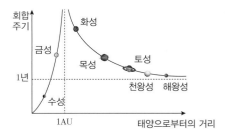

태양계 행성의 회합 주기는 지구에 가까워질수록 길어지며, 외행성의 경우 지구에서 멀어질수록 1년에 가까워진다.

04. 답 (1) 3 (2) 1 (3) 2

해설 (1) 케플러 제3법칙은 행성의 공전 주기의 제곱은 그 행성의 공전 궤도 긴 반지름의 세제곱에 비례한다는 법칙이다. (2) 케플러 제1법칙은 모든 행성은 태양을 한 초점으로 하는 타원 궤도를 그리며 공전한다는 것이다. (3) 케플러 제2법칙은 행성과 태양을 잇는 직선이 같은 시간 동안 같은 면적을 쓸고 지나간다는 것으로, 면적 속도 일정 법칙이라고도 한다. 즉, 행성의 공전 속도는 근일점에서 가장 빠르고, 원일점에서 가장 느리다.

05. 답 겨울철

해설

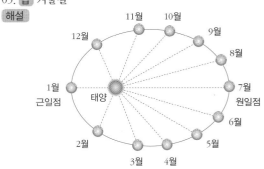

북반구를 기준으로 지구가 근일점에 있을 때가 겨울철, 원일점에 있을 때가 여름철에 해당한다. 따라서 지구의 공전 속도는 겨울철이 여름철보다 더 빠르다.

06. 답 ③

해설 케플러 제3법칙은 행성의 공전 주기 P의 제곱은 그 행성의 공전 궤도 장반경 a의 세제곱에 비례한다. [$\frac{a^3}{P^2} = k$ (일정)]

이때 공전 주기의 단위로 년, 공전 궤도 장반경의 단위로 AU를 쓰면, 태양계의 행성의 경우 $k = 1$이 되어, $P^2 = a^3$이 된다.

07. 답 ㉠ 지구 ㉡ 원

해설 그리스의 천문학자 프톨레마이오스는 모든 천체가 지구를 중심으로 등속 원운동하는 태양계 모형을 제시하였다. 이를 지구 중심설 또는 천동설 이라고 한다.

08. 답 ㄴ, ㄷ

해설 ㄱ. 프톨레마이오스의 지구 중심설에 의하면 우주의 중심인 정지한 지구 주위를 각각의 행성들이 각자의 공전 궤도 위에서 주전원을 그리며 돌고, 이때 주전원의 중심은 서로 다른 주기를 가지고 지구 주위를 공전한다.
ㄴ. 지동설에 의하면 수성이 지구 공전 궤도보다 안쪽에서 공전하고 있다. 이를 이용하여 내행성의 최대 이각을 설명할 수 있다.
ㄷ. 지동설에 의하면 지구 − 태양 − 금성 순으로 행성이 위치할 수 있다. 이를 이용하여 금성의 위상 변화를 설명할 수 있다.

10. 답 ②

해설 태양 중심설에서 지구는 태양 주위를 공전한다. 따라서 지구의 위치가 변하기 때문에 별의 연주 시차를 설명할 수 있다. 하지만 지구 중심설과 절충설에서는 지구가 고정되어 있기 때문에 설명할 수 없다.

⑤ 달의 일식과 월식은 세 개의 태양계 모형에서 모두 달이 지구 주위를 공전하기 때문에 설명할 수 있는 현상이다.

11. 답 ④

해설 ㄱ. 내행성은 초저녁이나 새벽에만 관측할 수 있고, 외행성은 초저녁, 한밤중, 새벽 모두 관측할 수 있다. 자정에 보름달 모양은 외행성의 충 부근에서 관측될 수 있으므로 행성 A는 외행성, 새벽에 그믐달 모양으로 관측된 행성 B는 내행성임을 알 수 있다.

ㄴ. 행성 A의 회합 주기 : 외행성의 공전 주기가 P, 지구의 공전 주기 E = 1, 회합 주기가 S 일 때, 다음 공식이 성립한다.

$$\frac{1}{S} = \frac{1}{E} - \frac{1}{P} \quad \therefore S = \frac{EP}{P-E}$$

$$S = \frac{10 \times 1}{10 - 1} = \frac{10}{9}(년)$$

행성 B의 회합 주기 : 내행성의 공전 주기가 P, 지구의 공전 주기 E = 1, 회합 주기가 S' 일 때, 다음 공식이 성립한다.

$$\frac{1}{S'} = \frac{1}{P} - \frac{1}{E} \quad \therefore S' = \frac{EP}{E-P}$$

$$S' = \frac{1 \times 0.5}{1 - 0.5} = 1(년)$$

ㄷ. 행성 A와 B의 회합 주기의 차이는 $\frac{10}{9} - 1 = \frac{1}{9}$(년)이다.

12. 답 ③

해설 문제에서 주어진 행성들의 회합 주기는 다음과 같다.

행성	A(금성)	B(화성)	C(수성)	D(목성)
공전 주기	225일 (0.62년)	687일 (1.88년)	88일 (0.24년)	4330일 (11.86년)
회합 주기	1.6년	2.14년	0.32년	1.09년

ㄱ. 공전 주기가 지구의 공전 주기인 365일 보다 짧은 행성은 내행성(A, C), 긴 행성은 외행성(B, D)이다.

ㄴ. 회합 주기가 가장 긴 행성은 B 이다.

ㄷ. 외행성의 경우 지구에서 멀어질수록 1년에 가까워진다. 따라서 D 가 된다.

13. 답 28

해설 행성의 공전 주기(P)와 공전 궤도의 긴 반지름의 관계는 케플러 제3법칙에 의해 $P^2 = a^3$ 이 된다.

$$\therefore P^2 = (64)^2 = a^3 \quad \Rightarrow \quad (64)^2 = (4^3)^2 = (4^2)^3$$
$$\therefore a = 16(AU)$$

공전 궤도의 긴 반지름(a)은 근일점의 거리(r_1 = 4AU)와 원일점의 거리의(r_2) 평균값과 같다.

$$\frac{4 + r_2}{2} = 16(AU) \quad \Rightarrow \quad 4 + r_2 = 32$$

따라서 태양과 혜성의 원일점 사이의 거리(r_2)는 28AU 이다.

14. 답 ②

해설 ㄱ. 행성의 공전 속도는 근일점을 지날때 가장 빠르고, 원일점을 지날 때 가장 느리다. A지점의 행성의 원일점에 해당하므로, 공전 속도가 가장 느리다.

ㄴ, ㄷ 1년 동안 이동하면서 태양과 행성을 잇는 선이 쓸고 지나간 면적이 $\frac{1}{8}$ 이므로, 케플러 제2법칙에 의해 이 행성이 한바퀴 회전하는 데 걸리는 시간은 8년이 된다. 즉, 이 행성의 공전 주기 P 는 8년이다. 따라서 이 행성의 궤도 긴 반지름(a)은 케플러 제3법칙에 의해 다음과 같다.

$$P^2 = a^3 \quad \Rightarrow \quad (2^3)^2 = (2^2)^3$$
$$\therefore a = 4(AU)$$

이때 공전 주기가 8년이므로, 이 행성은 외행성임을 알 수 있다. 외행성의 회합 주기 S 는 다음과 같다.

$$\frac{1}{S} = \frac{1}{E} - \frac{1}{P} \quad \Rightarrow \quad S = \frac{EP}{P-E}$$

$$S = \frac{EP}{P-E} = \frac{1 \times 8}{8-1} = \frac{8}{7}(년)$$

15. 답 ④

해설 ④ 타원의 이심률은 원에 가까울수록 작아진다.

① 행성과 태양을 잇는 직선은 같은 시간 동안 같은 면적을 쓸고 지나간다.(케플러 제2법칙)

②, ⑤ 행성의 공전 속도는 근일점에서 가장 빠르고, 원일점에서 가장 느리다. 따라서 근일점을 지나는 v_A의 속력이 원일점을 지나는 속력인 v_B보다 빠르다.

③ 각운동량은 행성간 거리와 행성 속력의 곱이다. 태양과의 거리가 멀어지면 속력은 감소하고, 거리가 가까워지면 속력은 증가하게 된다. 따라서 각운동량은 항상 일정하다.

16. 답 ③

해설 공전 궤도의 긴 반지름(a)은 근일점의 거리와 원일점의 거리의 평균값과 같다.

행성 A의 긴 반지름(a_A)은 $\dfrac{1.35 + 1.69}{2}$ = 1.52(AU)

행성 B의 긴 반지름(a_B)은 $\dfrac{1.12 + 2.08}{2}$ = 1.6(AU)

행성 C의 긴 반지름(a_C)은 $\dfrac{1.48 + 1.52}{2}$ = 1.5(AU)

$$\therefore a_B > a_A > a_C$$

17. 답 ③

해설 ㄱ. 천동설에서 수성의 주전원의 중심은 항상 지구와 태양을 연결한 일직선 위에 위치하기 때문에 수성이 초저녁이나 새벽에만 관측된다고 설명하였다. 절충설에서 수성은 작은 궤도로 태양 주위를 회전하므로 초저녁이나 새벽에만 관측될 수 있다.

ㄴ. 천동설에서 행성의 역행을 설명하기 위해 주전원을 도입하였다. 절충설에서는 행성의 공전 속도 차이를 이용하여 행성의 역행을 설명하였다.

ㄷ. 천동설에서는 금성의 보름달 모양의 위상을 설명하지 못하였다. 절충설에서는 행성의 배열이 지구 – 태양 – 금성 순으로 위치할 수 있으므로 금성의 보름달 모양의 위상이 설명 가능하였다.

18. 답 ④

해설 행성이 천구 상에서 서쪽에서 동쪽으로 이동하는 것을 순행, 동쪽에서 서쪽으로 이동하는 것을 역행이라고 한다. 코페르니쿠스의 지동설에서 행성의 역행은 공전 속도의 차이를 이용하여 설명할 수 있다(학생 A).

내행성의 경우 지구 – 태양 – 행성 순으로 배열될 때 보름달에 가까운 모양이 관측되고, 내행성의 공전 궤도가 지구 공전 궤도보다 안쪽에 있는 것으로 내행성의 최대 이각을 설명할 수 있다(학생 B).

하지만 그 시대의 관측 기술로는 별의 연주 시차를 측정하지는 못하였기 때문에 지구 공전의 명확한 증거를 제시하지는 못하였다.

19. 답 ③

해설 ㄱ. (가)는 프톨레마이오스가 제시한 지구 중심설(천동설), (나)는 코페르니쿠스가 제시한 태양 중심설(지동설)을 나타낸다.

ㄴ. 지구 중심설에서 행성의 역행을 설명하기위해 주전원을 도입

하였다.

ㄷ. 지구 중심설(천동설)에서는 금성이 태양과 지구 사이에만 위치하고 있기 때문에 보름달에 가까운 모양의 금성을 설명할 수 없다. 하지만 태양 중심설(지동설)에서는 지구 - 태양 - 금성 순으로 행성이 배열될 수 있기 때문에 금성의 위상 변화에 대하여 설명할 수 있다.

20. 답 ③
해설 ⓐ와 ⓑ는 천동설에 대한 설명이다.
ㄱ. 행성의 역행을 설명하기 위해 주전원을 도입하였다.
ㄴ, ㄷ. 천동설로는 설명할 수 없는 현상이다.

21. 답 ③
해설 ㄴ. 어느 행성이 내행성일 경우 지구로부터의 거리가 가장 멀 때(A, C)가 외합, 가장 가까울 때(B)가 내합이 된다. 외행성일 경우 거리가 가장 멀 때(A, C)가 합, 가장 가까울 때(B)가 충이 된다.
ㄱ. 금성의 시직경은 외합에서 내합으로 갈수록 점점 커지고, 내합에서 외합으로 갈수록 점점 작아진다. 따라서 A에서 B로 갈수록 금성의 시직경은 커진다.
ㄷ. A에서 C 까지 걸린 시간은 회합 주기가 된다. 내행성의 공전 주기가 P, 지구의 공전 주기 $E = 1$, 회합 주기가 S 일 때 다음과 같이 내행성의 공전 주기를 구한다.

$$\frac{1}{S} = \frac{1}{P} - \frac{1}{E} \Rightarrow \frac{3}{5} = \frac{1}{P} - 1$$

$$\therefore P = \frac{5}{8}(년)$$

22. 답 ②
해설 ㄱ. 질량이 m, M인 두 물체가 r 만큼 떨어져 있을 때, 두 물체 사이에 작용하는 끌어당기는 힘(만유인력)은 다음과 같다.

$$F = G\frac{mM}{r^2}$$

따라서 질량이 M인 태양이 질량이 m인 행성 A에 작용하는 만유인력 F_A은

$$F_A = G\frac{mM}{R^2}$$

질량이 M인 태양이 질량이 $300m$인 행성 B에 작용하는 만유인력 F_B은

$$F_B = G\frac{300m \times M}{(5R)^2} = 12G\frac{mM}{R^2}$$

따라서 태양이 각 행성을 끌어당기는 힘은 12배 차이가 난다.
ㄴ. 케플러 제3법칙에 의하면 행성의 공전 주기(P)의 제곱은 그 행성 공전 궤도 장반경의 세제곱에 비례한다. 행성 A의 공전 궤도 장반경(R)이 행성 B의 공전 궤도 장반경(5R)보다 작으므로 공전 주기도 짧다.
ㄷ. 만유인력은 두 물체 사이의 거리의 제곱에 반비례한다. 따라서 태양과 가장 가까운 곳인 근일점을 지날 때 행성에 작용하는 만유인력이 가장 크고, 원일점에서 가장 작다.

23. 답 ③
해설 ㄱ. 이심률은 원은 0, 직선은 1이다. 즉, 이심률이 클수록 납작한 궤도를 갖는다. 따라서 이심률은 행성 A가 행성 B보다 크다.
ㄴ. 각속도란 원운동에서 단위 시간 동안 회전한 각도를 말한다. 행성 A는 태양과의 거리에 따라 공전 속도가 변하기 때문에 각속도가 변하는 반면 원 궤도를 따라 공전하는 행성 B의 공전 각속도는 일정하다.
ㄷ. 케플러 제3법칙에 의하면 행성의 공전 주기의 제곱은 공전 궤도의 긴 반지름의 세제곱에 비례한다. 행성 A의 공전 궤도 긴 반지름을 9(= 3^2) 이고, 행성 B의 공전 궤도 긴 반지름을 4(= 2^2) 이므로, 행성 A의 공전 주기는 27(= 3^3)이 되고, 행성 B의

공전 주기는 8(= 2^3)이 된다. 따라서 행성 A의 공전 주기는 행성 B의 공전 주기의 3.375배이다.
ㄹ. 행성 A와 태양을 잇는 선분이 휩쓸고 지나가는 면적이 같으면 그 시간도 같다. 행성 A가 S→Q 공전할 때 휩쓸고 지나가는 면적은 타원 면적의 절반이고, P→R 공전할 때에는 타원 면적의 절반 이상이므로 시간도 P→R 공전할 때가 더 걸린다.

24. 답 ⑤
해설 그림은 모든 천체가 지구를 중심으로 등속 원운동하는 태양계 모형인 프톨레마이오스의 지구 중심설이다.
ㄱ. P점은 금성의 주전원의 중심이다. 천동설에서 태양과 내행성의 주전원의 중심은 지구와 태양을 연결한 일직선 위에 위치한다. 따라서 태양이 한바퀴 공전하면 주전원의 중심도 지구를 한 바퀴 공전하기 때문에 태양의 공전 주기와 주전원 중심의 공전 주기는 같다.
ㄴ. 천동설에서는 태양 - 주전원 중심 - 지구를 잇는 직선은 다음 그림과 같이 항상 왼쪽으로 이동하게 된다. 이때 금성이 A에서 B로 오른쪽으로 이동한다면 천구상에서는 동쪽에서 서쪽으로(역행) 이동하게 된다.

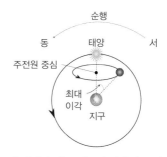

ㄷ. 금성이 B에 위치할 때는 지구에 태양이 뜨기 전인 새벽에 동쪽 하늘에서 관측된다.

25. 답 ③
해설 (가)는 천동설, (나)는 지동설을 나타낸다.

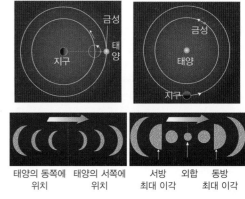

ㄱ. 천동설 (가)에서 금성은 항상 태양의 앞쪽에서 주전원 위를 원운동하고 있다. 이때 금성의 주전원의 크기는 공전 궤도의 크기에 비해 작기 때문에 시직경의 차이가 크지 않다. 반면에 지동설 (나)에서 금성은 태양을 중심으로 공전하고 있기 때문에 태양의 앞쪽에 있을 때와 뒤쪽에 있을 때의 시직경의 차이가 크게 나타난다. 따라서 금성의 시직경의 변화가 더 큰 것은 (나)이다.
ㄴ. 금성의 보름달 모양의 위상은 지구 - 태양 - 금성 순으로 위치할 때 관측할 수 있다. 따라서 (가)에 의해서는 설명할 수 없다.
ㄷ. 천동설에서 행성의 역행을 설명하기 위해 주전원을 도입하였으며, 지동설에서는 행성의 공전 속도 차이를 이용하여 행성의 역행을 설명하고 있다.

26. 답 ②

해설 (가)는 프톨레마이오스의 지구 중심설(천동설), (나)는 티코 브라헤의 절충설, (다)는 코페르니쿠스의 태양 중심설(지동설)이다.

ㄱ. (가)와 (나)에서 우주의 중심은 지구이고, (다)에서는 태양이다.

ㄴ. 세 가지 태양계 모형 중 유일하게 별의 연주 시차를 설명할 수 있는 모형은 (다)이다.

ㄷ. 천동설의 한계점은 금성의 위상 변화와 별의 연주 시차를 설명하지 못한 것이다.

ㄹ. 태양계 모형은 (가) ⇨ (다) ⇨ (나) 순으로 제안되었다.

27. 답 ②

해설 행성 A의 공전 주기 $P_A = 27$년, 행성 B의 공전 주기 $P_B = 8$년이다.

ㄱ. 케플러 제3법칙에 의해 다음과 같은 식이 성립한다.

$$\frac{a_A{}^3}{P_A{}^2} = \frac{a_B{}^3}{P_B{}^2} \Rightarrow \frac{a_A{}^3}{27^2} = \frac{a_B{}^3}{8^2}$$

$$\frac{a_A{}^3}{a_B{}^3} = \frac{27^2}{8^2} \ (27^2 = (3^3)^2 = (3^2)^3, \ 8^2 = (2^3)^2 = (2^2)^3)$$

$$\therefore \frac{a_A}{a_B} = \frac{3^2}{2^2} = \frac{9}{4}$$

따라서 행성 A의 공전 궤도 긴 반지름이 4AU라면, 행성 B의 공전 궤도 긴 반지름은 $\frac{16}{9}$AU이다.

ㄴ. 행성 A는 1년 동안 근일점을 지나서 공전하고 있다. 행성은 근일점에서 속력이 가장 빠르다. 따라서 1년 동안 행성 A의 속력은 점점 느려지고 있다.

ㄷ. 공전 주기가 각각 27년, 8년이므로, 이 행성은 외행성임을 알 수 있다. 외행성의 회합 주기 S는 다음과 같다.

$$\frac{1}{S} = \frac{1}{E} - \frac{1}{P} \Rightarrow S = \frac{EP}{P - E}$$

$$S_A = \frac{EP_A}{P_A - E} = \frac{1 \times 27}{27 - 1} = \frac{27}{26} \text{(년)}$$

$$S_B = \frac{EP_B}{P_B - E} = \frac{1 \times 8}{8 - 1} = \frac{8}{7} \text{(년)}$$

따라서 행성 B의 회합 주기가 행성 A의 회합 주기보다 길다.

28. 답 〈해설 참조〉

해설 천구 상에서 서쪽에서 동쪽으로 이동하는 것을 순행, 천구 상에서 동쪽에서 서쪽으로 이동하는 것을 역행이라고 한다. (가)는 지동설, (나)는 천동설에서 행성의 운동과 겉보기 운동을 나타낸 것이다.

(1) 외행성은 충(태양 - 지구 - 행성) 부근에서 역행이 일어나고, 이때 행성과 지구가 가장 가깝게 위치하기 때문에 가장 밝게 보인다. 따라서 A 지점 부근에서 역행이 일어나고, 행성이 가장 밝게 보인다.

(2) (나)에서는 주전원의 운동과 행성의 운동이 겹쳐져서 행성의 운동이 나선형 모양으로 관측된다. 행성이 A에서 B를 향할 때 : 순행, 행성이 B에서 C를 향할 때 : 역행, C 지점을 지날 때 : 순행

(3) 행성의 겉보기 운동이란 행성들이 모두 태양을 중심으로 서쪽에서 동쪽으로 공전하고 있지만, 실제 지구에서 관측한 행성의 운동은 순행과 역행을 반복하면서 운동하고 있는 것을 말한다. (가) 지동설에서는 외행성의 경우 공전 속도가 지구의 공전 속도보다 느리기 때문에 대부분의 기간 동안 순행하다가 충의 위치를 전후하여 역행하는 운동을 하게 된다. (나) 천동설에서는 행성이 주전원을 따라 회전하고 주전원의 중심이 지구를 공전하므로 행성이 역행하게 된다.

29. 답 〈해설 참조〉

해설 프톨레마이오스는 주전원을 도입하여 행성의 역행(천구 상에서 동쪽에서 서쪽으로 운동하는 것) 운동을 설명하였다. 이때 내행성의 주전원의 중심을 항상 태양과 일직선상에 놓이게 함으로써 내행성이 태양 근처에서만 관측되는 현상에 대하여 설명하였다. 또한 이심원을 도입하여 지구를 공전 궤도의 중심이 아니라 약간 벗어난 위치에 둠으로써 행성의 겉보기 운동 속도 변화와 밝기가 일정하지 않은 이유를 설명하였다. 이는 천동설에서 이심원을 따라 공전하는 속도보다 행성이 주전원을 공전하는 속도가 더 빠르기 때문이다.

30. 답 〈해설 참조〉

해설 태양 중심설에서는 지구와 행성의 중심에 태양이 놓일 수 있다. 즉, 지구 - 태양 - 금성 순으로 천체가 배열될 수 있기 때문에 금성이 보름달 모양의 위상이 나타나는 것을 설명할 수 있다. 반면에 지구 중심설에서는 지구에서 볼 때 금성이 항상 태양의 앞쪽에 위치한다. 즉, 지구 - 금성 - 태양 순으로 천체가 항상 배열된다. 따라서 보름달 모양의 금성이 나타날 수 없으며, 초승달이나 그믐달 모양으로만 관측된다.

20강. 천체 망원경

개념 확인   208~211쪽

1. ㉠ 대물 ㉡ 접안   2. ㉠ 짧을 ㉡ 클   3. ⑤   4. ①

3. 답 ⑤

해설 우주에서 오는 전자기파 중 대기에 거의 흡수되지 않고 지상까지 잘 도달하는 것은 전파와 가시광선이다.

확인+   208~211쪽

1. 색수차   2. ㉠ 접안 ㉡ 대물   3. 전파 망원경
4. (1) O   (2) O

개념 다지기   212~213쪽

01. ②   02. ⑤   03. ②   04. ④   05. ①   06. ①
07. ③   08. ③

01. 답 ②
해설 ㄱ. 경통이 막혀 있어 경통 내에 기류가 생기지 않아 상이 안정적이다.
ㄴ. 렌즈로 빛을 모으므로 색수차가 생긴다.
ㄷ. 렌즈를 통과하는 빛이 굴절되는 특성을 이용한 망원경이다.

02. 답 ⑤
해설 ㄱ. 거울로 빛을 모으므로 색수차가 생기지 않는다.
ㄴ. 가공이 쉬워 대형 망원경으로 만들기 쉽고, 가격이 저렴하다.
ㄷ. 색수차가 없어 배율을 크게 만들 수 있기 때문에 성운, 성단과 같은 어두운 천체를 관측하는 데 유리하다.

03. 답 ②
해설 ㄱ. 상이 정립상으로 보인다.
ㄴ. 접안렌즈로 오목 렌즈를 사용한다.
ㄷ. 천체 망원경으로 잘 쓰이지 않고, 지상 망원경으로 사용된다.

04. 답 ④
해설 ㄱ. 상이 도립상으로 보인다.
ㄴ. 보조 거울로 평면 거울을 사용한다.
ㄷ. 경통에 수직 방향으로 부착된 접안렌즈로 관측한다.

05. 답 ①
해설 ㄱ. 망원경의 구경이 클수록 집광력이 커진다.
ㄴ. 망원경의 배율은 대물렌즈의 초점 거리가 길수록 높아진다.
ㄷ. 망원경의 분해능 값(분해능 수치)이 작을수록 물체를 더 선명하게 관측할 수 있다.

06. 답 ①
해설 우주에서 오는 전자기파를 파장이 긴 것부터 순서대로 나열하면 전파 – 적외선 – 가시광선 – 자외선 – X선 – 감마선이다.

07. 답 ③
해설 가시광선을 이용하여 천체를 관측하는 망원경은 광학 망원경인 반사 망원경과 굴절 망원경, 그리고 우주 망원경인 허블 우주 망원경이 있다.

08. 답 ③
해설 ㄱ. 우주 망원경은 인공위성처럼 우주 공간에서 지구 둘레를 공전하면서 천체를 관측하는 망원경이다.
ㄴ. 강한 자기장이나 중력장, 폭발과 관련된 천체는 X선을 방출하므로 X선 우주 망원경을 이용하여 관측한다.
ㄷ. 태양의 플레어, 감마선 폭발, 블랙홀 주변의 원반, 퀘이사 등 높은 에너지 현상을 관측하는 데는 감마선 우주 망원경이 이용된다.

유형 익히기 & 하브루타   214~217쪽

[유형20-1] ③	01. ②	02. ①
[유형20-2] ①	03. ④	04. ⑤
[유형20-3] ①	05. ①	06. ②
[유형20-4] ③	07. ②	08. ④

[유형20-1] 답 ③
해설 A는 대물렌즈, B는 보조 망원경(파인더), C는 접안렌즈이다.
ㄱ. 대물렌즈의 지름(구경)이 클수록 빛을 모으는 능력(집광력)이 향상된다.
ㄴ. 보조 망원경(파인더)는 배율이 낮아 시야가 넓으므로 주 망원경으로 관측하기에 앞서 천체를 찾을 때 사용한다.
ㄷ. 고배율로 관측하려면 접안렌즈를 초점 거리가 짧은 것으로 바꾼다.

01. 답 ②
해설 A는 주 망원경(경통)이고, B는 보조 망원경(파인더)이다. 보조 망원경(B)은 주 망원경(A)보다 배율이 낮아 시야가 넓으므로 천체를 찾기에 편리하다.

02. 답 ①
해설 ㄱ. 적도의식 가대는 사용하기 전에 극축을 맞추기를 해야 일주 운동과 같은 방향으로 경통을 회전시킬 수 있다.
ㄴ. 적도의식 가대는 적경축과 적위축을 움직여 천체를 찾거나 이미 찾은 천체를 추적할 때 편리하다. 따라서 천체의 위치를 관측하기에 적합하다.
ㄷ. 적도의식 가대는 경위대식 가대에 비해 구조가 복잡하여 사용하기 어렵다.

[유형20-2] 답 ①
해설 ㄱ. (가)는 갈릴레이식 굴절 망원경으로 물체의 상이 똑바로 보인다.
ㄴ. 굴절 망원경은 렌즈를 통과하는 빛이 굴절되는 특성을 이용한 망원경으로 (가)와 (나)이다.
ㄷ. (라)는 뉴턴식 반사 망원경으로 빛이 거울에 반사되는 특성을 이용한 망원경이다. 거울로 빛을 모으므로 색수차가 생기지 않는다.

03. 답 ④
해설 ㄱ. 굴절 망원경의 대물렌즈는 볼록 렌즈이다.

ㄴ. 망원경의 집광력은 구경의 제곱에 비례하므로 이 망원경의 집광력은 사람 눈보다 ($\frac{80\ mm}{5\ mm}$)^2 = 256 배 크다.

ㄷ. 배율은 대물렌즈의 초점 거리를 접안렌즈의 초점 거리로 나눈 값이므로 배율은 $\frac{1200\ mm}{20\ mm}$ = 60 배이다.

04. 답 ⑤

해설 ㄱ. 집광력이 크면 상이 더 밝게 보이므로 집광력은 (가)가 (나)보다 좋다.

ㄴ. 분해능이 좋으면 상이 더 선명하게 보이므로 분해능은 (가)가 (나)보다 좋다.

ㄷ. 상의 크기가 비슷하므로 배율은 (가)와 (나)가 거의 같다.

[유형20-3] 답 ①

해설 ㄱ. 지구 대기를 잘 통과하는 전자기파는 전파와 가시광선 영역이다.

ㄴ. 자외선은 대부분 대기에 흡수되지만 적외선은 일부가 지상까지 도달하므로 지상 망원경에 이용할 수 있다.

ㄷ. X선은 대기에 모두 흡수되므로 X선 망원경은 지상보다는 기권 밖의 우주 공간에 설치하는 것이 좋다.

05. 답 ③

해설 ㄱ. 적외선은 가시광선보다 파장이 길지만 기권을 통과하는 비율이 낮다. 따라서 파장이 긴 전자기파일수록 지구 대기를 잘 통과한다고 단정할 수 없다.

ㄴ. 지상에서 천체를 관측하기에 좋은 영역은 전파와 가시광선 영역이며, 자외선은 오존층에 흡수되어 지상까지 도달하기 어렵다.

ㄷ. 천문대의 위치는 고도가 높을수록 빛이 기권을 통과하는 두께가 얇아져서 유리하다.

06. 답 ②

해설 ㄱ. 전파는 지구 대기에 거의 흡수되지 않고 지구 표면까지 잘 도달한다.

ㄴ. 전파 안테나는 안테나 접시에 도달한 전파를 모으므로 안테나 접시의 면적이 클수록 집광력이 크다.

ㄷ. 전파 망원경은 광학 망원경에서 관측하는 가시광선보다 파장이 긴 전파를 통해 천체를 관측한다.

[유형20-4] 답 ③

해설 ㄱ. (가)는 별의 생성 장소나 은하 중심부를 자세히 관측하는 데 이용된다.

ㄴ. (나)는 중성자별이나 블랙홀, 초신성 잔해 등 온도가 높은 현상을 관측하는 데 이용된다.

ㄷ. (다)는 펄서, 초신성 폭발, 블랙홀 주변, 퀘이사 등 온도가 매우 높은 에너지 현상의 관측에 이용된다.

07. 답 ②

해설 (가)는 태양의 플레어, 펄서, 초신성 폭발, 블랙홀 주변의 원반, 퀘이사 등은 온도가 매우 높아 감마선을 방출하므로 감마선 우주 망원경을 사용한다. (나)는 별의 생성 장소, 은하 중심부의 성간 물질 등은 비교적 온도가 낮으며 광학 망원경으로 잘 보이지 않으므로 적외선 우주 망원경을 사용한다.

08. 답 ④

해설 ㄱ. 허블 우주 망원경은 우주 공간에 떠 있으므로 고장이 날 경우 수리하려면 로켓을 발사해서 접근해야 한다. 따라서 설치 및 유지, 보수 비용이 많이 들기 때문에 운용 및 관측 경비가 많이 든다.

ㄴ. 우주 공간은 햇빛을 반사시키는 대기가 없으므로 낮에도 항상 감깜하여 관측이 가능하다.

ㄷ. 우주 공간은 대기와 같은 장애물이 없기 때문에 좀 더 선명한 상을 얻을 수 있다.

창의력 & 토론마당 218~221쪽

01

(1) 라디오파, 가시광선, 적외선, 자외선
(2) 전파 망원경, 가시광선 망원경
(3) 〈 해설 참고 〉

해설 (1) 지표면까지 도달하는 전자기파는 파장이 긴 라디오파, 가시광선, 적외선, 자외선이다.

(2) 지상에서는 전파를 이용하는 전파 망원경, 가시광선을 이용하는 광학 망원경으로 천체를 관측한다. 전파의 일부, 적외선, 자외선, X선, γ선은 지표면까지 도달하지 않으므로 대기권 밖의 우주 공간에서 관측하는 것이 유리하다.

(3) 오존층이 자외선을 차단하기 때문에 자외선이 X선보다 지구 대기를 잘 투과하지 못한다.

02

(1) (가) 대물렌즈 (나) 오목거울
(2) 색수차를 없앨 수 있다.
(3) (나) 이유 : 〈 해설 참고 〉

해설 (1) (가)는 굴절 망원경이고 대물렌즈와 접안렌즈로 볼록 렌즈를 사용하는 케플러식 망원경이다. 케플러식 망원경은 도립상이지만 시야가 넓고 상이 안정적이다. 케플러식 망원경에서 빛을 모으는 역할을 하는 것은 대물렌즈이고, (나)는 반사 망원경에서 주 거울(빛을 모으는 거울)로 오목 거울을 사용하는 뉴턴식 망원경이다.

(2) 렌즈 대신 거울을 사용하면 렌즈에서 발생하는 색수차를 없앨 수 있다.

(3) 반사 망원경은 렌즈 대신 거울을 사용하므로 굴절 망원경보다 가볍고 제작도 쉬우며, 색수차가 생기지 않아 대형 망원경으로 많이 사용한다.

03

(1) 1 : 1 　　(2) 1 : 4 　　(3) 2 : 1
(4) (나) 　　(5) (나)

해설 (1) 배율 = $\frac{대물렌즈의\ 초점\ 거리}{접안렌즈의\ 초점\ 거리}$ 이므로

(가)는 $\frac{1,000\ mm}{50\ mm}$ = 20, (나)는 $\frac{1,200\ mm}{60\ mm}$ = 20 이다.
따라서 배율 비는 1 : 1 이다.

(2) 구경의 비는 1 : 2 이고, 집광력 ∝ 구경^2 이므로 두 망원경의 집광력 비는 1 : 4 이다.

(3) 분해능 값은 구경의 역수에 비례하므로 2 : 1 이다.

(4) 두 망원경의 배율은 같지만 망원경 (나)가 집광력과 분해능(분해능 값이 작을수록 분해능이 우수하여 더 선명하게 보인다.)이 더 우수하므로 망원경 (가)보다 더 밝고 선명하게

천체를 관측할 수 있다.

(5) 경위대식 가대는 망원경의 경통을 움직여서 방위각과 고도를 조정하면서 천체를 관측하는 방식이고, 적도의식 가대는 적경축과 적위축을 조정하여 천체를 관측하는 방식이다. 따라서 망원경 (나)가 적도의식 가대를 사용하므로 천체를 한 곳에서 오랫동안 관측하더라도 별이 시야에서 사라지지 않는다.

04
(1) (가)
(2) (가) B (나) C (다) A
(3) 〈 해설 참고 〉

해설 (1) 광학 망원경은 가시광선 영역의 파장을, 전파 망원경은 전파 영역의 파장을, 자외선 우주 망원경은 자외선 영역의 파장을 관측하는 망원경이다. (라)에서 A는 자외선, B는 가시광선, C는 전파이다. 가시광선은 날씨가 흐린 날이나 밤에는 관측할 수 없다.
(2) (가)는 광학 망원경이므로 가시광선 영역인 B, (나)는 전파 망원경이므로 전파 영역인 C, (다)는 자외선 우주 망원경이므로 자외선 영역인 A 이다.
(3) D 영역은 적외선 영역으로 지표에 잘 도달하지 못한다. 따라서 우주에서 관측할 수 있는 적외선 우주 망원경이 필요하다.

스스로 실력 높이기 222~227쪽

01. ①	02. ②	03. ⑤	04. ②	05. ①	06. ③
07. ⑤	08. ④	09. ③	10. ②	11. ③	12. ①
13. ④	14. ⑤	15. ②	16. ②	17. ④	18. ②
19. ①	20. ①	21. ③	22. ⑤	23. ④	24. ③
25. ③	26. ①	27. ⑤	28. ③	29. ④	30. ①

01. 답 ①
해설 굴절 망원경은 대물렌즈(㉠)로 빛을 모으고, 접안렌즈로 상을 확대한다. 반사 망원경은 주 거울(㉡)로 빛을 모으고, 접안렌즈로 상을 확대한다.

02. 답 ②
해설 ① 주 망원경은 파인더보다 배율이 높아 상이 크게 보인다.
② 주 망원경은 파인더보다 시야가 좁아 천체를 찾기 어렵다.
③ 파인더는 주로 성능이 좋아 소형 망원경으로 많이 사용되는 굴절 망원경을 이용한다.
④ 천체를 관측하기에 앞서 주 망원경과 파인더의 광축을 일치시켜야 한다.
⑤ 천체를 관측할 때에는 먼저 시야가 넓은 파인더로 찾은 후 배율이 높은 주 망원경으로 관측한다.

03. 답 ⑤
해설 ① 굴절 망원경은 볼록 렌즈를 이용하여 빛을 모으므로 색수차가 생기고, 반사 망원경은 오목 거울을 이용하여 빛을 모으므로 색수차가 생기지 않는다.
② 뉴턴식 반사 망원경은 주 거울로 오목 거울을 사용하고, 보조 거울로 평면 거울을 사용한다.
③ 반사 망원경은 대형 망원경을 만들기에 유리하므로 어두운 성

단이나 성운 등을 관측하기에 적합하다. 달이나 행성의 표면을 자세히 관측하려면 상이 안정적인 굴절 망원경을 이용한다. ④ 접안렌즈는 대물렌즈나 주 거울을 이용하여 맺힌 상을 확대하여 보는 데 사용된다.
⑤ 굴절 망원경은 정립상으로 보이는 갈릴레이식, 도립상으로 보이는 케플러식이 있고, 반사 망원경은 모두 도립상으로 보인다.

04. 답 ②
해설 ① 망원경의 배율(확대능)이 클수록 상의 크기는 커진다.
② 망원경의 배율(확대능)이 클수록 상은 크게 보이지만 시야가 좁아지고 상의 밝기가 어두워진다.
③ 집광력은 대물렌즈 또는 주경의 구경의 제곱에 비례하므로 주경의 구경이 클수록 집광력이 커진다.
④ 분해능은 주경의 구경에 반비례하므로, 주경의 구경이 클수록 분해능이 작아진다. 분해능 값이 작을수록 분해능이 좋다.
⑤ 망원경의 배율(확대능)은 대물렌즈의 초점 거리를 접안렌즈의 초점 거리로 나눈값으로 접안렌즈의 초점 거리가 짧을수록 배율이 높아진다.

05. 답 ①
해설 천체 망원경의 성능을 결정하는 가장 중요한 요소는 구경이다. 집광력은 구경의 제곱에 비례하고, 분해능은 구경이 클수록 좋다.

06. 답 ③
해설 성운 성단, 외부 은하와 같이 넓게 분포하는 것은 저배율로 관측한다.

07. 답 ⑤
해설 배율 = $\dfrac{\text{대물렌즈의 초점 거리}}{\text{접안렌즈의 초점 거리}}$ 이므로 천체 망원경의 배율은 $\dfrac{1,000 \text{ mm}}{40 \text{ mm}} = 25$ 배이다.

08. 답 ④
해설 전파와 가시광선은 대기의 방해를 받지 않고 잘 통과하므로 지상에서 관측이 가능하다.

09. 답 ③
해설 전파 망원경은 안테나, 증폭기, 기록계로 이루어져있으며, 천체로부터 오는 전파를 변환하여 관측한다. 전파는 우주 공간 및 지구 대기에서 흡수되는 양이 적어 멀리 있는 천체나 성간 물질처럼 눈에 보이지 않는 천체도 관측할 수 있다.

10. 답 ②
해설 ① 우주 공간은 햇빛을 반사시키는 대기가 없으므로 낮에도 항상 깜깜하여 관측이 가능하다.
② 허블 우주 망원경은 반사 망원경이므로 오목 거울을 이용하여 빛을 모은다.
③ 허블 우주 망원경은 지상으로부터 약 600km 고도에서 지구 주위를 공전하며 천체를 관측하는 우주 망원경이다.
④ 허블 우주 망원경은 반사 망원경으로 주로 가시광선 영역이나 적외선의 일부 영역을 관측한다.
⑤ 허블 우주 망원경은 지구 대기의 영향을 받지 않으므로 동일한 구경의 지상 망원경보다 선명한 상을 관측할 수 있다.

11. 답 ③
해설 ㄱ. (가)는 대물렌즈로 빛을 모으고 접안렌즈로 상을 확대하는 굴절 망원경이고, (나)는 주 거울로 빛을 모으고 접안렌즈로 상을 확대하는 반사 망원경이다.

ㄴ. (가)는 렌즈로 빛을 굴절시켜 모으고, (나)는 거울로 빛을 반사시켜 모은다.

ㄷ. 거울은 렌즈에 비해 대형으로 제작하기 쉽고, 비용이 저렴하다. 따라서 대형 망원경은 대부분 반사 망원경이다.

12. 답 ①

해설 ㄱ. 파인더는 주 망원경보다 배율이 작기 때문에 시야가 넓어 관측하고자 하는 천체를 찾는데 용이하다.

ㄴ. 경위대식 가대에 장착한 망원경은 방위각과 고도를 쉽게 변경할 수 있는 반면에 천체가 일주 운동하는 궤적을 따라 가면서 관측하기에는 적합하지 않다.

ㄴ. 망원경의 배율은 대물렌즈의 초점 거리에 비례하고, 접안렌즈의 초점 거리에 반비례한다. 초점 거리가 50mm 인 접안렌즈로 바꾸면 접안렌즈의 초점 거리가 늘어나 배율이 작아져 주 망원경의 시야가 밝아진다.

13. 답 ④

해설 ㄱ. (가)에서 평면 거울은 보조 거울로 주 거울인 오목 거울에서 모은 빛을 경통 밖으로 끌어내는 역할을 한다.

ㄴ. (가)는 뉴턴식 반사 망원경이고, (나)는 카세그레인식 반사 망원경이다. 주 거울(오목 거울)의 초점 거리가 같을 때 경통의 길이는 카세그레인식(나)이 더 짧다.

ㄷ. (나)는 카세그레인식 반사 망원경으로, 접안렌즈가 주경 바로 뒤에 있어 시선 방향과 경통의 방향이 나란하다.

14. 답 ⑤

해설 ㄱ. 파장이 짧은 전자기파(자외선, X선, 감마선 등)는 대부분 대기에 흡수되어 지표까지 도달하지 못한다.

ㄴ. X선은 대부분 대기에 흡수되어 지표까지 도달하지 못하므로 대기권 밖에 설치하는 것이 좋다.

ㄷ. 지상에는 일부 전자기파가 도달하지 못하는 반면 대기권 밖의 우주 공간에서는 대기에 의한 전자기파 흡수가 일어나지 않아 다양한 파장 영역에서 천체를 관측할 수 있다.

15. 답 ②

해설 ㄱ. 전파 망원경은 낮이나 밤에 관계없이 관측할 수 있다.

ㄴ. 망원경의 집광력은 구경의 제곱에 비례하므로 접시의 면적이 클수록 집광력이 크다.

ㄷ. 광학 망원경은 가시광선 영역을 관측하고, 전파 망원경은 가시광선보다 파장이 긴 전파 영역을 관측한다.

16. 답 ②

해설 ㄱ. (가)는 가시광선 영역을 관측하는 망원경이고, (나)는 전파 영역을 관측하는 망원경이다. 전파는 가시광선보다 파장이 길므로 (가)는 (나)보다 파장이 짧은 영역을 통해 천체를 관측한다.

ㄴ. 가시광선 영역은 인간의 눈을 통해 볼 수 있으므로 (가)를 이용하여 천체를 직접 눈으로 관측할 수 있다.

ㄷ. 분해능이 같은 경우 빛의 파장은 구경에 비례한다. (가)의 파장이 (나)의 파장보다 짧으므로 (가)의 구경이 더 작다.

17. 답 ④

해설 ㄱ. 적외선은 가시광선이 투과하지 못하는 먼지를 투과할 수 있다. 따라서 은하 중심부를 자세히 관측하기 위해서는 가시광선보다 적외선을 이용한다.

ㄴ. 가시광선은 눈으로 감지할 수 있는 전자기파이므로 육안으로 관측할 수 있는 은하수의 모습은 (나)이다.

ㄷ. (다)는 파장이 짧은 감마선으로 관측한 자료로 온도가 매우 높은 천체와 고에너지의 입자의 분포가 잘 나타나 있다.

18. 답 ②

해설 ㄱ. 우주 망원경이 지구의 그림자 속에 들어갈 때에는 태양 쪽의 천체를 관측할 수 없게 된다.

ㄴ. 우주 망원경은 대기권 상층에서 지구의 주위를 공전하므로 지구 대기에 의한 산란이나 흡수의 영향을 받지 않는다.

ㄷ. 모든 우주선의 구경이 같다면 관측하는 파장이 가장 짧은 감마선 영역을 관측하는 CGRO의 분해능이 가장 작다. 분해능은 값이 작을수록 우수하므로 CGRO의 분해능이 가장 우수하다.

19. 답 ①

해설 ㄱ. 자외선으로 관측한 (가)에서 목성의 극지방에 오로라가 발생하였음을 알 수 있다. 오로라는 태양풍에 의해 이동한 고에너지 입자가 행성의 자기장 중 특히 자기력이 센 극지방에서 대기 입자와 충돌하면서 발생하는 현상이다.

ㄴ. (나)는 가시광선 영역에서 관측한 모습으로 목성의 상층 대기에서 반사된 태양빛을 관측한 것이고, (다)는 적외선 영역에서 관측한 모습으로 목성의 상층 대기에서 방출되는 에너지를 관측한 것이다. 즉, 목성 대기의 온도가 낮기 때문에 가시광선이 나오지 않고 적외선이 나온다.

ㄷ. 같은 시각에 촬영한 (나), (다)의 가시광선과 적외선 영역에서 관측한 모습을 비교하면 가시광선 영역에서는 밝게 보이는 부분이 적외선 영역에서는 어둡게 나타나고 있다.

20. 답 ①

해설 ㄱ. 허블 우주 망원경은 지구 대기의 영향으로부터 자유롭기 때문에 가시광선뿐 아니라 적외선과 자외선 영역도 관측할 수 있다.

ㄴ. 우주 공간에서는 대기의 영향을 받지 않아 고품질의 이미지를 얻을 수 있다.

ㄷ. 허블 우주 망원경은 우주에 떠 있기 때문에 낮과 밤에 상관없이 관측할 수 있다.

21. 답 ③

해설 ㄱ. 보조 거울로 볼록 거울을 사용하며 광축과 시선축이 나란하므로 카세그레인식 반사 망원경이다.

ㄴ. 반사 망원경의 배율은 주 거울의 초점 거리를 접안렌즈의 초점 거리로 나눈 값이다.

ㄷ. 관측되는 상은 상하좌우가 뒤바뀐 도립상으로 보인다.

22. 답 ⑤

해설 분해능 값이 작다는 것은 구별할 수 있는 두 물체 사이의 각 거리가 작다는 것이다.

ㄱ. A 와 B 는 대물렌즈의 초점 거리가 같고, 같은 접안렌즈를 사용했으므로 배율이 같아 시야가 같다.

ㄴ. A 와 B 는 배율이 같으므로 구경이 커 집광력이 좋은 A 가 더 어두운 천체를 관측할 수 있다.

ㄷ. 구경이 클수록 분해능 값이 작아진다. 분해능 값이 작을수록 분해능이 좋으므로 A 는 B 보다 천체를 더 상세하게 관측할 수 있다.

23. 답 ④

해설 ㄱ. 집광력은 대물렌즈의 구경의 제곱에 비례하므로 대물렌즈의 구경은 A보다 B가 크다.

ㄴ. 그래프에서 B의 배율이 200 배이므로 x의 값은 1000mm이다. 따라서 A와 B 의 대물렌즈의 초점 거리는 같다.

ㄷ. 대물렌즈의 구경이 클수록 분해능이 좋다. 대물렌즈의 구경은 B가 더 크므로 B 의 분해능이 A 보다 좋다.

24. 답 ③

해설 ㄱ. A는 자외선 영역으로 대부분 오존층에서 흡수되어 지상에 도달하기 어렵다. 따라서 우주 망원경으로 관측한다.

ㄴ. B는 가시광선 영역으로 태양 복사 에너지 중 대기 투과율이 가
장 크므로 지상에서 광학 망원경으로 관측할 수 있다.
ㄷ. C는 적외선 영역으로 대기 중에서 흡수되는 양이 매우 많기 때
문에 지상에서는 관측하기 어렵고, 주로 대기권 밖 우주 공간에
서 관측할 수 있다.

25. 답 ③
해설 ㄱ. 전파는 대기에 거의 흡수되지 않고 지표면에 도달하므
로 전파 망원경은 지표면에 설치하여 사용한다.
ㄴ. 구경이 모두 같다면 분해능 값은 파장에 비례한다. (가)의 파
장이 가장 길므로 분해능 값은 가장 크고, 분해능 값이 작을수
록 분해능이 좋으므로 (가)의 분해능이 가장 좋지 않다.
ㄷ. 적외선은 가시광선보다 온도가 낮은 물체에서 나오는 전자기파
이므로 (다)가 (나)보다 높은 온도의 가스 분포를 잘 나타낸다.

26. 답 ①
해설 ㄱ. 우주 망원경은 지상 망원경과는 달리 대기의 영향을 받
지 않고 천체를 관측할 수 있다. 따라서 구경이 같을 경우 더욱 선
명한 상을 얻을 수 있다. 그러므로 (가)가 우주 망원경으로 관측한
것이다.
ㄴ. 분해능 값은 파장에 비례하고, 대물렌즈의 지름에 반비례한다.
(가)와 (나)의 두 경우 모두 가시광선 영역이므로 사용한 빛의
파장이 같고, 대물렌즈의 지름도 같으므로 분해능이 같다.
ㄷ. 적외선은 가시광선보다 파장이 길어서 분해능이 나빠진다. 따
라서 (가)보다 선명한 상을 얻을 수 없다.

27. 답 ⑤
해설 ㄱ. A 영역은 자외선 영역으로 상공에서 대부분 흡수된다.
따라서 망원경은 지상보다는 우주 공간에 설치하는 것이 좋다.
ㄴ. 지상에서 B 영역은 가시광선 영역으로 광학 망원경을 사용한
다. 가시광선은 태양광선의 영향을 많이 받기 때문에 낮에 천체
를 관측하기 어렵다.
ㄷ. C 영역은 전파 영역으로 가시광선보다 파장이 길기 때문에 같
은 해상도(분해능)이기 위해서는 광학 망원경보다 구경이 커야
한다.

28. 답 ③
해설 ㄱ. (가)와 (나)는 모두 우주 망원경으로 지구 대기의 영향
을 받지 않는다.
ㄴ. X선은 파장이 짧아 초신성 폭발, 플레어와 같은 높은 에너지를
방출하는 현상을 관측할 때 사용한다.
ㄷ. 집광력은 구경의 제곱에 비례하므로 (나)의 구경은 (가)보다 5
배 크기 때문에 집광력은 25 배 크다.

29. 답 ④
해설 ㄱ. 자외선은 적외선보다 파장이 짧다.
ㄴ. 자외선은 지구 대기에 의해 대부분 흡수되므로 천체를 관측하
기 위해서는 지구 대기권 밖 우주 공간에 설치해야 한다.
ㄷ. 망원경의 분해능 값은 파장에 비례하고, 구경에 반비례한다.
두 망원경의 구경이 같으므로 분해능 값은 파장이 더 긴 적외선
(나)이 더 크다. 분해능 값이 작을수록 분해능이 좋으므로 (가)
의 분해능이 (나)보다 더 좋다.

30. 답 ①
해설 ㄱ. (가)는 흑점을 관측할 수 있으므로 가시광선 영역으로
촬영한 것이고, (나)는 자외선 영역으로 촬영한 것이다.
ㄴ. (나)에서 밝은 부분은 자외선을 강하게 방출하는 영역으로 흑
점 부근이다.
ㄷ. 자외선(나) 영역에서는 흑점의 모습이 관측되지 않으므로 흑
점의 모습이 뚜렷한 가시광선 영역(가)을 이용하는 것이 좋다.

21강. 태양계 탐사와 태양계 구성원

개념 확인　　　　　　　　　　228~233쪽

1. 행성 탐사선　2. 수성　3. 극관
4. (1) O　(2) X　5. ⓐ 물　ⓑ 탄소
6. (1) X　(2) O

4. 답 (1) O　(2) X
해설 (2) 소행성은 대부분 불규칙한 모양으로 밝기가 일정하지
않다.

6. 답 (1) X　(2) O
해설 (1) 외계 행성은 너무 어두워서 직접 관측이 어려우므로 대
부분 간접적인 방법으로 탐사한다.

확인+　　　　　　　　　　　228~233쪽

1. (1) X　(2) O　2. (1) O　(2) X
3. (1) 이오　(2) 토성　　4. 운석
5. 세티(SETI) 프로젝트　6. 도플러 효과

1. 답 (1) X　(2) O
해설 (1) 보이저 호는 근접 통과 방식을 이용한 탐사선이다.

2. 답 (1) O　(2) X
해설 지구형 행성은 자전 속도가 느리므로, 자전 주기가 길다.

개념 다지기　　　　　　　　234~235쪽

01. (1) O　(2) O　(3) X　(4) O　　02. ⑤　　03. ②
04. 여름　05. ③　06. ④
07. (1) O　(2) O　(3) X　(4) X　(5) O　　08. ②

01. 답 (1) O　(2) O　(3) X　(4) O
해설 (3) 지구 주위를 일정한 궤도를 따라 도는 우주선은 인공위
성이다. 행성 탐사선은 지구 궤도를 벗어나 직접 행성을 탐사하는
우주선이다.

02. 답 ⑤
해설 ㄱ. 보이저 호는 1979년 목성 근접 통과, 1980년 토성 근접
통과, 1986년 천왕성 근접 통과, 1989년 해왕성 근접 통과하였다.
ㄴ. 1979년 보이저 1, 2호가 목성을 근접 통과하면서 목성에 희미
한 고리가 있고, 이오에 활화산이 있는 것을 알아냈다.
ㄷ. 1980년 보이저 1,2호가 토성을 근접 통과하면서 토성의 새로
운 위성을 발견하였고, 토성의 고리는 얼음과 암석 조각으로 구
성되어 있는 것을 알아냈다.

03. 답 ②

해설 ② 지구형 행성 중 크기와 질량이 가장 작은 것은 수성이다.

04. 답 여름

해설 화성의 여름철에는 극관의 이산화 탄소와 수증기가 대기 중으로 방출되어 크기가 작아지고, 겨울철에는 대기 중의 이산화 탄소와 수증기가 극관에 달라붙어 크기가 커진다.

05. 답 ③

해설 ㄷ. 혜성이 태양에 가까워지면 태양열에 의해 얼음이 승화되어 태양의 반대쪽으로 꼬리를 만든다.

06. 답 ④

해설 ㄱ. 소행성은 화성과 목성 궤도 사이에서 태양 주위를 공전하는 작은 천체이다.
ㄴ. 소행성은 모양이 불규칙해 자전으로 반사되는 빛의 양이 달라져 밝기가 일정하지 않다.
ㄷ. 소행성과 혜성은 태양계 형성 초기의 물질을 지니고 있어서 태양계 기원을 밝히는 데 중요한 천체이다.

07. 답 (1) O (2) O (3) X (4) X (5) O

해설 (3), (4) 생명체가 탄생하는 데 충분한 시간이 필요하므로 중심별의 수명이 길어야 하고 중심별의 진화 속도는 느려야 한다.

08. 답 ②

해설 ㄷ. 행성에서는 빛이 나오지 않는다. 중심별이 행성과의 공통 질량 중심 주위를 돌기 때문에 나타나는 도플러 효과를 이용하여 외계 행성을 탐사하려면 중심별의 스펙트럼을 분석해야 한다. 별의 스펙트럼에 주기적인 파장의 변화가 나타나면 행성을 갖고 있다는 것을 의미한다.

유형 익히기 & 하브루타   236~241쪽

[유형21-1] 답 ②

해설 그림 (가)의 스푸트니크 1호는 1957년 구 소련에서 발사한 최초의 인공위성이다. 그림 (나)의 아폴로 11호는 1969년 최초로 인간이 달에 착륙한 유인 달 착륙선으로 닐 암스트롱이 달의 암석 샘플을 채취하여 귀환하였다.

01. 답 ②

해설 ② 우리나라 최초의 통신위성은 무궁화 위성 1호이다.

02. 답 ③

해설 ㄱ. 천체 표면에 착륙하여 지표나 대기를 탐사하는 방법은 착륙선(연착륙)이다. 착륙선에는 우주 비행사의 탑승 여부에 따라 유인 착륙법과 무인 착륙법으로 구분된다.
ㄴ. 인공위성처럼 천체의 주위를 돌면서 탐사하는 방법은 궤도 선회(궤도선)이다. 행성을 장기적으로 탐사할 수 있는 장점이 있다.
ㄷ. 천체 가까이 지나가면서 사진 등을 촬영하여 탐사하는 방법은 근접 통과이다. 이는 지상 망원경보다 자세하게 탐사할 수 있는 반면에, 우주선이 행성을 지나가는 짧은 시간 동안만 탐사할 수 있다는 단점이 있다.

[유형21-2] 답 ③

해설 ㄱ. A 집단은 질량이 크고 평균 밀도가 작은 목성형 행성이고, B 집단은 질량이 작고 평균 밀도가 큰 지구형 행성이다. 수성, 금성, 지구, 화성은 지구형 행성으로 B 집단에 속한다.
ㄴ. 자전 주기가 짧아 자전 속도가 빠른 것은 목성형 행성이므로 A 집단이다.
ㄷ. 목성형 행성(A 집단)은 단단한 지각이 없어서 탐사선이 연착륙할 수 없지만, 지구형 행성(B 집단)에는 단단한 지각이 있다.

03. 답 (1) (가) (2) (다) (3) (가) (4) (나)

해설 (가) 수성은 태양계 행성 중 질량과 크기가 가장 작으며, 일교차가 크고 대기가 거의 없어 표면에 크레이터가 많다.
(나) 금성은 두꺼운 이산화 탄소 대기의 온실 효과로 인해 표면 온도가 매우 높다.
(다) 화성은 양극에 얼음과 드라이아이스 성분의 흰색 극관이 있다.

04. ③

해설 ㄱ,ㄴ. 금성은 이산화 탄소가 주성분인 두꺼운 대기가 있어 표면 기압이 높고, 극심한 온실 효과 때문에 표면 온도도 매우 높다.
ㄷ. (나)의 금성 표면 지형은 레이더를 이용해 금성의 표면 기복을 조사한 것이다. 금성은 두꺼운 대기로 덮여 있어서 표면을 직접 관측하기 어렵다.

[유형21-3] 답 ③

해설 ㄱ. 그림 (가)는 수성의 표면으로 크레이터가 많이 관찰된다. 크레이터는 행성에 대기가 없어 유성체가 대기에 타지 않고 지표면에 떨어져 생긴 것이다.
ㄴ. 그림 (나)의 붉은 점은 목성에서 나타나는 대적점으로 지구의 태풍과 비슷한 대기의 소용돌이 현상이다.
ㄷ. 그림 (다)는 목성이 빠르게 자전하기 때문에 나타나는 줄무늬이다.

05. 답 ③

해설 (가)는 토성, (나)는 천왕성, (다)는 해왕성이다.
ㄱ. 토성은 자전 속도가 빠르고 편평도가 크며, 적도 쪽이 볼록한 타원체 모양이다.
ㄴ. 천왕성은 보이저 2호가 1986년 근접 통과하여 탐사하였다. 카시니호는 2004년 토성 궤도에 진입한 탐사선이다.
ㄷ. 해왕성은 어두운 고리와 대기의 소용돌이인 대흑점이 있고, 위성 트리톤은 질소와 약간의 메테인으로 구성된 대기가 있다.

06. 답 ⑤

해설 ㄱ. 극관은 화성의 여름철에는 극관의 크기가 작아지고, 겨울철에는 크기가 커지므로, 계절에 따라 변한다.
ㄴ,ㄷ. 올림포스 화산은 태양계에서 가장 큰 화산이며, 과거 화성에서 화산 활동이 활발했음을 알 수 있다.

[유형21-4] 답 ④

해설 ④ 혜성은 태양에 가까이 접근하면 가스 꼬리가 태양의 반대 방향으로 만들어진다.

07. 답 ④

해설 플루토는 2006년 행성의 정의가 재정립된 후, 행성에서 왜소 행성으로 재분류되었다. ①, ③ 왜소 행성은 태양을 중심으로 공전하며 자체 중력에 의해 구형을 이룬다. ④ 왜소 행성은 행성보다 작고 소행성보다 큰 구형의 천체이다. ⑤ 왜소행성은 공전 궤도 주변에서 지배적인 역할을 하지 못하므로 궤도 주변에 다른 천체가 있을 수 있다.

08. 답 ③

해설 그림은 혜성의 모습을 나타낸 것이다.
③ 코마를 구성하는 가스와 먼지가 태양풍에 날려 꼬리를 형성한다.

[유형21-5] 답 ④

해설 ㄴ. 별의 질량이 클수록 광도가 크므로 생명 가능 지대가 별에서 멀어진다.

09. 답 ③

해설 ①, ②, ③ 질량이 큰 별일수록 밝게 빛나며 광도가 크다. 별의 광도가 클수록 에너지를 빨리 소모하므로 별의 수명이 짧다. 별의 질량이 너무 크면 수명이 짧아서 생명체가 존재하기 어렵다.

10. 답 ④

해설 세티(SETI) 프로젝트는 전파 망원경을 이용하여 외계의 지적 생명체가 보낸 인공적인 전파를 찾는 프로젝트이다.

[유형21-6] 답 ⑤

해설 ㄱ, ㄴ. 행성을 거느린 별은 행성 중력의 영향을 받아 공통 질량 중심의 주위를 공전하며, 지구에서 관측하면 별빛의 도플러 효과에 의해 별이 가까워질 때와 멀어질 때 별빛의 파장이 변한다. 이때 별에 비해 행성의 질량이 클수록 별이 공통 질량 중심에서 많이 벗어나므로 더 잘 관측된다. 또한 행성의 공전 궤도면이 관측자의 시선 방향에 있을 때 잘 관측된다.
ㄷ. 행성이 별 주위를 공전하면 식 현상이 일어나 별의 밝기가 감소한다. 행성이 그림 (나)의 1에 위치해 있을 때는 행성이 별을 가리지 않으므로 별이 가장 밝게 관측된다. 행성이 2에 위치했을 때는 행성의 일부가 별의 일부를 가리므로 별의 밝기가 감소하고, 3에 위치했을 때는 행성 전체가 별의 일부를 가리므로 별의 밝기가 가장 어둡게 관측된다.

11. 답 ⑤

해설 그림은 미세 중력 렌즈 현상을 이용한 방법이다.
ㄱ, ㄴ. 거리가 다른 2개의 별이 앞뒤로 있을 경우, 뒤쪽 별(B)이 앞쪽 별(A)의 중력에 의해 굴절되므로 뒤쪽 별(B)의 밝기 변화를 측정해야 한다.
ㄷ. 앞쪽 별(A)과 뒤쪽 별(B)이 같은 시선 방향에 위치할 때, 별 B가 가장 밝게 관측된다.

12. 답 ④

해설 ㄱ. 행성의 반지름이 클수록 식 현상이 지속되는 시간이 길어지므로 중심별의 밝기 변화로 행성의 질량을 유추할 수 있다.
ㄴ. 행성이 중심별의 바로 앞을 지나면서 행성이 별을 가리는 식현상이 나타나면 별의 밝기가 약하게 관측된다.
ㄷ. 식 현상은 지구와 외계 행성, 중심별이 일직선 상에 있을 때 일어난다. 따라서 행성의 공전 궤도면과 관측자의 시선 방향이 나란할 때 관측할 수 있다.

---

01 (1) (가) : 근접 통과, (나) : 연착륙(착륙선)
　　(다) : 궤도 선회
(2) ① 새로운 위성을 발견하였다. ② 토성의 고리는 얼음과 암석 조각으로 구성되어 있다.
(3) 금성의 이산화 탄소 대기가 두꺼워 표면을 직접 관찰할 수 없기 때문이다.

해설 (1) 그림 (가)의 보이저호는 목성, 토성, 천왕성, 해왕성을 차례로 지나면서 탐사하였는데, 행성을 가까이 지나가면서 탐사하는 근접 통과방식을 사용하였다. 그림 (나)의 바이킹호는 1975년 화성에 연착륙(착륙선)하여 화성 토양의 생명체 존재 여부를 실험하였다. 그림 (다)의 마젤란호는 1990년대 초반 금성 둘레를 궤도 선회하면서 레이더로 금성의 표면 높이를 파악하여 금성의 표면 지도를 완성하였다.

(2) 보이저 1,2호는 1980년 토성을 근접 통과하면서 토성의 새로운 위성을 발견하였고, 토성의 고리는 얼음과 암석 조각으로 구성되어 있는 것을 알아냈다.

(3) 금성은 두꺼운 이산화 탄소 대기의 구름으로 가려져 있어서 표면을 직접 관찰할 수 없기 때문에, 마젤란호는 레이더를 이용하여 표면의 기복을 조사해 금성의 지형도를 완성하였다.

02 (1) 수성은 대기가 거의 없으므로 유성체가 타지 못해 크레이터가 많이 생길 수 있고, 풍화 작용이 없으므로 한 번 생긴 크레이터가 잘 보존되기 때문이다.
(2) 토성은 평균 밀도가 작고 자전 속도가 빠르기 때문에 편평도가 커서 적도 쪽이 볼록하며 전체적으로 납작한 모양이다.
(3) ① 토성 고리는 얼음과 암석 조각으로 구성되어 있다. ② 토성 고리의 구성 입자 크기는 토성에서 멀수록 크다. ③ 위성들에 의해 고리가 물결처럼 움직인다.

해설 (1) 지구나 금성과 같이 대기가 있으면 운석은 떨어지다가 기권에 타서 없어지므로 운석 구덩이를 만들지 못한다. 또한 운석 구덩이가 생기더라도 풍화나 침식 작용에 의해 대부분 없어진다.

(2) 편평도는 행성의 평균 밀도가 작고 자전 속도가 빠를수록 커진다.

03 (1) 혜성의 꼬리는 코마를 구성하는 가스와 먼지가 태양풍에 날려 태양의 반대쪽으로 생성된다.
(2) 혜성의 꼬리는 이온화된 가스가 날리는 이온 꼬리와 먼지 알갱이가 날리는 먼지 꼬리로 구분된다. 이온 꼬리는 태양과 완전히 반대 쪽을 향하고, 먼지 꼬리는 공전 궤도의 영향으로 태양과 반대 방향이지만 공전 궤도를 따라 휘어진다. 혜성의 꼬리는 태양에 가까워질수록 길어진다.

04
(1) 중심별의 질량이 태양과 비슷한 별들이 행성 수가 많다.
(2) 〈해설 참고〉

해설 (1) 그림 (가)를 살펴보면 중심별의 질량이 태양과 비슷한 별들이 행성을 가장 많이 갖고 있다. 우리 은하에는 태양과 유사한 별이 가장 많다.

(2) 그림 (나)는 외계 행성을 관측하여 발견한 결과이다. 이 그래프에서 지구의 질량을 $1(=10^0)$로 보면, 발견된 외계 행성의 질량은 주로 지구 질량의 10 ~ 100배 정도이다. 행성의 질량이 클수록 중심별에 미치는 영향이 크기 때문에 외계 행성이 발견되기 쉽다.

스스로 실력 높이기 246~253쪽

01. ④	02. ④	03. ②	04. ③	05. ③, ⑤
06. ④	07. ④	08. ⑤	09. ③	10. ⑤
11. 자전 주기		12. ④	13. ⑤	14. ⑤
15.	16. ②	17. ④	18. ③	19. ④
20. ④	21. ②	22. ④	23. ⑤	24. ②
25. ③	26. ⑤	27. ④	28. ④	29. ④
30. ③				

01. 답 ④
해설 ㄷ. 아폴로 11호는 근접 통과 방법이 아닌, 달에 착륙한 최초의 유인 달 착륙선이다.

02. 답 ④
해설 (가) 보이저 호는 탐사 대상 천체 근처를 지나면서 정보를 수집하는 근접 통과 방법, (나) 딥임펙트 호는 혜성에 충돌체를 발사하여 정보를 수집하는 표면 충돌 방법, (다) 스피릿 호는 화성에 착륙하여 화성 표면을 돌아다니며 화성의 물 존재 여부와 암석, 토양 등에 관한 정보를 수집하였다.

03. 답 ②
해설 (가)는 수성, (나)는 금성, (다)는 지구, (라)는 화성이다.
① 운석 구덩이는 대기가 없는 행성 (가)에 가장 많이 분포할 것이다.
② 태양으로부터의 거리와 행성의 상대적인 질량은 비례 관계가 성립하지 않는다.
⑤ 행성과의 거리가 더 먼 (라)가 행성 (다)보다 공전 주기가 길다.

04. 답 ③
해설 그림 (가)는 목성이고, 그림 (나)는 금성의 모습이다.
① 목성은 목성형 행성이고, 금성은 지구형 행성이다.
② 목성형 행성의 평균 밀도는 작고, 지구형 행성인 금성의 평균 밀도는 크다.
③ 두 행성 모두 두꺼운 대기로 둘러싸여 있다.
④ 금성은 표면이 단단한 지각으로 이루어져 있지만, 목성은 단단한 표면이 없다.
⑤ 금성은 주로 밀도가 큰 규산염의 암석질 성분으로 이루어져 있

고, 목성은 주로 수소와 헬륨으로 이루어진 기체형 행성이다.

05. 답 ③, ⑤
해설 표면이 암석으로 된 행성은 지구형 행성이며, 지구형 행성 중 대기와 위성이 있는 행성은 지구와 화성이다.

06. 답 ④
해설 ㄱ. 왜소 행성의 크기는 행성보다 작고 소행성보다 크다.
ㄴ. 왜소 행성의 조건 중 하나는 공전 궤도 내에서 지배적인 역할을 하지 못해 공전 궤도 주변에 다른 천체들이 함께 있을 수 있다는 것이다.
ㄷ. 소행성은 모양이 불규칙하며, 구형이 아니어서 밝기가 불규칙하게 변한다.

07. 답 ④
해설 ①, ②, ③ 액체 상태의 물은 다양한 종류의 화학 물질을 녹일 수 있으므로 복잡한 유기물이 탄생할 가능성이 높다.
④, ⑤ 탄소는 다른 원자와 쉽게 결합하여 다양한 화합물을 만들 수 있고, 탄소 화합물인 아미노산이 운석이나 성간 기체에서도 발견되기 때문에 과학자들은 외계 생명체의 기본 구성 물질을 탄소로 추정한다.

08. 답 ⑤
해설 ㄱ, ㄷ 세티(SETI) 프로젝트는 외계에서 날아오는 전파 중에서 인위적으로 만들어진 것을 찾는 활동으로 전파 신호를 찾는 것이므로 전파 망원경을 이용한다.
ㄴ. 세티(SETI) 프로젝트는 전파를 발사할 수 있을 정도로 문명을 가진 외계의 지적 생명체를 찾는 프로젝트이다.
ㄹ. 처음에는 국가 차원에서 프로젝트를 시작하였으나 현재는 대학이나 연구소 등 민간이 주도하고 있다.

9. 답 ③
해설 ㄱ. 식 현상을 이용한 탐사는 행성이 중심별을 가릴 때 중심별의 밝기 변화를 측정하여 행성의 존재를 알아내는 방법이므로 광학 망원경이 사용된다.
ㄴ. (가)는 식 현상에 의한 별의 밝기 변화를 측정하고, (다)는 행성이 별의 미세 중력 렌즈 현상에 영향을 미칠 때 나타나는 별의 밝기 변화를 측정하여 행성의 존재 여부를 확인할 수 있다.
ㄷ. 행성에서는 별빛이 나오지 않는다. 도플러 효과를 이용한 탐사는 행성에 의해 중심 별빛의 스펙트럼에 나타나는 변화를 분석하여 행성의 존재를 알아낸다.

10. 답 ⑤
해설 세 행성 중에서 행성 (다)는 두꺼운 이산화 탄소로 이루어진 대기층을 갖고 있어 온실 효과가 가장 크다. 행성 (가)는 이산화 탄소의 비율은 높으나, 기압이 매우 낮으므로 실제 온실 효과의 크기는 가장 작다. 행성 (나)는 지구로 대기에 의해 온실 효과가 일어나 지구의 온도를 적절하게 유지시켜 준다.

11. 답 자전 주기
해설 A는 평균 밀도가 상대적으로 큰 행성 집단이므로 지구형 행성이다. 지구형 행성은 목성형 행성에 비하여 자전 주기가 길다.

12. 답 ④
해설 ㄱ. 토성의 고리는 생성 당시 주변에 남아 있던 미세한 입자와 먼지, 암석 부스러기, 얼음 등이 토성의 인력에 붙들려 적도를 따라 돌게 된 것이다.
ㄴ, ㄷ. 카시니호의 탐사로 알아낸 결과 고리의 구성 입자 크기는 토성에서 멀수록 크며, 위성들에 의해 고리가 물결처럼 움직인다.

13. 답 ⑤

해설 ㄱ. 그림 (가)는 토성의 위성인 타이탄으로, 타이탄은 질소, 메테인이 주성분인 오렌지색 짙은 대기가 있고, 메테인 바다가 존재한다.

ㄴ. 그림 (나)는 목성의 갈릴레이 4개의 위성 중 하나인 이오로, 표면에 화산 활동이 활발한 활화산이 있다.

ㄷ. 그림 (다)는 지구의 위성인 달로, 1969년 최초의 유인 달 착륙선인 아폴로 11호가 달에 착륙하였다.

14. 답 ⑤

해설 그림은 모두 목성형 행성이다.

ㄱ. 목성형 행성은 행성의 크기가 크다.

ㄴ. 목성형 행성은 행성 표면에 단단한 지각이 없다.

ㄷ. 목성형 행성은 지구보다 바깥쪽에서 태양 주위를 공전하므로 지구보다 공전 궤도가 길다.

15. 답 ③

해설 문제에서 제시된 설명은 목성에 대한 내용이다.
①번 그림은 금성, ②번 그림은 수성, ③번 그림은 목성, ④번 그림은 화성, ⑤번 그림은 해왕성이다.

16. 답 ②

해설 ① 왜소 행성은 소행성보다 크고 행성보다 작으며, 자체 중력에 의해 구형을 유지하는 천체이다.

② 유성체가 지구 대기와 마찰하여 빛을 내며 타는 것은 유성이다.

③ 카이퍼 띠는 해왕성 바깥쪽에 작은 천체들의 무리가 존재하는 영역으로 200년 이하의 짧은 주기 혜성들의 발생지로 여겨진다.

17. 답 ④

해설 내용은 혜성에 대한 설명이다. ①은 소행성이고, ②는 플루토, ③은 토성, ④는 혜성, ⑤는 목성이다.

18. 답 ③

해설 ③ 생명체가 진화하는 속도가 매우 느리기 때문에 생명체가 존재하려면 별의 수명이 충분히 길어서 행성이 생명 가능 지대에 오래 머물러야 한다. 따라서 행성을 거느린 중심별의 수명이 길고 진화 속도가 느려야 한다.

19. 답 ④

해설 그림 (가)는 미세 중력 렌즈 현상을 이용하여 외계 행성을 탐사하는 방법이다. 렌즈 효과를 일으키는 앞쪽 별 A의 중력에 의해 뒤쪽 별 B에서 오는 빛이 굴절한다. 뒤쪽 별의 밝기 변화를 관측하여 앞쪽 별 주변의 행성 존재 여부를 확인할 수 있다. 그림 (나)는 도플러 효과를 이용하는 방법으로 별이 행성을 가지고 있는 경우 행성과의 공통 질량 중심을 공전하며, 이로 인한 별빛의 파장 변화를 감지하여 외계 행성의 존재를 알아낼 수 있다.

20. 답 ④

해설 ① 가까운 별의 경우 관측 사진을 통해 직접 찾아낼 수도 있지만 범위가 제한적이다.

② 행성의 중력에 의해 중심별은 미세하게 진동한다. 이때 나타나는 도플러 효과를 이용하여 행성의 존재를 확인할 수 있다.

③ 행성이 중심별을 지날 때 식현상에 의해 별빛의 밝기가 변한다. 이로부터 행성의 존재를 확인할 수 있다.

④ 중심별의 질량과 광도 관계로부터 외계 행성의 존재 유무를 판단할 수는 없다.

⑤ 같은 방향에 앞뒤로 별이 있을 때 뒤쪽 별빛이 앞쪽의 행성을 갖고 있는 별의 중력에 의해 변화한다. 이를 미세 중력 렌즈 현상이라고 하며 이로부터 행성의 존재를 확인할 수 있다.

21. 답 ②

해설 그림 (가)~(다)는 화성의 표면을 나타낸 것이다.

ㄱ. 그림 (가)는 화산 활동에 의해 형성된 태양계 최대 크기의 화산인 올림포스 화산의 모습이다.

ㄴ. 그림 (나)는 지구의 사막과 비슷한 화성 표면의 모습이다. 화성의 표면은 대체로 붉게 보이는데, 이는 산화철을 포함한 흙으로 덮여 있기 때문이다.

ㄷ. 그림 (다)는 화성의 극관으로 드라이아이스, 메테인 등이 얼어붙어 형성된 것이다. 극관은 계절에 따라 크기가 변하는데, 여름에는 작아지고 겨울에는 커진다.

22. 답 ④

해설 금성, 화성, 토성 중 대기의 주성분이 이산화 탄소, 질소 등으로 무거운 행성은 지구형 행성인 금성과 화성이다. 그러므로 (다)는 토성이다. 행성의 자전 방향이 지구와 반대인 행성은 금성이므로 (가)는 화성, (나)는 금성이다.

23. 답 ⑤

해설 ㄱ. 메신저 호는 2011년 궤도 선회 방법으로 수성을 탐사하였으며 이를 통해 금성에 약한 자기장이 있고 자기장이 빠르게 변화하며, 옅은 대기가 존재한다는 것을 알아냈다.

ㄴ, ㄷ. 우주 정거장의 내부는 무중력 상태이므로 다양한 실험을 할 수 있다. 국제 우주 정거장은 세계 16개국이 참여하여 건설한 다국적 우주 정거장이다. 지표면으로부터 약 350km 상공에서 대략 90분에 지구 주위를 한 바퀴씩 돌고 있다. 국제 우주 정거장은 우주 비행사들이 거주하면서 우주 관측과 과학 실험을 수행하는 기지이다.

24. 답 ②

해설 ㄱ. M형에서 O형으로 갈수록 별의 광도가 커지므로 별의 수명이 짧아진다.

ㄴ. O형에서 M형으로 갈수록 표면 온도가 낮아지므로 생명체가 존재할 수 있는 생명 가능 지대가 중심별에 가까워진다.

ㄷ. O형 별은 별의 광도가 커서 수명이 짧기 때문에 생명체가 탄생하고 진화할 시간이 충분하지 않으므로 행성에 생명체가 존재할 가능성이 작다.

25. 답 ③

해설 ㄱ. 태양계 행성 중에서 금성과 천왕성은 자전 방향이 반대이다.

ㄴ. 화성의 자전축은 지구와 비슷하게 25.2° 기울어져 있으므로, 지구와 같이 계절의 변화가 나타나며 계절에 따라 극관의 면적이 변한다.

ㄷ. 토성의 자전축은 26.7° 기울어져 있으므로 토성이 공전함에 따라 지구에서 관측한 토성 고리의 각도가 달라지므로 모양이 변한다.

26. 답 ⑤

해설 ① 발견된 행성들은 대부분 지구보다 질량이 큰 경우가 많다.

② 질량이 작은 행성일 수록 대체로 공전 궤도 긴반지름도 작다.

③,⑤ 발견된 외계 행성들은 대부분 지구 질량보다 훨씬 크므로 지구형 행성보다 목성형 행성에 더 가깝다. 목성형 행성에는 생명체가 살기 부적합하므로 생명체가 존재할 가능성이 적다.

④ 공전 궤도 긴반지름이 작을수록 행성이 중심별에 미치는 영향이 크기 때문에 행성을 발견할 확률이 커진다.

27. 답 ⑤

해설 ① 타이탄에 메테인 바다가 존재하여 응결과 기화 과정이 있을것으로 추정된다고 하였으므로, 대기 중에 메테인 성분의 구름이 있을 것이다.

② 타이탄 표면에 액체 상태의 메테인 바다가 있으므로 타이탄의 표면 온도는 메테인의 녹는점보다 높을 것이다. 녹는점보다 온도가 더 낮았다면 메테인은 고체 상태였을 것이다.

③ 타이탄의 표면 온도는 -180℃ 정도라고 하였으므로 액체 상태의 H_2O가 존재할 수 없다.

④ 타이탄 표면의 둥근 자갈은 지구에서의 물의 순환과 비슷한 메테인의 순환 과정에 의해 형성되었을 것이다.

⑤ 주어진 자료로부터 타이탄의 계절 변화를 직접적으로 추정할수는 없지만, 지구에 비해 태양으로부터 훨씬 멀리 떨어져 있기 때문에, 계절에 따른 태양 에너지의 차이는 훨씬 작게 나타날 것으로 예상할 수 있다.

28. 답 ④

해설 유로파의 표면은 두꺼운 얼음으로 덮여 있다. 이 얼음층 밑에는 액체 상태의 물이 있을 것으로 추정된다. 따라서 과학자들은 액체 상태의 물이 있는 이 지역에 생명체가 존재할 가능성이 있다고 생각하고 있다. 지구의 경우에도 산소가 전혀 없는 남극의 두꺼운 빙하속에서 극미량의 물을 이용해 생명 활동을 하는 미생물이 발견되었기 때문에 과학자들은 더 많은 기대를 하고 있다.

①은 목성의 갈릴레이 위성 중 이오에 대한 설명이다.

②은 목성의 위성 중 가니메데에 대한 설명이다.

⑤는 수성에 대한 설명으로, 천체와 충돌로 만들어진 지름 100km에 이르는 크레이터(칼로리스 분지)가 있다.

29. 답 ④

해설 ㄱ. 행성의 반지름이 클수록 식 현상에 의해 별이 가려지는 면적이 커지므로 a는 커진다.

ㄴ. (가)에서 행성이 중심별을 공전하면서 별의 일부가 가려지는 식 현상이 일어나 별의 밝기가 변하는 것을 이용하여 행성을 탐사할 수 있다. 도플러 효과는 나타나지 않으므로 별빛의 스펙트럼 변화는 관측할 수 없다.

ㄷ. 관측자의 시선 방향이 행성의 공전 궤도면과 나란한 경우 식 현상이 일어나므로 (나)의 현상을 관측할 수 있다.

30. 답 ③

해설 ㄱ. 외계 행성이 중심별 주위를 공전할 때 별의 일부가 가려지면서 별의 밝기가 변하는 식 현상을 이용하여 외계 행성의 존재를 확인할 수 있다.

ㄴ. 별과 행성이 공통 질량 중심을 중심으로 회전할 때 나타나는 별빛 스펙트럼의 도플러 효과를 분석하면 외계 행성의 존재를 확인할 수 있다.

ㄷ. 거리가 다른 2개의 별이 같은 방향에 있을 경우, 앞쪽 별과 외계 행성의 중력에 의해 중심별이 아닌 뒤쪽 별의 별빛이 미세하게 굴절되는 현상이 나타나는데, 이를 이용하여 앞쪽 별 주위에 외계 행성의 존재 여부를 확인할 수 있다.

22강. Project 4

01

연주 시차가 1초일 때의 거리를 1pc(파섹)이라고 한다. 별이 매우 멀리 떨어져 있을 경우 연주 시가가 아주 작고, 이때 지구 대기의 산란 효과 등으로 인한 오차 때문에 미세한 연주 시차는 더 더욱 계산하기가 어렵다. 따라서 100pc 이상 멀리 떨어진 별에는 적용하기가 어렵다.

해설 세페이드 변광성은 1 ~ 50 일을 주기로 밝기가 변하는데 주기에 따라서 밝기가 어느 정도인지 주기 - 광도의 상관 관계가 잘 알려져 있다. 즉 거리를 알 수 없는 은하나 구상 성단을 관측했을 때 그 곳에 있는 세페이드 변광성을 발견하여 주기를 측정하면 절대 밝기를 알 수 있고, 이를 겉보기 등급과 비교하면 거리를 추정할 수 있는 것이다.

[탐구-1] 자료 해석

1. 천구의 남극 근처에 있어서 지평선 위로 뜨지 않는 별을 전몰성이라고 한다. 위도가 37.5°N인 우리나라에서 전몰성의 적위 범위는 $-(90° -$ 위도$) \geq \delta \geq -90°$ ⇨ $-52.5° \geq \delta \geq -90°$ 이므로, 남십자, 멘사, 인디언, 큰부리새는 우리나라에서 전혀 볼 수 없는 별자리들이다.

2. 천구의 일주 운동에 관계없이 항상 지평선 위에 떠 있는 별을 주극성이라고 한다. 위도가 37.5°N인 우리나라에서 주극성의 적위 범위는 $+90° \geq \delta \geq (90° -$ 위도$)$ ⇨ $+90° \geq \delta \geq +52.5°$ 이므로, 세페우스, 작은곰, 카시오페아는 지평선 아래로 지지 않는 별자리이다.

3. 동짓날은 태양이 천구 상에서 가장 남쪽에 있을 때로 태양의 적경은 18^h, 적위는 $-23.5°$이다. 이때 자정에 남쪽 하늘에서 가장 잘 관측되는 별자리는 태양의 반대편에 위치한 별자리로 태양과 적경이 12^h 차이이다. 따라서 동짓날 우리나라 밤하늘에서 남중하는 별자리는 적경이 6^h인 비둘기 자리이다. 이때 별의 남중 고도는 $90° -$ 위도 $+$ 적위가 되므로, 비둘기 자리의 남중 고도는 $90° - 37.5° - 35 = 17.5°$ 이다.

1. 평양성과 조선의 수도인 한양과의 위도 차이로 인한 오차로 인해 관측 차이가 있을 것 같다. 따라서 위도로 인한 오차를 보정해야 한다.

2. 〈예시 답안〉 우리나라는 예부터 농업이 중심이 된 사회였다. 농사를 지을 때는 어느 시기에 어떤 작물을 심어야 하는지가 중요한 일이다. 따라서 선조들은 달과 태양의 관측을 통해 계절의 변화를 예측하고, 씨를 뿌리고 거둬들여야 할 시간을 알기 위해 노력했을 것이다.

01

〈 예시 답안 〉 달이 지구에 가장 영향을 미치는 것은 '기조력'이다. 따라서 달과 같은 위성이 하나 더 존재한다면 조석 간만의 차의 변화가 생길 것 같다.

해설 행성의 세차 운동과 다른 천체의 움직임(중력)이 합쳐져서(공명) 자전축의 기울기는 크게 변한다. 하지만 지구는 달에 의한 큰 조석력 때문에 지구의 세차 운동과 다른 천체의 중력의 영향이 합쳐지지 않는다(공명하지 않는다). 따라서 지구 자전축의 기울기 변동은 크게 일어나지 않는다.

MEMO

창의력과학 세페이드 시리즈 – 창의력과학의 결정판, 단계별 영재 대비서

무한상상

1F 중등 기초
물리(상,하), 화학(상,하)

2F 중등 완성
물리(상,하), 화학(상,하),
생명과학(상,하), 지구과학(상,하)

3F 고등 I
물리(상,하), 물리
영재편(상,하), 화학(상,하), 생
명과학(상,하), 지구과학(상,하)

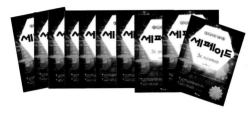

4F 고등 II
물리(상,하), 화학(상,하), 생명과학
(영재편,심화편), 지구과학(상,하)

5F 영재과학고 대비 파이널
(물리, 화학)/
(생물, 지구과학)

세페이드 모의고사

세페이드 고등 통합과학

창의력 수학/과학 아이앤아이 시리즈 – 특목고, 영재교육원 대비 종합서

창의력 과학 아이앤아이 *I&I* 중등
물리(상,하)/화학(상,하)/
생명과학(상,하)/지구과학(상,하)

창의력 과학 아이앤아이 *I&I* 초등 3~6

영재교육원 수학과학 종합대비서
아이앤아이 꾸러미

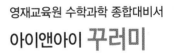

아이앤아이 영재교육원 대비
꾸러미 120제 (수학 과학)

아이앤아이 영재교육원 대비
꾸러미 48제 모의고사
(수학 과학)

아이앤아이
꾸러미 과학대회
(초등/중고등)

창의력 과학

세페이드 시리즈

1. **창의력 과학의 결정판** : 기본 이론 정리, 창의력 문제를 통한 확장된 사고력, 탐구와 서술 프로젝트까지 과학적 창의력 확장 활동의 모든 것을 수록하였습니다.

2. **단계별 맞춤 학습** : 물리, 화학, 생명과학, 지구과학을 중등기초 부터 고등 Ⅰ, Ⅱ, 특목고, 각종 대회 준비까지 통틀어 5단계로 구성하였습니다.

3. **유형별 학습** : 소단원 별로 대표적인 유형의 문제와 적용 문제를 담았습니다.

4. **풍부한 창의력 문제** : 소단원 별로 심화 문제, 실생활 적용형, 개념 서술형 등 STEAM 형태의 창의력 향상 문제를 제시하였습니다.

5. **단원별 탐구, 서술 프로젝트** : 대단원 별로 서술, 논술, 탐구 활동 등의 프로젝트를 구성하였습니다.

6. **스스로 풀어 보는 문제** : 소단원별로 각 유형의 풍부한 문제를 난이도 A–B–C–심화로 구분하여 스스로 풀도록 구성하였습니다.